高校 これでわかる
数学 I + A

文英堂編集部 編

文英堂

基礎からわかる！

成績が上がるグラフィック参考書。

1 ワイドな紙面で，わかりやすさバツグン

2 わかりやすい図解と斬新レイアウト

3 イラストも満載，面白さ満杯

4 どの教科書にもしっかり対応
- ▶ 工夫された導入で，数学への興味がわく。
- ▶ 学習内容が細かく分割されているので，どこからでも能率的な学習ができる。
- ▶ わかりにくいところは，会話形式でていねいに説明。
- ▶ 図が大きくてくわしいから，図を見ただけでもよく理解できる。
- ▶ これも知っ得やTea Timeで，学習の幅を広げ，楽しく学べる。

5 章末の定期テスト予想問題で試験対策も万全！

もくじ

1章 数と式　　数学Ⅰ

1節 整式
1　整式 …………………………………… 6
2　整式の加法・減法 …………………… 9
3　整式の乗法 …………………………… 11
4　乗法公式 ……………………………… 13
5　因数分解 ……………………………… 16

2節 実数
6　実数 …………………………………… 23
7　根号を含む式の計算 ………………… 25

3節 方程式と不等式
8　1次不等式 …………………………… 29
9　絶対値を含む方程式・不等式 ……… 33

4節 集合と論理
10　集合とその表し方 …………………… 34
11　条件と集合 …………………………… 37
12　必要条件と十分条件 ………………… 39
13　逆・裏・対偶 ………………………… 42
14　命題の証明 …………………………… 44
定期テスト予想問題 …………………… 45

2章 2次関数　　数学Ⅰ

1節 関数とグラフ
1　関数とグラフ ………………………… 48
2　2次関数のグラフ …………………… 52

2節 2次関数の最大・最小
3　2次関数の最大・最小 ……………… 60

3節 2次関数のグラフと方程式・不等式
4　2次方程式 …………………………… 67
5　2次関数のグラフと
　　x軸の位置関係 …………………… 72
6　2次関数のグラフと
　　2次不等式 …………………………… 76
7　解の存在範囲 ………………………… 81
定期テスト予想問題 …………………… 83

3章 図形と計量　[数学Ⅰ]

1節 三角比
1. 三角比 …… 86
2. 三角比の相互関係(1) …… 91
3. 三角比の拡張 …… 93
4. $180°-\theta,\ 90°-\theta$ の三角比 …… 96
5. 三角比の相互関係(2) …… 98

2節 三角比と図形
6. 正弦定理と余弦定理 …… 102

3節 図形の計量
7. 測量 …… 108
8. 面積・体積 …… 110
- TeaTime ピラミッドの高さを測る …… 116
- 定期テスト予想問題 …… 117

4章 データの分析　[数学Ⅰ]

1節 データの整理と分析
1. データの整理 …… 120
2. 代表値 …… 122
3. 散らばりと箱ひげ図 …… 125
- TeaTime スポーツと代表値 …… 130
4. 分散と標準偏差 …… 131
- TeaTime 偏差値 …… 135

2節 データの相関
5. 散布図 …… 136
6. 共分散と相関係数 …… 138
- 定期テスト予想問題 …… 142

5章 場合の数と確率　[数学A]

1節 場合の数
1. 集合の要素の個数 …… 146
2. 場合の数 …… 148
3. 和の法則 …… 150
4. 積の法則 …… 152

2節 順列と組合せ
5. 順列 …… 156
6. 組合せ …… 163

3節 確率とその基本性質
7. 確率の意味 …… 174
8. 確率の基本性質 …… 181
9. 余事象の確率 …… 186
- TeaTime 同じ誕生日の人 …… 188

4節 独立な試行と確率
10. 独立な試行と確率 …… 189
11. 反復試行 …… 192

5節 条件つき確率
12. 条件つき確率 …… 200
- TeaTime 確率論のルーツは賭け事 …… 210
- 定期テスト予想問題 …… 211

6章 図形の性質 〔数学A〕

1節 平面図形の性質

1. 平面図形の基本性質 …………… 215
- TeaTime 黄金比 ………………… 221
2. 証　明 …………………………… 222
3. 定理の逆の証明 ………………… 225
- TeaTime ユークリッド幾何学 …… 226
4. 三角形の五心 …………………… 227
5. 三角形の面積比 ………………… 233
6. チェバの定理 …………………… 234
7. メネラウスの定理 ……………… 236

2節 円の性質

8. 円周角 …………………………… 238
9. 円に内接する四角形 …………… 239
10. 接弦定理 ……………………… 241
11. 方べきの定理 ………………… 242
12. ２つの円 ……………………… 245
- TeaTime 九点円(フォイエルバッハの円) …… 246

3節 作　図

13. 基本的な作図 ………………… 247
14. 線分の長さの作図 …………… 249
15. 平方根の作図 ………………… 250

4節 空間図形

16. 直線と平面 …………………… 252
17. 多面体 ………………………… 256

定期テスト予想問題 ……………… 257

7章 整数の性質 〔数学A〕

1節 約数と倍数

1. 約数と倍数 ……………………… 260
- TeaTime おもしろい約数 ……… 261
2. 整数の割り算と商・余り ……… 266

2節 ユークリッドの互除法

3. ユークリッドの互除法 ………… 271
4. １次不定方程式 ………………… 273

3節 整数の性質の活用

5. 循環小数 ………………………… 276
6. N進法 …………………………… 278
- TeaTime コンピュータと２進法，16進法 …… 278

定期テスト予想問題 ……………… 282

■ 問題について

- **基本例題** 教科書の基本的なレベルの問題。
- **応用例題** ややレベルの高い問題。または応用力を必要とする問題。
- **発展例題** 教科書の発展内容。(扱っていない教科書もある。)
- **類題 類題 類題** 例題内容を確認するための演習問題。もとになる例題を検索しやすいように、例題と同じ番号になっている。例題に類題がなければ、その番号は欠番で、類題が複数ある場合は、○○−1，○○−2となる。
- **定期テスト予想問題** 定期テストに出題されそうな問題。センター試験レベルの問題も含まれているので実力を試してほしい。

1章 数と式 [数学Ⅰ]

1節 整式

1 整式

キミは中学生のころ，式の計算は得意だったかな？ ここでは，もう一度式の扱いから復習しよう。高校では，特に"式を整理して扱う"ということが重要なポイントになるんだ。初めからつまずかないようにがんばろう。

ところで，標題の**整式**という用語は，中学ではなかったものだね。しかし，中味はすでに中学で学習ずみなんだよ。つまり，**単項式と多項式を合わせて整式**というんだ。

ポイント [単項式と多項式]

整式 { 単項式……数や文字をかけ合わせた式 $2ax$, $-\frac{1}{2}x^2y$, $\frac{4}{3}\pi r^3$ など
多項式……単項式の和になっている式 $2a+b$, $3x^2+2xy-y^2$ など }

単項式は，数の部分と文字の部分とからなっている。
数の部分を**係数**（けいすう）といい，掛け合わされている文字の個数を**次数**（じすう）という。

基本例題 1 〔単項式の係数・次数〕

次の各単項式の係数と次数をいえ。

(1) $2ax$　　(2) $-3x^2y^3$　　(3) 5　　(4) $\frac{4}{3}\pi r^3$

ねらい 単項式の係数・次数について理解すること。

解法ルール
1 **文字**の部分と**数**の部分に分ける。
2 **数**の部分を**係数**とする。
3 **文字**の部分をみて**次数**を答える。

掛け合わされている文字の個数を数える。

← (4)の $\frac{4}{3}\pi r^3$ は球の体積を求める公式。π は文字のようにみえるが，
円周率 $\pi = 3.1415\cdots$
だから，数として扱う。

解答例

	(1)	(2)	(3)	(4)
単項式	$2ax$	$-3x^2y^3$	5	$\frac{4}{3}\pi r^3$
文字の部分	ax	x^2y^3		r^3
係数（数の部分）	2	-3	5	$\frac{4}{3}\pi$
次数	2次	5次	0次	3次

(3)のように，数だけでも単項式と考えるのよ。

1章 数と式

整式を扱う上で，ある文字だけに着目し，着目する以外の文字は数と同様に扱うことがある。このとき，数や数と同じように考える文字を**定数**というんだ。

基本例題 2　特定の文字に着目したときの係数・次数

次の各単項式で，〔 〕内の文字に着目したときの係数と次数をいえ。

(1) $2ax$ 〔x〕　　(2) $-3x^2y^3$ 〔x〕　　(3) $-3x^2y^3$ 〔y〕

ねらい　特定の文字に着目したときの，単項式の係数・次数をみつけること。

解法ルール
1. **着目した文字だけを文字**の部分として取り出す。
2. **着目する文字以外はすべて係数**に入れる。
3. 着目した文字の部分をみて次数を答える。

着目した文字が掛け合わされた数で，次数が決まる。

解答例

	(1)	(2)	(3)
単項式	$2ax$	$-3x^2y^3$	$-3x^2y^3$
文字の部分	x	x^2	y^3
係　　　数	$2a$	$-3y^3$	$-3x^2$
次　　　数	1次	2次	3次

← (2)と(3)は同じ式である。同じ式でも，着目する文字が何であるかによって，次数も係数も違ってくる。

類題 2　次の各単項式の係数と次数をいえ。また，〔 〕内の文字に着目したときの係数と次数をいえ。

(1) $3x^2y$ 〔x〕　　(2) $-2x^3y$ 〔y〕　　(3) $\pi r^2 h$ 〔r〕

ポイント　[多項式]

多項式　単項式の和になっている式。（*p.6* 参照）
多項式の項　多項式の各々の単項式のこと。
多項式の次数　多項式の各項の次数のうちで最高の次数。

式の整理…次数の $\begin{Bmatrix} 高い項 \\ 低い項 \end{Bmatrix}$ から順に整理することを $\begin{Bmatrix} 降べきの順 \\ 昇べきの順 \end{Bmatrix}$ に整理するという。

基本例題 3　多項式の次数・定数項

$3x^2-2x+5$ は何次式か。また，定数項をいえ。

ねらい　多項式の次数や定数項をみつけること。

解法ルール
1. 多項式を単項式（項）の和とみる。
2. 各項ごとの次数を調べる。

最高の次数がその多項式の次数。

解答例　$3x^2$　$-2x$　$+5$　←――　$3x^2+(-2x)+5$
　　　　2次の項　1次の項　定数項（0次の項）

← 多項式の項のうち，定数の項を**定数項**という。定数項は次数が 0 次の項といえる。

答　2次式，定数項は 5

応用例題 4　式の整理と次数・係数

$x^2+2xy^2-3y^2-3x+2y-4$ ……①　について

(1) ①は何次の整式か。また，各項の係数と定数項をいえ。
(2) x に着目して①を降べきの順に整理せよ。
(3) ①は x の何次式か。また，各項の係数と定数項をいえ。

ねらい
特定の文字に着目して多項式を整理すること。次数，係数，定数項などをみつけること。

解法ルール　x に着目するときは
1　x だけが文字，x 以外の文字は定数。
2　同じ次数の項(同類項)は１つにまとめる。

解答例
(1) $\underset{\text{2次の項}}{x^2}\ \underset{\text{3次の項}}{+2xy^2}\ \underset{\text{2次の項}}{-3y^2}\ \underset{\text{1次の項}}{-3x}\ \underset{\text{1次の項}}{+2y}\ \underset{\text{定数項}}{-4}$

答　3次式，x^2 の係数 1，xy^2 の係数 2，y^2 の係数 -3，
　　x の係数 -3，y の係数 2，定数項 -4

← ①は，x と y についての整式である。このような式を，x，y についての3次式ということがある。

(2) $2xy^2$，$-3x$ は x の1次の項。まとめると $(2y^2-3)x$
整理すると　$\underset{\text{2次の項}}{x^2}+\underset{\text{1次の項}}{(2y^2-3)x}\underset{\text{定数項(0次の項)}}{-(3y^2-2y+4)}$ …答

(3) x に着目すればよいから，(2)より

答　x の2次式，
　　x^2 の係数 1，x の係数 $2y^2-3$，定数項 $-(3y^2-2y+4)$

← x について2次式で，項が3つあるから，2次3項式という。

なぜ「同じ次数の項は１つにまとめる」のか，その理由はわかりますか？
x を文字だと考えたとき，y はある数を表しているのでしたね。だから，例えば $y=1$ とすると，$x^2+2x-3-3x+2-4=x^2-x-5$ となるでしょう。
つまり，x に着目するときは，この場合 x^2 の項，x の項，定数項の3つの項しかないのです！また，このときは，$2xy^2$ と $-3x$ とは同類項であることもわかるでしょう。

類題 4-1　次の整式を降べきの順に整理せよ。
(1) $2x^2-5+x^2-4x$
(2) $2x-x^3+x^4-x+x^2+4x^3-3$

類題 4-2　$x^4+x^3+1-a^2-2ax$ ……①　について，次の問いに答えよ。
(1) x に着目して①を降べきの順に整理し，次数と定数項をいえ。
(2) ①は a の何次式か。また，各項の係数と定数項をいえ。

ポイント　[式の扱い]
数 ──────────────── 係数と考える
文字 ┬ 定数(着目する以外の文字) ─ 係数と考える
　　 └ 文字(着目する文字) ───── 次数を考える

[式の整理]
① 文字(着目する文字)と数(定数)を明らかにする。
② 同類項は１つにまとめる。
③ 次数の順(降べきの順)に整理する。

2 整式の加法・減法

単項式や多項式の加法・減法，つまり整式の加法・減法はすでに中学で学習しているが，もう一度復習しておこう。

整式の各項のうち文字の部分が同じであるものが**同類項**であり，同類項はまとめて簡単にできる。整式の加法・減法は同類項をまとめて簡単にすればいいんだ。

基本例題 5 整式の加法・減法

次の計算をせよ。

$$(3x^2-y^2-4xy)-(2xy-3y^2+x^2)+(xy-5y^2)$$

ねらい 整式の加法・減法を行うこと。

解法ルール
1. ( )をはずし，同類項をさがす。
2. 同類項をまとめて，降べきの順に整理する。

解答例
$$(3x^2-y^2-4xy)-(2xy-3y^2+x^2)+(xy-5y^2)$$
$$=3x^2-y^2-4xy-2xy+3y^2-x^2+xy-5y^2$$
$$=(3-1)x^2+(-4-2+1)xy+(-1+3-5)y^2$$
$$=\boldsymbol{2x^2-5xy-3y^2} \quad \cdots \text{答}$$

同類項をみつけて，まとめる。

← −( )は，( )内の符号を変えて，かっこをはずす。
( )や+( )は，かっこをはずすだけでよい。

〔縦書きの方法〕

$$\begin{array}{r} 3x^2-4xy-y^2 \\ -x^2-2xy+3y^2 \\ +)xy-5y^2 \\ \hline \boldsymbol{2x^2-5xy-3y^2} \end{array}$$

← x について降べきの順に整理する
← −( )をはずして同類項を縦にそろえる
← 同類項のない部分はあけておく

…答

基本例題 6 かっこのはずし方

次の式を簡単にせよ。

$$2x-[4y-\{3x-y+(2y-x)\}]$$

ねらい 多くのかっこをはずすこと。

解法ルール
1. 内側のかっこから順にはずすとよい。
2. かっこの前が−のとき，かっこ内の符号を変える。

解答例
$$2x-[4y-\{3x-y+(2y-x)\}]$$
$$=2x-\{4y-(3x-y+2y-x)\}$$
$$=2x-(4y-3x+y-2y+x)$$
$$=2x-4y+3x-y+2y-x$$
$$=(2+3-1)x+(-4-1+2)y$$
$$=\boldsymbol{4x-3y} \quad \cdots \text{答}$$

類題 6 次の式を簡単にせよ。

(1) $2x^2 - xy - 3y^2 - 2xy + x^2 - 2y^2 - 3xy$

(2) $(3x - 2 + 4x^2) + (2x^2 - x + 5) - (4 - 2x + x^2)$

(3) $3a - \{4b - a + (5a - 2b)\}$

(4) $a + 2b - 3\{a + 3b - (2a - b)\}$

(5) $2x + 3y - 2[-x - 3\{y - 2(x - 2y)\}]$

ポイント [整式の加法・減法]
① かっこをはずすときは，内側のかっこから順にはずす。
② $-(\ )$ は，$(\ )$ 内の符号を変えてかっこをはずす。
③ 整式は降べきの順に整理しておく。（式を扱うときの原則）
④ 同類項を縦に並べてたし算する。⇐縦書きの方法

応用例題 7 〔整式の加減〕

$A = -a^2 - 5ab + 2b^2$, $B = 3a^2 + 2ab - b^2$, $C = ab - 3b^2$
のとき，次の式を計算せよ。

(1) $A - 2B + C$
(2) $A + 3(B - 2C)$

ねらい 整式の加法・減法を正確に行うこと。

解法ルール ① 式を代入して計算すればよい。
② 係数を掛けておいて，縦書きの方法ですると簡単。

解答例
(1) $-a^2 - 5ab + 2b^2 - 2(3a^2 + 2ab - b^2) + (ab - 3b^2)$
$= -a^2 - 5ab + 2b^2 - 6a^2 - 4ab + 2b^2 + ab - 3b^2$
$= \boldsymbol{-7a^2 - 8ab + b^2}$ …答

または
$\begin{aligned} A &= -a^2 - 5ab + 2b^2 \\ -2B &= -6a^2 - 4ab + 2b^2 \quad \leftarrow -2(3a^2 + 2ab - b^2) \\ +)\ C &= ab - 3b^2 \\ \hline A - 2B + C &= \boldsymbol{-7a^2 - 8ab + b^2} \end{aligned}$ …答

−2を掛けてたし算する。

(2) $A + 3(B - 2C) = A + 3B - 6C$
$\begin{aligned} A &= -a^2 - 5ab + 2b^2 \\ 3B &= 9a^2 + 6ab - 3b^2 \quad \leftarrow 3(3a^2 + 2ab - b^2) \\ +)\ -6C &= -6ab + 18b^2 \quad \leftarrow -6(ab - 3b^2) \\ \hline A + 3B - 6C &= \boldsymbol{8a^2 - 5ab + 17b^2} \end{aligned}$ …答

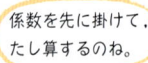

類題 7 $A = x^2 - xy + 3y^2$, $B = x^2 - 2y^2$, $C = y^2 + xy - 2x^2$ のとき，次の計算をせよ。

(1) $A + B$
(2) $A - B - 2C$
(3) $A - 2(B - 3C)$

3 整式の乗法

整式の乗法，つまり単項式×単項式，単項式×多項式，多項式×多項式はどれも中学で習ったね。復習ばかりで退屈だなと言ってないで，計算をすばやく正確にする方法を身につけてほしい。イネムリは許さないよ！

基本例題 8　　　　　　　　　　　　単項式×単項式

次の式を簡単にせよ。
(1) $2xy^2 \times (-3x^2y^3)$　　　(2) $(-2xy^2)^3$

ねらい
単項式どうしの掛け算を行うこと。

解法ルール
1. 数どうし，文字どうしの積を掛け合わせる。
2. 同じ文字の積は，指数を使って累乗の形で表す。

解答例
(1) $2xy^2 \times (-3x^2y^3)$
　　$= 2 \times (-3) \times x \times x^2 \times y^2 \times y^3$
　　$= -6x^3y^5$　…答

x が 3 つある
y が 5 つある

(2) $(-2xy^2)^3 = (-2xy^2) \times (-2xy^2) \times (-2xy^2)$
　　$= (-2)^3 \times x^3 \times (y^2)^3$
　　$= -8x^3y^6$　…答

y が 2 つのものが 3 つある

指数法則
累乗の指数は，ある数を何回掛けているかを示しているから，次の法則が成り立つ。

$a^m \times a^n = a^{m+n}$
$(a^m)^n = a^{mn}$
$(ab)^n = a^n b^n$
$m，n$ は正の整数

覚え得

類題 8　次の式を簡単にせよ。
(1) $3a^2b^3 \times 2ab$　　　(2) $(-ab^2)^3 \times (a^2b)^2$
(3) $-2(-3a^2b)^3$　　　(4) $(-a)^3 \times (-a^3)^2 \times (-2a^2)$

基本例題 9　　　　　　　　　　　　単項式×多項式

次の式を計算せよ。
(1) $2x^2y(x-2y+3)$　　　(2) $(2a-3b-c) \times 3ab$

ねらい
単項式×多項式の計算を行うこと。

解法ルール　分配法則　$m(a+b+c) = ma+mb+mc$
を用いる。このとき，掛け忘れをしないこと。

解答例
(1)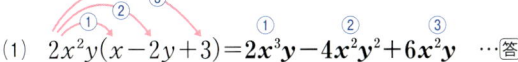
$2x^2y(x-2y+3) = 2x^3y - 4x^2y^2 + 6x^2y$　…答

(2)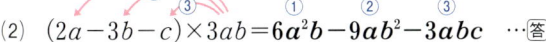
$(2a-3b-c) \times 3ab = 6a^2b - 9ab^2 - 3abc$　…答

①,②,③の計算は単項式どうしの掛け算よ！

類題 9　次の計算をせよ。
(1) $3xy^2(3x-y+2)$　　　(2) $(3a-b+c) \times 2ab$

基本例題 10　多項式×多項式

次の計算をせよ。
(1) $(x+2)(x^2-x-3)$
(2) $(2x-3+x^2)(3x^2-4)$

ねらい
多項式どうしの掛け算を行うこと。
①分配法則を用いる
②各項を順次かける
③縦書きの方法
の3つの方法がある。

解法ルール
1. 多項式を1つの文字におき換え，分配法則を用いる。
2. $(a+b)(c+d)=ac+ad+bc+bd$
3. 整数の掛け算と同様に縦書きにして計算する。

解答例
(1) $x^2-x-3=A$ として，分配法則を用いると
$$(x+2)(x^2-x-3)=(x+2)A=xA+2A$$
$$=x(x^2-x-3)+2(x^2-x-3)$$
$$=x^3-x^2-3x+2x^2-2x-6$$
$$=x^3+x^2-5x-6 \quad \cdots 答$$

A をもとにもどす。

← (x^2-x-3) を1つの文字とみて，いきなりこの式を作ってもよい。

これを 2 の方法にすると
$$(x+2)(x^2-x-3)=x^3-x^2-3x+2x^2-2x-6$$
$$=x^3+x^2-5x-6 \quad \cdots 答$$

同じである

← 項の数は $2\times3=6$ で6個である。

(2) $(2x-3+x^2)(3x^2-4)=6x^3-8x-9x^2+12+3x^4-4x^2$
$$=3x^4+6x^3-13x^2-8x+12 \quad \cdots 答$$

← 項の数は $3\times2=6$ で6個である。

これを 3 の方法にすると

$$\begin{array}{r} x^2+2x-3 \\ \times)\ 3x^2-4 \\ \hline 3x^4+6x^3-9x^2 \\ -4x^2-8x+12 \\ \hline 3x^4+6x^3-13x^2-8x+12 \end{array} \quad \cdots 答$$

← 降べきの順に整理しておく
← 欠けた項はあけておく

式は整理して扱うんだよ！

類題 10 次の計算をせよ。
(1) $(x-3)(2x^2+x-1)$
(2) $(x^2-x+2)(2x^2-3)$
(3) $(3-x^2+4x)(x-5+x^2)$

4 乗法公式

整式の乗法はできるようになったね。しかし，中学でも学習したように，頻繁に出てくる形は公式として覚えておき，それを使うと効率的なんだ。

整式の積の形にかかれた式を単項式の和の形になおすことを，もとの式を**展開する**という。式を展開するのに用いる公式には，次のようなものがある。

ポイント [乗法公式]

Ⅰ $(a+b)^2 = a^2+2ab+b^2$ 〔和の平方〕
$(a-b)^2 = a^2-2ab+b^2$ 〔差の平方〕
Ⅱ $(a+b)(a-b) = a^2-b^2$ 〔和と差の積〕 中学での公式
Ⅲ $(x+a)(x+b) = x^2+(a+b)x+ab$
Ⅳ $(ax+b)(cx+d) = acx^2+(ad+bc)x+bd$ 高校での公式

基本例題 11 　　　　　　　　　公式による展開(1)

次の各式を展開せよ。
(1) $(3x+2y)^2$ 　　　　　(2) $(x-2y)^2$
(3) $(2x+3y)(2x-3y)$ 　(4) $(x+5)(x-2)$

ねらい
乗法公式を使って，式の展開をすること。

解法ルール
1 どの公式を用いればよいかを見ぬく。
2 正確に公式にあてはめる。

Ⅰ〜Ⅲの公式は，中学で学習したものです。公式の中でも最もよく用いるものなので，よく復習しておこう。

解答例 (1) 乗法公式Ⅰの和の平方の公式を用いる。
$(\bigcirc+\triangle)^2 = \bigcirc^2 +2\times\bigcirc\times\triangle+\triangle^2$
$(3x+2y)^2 = (3x)^2+2\times 3x\times 2y+(2y)^2$
$= \boldsymbol{9x^2+12xy+4y^2}$ …答

(2) 乗法公式Ⅰの差の平方の公式を用いる。
$(\bigcirc-\triangle)^2 = \bigcirc^2 -2\times\bigcirc\times\triangle+\triangle^2$
$(x-2y)^2 = (x)^2-2\times x\times 2y+(2y)^2$
$= \boldsymbol{x^2-4xy+4y^2}$ …答

(3) 乗法公式Ⅱの和と差の積の公式を用いる。
$(\bigcirc+\triangle)(\bigcirc-\triangle) = \bigcirc^2 -\triangle^2$
$(2x+3y)(2x-3y) = (2x)^2-(3y)^2$
$= \boldsymbol{4x^2-9y^2}$ …答

(4) 乗法公式Ⅲの公式を用いる。
$(x+\bigcirc)(x+\triangle) = x^2+(\bigcirc+\triangle)x+\bigcirc\times\triangle$
$(x+5)(x-2) = x^2+\{5+(-2)\}x+5\times(-2)$
$= \boldsymbol{x^2+3x-10}$ …答

公式の使い方
Ⅰ $(\bigcirc+\triangle)^2$
$= \bigcirc^2+2\bigcirc\triangle+\triangle^2$
$(\bigcirc-\triangle)^2$
$= \bigcirc^2-2\bigcirc\triangle+\triangle^2$
Ⅱ $(\bigcirc+\triangle)(\bigcirc-\triangle)$
$= \bigcirc^2-\triangle^2$
Ⅲ $(x+\bigcirc)(x+\triangle)$
$= x^2+(\bigcirc+\triangle)x$
$+\bigcirc\triangle$

1 整式

類題 11 次の各式を展開せよ。

(1) $(x+2y)^2$ (2) $(ab-c)^2$ (3) $\left(a-\dfrac{b}{2}\right)^2$ (4) $\left(x+\dfrac{1}{3}\right)\left(x-\dfrac{1}{3}\right)$

(5) $(-2a+5b)(2a+5b)$ (6) $(x-3)(x+1)$ (7) $(x+5)(2-x)$

$(ax+b)(cx+d) = acx^2 + adx + bcx + bd$
$= acx^2 + (ad+bc)x + bd$

公式Ⅳ $(ax+b)(cx+d) = acx^2 + (ad+bc)x + bd$

高校で新しく学ぶ公式だよ！

基本例題 12　　　　　　　公式による展開(2)

次の各式を展開せよ。
(1) $(x+2)(5x+1)$　　(2) $(2x-1)(3x-2)$
(3) $(3x-2)(4x+3)$　　(4) $(2x-3y)(3x+4y)$

ねらい 乗法公式を使って，式の展開をすること。

● 公式Ⅳは，高校で初めて学習する公式だ。まず公式を覚えてしまおう。

解法ルール 公式が使えるかどうかを見ぬき，正確にあてはめる。
　　Ⅳ　$(ax+b)(cx+d) = acx^2 + (ad+bc)x + bd$

解答例 (1) 公式Ⅳを用いる。
　　$a=1$，$b=2$，$c=5$，$d=1$ として計算する。
　　$(ax+b)(cx+d) = acx^2 + (ad+bc)x + bd$
　　$(x+2)(5x+1) = (1\cdot 5)x^2 + (1\cdot 1 + 2\cdot 5)x + 2\times 1$
　　　　　　　　$= 5x^2 + 11x + 2$ …答

公式を忘れても，あわてず1つずつ順に展開するのよ。

(2) 公式Ⅳを用いる。係数の計算ミスに注意！
　　$(ax+b)(cx+d) = acx^2 + (ad+bc)x + bd$
　　$(2x-1)(3x-2) = (2\cdot 3)x^2 + \{2\cdot(-2)+(-1)\cdot 3\}x + (-1)\cdot(-2)$
　　　　　　　　$= 6x^2 - 7x + 2$ …答

(3) 公式Ⅳを用いる。正負の符号に注意。
　　$(ax+b)(cx+d) = acx^2 + (ad+bc)x + bd$
　　$(3x-2)(4x+3) = (3\cdot 4)x^2 + \{3\cdot 3+(-2)\cdot 4\}x + (-2)\cdot 3$
　　　　　　　　$= 12x^2 + x - 6$ …答

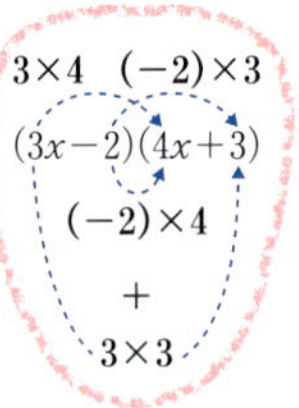

3×4　$(-2)\times 3$
$(3x-2)(4x+3)$
$(-2)\times 4$
$+$
3×3

(4) 公式Ⅳを用いる。公式にあてはまることの確認が大切。
　　$(ax+b)(cx+d) = acx^2 + (ad+bc)x + bd$
　　$(2x-3y)(3x+4y) = (2\cdot 3)x^2 + \{2\cdot 4y+(-3y)\cdot 3\}x + (-3y)\cdot 4y$
　　　　　　　　　$= 6x^2 + (8y-9y)x - 12y^2$
　　　　　　　　　$= 6x^2 - xy - 12y^2$ …答

類題 12 次の各式を展開せよ。

(1) $(2x+7)(3x+2)$　　　　(2) $(2x-1)(-x+3)$
(3) $(2x+3y)(3x-4y)$　　　(4) $(4a+b)(2a+3b)$

1章　数と式

応用例題 13 　　　　工夫の必要な展開

次の各式を展開せよ。
(1) $(a+b+c)^2$ 　　(2) $(x+y)^2(x-y)^2$
(3) $(x+1)(x+2)(x+3)(x+4)$

ねらい
1つの文字でおき換えたり，順序や組み合わせ方を工夫して，複雑な式の展開をすること。

解法ルール
1. 公式が使えるようにおき換える。
2. 展開の順序や組み合わせ方を工夫する。

サイクリックの順

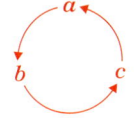

解答例
(1) $a+b=x$ とおくと
$(a+b+c)^2 = (x+c)^2 = x^2+2xc+c^2$
　　　　　　$= (a+b)^2+2(a+b)c+c^2$ 　← x をもとにもどす。
　　　　　　$= a^2+2ab+b^2+2ac+2bc+c^2$
　　　　　　$= \boldsymbol{a^2+b^2+c^2+2ab+2bc+2ca}$ …答

← 結果はサイクリックの順に整理しておく。
$(a+b+c)^2$
$= a^2+b^2+c^2$
$+2ab+2bc+2ca$
は公式として覚えておくとよい。

(2) $A^2B^2 = (AB)^2$ と考える。
$(x+y)^2(x-y)^2 = \{(x+y)(x-y)\}^2$
　　　　　　　　$= (x^2-y^2)^2$
　　　　　　　　$= \boldsymbol{x^4-2x^2y^2+y^4}$ …答

(3) $(x+1)(x+2)(x+3)(x+4)$
$= \{(x+1)(x+4)\}\{(x+2)(x+3)\}$ ← 組み合わせを考える
$= (x^2+5x+4)(x^2+5x+6)$
$= (t+4)(t+6)$ 　← $x^2+5x=t$ とおく
$= t^2+10t+24$ 　この2行を頭の中で行い，とばしてもよい。
$= (x^2+5x)^2+10(x^2+5x)+24$ ← もとにもどす
$= x^4+10x^3+25x^2+10x^2+50x+24$
$= \boldsymbol{x^4+10x^3+35x^2+50x+24}$ …答

ちょっとでも楽したいキミへのプレゼント。"数楽"だもの。

ポイント
[式の展開] ① 公式にあてはまるかどうか調べる。
　　　　　　　{ 公式にあてはまるもの ⟹ 速く正確に展開する
　　　　　　　　公式にあてはまらないもの ⟹ 分配法則や縦書きの方法
　　　　　　　　　　　　　　　　　　　　　　（p.12 参照）
　　　　　② 工夫の必要な展開 { **おき換え**
　　　　　　　　　　　　　　　　　順序を考える
　　　　　　　　　　　　　　　　　組み合わせ方を工夫する
[式の整理] 答えは，**降べきの順**や**サイクリックの順**に整理しておく。

類題 13 次の式を展開せよ。
(1) $(x+2y-3z)^2$ 　　(2) $(x+2y)^2(x-2y)^2$
(3) $(x-2)(x-1)(x+1)(x+2)$ 　　(4) $(a^2+a+1)(a^2-a+1)$

5 因数分解

因数分解は中学でも学習しているが，もう一度とり上げよう。高校での因数分解は，使う公式が増えただけでなく，「たすきがけ」や工夫の必要な因数分解など，中学と比べるとかなり高度になってくる。そろそろ気をひき締めてかからないと取り残されるぞ！
整式をいくつかの整式の積の形で表すことを**因数分解**といい，積を作る各整式を**因数**という。したがって，**因数分解は展開の逆の操作**なのだ。

基本例題 14　共通因数をくくり出す

ねらい　共通因数をみつけ，因数分解すること。

次の各式を因数分解せよ。
(1) $6x^2yz - 2xy^2z$
(2) $(a-b)x + (b-a)y$

解法ルール
1. 整式の各項に共通な因数をみつけ出す。
2. 共通な因数をくくり出す。

$$ma + mb = m(a+b) \qquad ma - mb = m(a-b)$$

共通因数があればくくり出すこと。これが，すべての因数分解の出発点。

解答例
(1) $6x^2yz - 2xy^2z = \mathbf{2xyz(3x-y)}$ …答
(2) $(a-b)x + (b-a)y = \underline{(a-b)x} - \underline{(a-b)y}$
$\qquad = \mathbf{(a-b)(x-y)}$ …答

類題 14　次の各式を因数分解せよ。
(1) $6xy^3 - 9x^2y^2$
(2) $a(x-y) + b(y-x)$

基本例題 15　公式による因数分解

テストに出るぞ！

ねらい　公式を正確に使って，因数分解すること。

次の各式を因数分解せよ。
(1) $4x^2 - 12xy + 9y^2$
(2) $3x^3y - 12xy^3$

解法ルール
1. あてはまる公式をみつけ，正確に適用する。

$$\begin{cases} \text{I} & a^2 \pm 2ab + b^2 = (a \pm b)^2 \quad \text{〔複号同順〕} \\ \text{II} & a^2 - b^2 = (a+b)(a-b) \end{cases}$$

← 左の公式の記号 $\pm$ や $\mp$ を**複号**という。

2. 共通因数があれば，まずくくり出す。

解答例
(1) $4x^2 - 12xy + 9y^2 = (2x)^2 - 2(2x)(3y) + (3y)^2 = \mathbf{(2x-3y)^2}$ …答
$ \bigcirc^2 \quad -2\bigcirc\triangle \quad + \triangle^2 = (\bigcirc - \triangle)^2$

(2) まず共通因数をくくり出す。
$3x^3y - 12xy^3 = 3xy(x^2 - 4y^2) = \mathbf{3xy(x+2y)(x-2y)}$ …答
$ (\bigcirc^2 - \triangle^2) = \quad (\bigcirc + \triangle)(\bigcirc - \triangle)$

$\bigcirc^2 - \triangle^2$ を見たら $(\bigcirc + \triangle)(\bigcirc - \triangle)$

類題 15 次の各式を因数分解せよ。

(1) $x^2-6xy+9y^2$　　(2) $9x^2+30xy+25y^2$

(3) $9a^2-16b^2$　　(4) $2x^2y-18y^3$

基本例題 16　たすきがけ（2 次 3 項式の因数分解）

テストに出るぞ！

次の各式を因数分解せよ。

(1) x^2+3x+2　　(2) $x^2-2x-15$

(3) $3x^2-11x+6$　　(4) $6x^2+x-12$

ねらい
2 次 3 項式を因数分解すること。「たすきがけ」の方法を知り，正しく用いる。

解法ルール **1** 2 次 3 項式の因数分解は，次の公式を用いる。

Ⅲ　$x^2+(a+b)x+ab=(x+a)(x+b)$

Ⅳ　$acx^2+(ad+bc)x+bd=(ax+b)(cx+d)$

2 たすきがけ

公式Ⅳの a，b，c，d のみつけ方

a ╳ $b \longrightarrow bc$
c ╳ $d \longrightarrow ad$
―――――――――――
ac　bd　$ad+bc$
↑2 次の係数　↑定数項　↑1 次の係数

公式Ⅲは公式Ⅳの特別な場合である。

公式Ⅲの a，b のみつけ方

1 ╳ $a \longrightarrow a$
1 ╳ $b \longrightarrow b$
―――――――――――
1　ab　$a+b$
↑2 次の係数　↑定数項　↑1 次の係数

解答例 (1) x^2+3x+2

1 ╳ 1 ⟶ 1
1 ╳ 2 ⟶ 2
―――――――
1　2　3

与式$=(x+1)(x+2)$ …答

(2) $x^2-2x-15$

1 ╳ 3 ⟶ 3
1 ╳ −5 ⟶ −5
―――――――
1　−15　−2

与式$=(x+3)(x-5)$ …答

−15 は 3 と −5 のほかに 5 と −3，1 と −15，−1 と 15 に分けられる。和が −2 になるものをみつける。

(3) $3x^2-11x+6$

$ac=3$，$bd=6$ で，$ad+bc=-11$ となるものをみつける。

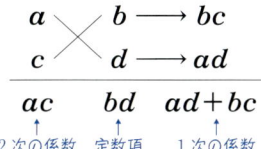

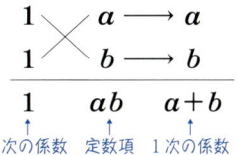

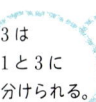

1 ╳ −6 ⟶ −18
3 ╳ −1 ⟶ −1
―――――――
3　6　−19
（不適）

1 ╳ −3 ⟶ −9
3 ╳ −2 ⟶ −2
―――――――
3　6　−11
（適）

3 は 1 と 3 に分けられる。

6 は −1 と −6，−3 と −2 に分けるとよい。1 次の係数が −11 となるものをみつけるのだから，正の数に分けても意味がない！

与式$=(x-3)(3x-2)$ …答

公式で $a=1$，$b=-3$，$c=3$，$d=-2$ となればよい。

(4) $6x^2+x-12$

$ac=6$，$bd=-12$ で，$ad+bc=1$ となるものをみつける。

$(a,\ c)=(1,\ 6)$，$(2,\ 3)$

$(b,\ d)=(\pm1,\ \mp12)$，$(\pm2,\ \mp6)$，$(\pm3,\ \mp4)$，
$(\pm4,\ \mp3)$，$(\pm6,\ \mp2)$，$(\pm12,\ \mp1)$

（それぞれ複号同順）

以上の組み合わせの中から，適するものをみつける。

← これだけの場合があれば，1 回でみつけられるのは天才だけ。

```
 2       3  ⟶   9
    ✕
 3      −4  ⟶  −8
─────────────────
 6      −12     1
```
与式 $=(2x+3)(3x-4)$ …答

← 1╲╱1 2╲╱2
  6 −12 3 −6
だと，6や2, 3という共通因数があることになるから，このような組み合わせは除外できる！

類題 16 次の各式を因数分解せよ。

(1) x^2-5x+6 (2) x^2-5x-6 (3) $a^2+3ab-18b^2$

(4) $4x^2-11x+6$ (5) $4a^2+7a-2$ (6) $6x^2-x-15$

(7) $6x^2-5xy-6y^2$ (8) $3a^2-14ab+8b^2$ (9) $3a^2-7ab+2b^2$

基本例題 17 共通因数をくくり出してから公式を利用する因数分解

次の式を因数分解せよ。

(1) $3x^3-27x$ (2) $2x^2+8x+8$

(3) $2x^2-12xy+10y^2$

ねらい 共通因数をくくり出すこと。

テストに出るぞ！

解法ルール (1) 共通因数があれば，まずくくり出す。
(2) 次に，公式にあてはめる。

解答例 (1) $3x^3-27x=3x(x^2-9)$
$=3x(x+3)(x-3)$ …答

(2) $2x^2+8x+8=2(x^2+4x+4)$
$=2(x+2)^2$ …答

(3) $2x^2-12xy+10y^2=2(x^2-6xy+5y^2)$
$=2(x-y)(x-5y)$ …答

ポイント [因数分解の手順]

① **共通因数**があれば，まずくくり出す。
$$ma+mb=m(a+b) \quad ma-mb=m(a-b)$$

② 公式にあてはめる。

Ⅰ $a^2+2ab+b^2=(a+b)^2$
  $a^2-2ab+b^2=(a-b)^2$ \} 2次3項式（平方公式）

Ⅱ $a^2-b^2=(a+b)(a-b)$ （2乗の差）

Ⅲ $x^2+(a+b)x+ab=(x+a)(x+b)$

Ⅳ $acx^2+(ad+bc)x+bd=(ax+b)(cx+d)$ \} 2次3項式はたすきがけ

覚え得

類題 17 次の各式を因数分解せよ。

(1) $3x^2-12x+12$ (2) $2x^2-6x+4$

(3) $2a^3b-18ab^3$ (4) $-12x^3y-10x^2y^2+12xy^3$

1章 数と式

応用例題 18 　おき換えによる因数分解

次の各式を因数分解せよ。
(1) $(x^2+2x)^2-2(x^2+2x)-3$ 　　(2) a^4-b^4

ねらい：おき換えにより，公式にあてはめて因数分解すること。

解法ルール
1. 公式が使えるようにおき換える。
2. 因数分解できるものは，最後まで因数分解する。

解答例
(1) $x^2+2x=t$ とおくと
与式 $=t^2-2t-3=(t-3)(t+1)$
　　$=(x^2+2x-3)(x^2+2x+1)$ ← t をもとにもどす。
　　$=(x+3)(x-1)(x+1)^2$ …答
（まだ因数分解できる。）

(2) $a^4-b^4=(a^2)^2-(b^2)^2$
　　　$=(a^2-b^2)(a^2+b^2)$
　　　$=(a+b)(a-b)(a^2+b^2)$ …答
（おき換えたつもりで因数分解。）

まだ因数分解できる因数はそのままにしておかないで，最後まで因数分解しておくんだよ！！

類題 18 次の各式を因数分解せよ。
(1) $(x^2-4x)^2-2(x^2-4x)-15$ 　　(2) a^8-b^8

応用例題 19 　1文字で整理する因数分解

次の各式を因数分解せよ。
(1) $a^2-c^2-ab+bc$
(2) $a(b^2-c^2)+b(c^2-a^2)+c(a^2-b^2)$

ねらい：1文字で整理して，因数分解すること。
① 次数の低い文字について整理。
② 同次式は1つの文字について整理。

解法ルール
1. **次数の低い文字**について整理する。
2. どれも同じ次数のときは，**1つの文字**について整理。

解答例
(1) a については2次，b については1次，c については2次だから，b について整理する。
与式 $=-(a-c)b+(a^2-c^2)$
　　$=-(a-c)b+(a+c)(a-c)$ ← 共通因数をくくり出す。
　　$=(a-c)(a-b+c)$ …答

数学ではいつも次数の低い文字に着目するのよ。

(2) どの文字についても2次。a について整理すると
与式 $=(c-b)a^2+(b^2-c^2)a+(bc^2-b^2c)$
　　$=(c-b)a^2+(b+c)(b-c)a+bc(c-b)$
　　$=(c-b)\{a^2-(b+c)a+bc\}$
　　$=(c-b)(a-b)(a-c)$ 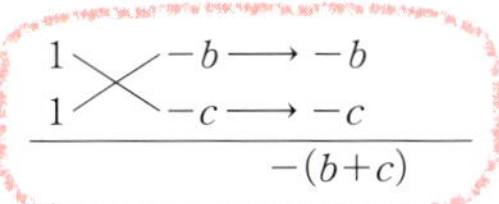
　　$=(a-b)(b-c)(c-a)$ …答

← $b-c=-(c-b)$ とみる。

サイクリックの順に整理。

類題 19 次の各式を因数分解せよ。
(1) $x^3-2x^2y-x^2+2y$ 　　(2) $a^2(b-c)+b^2(c-a)+c^2(a-b)$

基本例題 20　　　　　　　　　　特徴のある因数分解

次の各式を因数分解せよ。
(1) x^4-3x^2-4
(2) x^4+x^2+1
(3) $3x^2-5xy-2y^2-2x-3y-1$

テストに出るぞ！

ねらい
特徴のある式を工夫して因数分解すること。
① 複2次式(x^2の2次式)の因数分解
② ある文字についての2次3項式の因数分解

解法ルール　(1), (2)は x^2 の2次式(**複2次式**という)

1 複2次式は $\begin{cases} x^2 \text{を1文字でおき換え} \\ (x^2+\bigcirc)^2-(\triangle x)^2 : \textbf{2乗の差}をつくる \end{cases}$

(3)は x で整理すると，x の2次3項式。

2 2次3項式は，たすきがけ。

解答例
(1) $x^2=t$ とおくと
　　与式 $= t^2-3t-4 = (t-4)(t+1)$
　　　　$= (x^2-4)(x^2+1)$
　　　　$= \boldsymbol{(x+2)(x-2)(x^2+1)}$ …答

(2) $x^4+x^2+1 = x^4+2x^2+1-x^2$　← x^4 と 1 がある。あと何があれば平方の形になるか。
　　　　　　　　$= (x^2+1)^2-x^2$　← 2乗の差ができれば因数分解できる。
　　　　　　　　$= \{(x^2+1)+x\}\{(x^2+1)-x\}$
　　　　　　　　$= \boldsymbol{(x^2+x+1)(x^2-x+1)}$ …答

$x^2=t$ とおいても因数分解できない。

(3) x について整理すると
　　与式 $= 3x^2-(5y+2)x-(2y^2+3y+1)$
　　　　$= 3x^2-(5y+2)x-(2y+1)(y+1)$
　　　　$= \{x-(2y+1)\}\{3x+(y+1)\}$
　　　　$= \boldsymbol{(x-2y-1)(3x+y+1)}$ …答

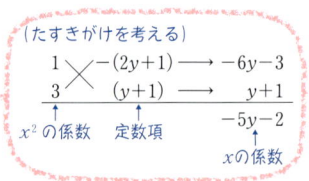

（たすきがけを考える）
$\begin{array}{ccc} 1 & \diagdown & -(2y+1) \longrightarrow -6y-3 \\ 3 & \diagup & (y+1) \longrightarrow y+1 \\ & & \overline{-5y-2} \end{array}$
x^2の係数　定数項　　　xの係数

ポイント　[工夫が必要な因数分解を考えるキー]

① **共通因数**があれば，まずくくり出す。
② **おき換えて公式へ**
③ **1文字で整理**(次数の低い文字に着目)する
④ **特徴のある因数分解** —— 式の特徴を見ぬく
　● 複2次式は $\begin{cases} x^2=t \text{ とおき換え} \\ (x^2+\bigcirc)^2-(\triangle x)^2 \text{ に変形} \end{cases}$
　● 2次3項式は，たすきがけをする。

覚え得

類題 20　次の各式を因数分解せよ。
(1) x^4-x^2-12
(2) $x^4+x^2y^2+y^4$
(3) $x^2-xy-2y^2+2x+5y-3$
(4) $2x^2-7xy+6y^2-5x+7y-3$

ポイント

[3次乗法公式]
Ⅴ　$(a \pm b)^3 = a^3 \pm 3a^2b + 3ab^2 \pm b^3$　（複号同順）
Ⅵ　$(a \pm b)(a^2 \mp ab + b^2) = a^3 \pm b^3$　（複号同順）

[3乗の和・差の因数分解公式]
$a^3 \pm b^3 = (a \pm b)(a^2 \mp ab + b^2)$　（複号同順）

発展例題 21　公式による展開(3)

ねらい　乗法公式を使って，式の展開をすること。

次の各式を展開せよ。
(1) $(3x-2y)^3$
(2) $(x+1)(x^2-x+1)$

解法ルール　どの公式にあてはめられるかを見ぬき，正確にあてはめる。
　Ⅴ　$(a \pm b)^3 = a^3 \pm 3a^2b + 3ab^2 \pm b^3$　〔複号同順〕
　Ⅵ　$(a \pm b)(a^2 \mp ab + b^2) = a^3 \pm b^3$　〔複号同順〕

● Ⅴ，Ⅵの公式は，高校で初めて学習する公式だ。まず公式を覚えてしまおう。

解答例
(1) $(3x-2y)^3 = (3x)^3 - 3 \times (3x)^2 \times 2y + 3 \times (3x) \times (2y)^2 - (2y)^3$
$= 27x^3 - 54x^2y + 36xy^2 - 8y^3$　…答

← 公式Ⅴを用いる。負の符号は交互に出る。

(2) $(x+1)(x^2 - x \times 1 + 1^2) = x^3 + 1^3 = x^3 + 1$　…答

← 公式Ⅵを用いる。

類題 21　次の各式を展開せよ。
(1) $(x+3y)^3$
(2) $(2x-3y)^3$
(3) $(x+2)(x^2-2x+4)$
(4) $(2x-3y)(4x^2+6xy+9y^2)$

発展例題 22　公式による因数分解（3乗の和・差）

ねらい　3乗の和・3乗の差の因数分解をすること。符号に注意すること。

次の式を因数分解せよ。
(1) $a^3 + 27b^3$
(2) $2x^4 - 16x$

解法ルール　1　3乗の和・3乗の差の因数分解は，次の公式を用いる。

$\begin{cases} a^3+b^3 = (a+b)(a^2-ab+b^2) \\ a^3-b^3 = (a-b)(a^2+ab+b^2) \end{cases}$

2　共通因数があれば，まずくくり出す。

WANTED 人相がき
○³±△³＝
(○±△)(○²∓○△+△²)

解答例
(1) $a^3 + 27b^3 = a^3 + (3b)^3 = (a+3b)\{a^2 - a(3b) + (3b)^2\}$
$= (a+3b)(a^2 - 3ab + 9b^2)$　…答
(2) $2x^4 - 16x = 2x(x^3-8) = 2x(x^3-2^3)$
$= 2x(x-2)(x^2+2x+4)$　…答

類題 22　次の各式を因数分解せよ。
(1) x^3+1
(2) $8a^3-b^3$
(3) $2a^4b-54ab^4$

2節 実数

数の故郷をたずねてみよう

キミたちは，これまでにいろいろな数を学んだ。小学校では自然数，0といった整数のほかに小数や分数を学び，中学ではこれらに負の数が加わり，さらにπや$\sqrt{2}$などの無理数も学んだ。われわれの祖先が何千年とかかって作り上げてきたものを，わずか10年足らずで学びとろうとしているわけである。

紀元前 (B.C.)

古代エジプト

- 紀元前3300年頃の記数法。一，十，百，…を表す象形（しょうけい）文字を用いて，10進法で数を表した。右は，23529と表したもの。

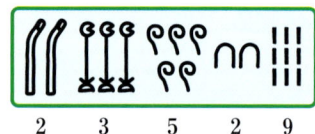

- 紀元前1650年頃に書かれた世界最古の数学書リンド・パピルス。85個の問題が出題され，分数も登場しているが，$\frac{2}{3}$以外は，すべて分子が1の分数である。

古代バビロニア

- 古代バビロニアでは紀元前4000年頃から文字が使用され，のちには楔形（くさびがた）文字を用いて，60進法で数を表した。ピタゴラスの1000年も前に，$\sqrt{2}$の近似値を求めている。

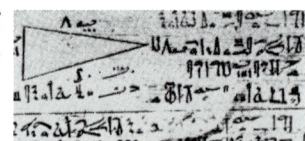

古代ギリシャ

- 紀元前600年頃 タレス，ピタゴラスなどが論証による数学の研究をはじめた。

- 紀元前300年頃 ユークリッドが古代ギリシャの数学を集大成した「原論」13巻を著した。写真は原論の一部。

紀元 (A.D.)

インド

- 7世紀頃 数としての零を発見し，それを用いた位取り記数法が完成された。そろばんの使用が，それを促したといわれる。右は当時のそろばんで27029を表す。

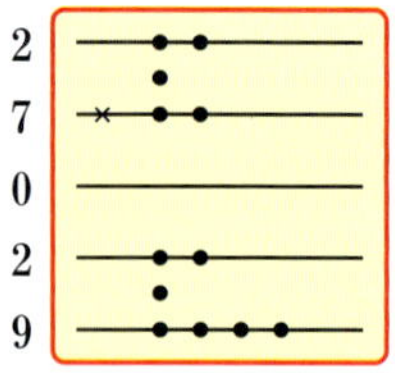

アラビア

- 9世紀頃 インド数字や，位取り記数法がアラビアに伝わり，これが今日私たちが使っているアラビア数字（算用数字）に発展した。

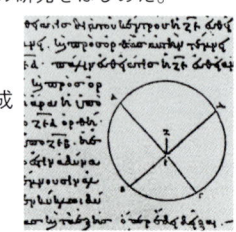

6 実数

実数の分類

$$実数\begin{cases}有理数\begin{cases}整数\begin{cases}正の整数(自然数)\\0\\負の整数\end{cases}\\分数\begin{cases}有限小数\\循環小数\end{cases}\end{cases}\\無理数(循環しない無限小数)\end{cases}$$

右側の分数・循環小数・無理数をまとめて無限小数という。

● 整数と分数をまとめて**有理数**という。

有理数は $\dfrac{m}{n}$(m, n は整数, $n \neq 0$)の形で表される。

● $\dfrac{m}{n}$ の形で表せない数が**無理数**であり, 有理数と無理数を合わせて**実数**という。

実数の小数表現

分数を小数で表すと

$\dfrac{1}{4}=0.25$, $\dfrac{13}{100}=0.13$

のように, 限りのある小数(有限小数)で表されるものと

$\dfrac{1}{3}=0.3333\cdots=0.\dot{3}$

$\dfrac{12}{37}=0.324324\cdots$
$\quad=0.\dot{3}2\dot{4}$

のように, ある数の配列が無限にくり返される**循環小数**で表されるものとがある。
無理数を小数で表すと, 無限に続き, 循環もしない小数になる。

基本例題 23 　　　　　　　　　　　　　　　　　循環小数

循環小数 $0.\dot{4}5\dot{6}$ を分数の形で表せ。

ねらい　循環小数を分数の形で表す。

解法ルール

1. 循環小数を x とおく。
2. 小数点が循環節(循環している部分)の後にくるように, 10^k を x に掛ける。……①
3. 小数点が循環節の前にくるように, 10^l を x に掛ける。……②
4. ①−②を計算し, x を求める。

解答例 $x=0.\dot{4}5\dot{6}$ とすると

$$\begin{array}{r}1000x=456.456456\cdots\\-)\quad x=\quad 0.456456\cdots\\\hline 999x=456\end{array}$$

ゆえに　$x=\dfrac{456}{999}=\dfrac{152}{333}$

つまり　$0.\dot{4}5\dot{6}=\dfrac{152}{333}$　…答

有限小数は
$0.7=\dfrac{7}{10}$, $0.57=\dfrac{57}{100}$
のように, 必ず分数に表すことができるよ!

では, 循環小数でも分数に表せるんですか? 勝手に数字を並べて…を打てばよいから, $0.\dot{4}5\dot{6}$ の場合は…?

類題 23 循環小数 $1.2\dot{3}$ を分数の形で表せ。

2 実数

● 実数の性質

❖ 実数と数直線

右の図のように，直線上に原点 O と点 E を定め，線分 OE の長さを距離の単位（つまり，OE＝1）として，O から右に **k の距離**（線分 OE の長さの k 倍）にある直線上の点に正の数 **k**，O から左に **k の距離**にある点には負の数 **−k** を対応させる。このように，各点にそれぞれ 1 つの実数を対応させた直線を**数直線**という。

実数は，大小の順序にしたがって数直線上に並んでいる。

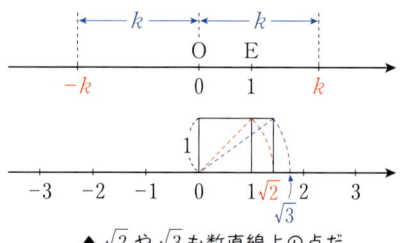

▲ $\sqrt{2}$ や $\sqrt{3}$ も数直線上の点だ

> 実数には大小の関係がある。
> 実数 a, b では，$a>b$, $a=b$, $a<b$ のいずれか 1 つだけが成り立つ。

❖ 実数の絶対値

数直線上で実数 a に対応する点と原点との距離を，a の**絶対値**といい，記号で $|a|$ と表す。
0 の絶対値は 0 である。

絶対値については，次の性質がある。

$$|a|=\begin{cases} a & (a \geqq 0 \text{ のとき}) \\ -a & (a<0 \text{ のとき}) \end{cases}$$

> a は負の数なので，$-a$ は正の数。

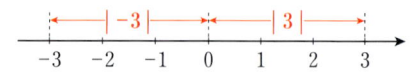

こんな性質もある
$$(実数)^2 \geqq 0$$

たとえば，$a=-2$, -1, 0, 1, 2 のとき，$|a-1|$ の値は次のようになる。

$a=-2$ のとき　$|-2-1|=|-3|=3$
$a=-1$ のとき　$|-1-1|=|-2|=2$
$a=0$ のとき　$|0-1|=|-1|=1$
$a=1$ のとき　$|1-1|=|0|=0$
$a=2$ のとき　$|2-1|=|1|=1$

また，$|x-1|$ の絶対値をはずすと

$$|x-1|=\begin{cases} x-1 & (x \geqq 1 \text{ のとき}) \\ -(x-1) & (x<1 \text{ のとき}) \end{cases}$$

となる。

中学校では，「絶対値」は学習したけど，記号は，ここで初めて習います。

7 根号を含む式の計算

平方根の意味や簡単な計算は中学で学習したね。高校数学の基礎として，平方根はどうしても必要なので，ここでもう一度復習しておく。
- 平方(2乗)すると a になる数を，a の**平方根**という。
- 正の数 a の平方根は2つあり，正の方を $\sqrt{a}$，負の方を $-\sqrt{a}$ と表す。
- 0 の平方根は 0 である。
- 負の数の平方根は実数の範囲にはない。

負でない

平方根の計算では，次の公式を用いる。

ポイント　[平方根の計算公式] $a>0$, $b>0$ のとき

I　$(\sqrt{a})^2=a$　　$\sqrt{a^2}=a$　　$\sqrt{a^2 b}=a\sqrt{b}$

II　$\sqrt{a}\sqrt{b}=\sqrt{ab}$　　$\dfrac{\sqrt{a}}{\sqrt{b}}=\sqrt{\dfrac{a}{b}}$

覚え得

基本例題 24　　平方根を含む簡単な計算

次の式を簡単にせよ。

(1) $\sqrt{(-3)^2}$　　(2) $\sqrt{12}$　　(3) $\sqrt{8}\sqrt{6}$　　(4) $\dfrac{4}{\sqrt{2}}$

(5) $\sqrt{32}-\sqrt{18}+\sqrt{50}$　　(6) $\sqrt{3}(\sqrt{6}-\sqrt{12})$

ねらい 平方根の計算公式を用いて，式を簡単にすること。

解法ルール
1. 平方根の計算公式を用いて簡単にする。
2. $m\sqrt{a}+n\sqrt{a}=(m+n)\sqrt{a}$
3. 分母に根号を含まない形で答える。

解答例
(1) $\sqrt{(-3)^2}=\sqrt{9}=3$　…答
(2) $\sqrt{12}=\sqrt{2^2\times 3}=2\sqrt{3}$　…答
(3) $\sqrt{8}\sqrt{6}=\sqrt{8\times 6}=\sqrt{4^2\times 3}=4\sqrt{3}$　…答
(4) $\dfrac{4}{\sqrt{2}}=\sqrt{\dfrac{4^2}{2}}=\sqrt{8}=2\sqrt{2}$　…答
(5) $\sqrt{32}-\sqrt{18}+\sqrt{50}=4\sqrt{2}-3\sqrt{2}+5\sqrt{2}=6\sqrt{2}$　…答
(6) $\sqrt{3}(\sqrt{6}-\sqrt{12})=\sqrt{18}-\sqrt{36}=3\sqrt{2}-6$　…答

$\sqrt{8}\sqrt{6}=2\sqrt{2}\sqrt{2\times 3}$
$\qquad =2\times 2\sqrt{3}$
でもよい。

← 分母を有理数にする。
$\dfrac{4}{\sqrt{2}}=\dfrac{4\times\sqrt{2}}{\sqrt{2}\times\sqrt{2}}$
$\qquad =\dfrac{4\sqrt{2}}{2}=2\sqrt{2}$

類題 24　次の式を簡単にせよ。

(1) $\sqrt{18}\sqrt{24}$　　(2) $\dfrac{3}{\sqrt{3}}$　　(3) $\sqrt{12}+\sqrt{\dfrac{3}{4}}$

(4) $\sqrt{8}-\sqrt{18}+6\sqrt{2}$　　(5) $5\sqrt{2}(\sqrt{8}+1)$

(6) $(2\sqrt{3}+\sqrt{2})+(5\sqrt{3}-4\sqrt{2})$　　(7) $(2\sqrt{3}+\sqrt{2})-(5\sqrt{3}-4\sqrt{2})$

2　実数

基本例題 25 　平方根を含む計算

次の計算をせよ。
(1) $(3-2\sqrt{2})^2$
(2) $(3+2\sqrt{2})(3-2\sqrt{2})$
(3) $(3\sqrt{5}+2\sqrt{2})(\sqrt{5}-\sqrt{2})$
(4) $3\sqrt{2}-\dfrac{1}{\sqrt{2}}$

ねらい 乗法公式を使って平方根を含む式を簡単にすること。分母を有理化してから計算すること。

解法ルール
1. 乗法公式が使えるものは活用する。
2. 分母を有理化してから簡単にする。

分母に根号を含まない形にすることを，分母を有理化するというのですよ。

解答例
(1) $(3-2\sqrt{2})^2 = 3^2 - 2\times 3\times 2\sqrt{2} + (2\sqrt{2})^2$
  $= 9 - 12\sqrt{2} + 8 = \mathbf{17-12\sqrt{2}}$ …答

(2) $(3+2\sqrt{2})(3-2\sqrt{2}) = 3^2 - (2\sqrt{2})^2 = 9-8 = \mathbf{1}$ …答

(3) $(3\sqrt{5}+2\sqrt{2})(\sqrt{5}-\sqrt{2}) = 3(\sqrt{5})^2 + (-3+2)\sqrt{5}\sqrt{2} - 2(\sqrt{2})^2$
  $= 15 - \sqrt{10} - 4 = \mathbf{11-\sqrt{10}}$ …答

(4) $3\sqrt{2} - \dfrac{1}{\sqrt{2}} = 3\sqrt{2} - \dfrac{\sqrt{2}}{2} = \dfrac{\mathbf{5\sqrt{2}}}{\mathbf{2}}$ …答

類題 25
次の計算をせよ。
(1) $(\sqrt{5}+\sqrt{2})^2$
(2) $(\sqrt{8}+\sqrt{3})(2\sqrt{2}-\sqrt{3})$
(3) $(\sqrt{5}-2\sqrt{3})(2\sqrt{5}+3\sqrt{3})$
(4) $(\sqrt{3}-1)^2 + \dfrac{6}{\sqrt{3}}$

基本例題 26 　分母の有理化

次の式の分母を有理化せよ。
(1) $\dfrac{1}{\sqrt{5}+\sqrt{3}}$
(2) $\dfrac{3\sqrt{5}+2\sqrt{2}}{\sqrt{5}-\sqrt{2}}$

ねらい 和と差の積の公式を使って，分母を有理化すること。

解法ルール
1. 分数の分母と分子に同じ数を掛けても値は変わらない。
2. $(\sqrt{a}+\sqrt{b})(\sqrt{a}-\sqrt{b}) = a-b$
を用いて，分母を有理化する。

解答例
(1) 与式 $= \dfrac{1\times (\sqrt{5}-\sqrt{3})}{(\sqrt{5}+\sqrt{3})(\sqrt{5}-\sqrt{3})} = \dfrac{\sqrt{5}-\sqrt{3}}{5-3} = \dfrac{\boldsymbol{\sqrt{5}-\sqrt{3}}}{\mathbf{2}}$ …答

(2) 与式 $= \dfrac{(3\sqrt{5}+2\sqrt{2})(\sqrt{5}+\sqrt{2})}{(\sqrt{5}-\sqrt{2})(\sqrt{5}+\sqrt{2})} = \dfrac{15+5\sqrt{10}+4}{5-2} = \dfrac{\mathbf{19+5\sqrt{10}}}{\mathbf{3}}$ …答

類題 26
次の(1)，(2)の式の分母を有理化せよ。また，(3)を計算せよ。
(1) $\dfrac{1}{2-\sqrt{3}}$
(2) $\dfrac{\sqrt{3}-\sqrt{2}}{\sqrt{3}+\sqrt{2}}$
(3) $\dfrac{\sqrt{3}}{1+\sqrt{3}} - \dfrac{1}{1-\sqrt{3}}$

p.25 のポイント I の $\sqrt{a^2}=a$ とあるのは，$a\geqq 0$ のときに成り立つ公式だったね。しかし，$\sqrt{(-3)^2}=3$ とできるように，**$a<0$ のときを考えよう。**

$\sqrt{a^2}$ は平方（2乗）すれば a^2 になる 0 以上の実数である。したがって，$a\geqq 0$ のとき $\sqrt{a^2}=a$，**$a<0$ のとき，$\sqrt{a^2}=-a$** である。このことから，次のようにまとめられる。

> **ポイント** ［根号のはずし方］
>
> a が実数のとき，$\sqrt{a^2}=|a|=\begin{cases} a & (a\geqq 0 \text{ のとき}) \\ -a & (a<0 \text{ のとき}) \end{cases}$

応用例題 27 $\sqrt{a^2}$ の計算

$x=a+2$ のとき，$\sqrt{x^2-8a}$ を a の式で表せ。

ねらい $\sqrt{a^2}$ の根号をはずすこと。

解法ルール
1. $x=a+2$ のとき，x^2-8a を計算する。
2. $\sqrt{a^2}=|a|$ を使って根号をはずす。

解答例 $x=a+2$ のとき
$x^2-8a=(a+2)^2-8a=a^2+4a+4-8a=a^2-4a+4=(a-2)^2$
したがって
$\sqrt{x^2-8a}=\sqrt{(a-2)^2}=|a-2|=\begin{cases} a-2 & (a\geqq 2 \text{ のとき}) \\ -(a-2) & (a<2 \text{ のとき}) \end{cases}$ …答

類題 27 $x=a-3$ のとき，$\sqrt{x^2+12a}$ を a の式で表せ。

応用例題 28 式の値

$x=\dfrac{1}{\sqrt{2}-1}$, $y=\dfrac{1}{\sqrt{2}+1}$ のとき，次の式の値を求めよ。

(1) $x+y$　　(2) xy　　(3) x^2+y^2

テストに出るぞ！

ねらい 対称式の計算方法を知ること。

対称式
x^2+y^2 のように x と y を入れ替えても変わらない式を対称式という。
対称式は，基本対称式 $\begin{cases} x+y \\ xy \end{cases}$ で表すことができる。

解法ルール
1. まず，分母の有理化をする。
2. x^2+y^2 は $x+y$ と xy で表すことができる。

解答例 $x=\dfrac{1}{\sqrt{2}-1}=\sqrt{2}+1$, $y=\dfrac{1}{\sqrt{2}+1}=\sqrt{2}-1$

(1) $x+y=(\sqrt{2}+1)+(\sqrt{2}-1)=\mathbf{2\sqrt{2}}$ …答
(2) $xy=(\sqrt{2}+1)(\sqrt{2}-1)=\mathbf{1}$ …答
(3) $x^2+y^2=(x+y)^2-2xy=(2\sqrt{2})^2-2\cdot 1=\mathbf{6}$ …答

類題 28 $x=\dfrac{1}{2-\sqrt{3}}$, $y=\dfrac{1}{2+\sqrt{3}}$ のとき，次の式の値を求めよ。

(1) x^2+y^2　　(2) x^3+y^3

応用例題 29 2重根号のはずし方

次の式を簡単にせよ。
(1) $\sqrt{7+2\sqrt{10}}$
(2) $\sqrt{7-2\sqrt{12}}$
(3) $\sqrt{12+6\sqrt{3}}$
(4) $\sqrt{2-\sqrt{3}}$

ねらい 2重根号をはずして簡単にすること。公式が使える形に変形するコツを覚えること。

解法ルール $(\sqrt{a}+\sqrt{b})^2 = a+b+2\sqrt{ab}$ だから

$a>0$, $b>0$ のとき
$$\sqrt{a+b+2\sqrt{ab}} = \sqrt{a}+\sqrt{b}$$

同様に $\sqrt{a+b-2\sqrt{ab}} = \sqrt{a}-\sqrt{b}$ ($a>b$)

これを使って簡単にする。

← $\sqrt{a+b-2\sqrt{ab}} = \sqrt{a}-\sqrt{b}$ では **a と b の大小** に気をつける。$\sqrt{A}$ は A の平方根の正の方を表している。$a<b$ なら $\sqrt{a}<\sqrt{b}$ で、$\sqrt{a}-\sqrt{b}$ は負の数になる。注意！

解答例

(1) $\sqrt{7+2\sqrt{10}}$ ← $7=a+b$, $10=ab$ となる正の数 a, b をみつける。
$\sqrt{a+b+2\sqrt{ab}}$ $10=5\times 2$, $5+2=7$

$a=5$, $b=2$ のときであるから
$\sqrt{7+2\sqrt{10}} = \sqrt{5}+\sqrt{2}$ …答

(2) $\sqrt{7-2\sqrt{12}}$ ← $7=a+b$, $12=ab$ となる正の数 a, b をみつける。
$\sqrt{a+b-2\sqrt{ab}}$ $12=4\times 3$, $4+3=7$

$a=4$, $b=3$ のときであるから ← 3 と 4 の、大きい方の数を a とする。
$\sqrt{7-2\sqrt{12}} = \sqrt{4}-\sqrt{3} = \mathbf{2-\sqrt{3}}$ …答

(3) まず、$\sqrt{p+2\sqrt{q}}$ の形になるように変形する。
$\sqrt{12+6\sqrt{3}} = \sqrt{12+2\sqrt{3^2\times 3}} = \sqrt{12+2\sqrt{27}}$ ← $2\sqrt{\bigcirc}$ の形にする
$= \sqrt{9}+\sqrt{3}$ $27=9\times 3$, $9+3=12$
$= \mathbf{3+\sqrt{3}}$ …答

(4) (3)と同様、根号内の $\sqrt{}$ の前が 2 となるように変形する。
$\sqrt{2-\sqrt{3}} = \sqrt{\dfrac{4-2\sqrt{3}}{2}} = \dfrac{\sqrt{4-2\sqrt{3}}}{\sqrt{2}}$ ← 分母、分子に 2 を掛けて、$2\sqrt{\bigcirc}$ の形にする
$= \dfrac{\sqrt{3}-\sqrt{1}}{\sqrt{2}}$ $3=3\times 1$, $3+1=4$
$= \dfrac{\mathbf{\sqrt{6}-\sqrt{2}}}{\mathbf{2}}$ …答

分母はいつでも有理化して答えるんだよね。

類題 29 次の式を簡単にせよ。
(1) $\sqrt{10+2\sqrt{24}}$
(2) $\sqrt{3-\sqrt{8}}$
(3) $\sqrt{11-4\sqrt{7}}$
(4) $\sqrt{4+\sqrt{15}}$

3節 方程式と不等式

8 1次不等式

 ここでは，不等式の性質を調べ，1次不等式の解法を考えましょう。また，不等式を用いたいろいろな問題を具体的に解決していきましょう。

　不等式には，移項ができるなど方程式と同じような性質もあるが，異なる性質もある。ここで不等式の性質をまとめておこう。

ポイント　[不等式の基本性質]
- Ⅰ　実数 a, b について，$a > b$, $a = b$, $a < b$ のどれか1つが成り立つ。
- Ⅱ　$a > b$, $b > c$ ならば，$a > c$
- Ⅲ　$a > b$ ならば，$a + c > b + c$, $a - c > b - c$ ←不等式でも移項ができることを示す性質
- Ⅳ　$a > b$ のとき，$c > 0$ ならば，$ac > bc$, $\dfrac{a}{c} > \dfrac{b}{c}$
  　　　　　　　$c < 0$ ならば，$ac < bc$, $\dfrac{a}{c} < \dfrac{b}{c}$

基本例題 30　　　　　　　　　不等式の証明(1)　　**ねらい** 不等式の基本性質を使って証明する。

$a > b$, $c > d$ のとき，次の不等式を証明せよ。
(1) $a + c > b + d$　　　　(2) $a - d > b - c$

解法ルール　不等式の基本性質Ⅱの $A > B$, $B > C$ の B を工夫する。
　　　　　　　　　　　　　　$\underset{a+c}{\uparrow}$ 　$\underset{b+d}{\uparrow}$

　　　　　　　　　　　　　　　　　　　　　　$A > B > C$
　　　　　　　　　　　　　　　　　　　　　　B をみつけだすことが決め手

解答例
(1) $a > b$ の両辺に c を加えると　$a + c > b + c$　……①　←基本性質Ⅲ
　　$c > d$ の両辺に b を加えると　$b + c > b + d$　……②
　　①，②より　$a + c > b + d$　[終] ←基本性質Ⅱ

(2) $a > b$ の両辺から d を引くと　$a - d > b - d$　……①　←基本性質Ⅲ
　　$c > d$ の両辺から b を引くと　$c - b > d - b$　……②
　　②×(−1) より　$-(c - b) < -(d - b)$　←基本性質Ⅳ
　　$b - d > b - c$　……③
　　①，③より　$a - d > b - c$　←基本性質Ⅱより

3　方程式と不等式　29

類題 30 $a>b$ のとき，次の □ にあてはまる不等号を入れよ。

(1) $a+2 \square b+2$ 　　　　(2) $2a \square 2b$

(3) $-3a \square -3b$ 　　　　(4) $-\dfrac{a}{3}+1 \square -\dfrac{b}{3}+1$

応用例題 31　　　　　　　　　　　　　不等式の証明(2)

$a>b$, $c>d$ のとき　$ac+bd>ad+bc$ を証明せよ。

ねらい　不等式の基本性質を使って証明する。

解法ルール
1. $A>B$ ならば　$A-B>0$
2. $A>0$, $B>0$ のとき　$AB>0$

（基本性質Ⅲより）

解答例　$a>b$ ならば　$a-b>0$　……①
　　　　　$c>d$ ならば　$c-d>0$　……②

（基本性質Ⅳより）

　　　①，②より　$(a-b)(c-d)>0$
　　　よって　　$ac+bd-ad-bc>0$
　　　ゆえに　　$\mathbf{ac+bd>ad+bc}$　終

特に基本性質Ⅳの，$a>b$ の両辺に c を掛けたり，両辺を c で割るときは，c の正負に十分注意！

類題 31　$a>b>0$, $c>d>0$ のとき　$ac>bd$ を証明せよ。

応用例題 32　　　　　　　　　　　　　とりうる範囲

$-2 \leqq x \leqq 1$, $-3 \leqq y \leqq 2$ のとき，次の式のとりうる値の範囲を求めよ。

(1) $2x+3y$ 　　　　(2) $2x-3y$

ねらい　式のとりうる値の範囲を求める。

解法ルール　基本例題 30 の結果より
　　$a>b$, $c>d \longrightarrow a+c>b+d$
　　　　　　　　　　　　$a-d>b-c$

解答例
(1)　$-2 \leqq x \leqq 1$ より　　$-4 \leqq 2x \leqq 2$
　　$-3 \leqq y \leqq 2$ より　　$-9 \leqq 3y \leqq 6$
　　辺々加えて　$\mathbf{-13 \leqq 2x+3y \leqq 8}$　…答

(2)　　　　　　　　　　　　　$-4 \leqq 2x \leqq 2$
　　$-9 \leqq 3y \leqq 6$ より　$-6 \leqq -3y \leqq 9$
　　辺々加えて　$\mathbf{-10 \leqq 2x-3y \leqq 11}$　…答

辺々加えるのはOK
　　$A>B$
　+)　$C>D$
　―――――――
　$A+C>B+D$

辺々引くのはダメ
　　$A>B$
　−)　$C>D$
　―――――――
　$A-C>B-D$

辺々加えられるよう変形
　　$A>B$
　+)　$-D>-C$
　―――――――
　$A-D>B-C$

類題 32　$-1 \leqq x \leqq 3$, $-2 \leqq y \leqq 4$ のとき，次の式のとりうる値の範囲を求めよ。

(1) $x+y$ 　　　　(2) $3x-y$ 　　　　(3) $-2x+3y$

「80円のりんごと50円のみかんを合わせて10個買い，600円以下にしたい。りんごは何個まで買えるか。」という問題に対しては，りんごの個数を x として，不等式 $80x+50(10-x) \leqq 600$ を満たす整数 x を求めればよい。

このように，**xの1次式を使った不等式**を**1次不等式**といい，それにあてはまる**xの値**を，この**不等式の解**という。また，**解を求めること**を**不等式を解く**という。

基本例題 33　　1次不等式の解法

次の不等式を解け。

(1) $2(3x-4) > 3x-14$　　(2) $\dfrac{x}{5}+1 > 2+\dfrac{x-1}{3}$

ねらい　1次不等式を解くこと。

解法ルール
1. 方程式と同じように移項して $ax > b$ まで計算する。
2. $ax > b$ のとき，a の正負を考え，両辺を a で割る。
3. (2)は，両辺に15を掛けて不等式を簡単にする。

$ax > b$ の解は
$a > 0$ のとき
　$x > \dfrac{b}{a}$
$a < 0$ のとき
　$x < \dfrac{b}{a}$

解答例
(1) 　$2(3x-4) > 3x-14$
　　　$6x-8 > 3x-14$
　　　$6x-3x > -14+8$　　←移項する
　　　$3x > -6$　　よって　$x > -2$　…答

(2) 　$\dfrac{x}{5}+1 > 2+\dfrac{x-1}{3}$ の両辺に15を掛けると
　　　$3x+15 > 30+5x-5$
　　　移項して　$-2x > 10$　　←不等号の向きが変わる。
　　　両辺を -2 で割って　$x < -5$　…答

ポイント　[1次不等式の解法]
① 1次方程式と同じように，移項して両辺を計算する。
② $ax > b$ または $ax < b$ の形にする。
③ a の正負を考え，$x > \dfrac{b}{a}$ や $x < \dfrac{b}{a}$ として解を得る。

類題 33　次の不等式を解け。

(1) $3x+2 < 10-3(x-2)$　　(2) $\dfrac{2}{3}(x-2) < \dfrac{3x+4}{2}$

3　方程式と不等式

基本例題 34 　連立1次不等式の解

連立不等式 $\begin{cases} 2x-3(x-2) \geqq 4(2x-3) \\ \dfrac{3x+4}{2} + \dfrac{x+4}{3} > -4 \end{cases}$ を解け。

ねらい　同時に満たす部分を求める。

同時に満たす場合は共通部分。

解法ルール
1. それぞれの1次不等式を解く。
2. その解を数直線上に表し，同時に満たす x の範囲を求める。

解答例
$2x-3(x-2) \geqq 4(2x-3)$
$2x-3x+6 \geqq 8x-12$
$-9x \geqq -18$ より　$x \leqq 2$ ……①

$\dfrac{3x+4}{2} + \dfrac{x+4}{3} > -4$ の両辺に 6 を掛けて
$3(3x+4)+2(x+4) > -24$
$9x+12+2x+8 > -24$
$11x > -44$ より　$x > -4$ ……②

①，②より　$-4 < x \leqq 2$ …答

①，②を数直線上にとると

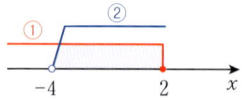

類題 34 　連立不等式 $\begin{cases} 3x-(4-2x) > x-8 \\ \dfrac{x+4}{3} \geqq \dfrac{3x-5}{2} - \dfrac{1}{4} \end{cases}$ を解け。

基本例題 35 　1次不等式の応用

6%の食塩水が 450 g ある。これに食塩を加えて 10% 以上の食塩水にするためには，食塩を何 g 以上加えればよいか。

ねらい　1次不等式を使って文章題を解くこと。

解法ルール
1. 加える食塩の量を x g とし，不等式を作る。
2. 作った不等式を解く。

解答例　6%の食塩水 450 g に含まれる食塩の量は
$450 \times 0.06 = 27 (g)$
x g の食塩を加えると，食塩は $(27+x)$ g
　　　　　　　　　　　　食塩水は $(450+x)$ g

よって　$27+x \geqq 0.1(450+x)$
両辺を 10 倍して　$270+10x \geqq 450+x$
$9x \geqq 180$
$x \geqq 20$

　　20 g 以上の食塩を加えればよい …答

食塩の量を比較する。

類題 35 　10%の食塩水と 20%の食塩水を混ぜて，16%以上の食塩水を 500 g 作るには，20%の食塩水を何 g 以上混ぜればよいか。

9 絶対値を含む方程式・不等式

p. 24 にあるように，$|x|$ は原点と実数 x との距離を表すから，一般に次のことが言える。

ポイント ［絶対値を含む方程式・不等式］
$a>0$ のとき　方程式 $|x|=a$ の解は　$x=\pm a$
　　　　　　　不等式 $|x|<a$ の解は　$-a<x<a$
　　　　　　　不等式 $|x|>a$ の解は　$x<-a,\ a<x$

基本例題 36　　　　　　　　　　　　絶対値を含む方程式・不等式

次の方程式，不等式を解け。
(1) $|x-2|=3$　　　　(2) $|x-3|\leqq 2$

ねらい
絶対値が含まれた方程式や不等式を解く。

解法ルール (1) $|A|=3$ を満たす A は $3,\ -3$ である。
(2) $|A|\leqq 2$ を満たす A は，$-2\leqq A\leqq 2$ である。

解答例 (1) $|x-2|=3$ より　$x-2=\pm 3$
　　　　　よって　$\boldsymbol{x=5,\ -1}$　…答
(2) $|x-3|\leqq 2$ より　$-2\leqq x-3\leqq 2$
　　　　　よって　$\boldsymbol{1\leqq x\leqq 5}$　…答

(1) $|x-2|$ は
$\begin{cases} x-2\ (x\geqq 2) \\ -(x-2)\ (x<2) \end{cases}$
と，絶対値記号をはずすことができる。
(2) 絶対値記号をはずして解くと
$x-3\leqq 2\ (x\geqq 3)$
　　　　…①
$-(x-3)\leqq 2\ (x<3)$
　　　　…②
①より　$3\leqq x\leqq 5$
②より　$1\leqq x<3$
よって　$1\leqq x\leqq 5$

類題 36　次の方程式，不等式を解け。
(1) $|2x-3|=2$　　(2) $|3x-5|<4$　　(3) $|x-6|\geqq 2$

応用例題 37　　　　　　　　　　　　絶対値を含む方程式

方程式 $|x-3|=2x-3$ を解け。

ねらい
「絶対値を含む式＝式」の形で表された方程式を解く。

解法ルール
1. 絶対値記号の中身の符号によって絶対値記号をはずす。
2. 得られた方程式を解いて，解が場合分けの条件を満たしているかどうか調べる。

解答例 (i) $x-3\geqq 0$ すなわち $x\geqq 3$ のとき　$|x-3|=x-3$
　　$x-3=2x-3$　　$-x=0$　　よって　$x=0$
　　これは，$x\geqq 3$ を満たさないから適さない。
(ii) $x-3<0$ すなわち $x<3$ のとき　$|x-3|=-(x-3)$
　　$-(x-3)=2x-3$　　$-x+3=2x-3$　　$-3x=-6$
　　よって　$x=2$　　これは $x<3$ を満たすから適する。
(i)，(ii)より　$\boldsymbol{x=2}$　…答

3　方程式と不等式　　33

4節 集合と論理

10 集合とその表し方

ある条件を満たすものの集まりを**集合**といい，一般に集合 A のように大文字で表す。

A
a
b

また，ある集合 A に属する1つ1つのものを**要素**といい，a が集合 A の要素であることを，$a \in A$ と書く。b が集合 A の要素でないことを，$b \notin A$ と書く。

「おいしい食べ物の集まり」は集合ではない！！
「おいしいか，おいしくないか」といったような判断基準のあいまいなものの集まりは「集合」とはいいません！

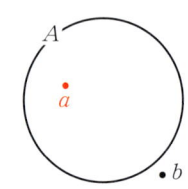

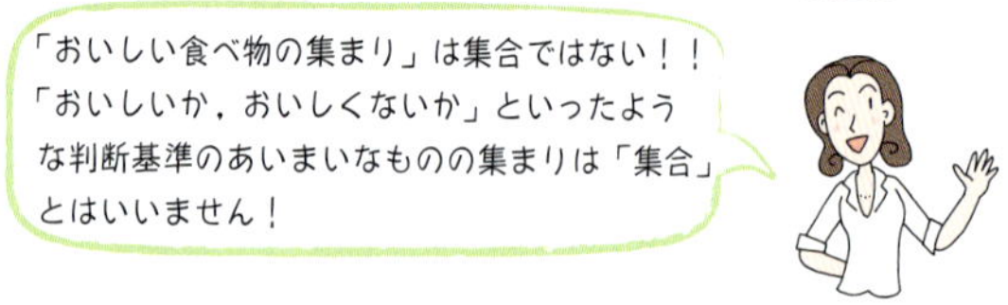

❖ 集合の表し方

$\begin{cases} \text{列記法：} A=\{1,\ 2,\ 3,\ 4,\ 5\} \\ \text{条件法：} A=\{x \mid 1 \leqq x \leqq 5,\ x \text{ は整数}\} \end{cases}$

❖ 包含関係

B
A

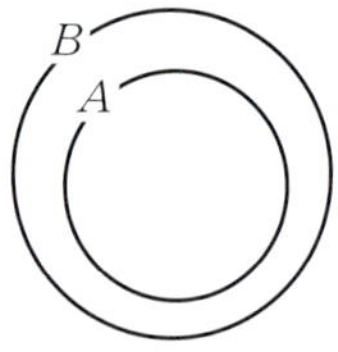

2つの集合 A，B において，A の要素がすべて B の要素であるとき，つまり，**$x \in A$ ならば $x \in B$** のとき，A は B の**部分集合**であるといい，$A \subset B$ で表す。

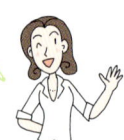

2つの集合A，B の**すべての要素が一致**しているとき，A と B は**等しい**といい，$A=B$ と表す。$A=B$ は「$A \subset B$ かつ$A \supset B$」と同じことである。

2つの集合 A，B において，**$A \subset B$ であるが $A=B$ でない**とき，A は B の**真部分集合**であるという。

記号 ⊂ や ⊃ で表される関係を，集合の**包含関係**(ほうがん)という。

❖ 空集合

要素が1つもないものも，集合の特別な場合と考えて，これを**空集合**といい，ϕ で表す。

集合 $\{1,\ 2\}$ の部分集合は，ϕ，$\{1\}$，$\{2\}$，$\{1,\ 2\}$ の4つである。

❖ 交わりと結び

A
B
A∩B

2つの集合 A，B の**両方に属している要素の集合**を，**A と B の交わり**あるいは**共通部分**といい，$A \cap B$ と表す。

$A \cap B=\{x \mid x \in A \text{ かつ } x \in B\}$

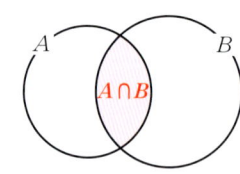

2つの集合 A, B の**少なくとも一方に属している要素の集合**を，**A と B の結び**あるいは**和集合**といい，**$A \cup B$** と表す。

$A \cup B = \{x | x \in A$ または $x \in B\}$

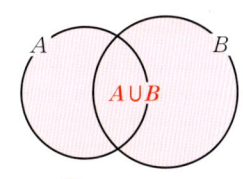

❖ 補集合

集合を扱うとき，考えているもの全体の集合を定めておいて，その部分集合だけを考えることがよくある。この場合，**考えているもの全体の集合**のことを**全体集合**といい，**U** で表す。

U の部分集合 A に属さないものの集合を，**A の補集合**といい，**$\overline{A}$** で表す。$\overline{A} = \{x | x \notin A\}$

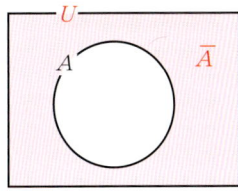

ド・モルガンの法則

$\overline{A \cap B} = \overline{A} \cup \overline{B}$
$\overline{A \cup B} = \overline{A} \cap \overline{B}$

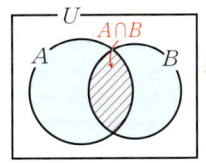

このベン図を利用してド・モルガンの法則が成り立つことを確かめてみよう。

基本例題 38　　　　集合の要素

集合 $U = \{1, 2, 3, 4, 5, 6, 7, 8\}$ の部分集合 A と B に対して $A \cap \overline{B} = \{1, 3, 4\}$，$A \cap B = \{5\}$，$\overline{A \cup B} = \{8\}$ がわかっているとき，次の集合を求めよ。

(1) $\overline{A} \cap B$　　　(2) A　　　(3) B

ねらい
ベン図を利用して，条件を満たす集合を求めること。

解法ルール　ベン図を利用して考える。

解答例　集合 A, B をベン図で表し，それぞれの部分に要素をかきこんでみる。

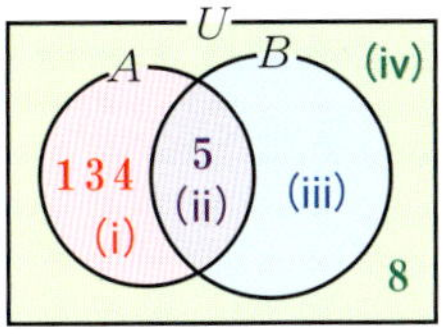

右の図で，U は4つの部分に分かれている。

(i)の部分……$A \cap \overline{B}$ だから $\{1, 3, 4\}$
(ii)の部分……$A \cap B$ だから $\{5\}$
(iii)の部分……$\overline{A} \cap B$
(iv)の部分……$\overline{A \cup B}$ だから $\{8\}$

ここで，$U = \{1, 2, 3, 4, 5, 6, 7, 8\}$ であるから，
$\overline{A} \cap B = \{2, 6, 7\}$ であることがわかる。

$A \cap \overline{B}$ は A であって B でない
$\overline{A} \cap B$ は B であって A でない
と考えるとわかりやすいよ。

(1) $\overline{A} \cap B = \{2, 6, 7\}$ …答
(2) A は(i)と(ii)の和集合であるから $A = \{1, 3, 4, 5\}$ …答
(3) B は(ii)と(iii)の和集合であるから $B = \{2, 5, 6, 7\}$ …答

ベン図のかき方
2つの集合 A, B をベン図で表すと，
$A \cap B \neq \phi$ のとき

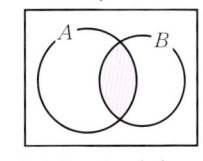

$A \cap B = \phi$ のとき

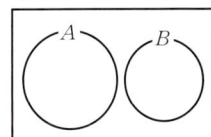

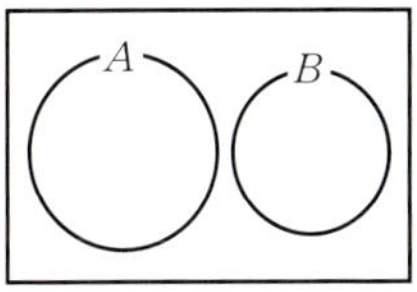

類題 38 集合 A, B において $A \cup B = \{1, 2, 3, 4, 5, 6, 7\}$, $A \cap \overline{B} = \{1, 4, 7\}$, $\overline{A} \cap B = \{3, 6\}$ であるとき, 集合 A, B を求めよ.

応用例題 39 　　　　　　　　　　　　　　　　　3つの集合

全体集合 $U = \{x \mid x \text{ は 9 以下の自然数}\}$ の部分集合 A, B, C に対して, $A = \{x \mid x \text{ は奇数}\}$, $B = \{x \mid x \text{ は 3 の倍数}\}$, $C = \{x \mid x \text{ は素数}\}$ のとき, 次の集合を要素を書き並べて表せ.
(1) A　　　　(2) B　　　　(3) C
(4) $A \cap B \cap C$　　　(5) $A \cup B \cup C$

ねらい 部分集合, 共通部分, 和集合を要素を書き並べて表す.

1 は素数ではないよ.

解法ルール $U = \{1, 2, 3, 4, 5, 6, 7, 8, 9\}$
① 要素を求め, 要素を書き並べて集合を表す.
② ベン図をかき, 要素を探す.

解答例
(1) $A = \{1, 3, 5, 7, 9\}$ …答
(2) $B = \{3, 6, 9\}$ …答
(3) $C = \{2, 3, 5, 7\}$ …答
ベン図をみて
(4) $A \cap B \cap C = \{3\}$ …答
(5) $A \cup B \cup C$
　$= \{1, 2, 3, 5, 6, 7, 9\}$ …答

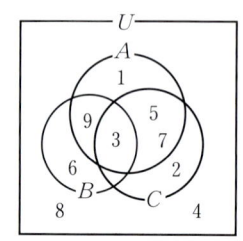

● $A \cap B \cap C$ は, 3つの集合 A, B, C のすべてに属する要素の集合.
● $A \cup B \cup C$ は, A, B, C の少なくとも 1 つに属する要素の集合.

類題 39-1 全体集合 $U = \{x \mid x \text{ は 12 以下の自然数}\}$ の部分集合 A, B, C に対して, $A = \{x \mid x \text{ は 12 の約数}\}$, $B = \{x \mid x \text{ は偶数}\}$, $C = \{x \mid x \text{ は 3 の倍数}\}$ のとき, 次の集合を, 要素を書き並べて表せ.
(1) A　　　　　　(2) B　　　　　　(3) C
(4) $A \cap B \cap C$　　　(5) $A \cup B \cup C$

類題 39-2 類題 39-1 の集合で, 次の集合を, A, B, C を使って表せ.
(1) ϕ　　　　　　(2) $\{5, 7, 11\}$

要素を書き並べる問題では, ベン図をうまく利用しよう!

11 条件と集合

❖ 命 題

正しいか正しくないかが明確に判断できるような，文章や式で書かれた事柄を**命題**という。

命題は，2つの条件 p, q について，

「p ならば q である」 または記号で 「$p \Longrightarrow q$」

の形で述べられるものが多い。

このとき，p をこの命題の**仮定**，q を**結論**という。

← 「0.0001 は小さい数である」という事柄は，小さい数の意味が不明確なので，命題とはいえない。
「0.0001 は 1 より小さい」は命題である。

❖ 条 件

文字を含む文章で，文字の値を決めると命題となるもの。

❖ 真理集合

条件 p を真にするもの全体の集合 P を p の**真理集合**という。
$P = \{x \mid x $ は条件 p を満たす$\}$

❖ 命題の真偽

命題 $p \Longrightarrow q$ が正しいとき，その命題は**真**であるといい，正しくないとき**偽**であるという。

真偽の判定には，**真理集合の包含関係**を調べるとよい。

つまり，条件 p の真理集合を P，条件 q の真理集合を Q とすると，

- 命題が真のとき以下のことが成り立つ。

 「$p \Longrightarrow q$ が真」 ならば 「$P \subset Q$」
 「$P \subset Q$」 ならば 「$p \Longrightarrow q$ が真」

- 命題が偽のとき以下のことが成り立つ。

 「$p \Longrightarrow q$ が偽」 ならば 「$P \not\subset Q$」
 「$P \not\subset Q$」 ならば 「$p \Longrightarrow q$ が偽」

命題 $p \Longrightarrow q$ が偽であることを示すには，

「p であって q ではない」 ような例を 1 つあげればよい。

このような例を**反例**という。

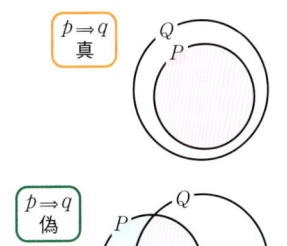

基本例題 40 　　　　　　　　　　　　命題の真偽

次の命題の真偽をいえ。
(1) $x=1$ ならば $x^2=x$ である。
(2) $1<x<5$ ならば $x\geqq 1$ である。
(3) $|x|>2$ ならば $x>2$ である。

ねらい 命題の真偽を調べること。偽の場合は反例を示すことを忘れずに。

解法ルール
1 「命題 $p \Longrightarrow q$ が真」 $\Longleftrightarrow P \subset Q$
　　または，p から q が導ければ，$p \Longrightarrow q$ は真
2 「命題 $p \Longrightarrow q$ が偽」は，反例を示す。

解答例
(1) $x^2=x$ を解くと
$x(x-1)=0$ より $x=0, 1$
よって，仮定と結論の真理集合をそれぞれ P，Q とすると
$P=\{1\}$　　$Q=\{0, 1\}$
$P \subset Q$ だから，この命題は**真**。　…答

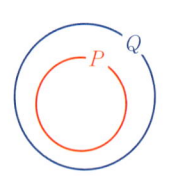

(2) $P=\{x|1<x<5\}$
$Q=\{x|x\geqq 1\}$ とすると

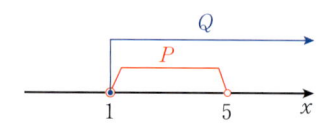

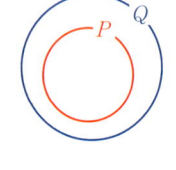

$P \subset Q$ だから，この命題は**真**。　…答

(3) $x=-3$ とすると
$|-3|>2$ だから $|x|>2$ を満たすが，
$-3<2$ だから $x>2$ を満たさない。
したがって，この命題は**偽**。　…答

← この場合 $x=-3$ のことを反例という。

類題 40 次の命題の真偽を調べよ。
(1) $x>1$ ならば $3<x<5$
(2) $ab=0$ ならば $a=0$ かつ $b=0$
(3) $x=3$ ならば $x^2-2x-3=0$
(4) $mx=my$ ならば $x=y$
(5) $x^2=y^2$ ならば $x=y$
(6) $xy>0$ ならば $x>0$ かつ $y>0$

12 必要条件と十分条件

条件 p を満たす集合を P，条件 q を満たす集合を Q とする。

命題 $p \Longrightarrow q$ が **真**
命題 $q \Longrightarrow p$ が **偽** （反例：青色の部分の要素）
このとき，p は q であるための **十分条件**
　　　　q は p であるための **必要条件**

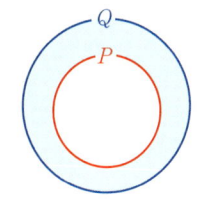

命題 $q \Longrightarrow p$ が **真**
命題 $p \Longrightarrow q$ が **偽** （反例：赤色の部分の要素）
このとき，q は p であるための **十分条件**
　　　　p は q であるための **必要条件**

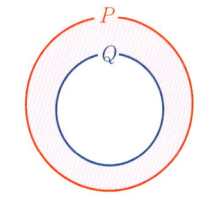

命題 $p \Longrightarrow q$ が **真**
命題 $q \Longrightarrow p$ が **真**
このとき，q は p であるための **必要十分条件**
　　　　p は q であるための **必要十分条件**
また，命題 p と命題 q は **同値** であるといい，$p \Longleftrightarrow q$ と表す。

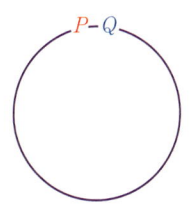

命題 $p \Longrightarrow q$ が **偽** （反例：赤色の部分の要素）
命題 $q \Longrightarrow p$ が **偽** （反例：青色の部分の要素）
このとき，
q は p であるための **必要条件でも十分条件でもない**。
p は q であるための **必要条件でも十分条件でもない**。

4 集合と論理

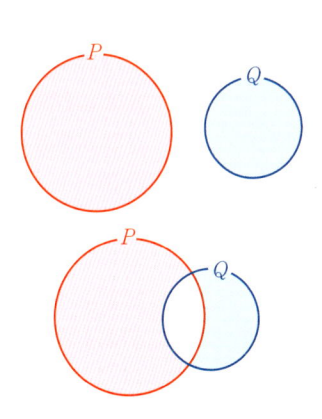

問題文をよく読んで，仮定と結論を見きわめることが大切。
「$p \Longrightarrow q$」の形に整理して真偽を判定しよう。

ポイント [必要条件・十分条件]

2つの条件 p, q について，
$p \Longrightarrow q$ が真であるとき
　　p は，q であるための**十分条件**である
　　q は，p であるための**必要条件**である
という。

覚え得
十分　　必要
$p \Longrightarrow q$
ヤリは先が必要

「～は」の方に矢印の**先**がきていれば**必要条件**。矢印の**元**がきていれば**十分条件**。

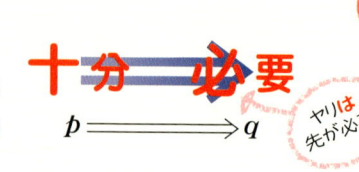

基本例題 41　　　　　　　　　　必要条件・十分条件

次の条件 p は，q であるための何条件か。また，q は p であるための何条件か。
(1) $p : 2 < x < 5$　　　$q : x > 0$
(2) $p : xy = 6$　　　　$q : x = 2, y = 3$
(3) $p : x^2 - 3x + 2 = 0$　　$q : x = 1, 2$

テストに出るぞ！

ねらい
必要・十分・必要十分条件のいずれであるかを調べること。

解法ルール　① $p \Longrightarrow q$, $q \Longrightarrow p$ のどちらが成り立つかを調べる。
　　　　　　② $p \Longrightarrow q$ が成り立つとき，矢の元が十分，先が必要。

解答例　(1)　$\{x | 2 < x < 5\} \subset \{x | x > 0\}$ より
　　　　　$p \Longrightarrow q$ は真　（$q \Longrightarrow p$ は偽）
　　　[答] p は q であるための**十分条件**
　　　　　q は p であるための**必要条件**

反例は $x = 1$

$P \subset Q$
$\Downarrow$
$p \Longrightarrow q$ が真
十分　必要

(2)　$xy = 6$ となる (x, y) は，$x = 2$, $y = 3$ のほかに，$(x, y) = (-2, -3)$, $(1, 6)$ など，いくらでもあるから
$\{(x, y) | xy = 6\} \supset \{(x, y) | x = 2, y = 3\}$ より
　　　　$q \Longrightarrow p$ は真　（$p \Longrightarrow q$ は偽）
　　　[答] p は q であるための**必要条件**
　　　　　q は p であるための**十分条件**

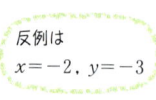

反例は $x = -2, y = -3$

← $x = 2, y = 3$ ならば $xy = 6$
ゆえに
　$q \Longrightarrow p$ は真
　$p \Longrightarrow q$ は偽
（反例：$x = 1, y = 6$）
のように示してもよい。

(3)　$x^2 - 3x + 2 = 0$　　$(x - 1)(x - 2) = 0$　　$x = 1, 2$
よって　$\{x | x^2 - 3x + 2 = 0\} = \{x | x = 1, 2\}$
したがって　$p \Longleftrightarrow q$
　　　[答] p は q であるための**必要十分条件**
　　　　　q は p であるための**必要十分条件**

1章　数と式

基本例題 42　必要・十分・必要十分条件

ねらい
条件の中から，十分条件，必要十分条件となるものを選ぶ。よく出るタイプである。しっかり理解しておこう。

$ab=0$, $a+b=0$, $a^2+b^2=0$, $ab>0$, $a+b>0$, $a^2+b^2>0$（ただし，a, b は実数）の中から，次の文にあてはまる条件を選び出せ。

(1) $a=0$ であるための十分条件は _____

(2) a も b も 0 でないための十分条件は _____

(3) a, b のうち少なくとも 1 つが 0 であるための必要十分条件は _____

(4) a, b のうち少なくとも 1 つが 0 でないための必要十分条件は _____

解法ルール

1. 各条件から a, b についての条件を求める。
2. $p \Longrightarrow q$ が真なら，p は q であるための **十分条件**
   $p \Longleftrightarrow q$ なら，p は q であるための **必要十分条件**

解答例
$ab=0 \Longleftrightarrow a=0$ または $b=0$ がいえる。
　　　　（a, b のうち少なくとも 1 つは 0）
$a^2+b^2=0 \Longleftrightarrow a=b=0$（$a$ も b も 0）がいえる。
$ab>0 \Longrightarrow a\neq 0$ かつ $b\neq 0$（a も b も 0 でない）がいえる。
$a^2+b^2>0 \Longleftrightarrow a\neq 0$ または $b\neq 0$ がいえる。
　　　　（a, b のうち少なくとも 1 つは 0 でない）
$a+b=0$, $a+b>0$ は (1)～(4) のどれにもあてはまらない。

（$a\neq 0$ かつ $b\neq 0$ ならば $ab>0$ は偽。（$ab<0$ の場合もある）

答
(1) $a^2+b^2=0$　　(2) $ab>0$
(3) $ab=0$　　(4) $a^2+b^2>0$

類題 42-1　文中の _____ に最も適するものを，下の①～④から選べ。
　① 必要条件である。　　② 十分条件である。
　③ 必要十分条件である。　　④ 必要条件でも十分条件でもない。

(1) $mx=my$ は，$x=y$ であるための _____

(2) $x=2$, $y=3$ は，$x+y=5$ であるための _____

(3) a, b が実数のとき，$a^2+b^2=0$ は $a=0$, $b=0$ であるための _____

(4) $x^2-1<0$ は，$0<x\leq 1$ であるための _____

(5) a, b が実数のとき，$a+b>0$, $ab>0$ は，$a>0$ かつ $b>0$ であるための _____

類題 42-2　a, b を実数とするとき，2 つの不等式 $a>b$, $\dfrac{1}{a}>\dfrac{1}{b}$ が同時に成立するための必要十分条件を求めよ。

13 逆・裏・対偶

● 条件の否定

条件 p に対して,「p でない」を p の**否定**といい, $\bar{p}$ で表す。

条件 p を満たす集合を P とするとき, $\bar{p}$ を満たす集合は P の補集合 $\bar{P}$ である。

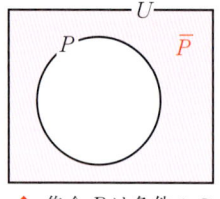

↑ 集合 P は条件 p の真理集合である。

❖ p かつ q, p または q の否定

条件と,条件を満たす集合の間には,次の関係がある。

条件	p である	p でない	p かつ q	p または q
条件を満たす集合	P	$\bar{P}$	$P \cap Q$	$P \cup Q$

集合についての**ド・モルガンの法則** $\overline{P \cap Q} = \bar{P} \cup \bar{Q}$ $\overline{P \cup Q} = \bar{P} \cap \bar{Q}$ を,条件について書きなおすと,次のようになる。

> **ポイント** [ド・モルガンの法則] 覚え得
> $\overline{p \text{ かつ } q} \iff \bar{p} \text{ または } \bar{q}$ $\overline{p \text{ または } q} \iff \bar{p} \text{ かつ } \bar{q}$

● 逆・裏・対偶

命題 $p \Longrightarrow q$ に対して,
仮定と結論をとりかえた 命題 $q \Longrightarrow p$ を**逆**
仮定と結論を否定した 命題 $\bar{p} \Longrightarrow \bar{q}$ を**裏**
逆の仮定と結論を否定した 命題 $\bar{q} \Longrightarrow \bar{p}$ を**対偶**
という。

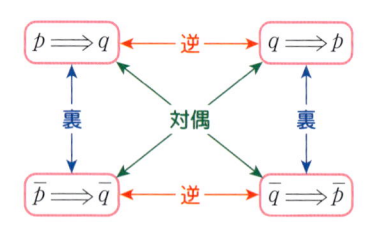

❖ 逆・裏・対偶の真偽

「$p \Longrightarrow q$ が真」 $\iff P \subset Q$ 「$\bar{q} \Longrightarrow \bar{p}$ が真」 $\iff \bar{Q} \subset \bar{P}$

右の図からわかるように,$P \subset Q \iff \bar{Q} \subset \bar{P}$ だから

$p \Longrightarrow q$ が真なら $\bar{q} \Longrightarrow \bar{p}$ も真
$p \Longrightarrow q$ が偽なら $\bar{q} \Longrightarrow \bar{p}$ も偽

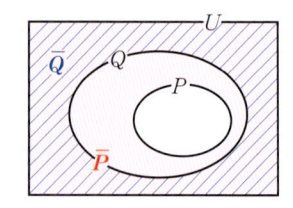

つまり,**命題とその対偶の真偽は一致**する。

ただし,命題が真でもその逆・裏は真とは限らない。

> **ポイント** [命題の逆とその真偽] 覚え得
> ● 命題の真偽とその対偶の真偽は一致する。
> ● 命題が真であっても,その逆・裏は必ずしも真ではない。

1章 数と式

基本例題 43 【否定】

次の条件の否定をつくれ。
(1) $x=1$ または $y=2$
(2) $x>1$ かつ $y<2$
(3) x と y の少なくとも一方は正

ねらい：命題の否定をつくること。

解法ルール
1. $\overline{p \text{ かつ } q} \iff \overline{p} \text{ または } \overline{q}$
2. $\overline{p \text{ または } q} \iff \overline{p} \text{ かつ } \overline{q}$

解答例
(1) $\overline{x=1} \iff x \neq 1$, $\overline{y=2} \iff y \neq 2$ だから
$x \neq 1$ かつ $y \neq 2$ …答

(2) $\overline{x>1} \iff x \leq 1$, $\overline{y<2} \iff y \geq 2$ だから
$x \leq 1$ または $y \geq 2$ …答

(3) x と y の少なくとも一方は正 $\iff x>0$ または $y>0$
$\overline{x>0} \iff x \leq 0$, $\overline{y>0} \iff y \leq 0$ だから
$x \leq 0$ かつ $y \leq 0$ …答

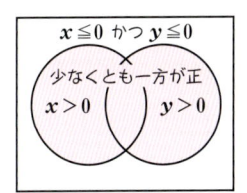

類題 43 次の条件の否定をつくれ。
(1) $p>0$
(2) $x>0$ かつ $y \leq 0$
(3) $a=0$ または $b \neq 0$
(4) $x \leq 1$ または $5<x$

基本例題 44 【逆・裏・対偶の真偽】

a, b を実数とするとき，次の命題の逆・裏・対偶をつくり，その真偽をいえ。
$a+b>0$ ならば $a>0$ または $b>0$

テストに出るぞ！

ねらい：命題の逆・裏・対偶をつくること。裏・対偶をつくるとき，仮定や結論の否定では，かつ・またはの否定に注意。

解法ルール
1. 命題 $p \Longrightarrow q$ の
逆は $q \Longrightarrow p$　裏は $\overline{p} \Longrightarrow \overline{q}$　対偶は $\overline{q} \Longrightarrow \overline{p}$
2. $\overline{p \text{ かつ } q} \iff \overline{p} \text{ または } \overline{q}$
$\overline{p \text{ または } q} \iff \overline{p} \text{ かつ } \overline{q}$

$a>0$ の否定は $a \leq 0$
$a=0$ の否定は $a \neq 0$

解答例
逆：$a>0$ または $b>0$ ならば $a+b>0$ …答
裏：$a+b \leq 0$ ならば $a \leq 0$ かつ $b \leq 0$ …答
対偶：$a \leq 0$ かつ $b \leq 0$ ならば $a+b \leq 0$ …答

[真偽] 裏は偽（反例：$a=1$, $b=-2$）
したがって，その対偶にあたる逆も偽（反例：$a=1$, $b=-2$）
対偶は明らかに真（したがって，もとの命題も真）…答

命題の真偽と対偶の真偽は一致する。

類題 44 次の命題の逆・裏・対偶をつくり，その真偽をいえ。
$x \neq 1$ ならば $x^2 \neq 1$

14 命題の証明

命題を証明するとき，証明することが難しい場合は，**対偶を使って証明**したり，**結論を否定して矛盾を導くことによって証明する方法**(**背理法**)があります。
このように間接的に証明する方法を紹介しましょう。

基本例題 45　　　　　　　　　対偶による証明

m, n は整数とする。mn が偶数ならば，m, n のうち少なくとも一方は偶数であることを証明せよ。

ねらい　対偶を用いて，命題の証明をすること。

解法ルール　まず，対偶をつくる。**対偶が真 ⟹ その命題も真**

解答例　対偶は，「m, n がともに奇数ならば mn は奇数である」
m, n が奇数だから，$m=2a+1, n=2b+1$ (a, b は整数)とおける。
$mn=(2a+1)(2b+1)=2(2ab+a+b)+1$
$2(2ab+a+b)+1$ は奇数である。
よって，mn は奇数である。　← 対偶が真であることが証明された。
したがって，**対偶であるもとの命題は真である。** 　終

類題 45　次の命題を証明せよ。
(1) 整数 n の平方 n^2 が奇数ならば，n は奇数である。
(2) a, b が実数のとき，$a^2+b^2 \leq 2$ ならば $a \leq 1$ または $b \leq 1$

応用例題 46　　　　　　　　　背理法による証明

$\sqrt{2}$ は無理数であることを証明せよ。

ねらい　直接証明できないとき，「結論を否定」して，論理を展開し，「矛盾を導く」ことによって，結論が正しかったことを，間接的に証明すること。

解法ルール
1 「結論の否定」を仮定する。
2 矛盾を導く。　　　　背理法という。

解答例　$\sqrt{2}$ が無理数でないとすると，有理数だから $\sqrt{2}=\dfrac{p}{q}$ (p, q は 1 以外の公約数をもたない正の整数)とおける。
両方を平方して分母を払うと　$2q^2=p^2$　……①
①の左辺が偶数だから，p^2 は偶数。よって，p も偶数。
$p=2k$ (k は自然数)として，①に代入して整理すると　$q^2=2k^2$　……②
②より q も偶数。すると p, q がともに偶数となり，1 以外の公約数をもたないことに反する。
したがって，$\sqrt{2}$ は有理数ではない。**無理数である。**　終

偶×偶＝偶
奇×奇＝奇
平方が偶数になるのはもとの数が偶数のとき。

類題 46　$\sqrt{2}$ が無理数であることを使って，$\sqrt{2}+1$ が無理数であることを証明せよ。

1章　数と式

定期テスト予想問題　解答→p.9~12

1 $x^2-3xy+2y^2-2x-3y-5$ ……①

について，次の問いに答えよ。

(1) x について降べきの順に整理せよ。

(2) x について何次式か。各項の係数，定定項もいえ。

HINT

1 x に着目するとき，x は文字，y は定数。

2 $A=-2x^2-x+1$, $B=-3x^2+x+2$, $C=x^2-3x-4$ のとき，次の式を計算せよ。(3)では整式 X を求めよ。

(1) $A-B+C$　　(2) $4A-3\{B-(C-2A)\}$

(3) $X+B=x^2-x-3$

2 縦書きで計算するとよい。
(2) 代入される式を簡単にしておく。
(3) $X=x^2-x-3-B$

3 次の各式を展開せよ。

(1) $(2a+b)^2$　　(2) $(x+3y)(x-3y)$
(3) $(x+5y)(x-2y)$　　(4) $(2x-5y)(3x+y)$
(5) $(x-2y)^3$　　(6) $(3x+2y)(9x^2-6xy+4y^2)$
(7) $(2x+3y-5z)^2$　　(8) $(x+y+2)(x+y-3)$
(9) $(x-1)x(x+1)(x+2)$　　(10) $(x-1)(x+1)(x^2+1)(x^4+1)$

3 (1)~(7) 公式を適用する。
(8) $x+y$ を1つの文字とみる。
(9) 組み合わせを考える。
(10) 順序を考える。

4 次の各式を因数分解せよ。

(1) $4x^2-4x+1$　　(2) x^2+6x+5
(3) $2x^2-5x+2$　　(4) $6x^2-11x-35$
(5) $3x^3+4x^2-4x$　　(6) a^3-8b^3
(7) x^4-13x^2+36　　(8) x^4-7x^2+1
(9) $2x-y+4xy-2y^2$　　(10) $(x^2+y^2)^2-4x^2y^2$
(11) $x^2y^2(x+y)-x-y$
(12) $ab(a-b)+bc(b-c)+ca(c-a)$
(13) $(x+1)(x+2)(x+3)(x+4)-3$
(14) $6x^2-5xy-6y^2+15x-16y+6$

4 (1)~(6) 公式を適用する。
(7), (8) 複2次式
(9) 次数の低い文字で整理。
(12) 1文字で整理。
(13) 組み合わせを考えて，展開して整理。
(14) 2次3項式
⟹たすきがけ

5 $x=\dfrac{\sqrt{3}-\sqrt{2}}{\sqrt{3}+\sqrt{2}}$, $y=\dfrac{\sqrt{3}+\sqrt{2}}{\sqrt{3}-\sqrt{2}}$ のとき，$3x^2-5xy+3y^2$ の値を求めよ。

5 $3x^2-5xy+3y^2$ は対称式。基本対称式 $x+y$, xy で表せる。

6 次の式を簡単にせよ。
(1) $\dfrac{1}{\sqrt{3+2\sqrt{2}}} + \dfrac{1}{\sqrt{5+2\sqrt{6}}} + \dfrac{1}{\sqrt{7+2\sqrt{12}}}$

(2) $\dfrac{1}{1+\sqrt{2}-\sqrt{3}}$

7 $\sqrt{a^2} + \sqrt{a^2-4a+4}$ を a の式で表せ。

8 $\sqrt{3}$ の整数部分を a，小数部分を b とするとき，$a+\dfrac{1}{b}$ の値を求めよ。

9 予算1500円以内で1本50円の鉛筆と1本80円のボールペンを買いたい。鉛筆をボールペンより10本多く買うことにすると，ボールペンは最大何本まで買えるか。

10 全体集合 $U=\{a, b, c, d, e, f\}$ の部分集合 A と B に対して，$\overline{A}\cap B=\{c\}$, $A\cap B=\{e\}$, $\overline{A\cup B}=\{a, f\}$ のとき，次の集合を求めよ。
(1) $A\cap\overline{B}$ 　　(2) A 　　(3) B

11 文中の ☐ に入れる語句を，次の①～④から1つずつ選べ。
① 必要条件だが十分条件でない。
② 必要条件でないが十分条件である。
③ 必要十分条件である。
④ 必要条件でもなく，十分条件でもない。
(1) 実数 x, y について，$x>1$ かつ $y>1$ であるためには $x+y>2$ かつ $xy>1$ であることは ☐
(2) 実数 x について，$-2\leqq x\leqq 4$ であるためには $|x-1|\leqq 3$ であることは ☐

12 次の命題の逆，裏，対偶を述べ，それらの真偽をいえ。
(1) $|x|=2$ ならば $x=2$
(2) $x\geqq 0$ かつ $y\geqq 0$ ならば $x+y\geqq 0$
(3) $x+y\neq 5$ または $x-y\neq 1$ ならば $x\neq 3$ または $y\neq 2$

---

6 (1) 2重根号をはずし，その分母を有理化してから和をとる。
(2) $1+\sqrt{2}$ を1つと考える。

7 $\sqrt{a^2}=|a|$
$=\begin{cases} a & (a\geqq 0) \\ -a & (a<0) \end{cases}$

8 $\sqrt{3}=1.73\cdots$
$a=1$, $b=\sqrt{3}-1$

9 ボールペンの本数を x とおき不等式を作る。

10 ベン図をかき，各部分に要素を入れれば解決できる。

11 命題 $p\Longrightarrow q$ が真であるが，命題 $q\Longrightarrow p$ が偽であるとき，q は p であるための必要条件であるが十分条件ではない。
また，p は q であるための必要条件でないが十分条件である。
$p\Longleftrightarrow q$ であるとき，q は p であるための必要十分条件である。

12

	逆	
$p\Rightarrow q$		$q\Rightarrow p$
裏	対偶	裏
$\overline{p}\Rightarrow\overline{q}$		$\overline{q}\Rightarrow\overline{p}$
	逆	

2章
2次関数 数学Ⅰ

1節 関数とグラフ

1 関数とグラフ

関数といえば，中学で習った1次関数や関数 $y=ax^2$ などを覚えているでしょう。
実は，関数 $y=ax^2$ というのは，ここで学ぶ **2次関数** の特別な形なんです。
まずは，**関数** について，もう少しくわしく調べてみましょう。

● 関数とは何か？

関数というのは，数を加工する機械のようなものだ。
たとえば，原料になる数を

　　2乗して，5を加える

という働きをもった加工機械があるとしよう。

この機械に，たとえば，原料の数3を放りこむと

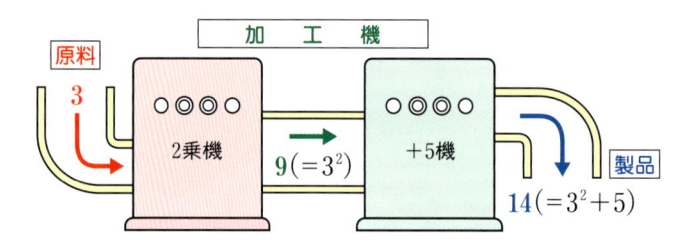

のように，順次加工されて，14という数（製品）になって出てくる。

一般に，原料の数 x を，この働きをもった加工機械に放りこむと

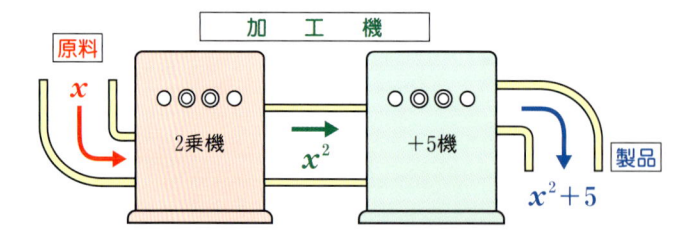

同じように加工されて，製品 x^2+5 が出てくる。

●中学で習った関数の定義は，次のようなものであった。

関数の定義
2つの変数 x, y があって，変数 x の値を決めると，それにつれて変数 y の値が1つだけ決まるとき，y は x の関数であるという。

❖ 関数の表し方

ふつう，関数は，加工のしかたの規則によって，f, g, h などの記号で表される。

たとえば，数 x（原料）を，関数 f（加工機）によって数 y（製品）に加工するようすは，

$$x \Longrightarrow \boxed{f} \Longrightarrow y$$

で表すことができる。

これを簡単に

$$x \xrightarrow{f} y \quad \text{あるいは} \quad f : x \longrightarrow y$$

と表す。

また，数値 y は関数 f によって，x から加工されたものであることがよくわかるように，

$$y = f(x)$$

（y は f によって x を加工したもの。）

と表す。

関数 f が数 x を加工するようすが具体的にわかっているときは，加工する式を書いて表す。たとえば，前ページの関数 f の場合は

$$f(x) = x^2 + 5 \quad \text{あるいは} \quad y = x^2 + 5$$

と表す。

← 関数は英語で function という。そこで，関数を表すのに f という文字を使うことが多いのである。
なお，function のもとの意味は，働き，作用，機能という意味なので，原料 x を加工する働きをもった機械であると解釈すればピッタリだ。

❖ 定義域と値域

関数 f が加工する原料である x 全体の集合を f の**定義域**といい，f がつくり出す製品である数 y 全体の集合を f の**値域**という。

f が $a \leq x \leq b$ の範囲の数を加工することを明示する場合は，

$$y = f(x) \quad (a \leq x \leq b)$$

と，定義域を（　）の中に書いておく。

そして，関数の定義域が明示されていないときは，実数全体を定義域と考えるのがふつうである。

ただし，関数が加工することのできない数があるときは，定義域が明示されていなくても，それを除外して考える。

たとえば，$f(x) = \dfrac{1}{x}$ は「x の逆数をとる」関数であるが，「0 の逆数は存在しない」から，定義域は $x = 0$ を除外して，「$x \neq 0$ である実数を定義域とする。

● 関数 $y = f(x)$ において，独立変数 x のとりうる値の集合が**定義域**である。
また，x が定義域内のすべての値をとるときの $f(x)$ の値全体の集合が**値域**である。

● 関数のグラフとは何か？

「数 x が，関数 f によって加工され，数 y になる」 ……①

これだけのことを表すのに，ずいぶんいろいろな表し方を考えたものだ。つまり，

$$x \xrightarrow{f} y, \quad f: x \longrightarrow y, \quad y = f(x) \quad 等々。$$

ここで，もう1つ，別の表し方を考えてみよう。

要は，①がわかりさえすればよいのであるから，(原料，製品)と表しておけばよい。つまり，

(原料，製品) = (x, y) = (x, $f(x)$)

これは，「原料を x 座標に，製品を y 座標にもつ点の座標」のことである。そして，これらの点 $(x, f(x))$ 全体の集合を 関数 $f(x)$ のグラフ という。また，$y = f(x)$ を グラフの方程式 という。

たとえば，関数 $y = f(x) = x + 2$
のグラフは，右の図のようになる。

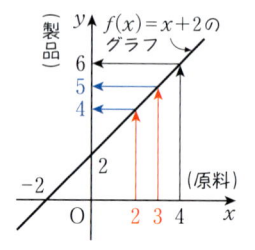

$x = 2$(原料)は，f で加工され $y = 4$(製品)になる
　　　　$\iff$ 点(2, 4)
$x = 3$(原料)は，f で加工され $y = 5$(製品)になる
　　　　$\iff$ 点(3, 5)

また，関数 $y = -2x + 1 \, (-2 \leqq x \leqq 1)$
のグラフは，右の図のようになる。

定義域(原料の範囲)が限定されているから，グラフもその範囲に限って現れることに注意しよう。

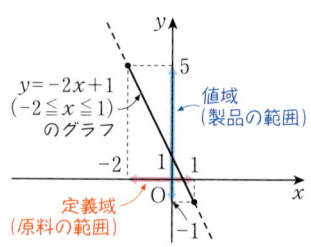

← 平面上に座標軸を定めると，その平面上の点 P の位置は，2つの数 a, b の組 (a, b) で表される。これを点 P の 座標 といい，座標が (a, b) である点 P を P(a, b) で表す。座標平面 というのは，座標軸が定められた平面のことである。

ポイント 　[関数とグラフ]

① 2つの変数 x, y があるとき，ある規則 f によって，
　　x の値を決めると，それに対応して y の値がただ1つ決まるとき，
　　y は x の関数 であるといい，$y = f(x)$ または $f: x \longrightarrow y$ で表す。

② 関数 $y = f(x)$ のグラフとは，座標平面上で，
　　x の値を x 座標に，$f(x)$ の値を y 座標にもつ点 $(x, f(x))$ 全体の集合
　　のことである。

基本例題 47　関数のグラフと値域

次の関数のグラフをかけ。また，値域を求めよ。
(1) $y=-x+3 \ (1<x<3)$
(2) $y=x^2 \ (-1\leqq x\leqq 2)$

ねらい　定義域が限定されている関数のグラフをかき，値域を求めること。

解法ルール
1. まず，定義域を実数全体と考えてグラフをかく。
2. 定義域を x 軸上に表す。
3. その範囲をグラフ上にうつしとる。←これが求めるグラフ
4. さらにその範囲を y 軸上にうつしとる。←これが値域

解答例　グラフは下の図

$x=0$ のとき $y=0$ となる。$1\leqq y\leqq 4$ としないように。

グラフの両端には，定義域に等号が入っていないときは○印を，等号が入っているときは●印を入れておこう。

値域は　$0<y<2$ …答　　値域は　$0\leqq y\leqq 4$ …答

類題 47　次の関数のグラフをかけ。また，値域を求めよ。
(1) $y=3x-2 \ (-1\leqq x<3)$
(2) $y=x^2 \ (-2<x<1)$

基本例題 48　値域と定義域

関数 $y=2x-1$ の値域が $1\leqq y\leqq 5$ であるとき，定義域を求めよ。　**テストに出るぞ！**

ねらい　関数の値域が与えられたとき，定義域を求めること。

解法ルール
1. $y=2x-1$ のグラフをかく。
2. 値域を y 軸上に表す。
3. その範囲をグラフ上にうつしとる。
4. グラフの範囲を x 軸上にうつしとる。

解答例
$y=1$ のとき　$1=2x-1$ より　$x=1$
$y=5$ のとき　$5=2x-1$ より　$x=3$
$y=2x-1$ のグラフは右のようになるから，
定義域は　$1\leqq x\leqq 3$　…答

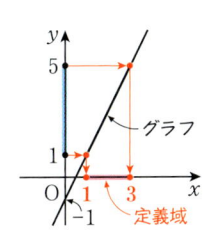

類題 48　関数 $y=-\dfrac{1}{2}x+1$ の値域が $-1<y\leqq 2$ のとき，定義域を求めよ。

2　2次関数のグラフ

　y が x の2次式で表される関数を，x の **2次関数** といいます。x の2次関数は，一般に a, b, c を実数として，$\boldsymbol{y = ax^2 + bx + c}\,(a \neq 0)$ の形で表されます。中学で習った関数 $y = ax^2 (a \neq 0)$ は，実は，この2次関数の特別な場合なのです。

　関数 $\boldsymbol{y = ax^2}\,(a \neq 0)$ のグラフが **放物線** になることは，まだキミも覚えているでしょう。では，これから学ぶ一般の2次関数のグラフも放物線になるのでしょうか？

● $y = ax^2 \,(a \neq 0)$ のグラフ

　右の図は，$y = ax^2$ の a の値をいろいろに変えてグラフをかいたものである。この図を見て，$y = ax^2$ のグラフの特徴をあげてみよう。

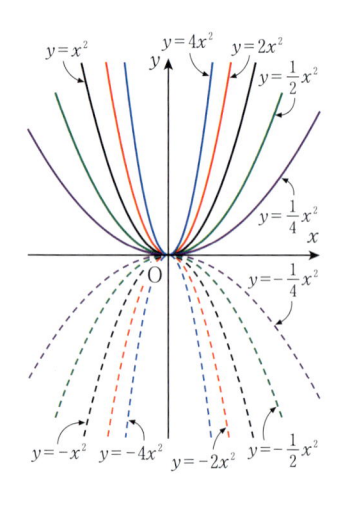

① $a > 0$ のとき ⌣ のような曲線。これを **下に凸** という。
　$a < 0$ のとき ⌢ のような曲線。これを **上に凸** という。
② 曲線の曲がり角はちょうど原点。これを **頂点** という。
③ y 軸に関して対称。対称軸を **放物線の軸** という。
④ a の値が

$$\frac{1}{4} \to \frac{1}{2} \to 1 \to 2 \to 4 \to \cdots$$

$$-\frac{1}{4} \to -\frac{1}{2} \to -1 \to -2 \to -4 \to \cdots$$

というように，絶対値が大きくなるにつれて，曲線の開き方が小さくなる。

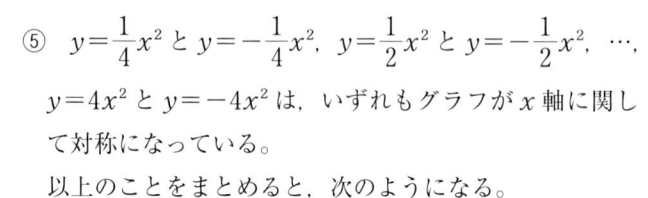

⑤ $y = \frac{1}{4}x^2$ と $y = -\frac{1}{4}x^2$，$y = \frac{1}{2}x^2$ と $y = -\frac{1}{2}x^2$，…，$y = 4x^2$ と $y = -4x^2$ は，いずれもグラフが x 軸に関して対称になっている。

以上のことをまとめると，次のようになる。

← **グラフの対称移動**
x 軸に関して対称
　→ y を $-y$ におき換える
y 軸に関して対称
　→ x を $-x$ におき換える
原点に関して対称
　→ x を $-x$ に，y を $-y$ におき換える

ポイント　[2次関数 $y = ax^2$ のグラフ]
① y 軸を軸とし，原点を頂点とする放物線。
② 定数 a が放物線の形を決めている。
　・$a > 0$ のとき下に凸，$a < 0$ のとき上に凸。
　・$y = ax^2$ と $y = -ax^2$ のグラフは同じ形で，x 軸に関して対称。
　・a の絶対値が大きいほど，曲線の開き方が小さい。

基本例題 49 　　　　　　　　　　2次関数のグラフ(1)

2次関数 $y=x^2$ または2次関数 $y=-x^2$ のグラフをもとにして，次の関数のグラフをかけ。
(1) $y=(x-1)^2$ 　　　　　　　(2) $y=-x^2+2$

ねらい $y=a(x-p)^2$ または $y=ax^2+q$ のグラフをかくこと。変数の変換と平行移動の関係を理解しよう。

解法ルール $y=x^2$ または $y=-x^2$ のグラフと比較する表を作成し，グラフをかく。

解答例 (1)

x	$\cdots$	-2	-1	0	1	2	3	$\cdots$
x^2	$\cdots$	4	1	0	1	4	9	$\cdots$
$(x-1)^2$	$\cdots$	9	4	1	0	1	4	$\cdots$

$y=(x-1)^2$ のグラフは，$y=x^2$ のグラフを x 軸方向に1だけ平行移動したもので，
軸は　直線 $x=1$，
頂点は　点 $(1,\ 0)$ である。
答 右の図

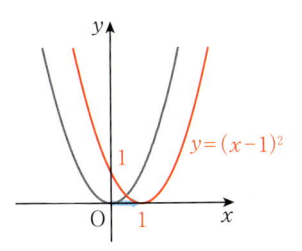

(2)

x	$\cdots$	-2	-1	0	1	2	3	$\cdots$
$-x^2$	$\cdots$	-4	-1	0	-1	-4	-9	$\cdots$
$-x^2+2$	$\cdots$	-2	1	2	1	-2	-7	$\cdots$

$y-2=-x^2$ と変形できるので，グラフは，$y=-x^2$ のグラフを y 軸方向に2だけ平行移動したもので，
軸は　直線 $x=0$，
頂点は　点 $(0,\ 2)$ である。
答 右の図

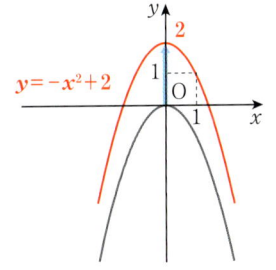

●2次関数のグラフをかくときは，放物線の**頂点の座標**と y **軸との交点の座標**を明示しておこう。（y 軸との交点の y 座標は，方程式で $x=0$ とおけば簡単に求められる。）

類題 49 2次関数 $y=2x^2$ のグラフをもとにして，次の関数のグラフをかけ。
(1) $y=2(x+1)^2$ 　　　　　　　(2) $y=2x^2-3$

$y=a(x-p)^2$ のグラフ

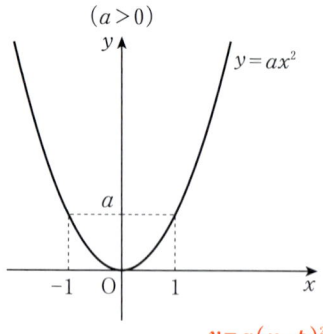

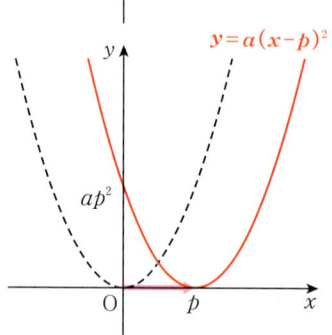

($a>0$)

基準のグラフ
$y=ax^2$ のグラフ

⬇

x が $x-p$ に
おき換わると

⬇

x 軸方向に
p だけ
平行移動する

⬇

$y=a(x-p)^2$
のグラフ

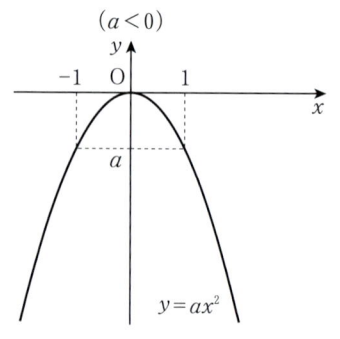

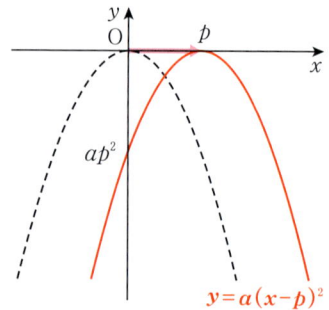

($a<0$)

$y=ax^2+q$ のグラフ

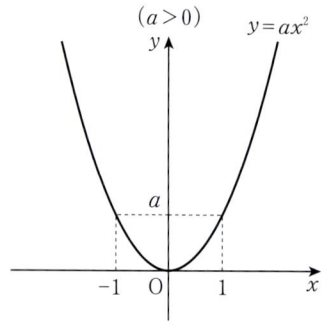

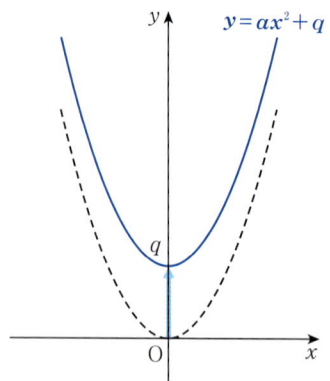

($a>0$)

基準のグラフ
$y=ax^2$ のグラフ

⬇

y が $y-q$ に
おき換わると

⬇

y 軸方向に
q だけ
平行移動する

⬇

$y=ax^2+q$
のグラフ

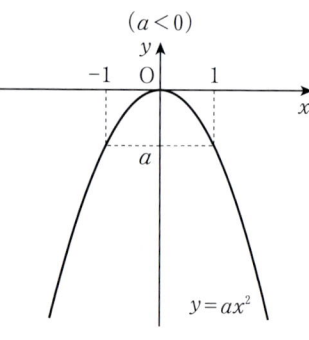

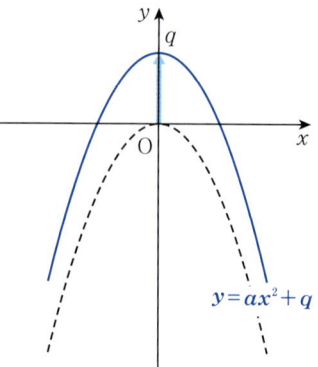

($a<0$)

$y = a(x-p)^2 + q$ のグラフ

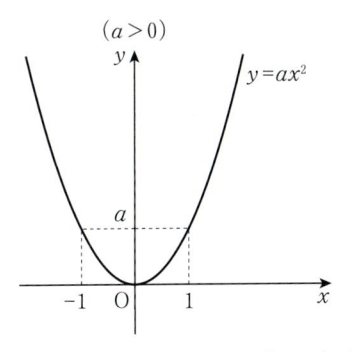

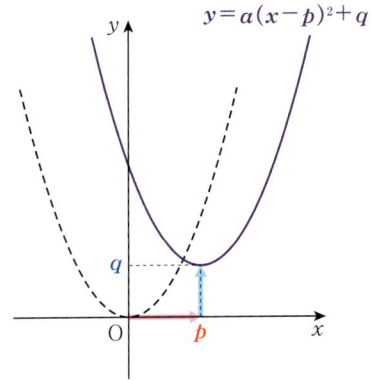

$(a > 0)$ 　$y = ax^2$

$(a < 0)$ 　$y = ax^2$

基準のグラフ
$y = ax^2$ のグラフ

↓

x が $x - p$ に
y が $y - q$ に
おき換わると

↓

x 軸方向に p
y 軸方向に q
だけ平行移動する

↓

$y = a(x-p)^2 + q$
のグラフ

まとめると
このようになるよ！

$y = a(x-p)^2 + q$ のグラフのかき方

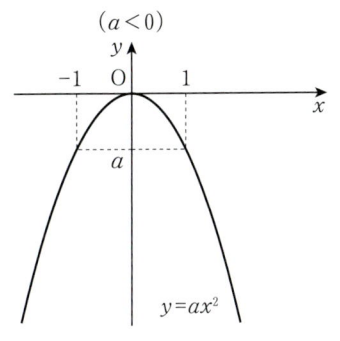

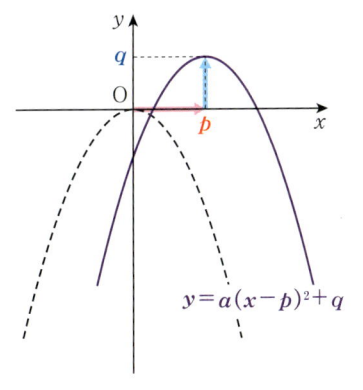

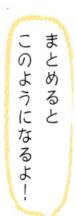

① 基準のグラフは $y = ax^2$
　$a > 0$ なら下に凸，$a < 0$ なら上に凸

② 変数が $x \to x - p$，$y \to y - q$
　におき換わると，
　x 軸方向に p，y 軸方向に q
　の平行移動。

③ まず，頂点と軸を動かしておく。
　頂点は点 (p, q)，軸は直線 $x = p$

④ 基準のグラフをうつしとる。

⑤ y 軸との交点の座標を入れる。

2つの平行移動が同時に行われているだけじゃないか！

そうね。
頂点と軸を動かしておいて，あとはグラフの形をまねるだけね！

1 関数とグラフ

基本例題 50 2次関数のグラフ(2)

次の2次関数のグラフをかけ。
(1) $y=2(x-1)^2+1$
(2) $y=-(x+1)^2-1$
(3) $y=-\dfrac{1}{2}(x-1)^2+\dfrac{1}{2}$

ねらい $y=a(x-p)^2+q$ のグラフをかくこと。

テストに出るぞ！

解法ルール $y=a(x-p)^2+q$ のグラフは，基準となるグラフ，放物線 $y=ax^2$ を「x 軸方向に p，y 軸方向に q」だけ平行移動したものである。
したがって，**頂点は点 (p, q)，軸は直線 $x=p$** である。

$y=ax^2$ は y 軸に関して対称だから $y=a(x-p)^2+q$ は y 軸に平行な直線 $x=p$ に関して対称になるよ。

解答例
(1) $y=2x^2$ のグラフを，x 軸方向に 1，y 軸方向に 1 だけ平行移動したものである。頂点は 点 $(1, 1)$，軸は 直線 $x=1$

(2) $y=-x^2$ のグラフを，x 軸方向に -1，y 軸方向に -1 だけ平行移動したものである。
頂点は 点 $(-1, -1)$，軸は 直線 $x=-1$

(3) $y=-\dfrac{1}{2}x^2$ のグラフを，x 軸方向に 1，y 軸方向に $\dfrac{1}{2}$ だけ平行移動したものである。頂点は 点 $\left(1, \dfrac{1}{2}\right)$，軸は 直線 $x=1$

答 下の図

(1) $y=2(x-1)^2+1$
$y=2x^2$

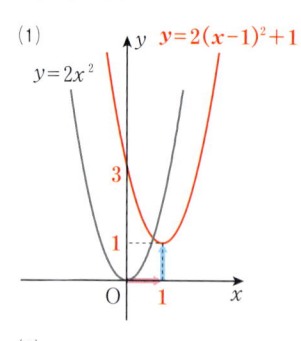

(2) $y=-x^2$
$y=-(x+1)^2-1$

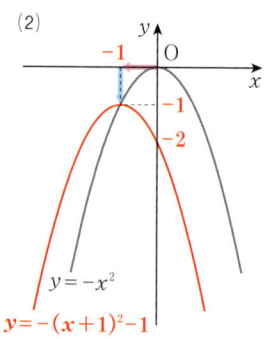

(3) $y=-\dfrac{1}{2}x^2$　$y=-\dfrac{1}{2}(x-1)^2+\dfrac{1}{2}$

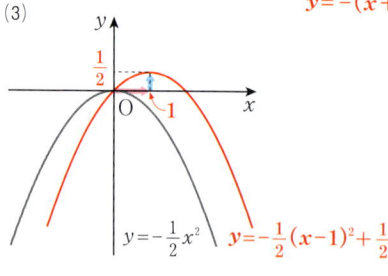

$y=a(x-p)^2+q$ の **グラフのかき方**
● 基準となるグラフ $y=ax^2$
● 平行移動の量 $y=a(x-p)^2+q$
　x 軸方向に p
　y 軸方向に q

y 軸との交点の座標も入れよう。

類題 50 次の2次関数のグラフをかけ。
(1) $y=2(x+2)^2-3$
(2) $y=-(x+1)^2+2$

2章 2次関数

● 2次関数 $y=ax^2+bx+c$ のグラフは？

2次関数の一般の形は
$$y=ax^2+bx+c \quad (a \neq 0) \quad \cdots\cdots ①$$
である。もし、①が
$$y=a(x-p)^2+q \quad \cdots\cdots ②$$
の形に変形できれば、そのグラフをかくことができるはずである。

2次関数の変身術

$$y=ax^2+bx+c$$
$$=a\left(x^2+\frac{b}{a}x\right)+c \quad \text{（a でくくる。）}$$
$$=a\left\{x^2+\frac{b}{a}x+\left(\frac{b}{2a}\right)^2-\left(\frac{b}{2a}\right)^2\right\}+c$$
$$=a\left\{x^2+\frac{b}{a}x+\left(\frac{b}{2a}\right)^2\right\}-\frac{b^2}{4a}+c$$
$$=a\left(x+\frac{b}{2a}\right)^2-\frac{b^2-4ac}{4a} \quad \cdots\cdots ③$$

（$\left(\frac{b}{2a}\right)^2$ をたして、ひく。）

③で、$p=-\frac{b}{2a}$, $q=-\frac{b^2-4ac}{4a}$ とおいてみると、①はたしかに②の形に変身している！

$$y=ax^2+bx+c \xrightarrow{変身} y=a\left(x+\frac{b}{2a}\right)^2-\frac{b^2-4ac}{4a}$$

ポイント [2次関数 $y=ax^2+bx+c$ のグラフ] 　　　覚え得

$$y=ax^2+bx+c=a\left(x+\frac{b}{2a}\right)^2-\frac{b^2-4ac}{4a}$$

① 放物線 $y=ax^2$ を、

x 軸方向に $-\frac{b}{2a}$, y 軸方向に $-\frac{b^2-4ac}{4a}$

だけ平行移動したものである。

② 頂点は　点 $\left(-\frac{b}{2a}, -\frac{b^2-4ac}{4a}\right)$,

　軸は　直線 $x=-\frac{b}{2a}$

③ $a>0$ のとき下に凸，$a<0$ のとき上に凸。

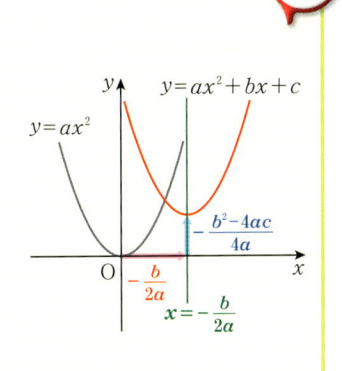

（注意） $y=ax^2+bx+c$ のグラフと y 軸との交点は、$x=0$ のとき $y=c$, よって $(0, c)$
x 軸との交点の x 座標は $y=0$ とおいた方程式 $ax^2+bx+c=0$ の解である。

基本例題 51　2次関数のグラフ(3)

次の2次関数のグラフをかけ。
(1) $y=x^2+2x+3$
(2) $y=-2x^2-x-1$

ねらい
2次関数の一般形 $y=ax^2+bx+c$ のグラフをかくこと。

解法ルール　$y=ax^2+bx+c \xrightarrow{変身} y=a\left(x+\dfrac{b}{2a}\right)^2-\dfrac{b^2-4ac}{4a}$

1. 放物線 $y=ax^2$ を

    x 軸方向に $-\dfrac{b}{2a}$, y 軸方向に $-\dfrac{b^2-4ac}{4a}$

    だけ平行移動したものである。

2. 頂点は　点 $\left(-\dfrac{b}{2a},\ -\dfrac{b^2-4ac}{4a}\right)$, 軸は　直線 $x=-\dfrac{b}{2a}$

解答例
(1) $y=x^2+2x+3$
$=(x^2+2x+1)-1+3$
$=(x+1)^2+2$

頂点は　点 $(-1,\ 2)$, 軸は　直線 $x=-1$

(2) $y=-2x^2-x-1$
$=-2\left(x^2+\dfrac{1}{2}x\right)-1$
$=-2\left\{x^2+\dfrac{1}{2}x+\left(\dfrac{1}{4}\right)^2\right\}-(-2)\times\dfrac{1}{16}-1$
$=-2\left(x+\dfrac{1}{4}\right)^2-\dfrac{7}{8}$

頂点は　点 $\left(-\dfrac{1}{4},\ -\dfrac{7}{8}\right)$, 軸は　直線 $x=-\dfrac{1}{4}$

答　下の図

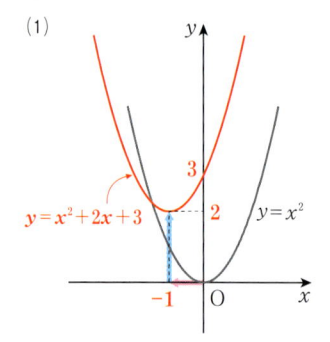

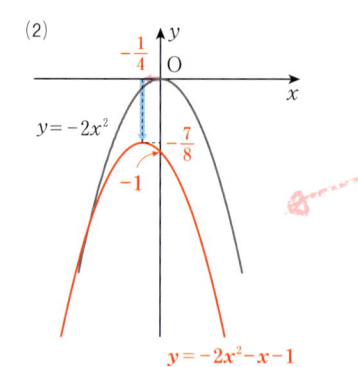

グラフをかくときは，頂点の座標と，y 軸との交点の座標を明示しておこう。

類題 51　次の2次関数のグラフをかけ。
(1) $y=x^2+4x+5$
(2) $y=-\dfrac{1}{2}x^2+x+1$

これも知っ得　グラフの平行移動

❖ x 軸方向の平行移動

関数 f のグラフを，x 軸方向に p だけ平行移動してできるグラフを関数 g のグラフとしよう。（右の図）

図から，f による $x-p$ の値 $f(x-p)$ と，g による x の値 $g(x)$ が等しいので

$$f(x-p)=g(x) \quad \cdots\cdots ①$$

よって，関数 $y=f(x)$ のグラフを x 軸方向に p だけ平行移動したグラフの方程式 $y=g(x)$ は，①より $y=f(x-p)$ である。

❖ y 軸方向の平行移動

関数 f のグラフを，y 軸方向に q だけ平行移動してできるグラフを関数 h のグラフとしよう。（右の図）

図から，f による x の値 $f(x)$ に q を加えたものが，h による x の値 $h(x)$ になるので

$$f(x)+q=h(x) \quad \cdots\cdots ②$$

よって，関数 $y=f(x)$ のグラフを y 軸方向に q だけ平行移動したグラフの方程式 $y=h(x)$ は，②より $y=f(x)+q$ つまり $y-q=f(x)$ である。

なお，座標平面上の平行移動は，x 軸方向への平行移動と，y 軸方向への平行移動の合成と考える。

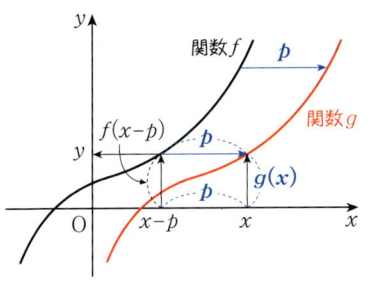

点の平行移動
点 (x_1, y_1) を，x 軸方向に p だけ，y 軸方向に q だけ平行移動した点の座標は (x_1+p, y_1+q) である。

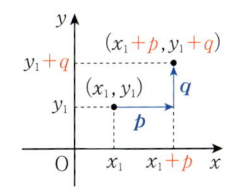

グラフの対称移動
平行移動と同様に対称移動も考えられる。ここでは詳しくは述べないが，興味のある人は，p. 52 補注欄の内容を参考に考えてみてほしい。

ポイント　[関数のグラフの平行移動]

関数 $y=f(x)$ のグラフを

① x 軸方向に p だけ平行移動したグラフの方程式は，
　x を $x-p$ におき換えて　$y=f(x-p)$

② y 軸方向に q だけ平行移動したグラフの方程式は，
　y を $y-q$ におき換えて　$y-q=f(x)$

③ x 軸方向に p，y 軸方向に q だけ平行移動したグラフの方程式は，
　x を $x-p$，y を $y-q$ におき換えて　$y-q=f(x-p)$

覚え得

1 関数とグラフ

2節 2次関数の最大・最小

3 2次関数の最大・最小

　関数 $y=f(x)$ の値域の中で最も大きい値を，関数 $f(x)$ の **最大値** といい，最も小さい値を **最小値** という。

　右の図を見ればわかるように，最大値をとるようなグラフ上の点は，グラフ上の他のどの点よりも高い位置にある。また，最小値をとるグラフ上の点は，グラフ上の他のどの点よりも低い位置にある。

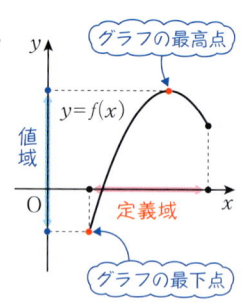

したがって，次のことがいえる。

最大値 を求めること ── グラフの **最高点** を見つけること
最小値 を求めること ── グラフの **最下点** を見つけること

1 $y=2x+1\ (x\geqq 1)$

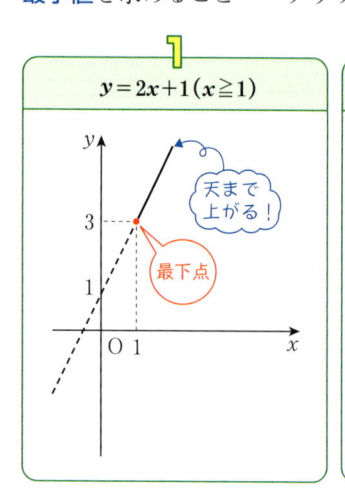

$x=1$ のとき
最小値は 3
最大値はないよ。

2 $y=-x+1\ (x\geqq 0)$

$x=0$ のとき
最大値は 1
最小値はないわ。

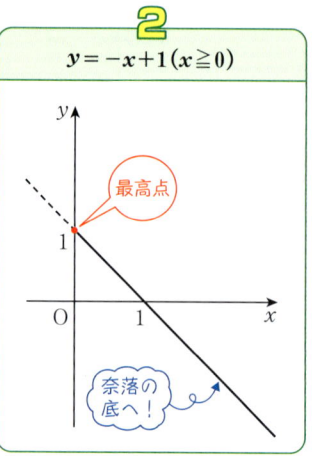

3 $y=3x-1\ (1<x\leqq 2)$

$x=2$ のとき最大値は 5
点 $(1,2)$ は最下点に見えるけど，グラフ上の点ではないので最下点ではありません。だから，この場合 **最小値はない**！

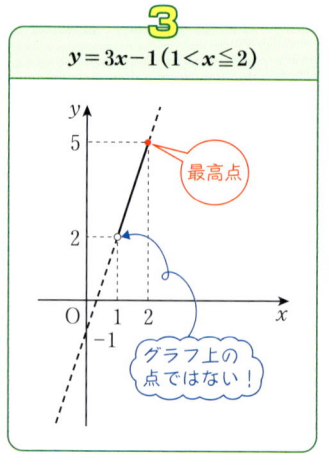

基本例題 52 　2次関数の最大・最小(1)

次の2次関数の最大値，最小値を求めよ。
(1) $y=2x^2+4x+3$ 　　(2) $y=-x^2+2x+1$

ねらい　定義域に制限がない場合について，2次関数の最大値・最小値を求めること。

テストに出るぞ！

解法ルール
1. $y=a(x-p)^2+q$ の形に変形してグラフをかく。
2. グラフの最高点，最下点を見つける。
（最高点で最大となり，最下点で最小となる。）

解答例
(1) 　$y=2x^2+4x+3$
　　　$=2(x^2+2x+1)-2\times 1+3$
　　　$=2(x+1)^2+1$

と変形できるから，グラフは頂点が点 $(-1, 1)$ で，下に凸の放物線である。
したがって，

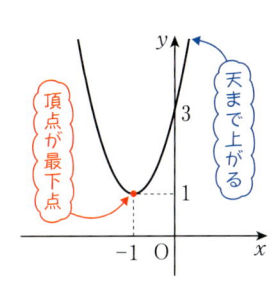

$\begin{cases} x=-1 \text{のとき，最小値　} 1 \\ \text{最大値はない} \end{cases}$ …答

（頂点が最下点／天まで上がる）

← 最大値を求めることは，グラフの最高点を見つけることである。最小値を求めることは，グラフの最下点を見つけることである。

(2) 　$y=-x^2+2x+1$
　　　$=-(x^2-2x+1)-(-1)\times 1+1$
　　　$=-(x-1)^2+2$

と変形できるから，グラフは頂点が点 $(1, 2)$ で，上に凸の放物線である。
したがって，

$\begin{cases} x=1 \text{のとき，最大値　} 2 \\ \text{最小値はない} \end{cases}$ …答

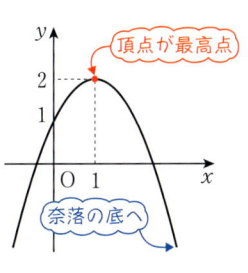

（頂点が最高点／奈落の底へ）

ポイント　[関数 $y=ax^2+bx+c$ の最大・最小]

まず，$y=ax^2+bx+c$ を $y=a(x-p)^2+q$ に変形。
$a>0$ のとき，$x=p$ で最小値 q，最大値なし
$a<0$ のとき，$x=p$ で最大値 q，最小値なし

覚え得

類題 52　次の2次関数の最大値，最小値を求めよ。
(1) $y=3x^2+1$ 　　(2) $y=x^2-2x-2$
(3) $y=-2x^2+4x-2$ 　　(4) $y=-\dfrac{1}{2}x^2-x$

基本例題 53 　2次関数の最大・最小(2)

次の2次関数の最大値，最小値を求めよ。
(1) $y=x^2-2x+3$ 　$(0 \leqq x \leqq 3)$
(2) $y=-x^2-2x+2$ 　$(0 \leqq x < 2)$
(3) $y=2x^2-4x+1$ 　$(0 \leqq x \leqq 2)$

ねらい
定義域に制限がある場合について，2次関数の最大値・最小値を求めること。

解法ルール
1. $y=a(x-p)^2+q$ と変形する。
2. 与えられた範囲(定義域)でグラフをかく。
3. グラフの**最高点，最下点**を見つける。
　(最高点で最大となり，最下点で最小となる。)

最大値・最小値を求めるときはグラフをかいて求めよう。定義域の両端で最大値・最小値をとるとは限らないのよ。

解答例
(1) $y=x^2-2x+3=(x-1)^2+2$
　$0 \leqq x \leqq 3$ の範囲でグラフをかくと，右のようになる。
　グラフより，最高点は点 $(3, 6)$，最下点は点 $(1, 2)$ である。
　したがって，
　$\begin{cases} x=3 \text{ のとき，最大値　} 6 \\ x=1 \text{ のとき，最小値　} 2 \end{cases}$ …答

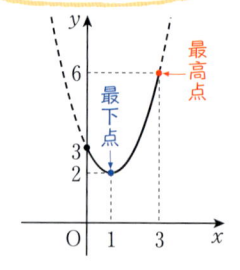

(2) $y=-x^2-2x+2=-(x+1)^2+3$
　$0 \leqq x < 2$ の範囲でグラフをかくと，右のようになる。
　グラフより，最高点は点 $(0, 2)$，点 $(2, -6)$ は最下点とはならない。
　したがって，
　$\begin{cases} x=0 \text{ のとき，最大値　} 2 \\ \text{最小値なし} \end{cases}$ …答

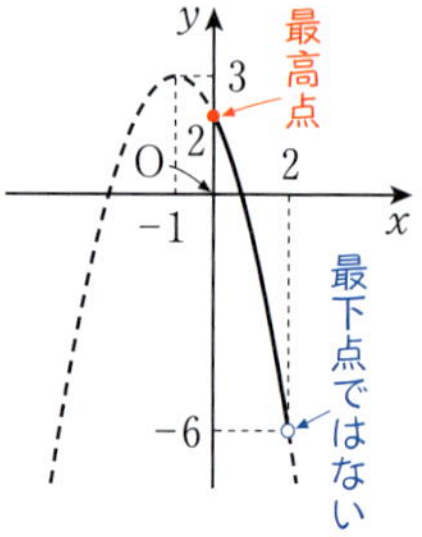

　頂点が最高点ではない！

(3) $y=2x^2-4x+1=2(x-1)^2-1$
　$0 \leqq x \leqq 2$ の範囲でグラフをかくと，右のようになる。
　グラフより，最高点は点 $(0, 1)$，$(2, 1)$，最下点は点 $(1, -1)$ である。
　したがって，
　$\begin{cases} x=0 \text{ または } x=2 \text{ のとき，最大値　} 1 \\ x=1 \text{ のとき，最小値　} -1 \end{cases}$ …答

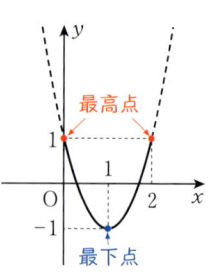

類題 53 　次の2次関数の最大値，最小値を求めよ。
(1) $y=-x^2+3$ 　$(-1 \leqq x \leqq 2)$
(2) $y=x^2-4x+2$ 　$(-1 < x \leqq 1)$
(3) $y=-\dfrac{1}{2}x^2+x+1$ 　$(0 \leqq x \leqq 2)$

応用例題 54 2次関数の決定(1)

2次関数 $f(x) = ax^2 - 2ax + b$ $(0 \leq x \leq 4)$ の最大値が 11, 最小値が 2 であるという。このとき，定数 a, b の値を求めよ。

テストに出るぞ！

ねらい
係数に文字を含む2次関数の最大値・最小値が与えられたとき，係数を決定すること。

解法ルール $f(x) = a(x-1)^2 + b - a$ と変形できるから，**軸は直線 $x = 1$** である。

したがって，**定義域と軸の位置に着目**すると，$0 \leq x \leq 4$ の範囲で

$\begin{cases} \text{軸 } x=1 \text{ に最も近いのは，} x=1 \text{ 自身} \\ \text{軸 } x=1 \text{ から最も遠いのは，} x=4 \end{cases}$

である。グラフは，$a > 0$ ならば下に凸，$a < 0$ ならば上に凸であるから，まず a の符号によって場合分けが必要だ。

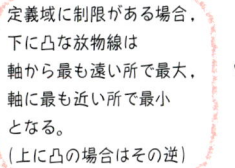

> 定義域に制限がある場合，下に凸な放物線は軸から最も遠い所で最大，軸に最も近い所で最小となる。
> （上に凸の場合はその逆）

解答例 $f(x) = ax^2 - 2ax + b = a(x-1)^2 + b - a$

よって，$y = f(x)$ のグラフの軸は　直線 $x = 1$，頂点は　点 $(1, b-a)$ である。

(i) $a > 0$ のとき

右のグラフより，$f(x)$ は $x = 1$ で最小値をとり，$x = 4$ で最大値をとる。

したがって，与えられた条件から

$f(1) = -a + b = 2$
$f(4) = 16a - 8a + b = 8a + b = 11$

この連立方程式を解くと　$a = 1$, $b = 3$ 　　$a > 0$ に適する。

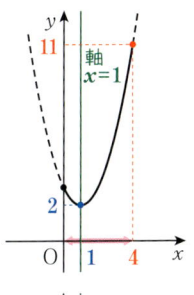

(ii) $a < 0$ のとき

右のグラフより，$f(x)$ は $x = 1$ で最大値をとり，$x = 4$ で最小値をとる。

したがって，与えられた条件から

$f(1) = -a + b = 11$
$f(4) = 8a + b = 2$

この連立方程式を解くと　$a = -1$, $b = 10$ 　　$a < 0$ に適する。

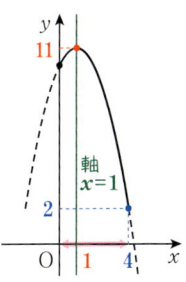

以上より，$a = 1$, $b = 3$; $a = -1$, $b = 10$ 　…答

類題 54 2次関数 $f(x) = ax^2 + 2ax + b$ $(-2 \leq x \leq 1)$ の最大値が 1, 最小値が -7 であるという。このとき，定数 a, b の値を求めよ。

基本例題 55 2次関数の決定(2)

次の条件を満たす放物線をグラフとする2次関数を求めよ。
(1) 3点 $(0, 1)$, $(1, 3)$, $(-2, -9)$ を通る。
(2) 頂点が点 $(1, 2)$ で, 点 $(3, 6)$ を通る。

ねらい
・グラフが通る3点が与えられた場合
・頂点とグラフが通る1点が与えられた場合
について, 2次関数を求めること。

解法ルール 2次関数のおき方には, 2通りの方法がある。

頂点や軸の条件がある場合 ⟶ $y = a(x-p)^2 + q$
その他の場合 ⟶ $y = ax^2 + bx + c$

とおいて, 条件にあてはめればよい。

解答例
(1) 求める2次関数を $y = ax^2 + bx + c$ とおく。
点 $(0, 1)$ を通るから $1 = a \cdot 0^2 + b \cdot 0 + c$
  よって $1 = c$ ……①
点 $(1, 3)$ を通るから $3 = a \cdot 1^2 + b \cdot 1 + c$
  よって $3 = a + b + c$ ……②
点 $(-2, -9)$ を通るから $-9 = a \cdot (-2)^2 + b \cdot (-2) + c$
  よって $-9 = 4a - 2b + c$ ……③
①, ②, ③より, $a = -1$, $b = 3$, $c = 1$
ゆえに, 求める2次関数は, $y = -x^2 + 3x + 1$ …答

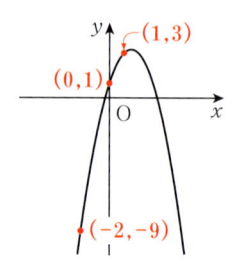

「点 (s, t) を通る。」なら, $x = s$, $y = t$ を等式に代入すると等号が成立すると覚えよう。

(2) 頂点が点 $(1, 2)$ であるから, 求める2次関数は
$y = a(x-1)^2 + 2$ とおくことができる。
点 $(3, 6)$ を通るから $6 = a(3-1)^2 + 2$
  よって $a = 1$
ゆえに, 求める2次関数は
$y = (x-1)^2 + 2$
すなわち $y = x^2 - 2x + 3$ …答

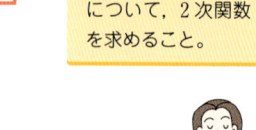

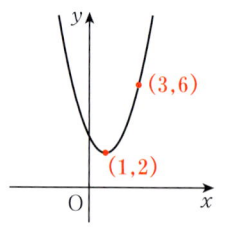

ポイント [2次関数の決定のしかた]
① グラフが通る3点の座標が与えられたとき
 ⟶ $y = ax^2 + bx + c$ とおき, 3点の座標を代入して, a, b, c を決定。
② 頂点の座標 (p, q) とグラフが通る1点の座標が与えられたとき,
 ⟶ $y = a(x-p)^2 + q$ とおき, 通る点の座標を代入して, a を決定。

類題 55 次の条件を満たす放物線をグラフにもつ2次関数を求めよ。
(1) 3点 $(1, 1)$, $(2, 0)$, $(4, 4)$ を通る。
(2) 頂点が点 $(0, 5)$ で, 点 $(-2, -3)$ を通る。

応用例題 56　2次関数の決定(3)

グラフが2点 $(0, -4)$ と $(3, -1)$ を通り，x 軸に接するような2次関数を求めよ。

ねらい　グラフが2点を通り，x 軸に接するという条件のもとで，2次関数を決定すること。

解法ルール　与えられた条件から，グラフのイメージをつかむことが大切である。

x 軸に接している $\iff$ 頂点の y 座標が 0

に気がつけば，$y = a(x-p)^2 + 0$ とおけることがわかる。あとは，x 軸より下の2点を通ることから右の図のようなイメージがわいてくれば，しめたものである。

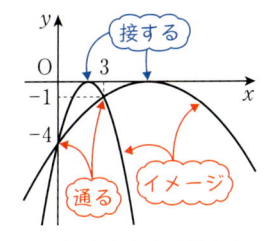

（与えられた条件から，グラフはこんなイメージだな，と思い浮かべること。）

解答例　グラフが x 軸に接するから，頂点の y 座標が 0 である。
そこで，求める2次関数は $y = a(x-p)^2 \ (a \neq 0)$ とおくことができる。
グラフが点 $(0, -4)$ を通るから
$$-4 = ap^2 \quad \cdots\cdots ①$$
グラフが点 $(3, -1)$ を通るから
$$-1 = a(3-p)^2 \quad \cdots\cdots ②$$
①より，$p \neq 0$ は明らかだから
$$a = \frac{-4}{p^2} \quad \cdots\cdots ③$$
（a を消去した。）

③を②に代入して　$-1 = \dfrac{-4}{p^2}(3-p)^2$

両辺に p^2 を掛けて　$-p^2 = -4(3-p)^2$

式を整理すると　$p^2 - 8p + 12 = 0$

$(p-2)(p-6) = 0$　よって　$p = 2, 6$

$p = 2$ のとき，③より　$a = \dfrac{-4}{4} = -1$

$p = 6$ のとき，③より　$a = \dfrac{-4}{36} = -\dfrac{1}{9}$

以上より，求める2次関数は

$$y = -(x-2)^2 \quad \text{または} \quad y = -\frac{1}{9}(x-6)^2 \quad \cdots\text{答}$$

類題 56　次の条件を満たす放物線をグラフとする2次関数を求めよ。
(1) 2点 $(0, 2)$，$(3, 8)$ を通り，x 軸に接する。
(2) 軸が直線 $x = 2$ であり，2点 $(0, 9)$ と $(1, 3)$ を通る。

応用例題 57 　最大・最小の応用問題

周囲の長さが 20 cm の長方形のうち，面積が最も大きいものの縦と横の長さを求めよ。また，そのときの面積はいくらか。

ねらい　周囲の長さが一定の長方形の面積の最大値を求めること。

解法ルール

1. 長方形の縦を x cm，横を y cm として，**与えられた条件を x，y で表す**。ただし，$x>0$，$y>0$
2. 長方形の面積を S cm^2 として，S を x，y で表す。
3. 条件式より **1つの変数を消去**して，S を1つだけの変数で表す。
4. **変数の変域に注意**して，S の最大値を求める。（グラフを利用する。）

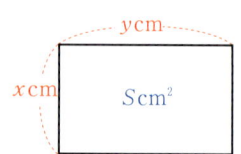

解答例　長方形の縦を x cm，横を y cm とする。周囲の長さが 20 cm であるから　$2(x+y)=20$
よって　$y=10-x$　……①
ただし　$x>0$，$y>0$　……②
でなければならない。
①，②より　$y=10-x>0$　　$x<10$
よって　$0<x<10$　……③
長方形の面積を S cm^2 とすると　$S=xy$　……④
④に①を代入すると
　$S=x(10-x)=-x^2+10x=-(x-5)^2+25$
③の範囲で S のグラフをかくと，右の図のようになる。
グラフから，$x=5$ のとき S は最大となり，最大値は 25
このとき，①より　$y=5$

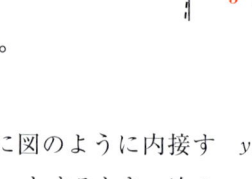

答　縦，横ともに 5 cm のとき，面積は最大となる。
　そのときの面積は 25 cm^2

類題 57　放物線 $y=10x-x^2$ と x 軸で囲まれた部分に図のように内接する長方形 ABCD がある。いま，A の x 座標を s とするとき，次の問いに答えよ。

(1) 辺 AD の長さを s で表せ。
(2) 辺 AB の長さを s で表せ。
(3) 長方形 ABCD の周の長さが最大になるときの s を求めよ。また，そのときの周の長さはいくらか。

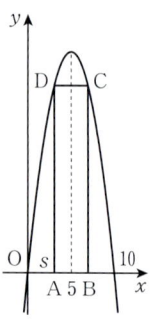

3節 2次関数のグラフと方程式・不等式

4 2次方程式

基本例題 58　　　　　　　　　2次方程式の解法(1)

次の2次方程式を解け。
(1) $x^2+x-2=0$
(2) $(x-2)^2=7$
(3) $2x^2-3x+1=0$
(4) $3x^2+7x+2=0$

> **ねらい**
> 因数分解の公式や平方完成を利用して2次方程式を解くこと。

解法ルール
(1) $x^2+(a+b)x+ab=(x+a)(x+b)$ を利用する。
(2) $X^2=P$ の解は $X=\pm\sqrt{P}$
(3), (4) $acx^2+(ad+bc)x+bd=(ax+b)(cx+d)$ の公式を利用する。

解答例
(1) $x^2+x-2=0$ の左辺を因数分解すると $(x+2)(x-1)=0$
したがって $x+2=0$ または $x-1=0$
よって $x=-2, 1$ …答

← x^2+px+q を $(x+a)(x+b)$ の形に因数分解するには, 和が p, 積が q である2数 a, b を求める。

(2) $x-2=X$ とおくと $X^2=7$ したがって $X=\pm\sqrt{7}$
$x-2=\pm\sqrt{7}$ より $x=2\pm\sqrt{7}$ …答

(3) $2x^2-3x+1=0$
$(2x-1)(x-1)=0$
$2x-1=0$ または $x-1=0$
よって $x=\dfrac{1}{2}, 1$ …答

```
2   -1 → -1
1   -1 → -2
         -3
```

たすきがけの因数分解
```
a   b → bc
c   d → ad
       ad+bc
```

・因数分解に気付いたときは, この方法で。
・因数分解に気付かないときは, 次の解の公式で。

(4) $3x^2+7x+2=0$
$(3x+1)(x+2)=0$
$3x+1=0$ または $x+2=0$
よって $x=-\dfrac{1}{3}, -2$ …答

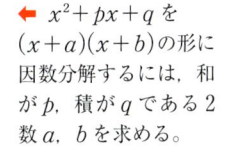

```
3   1 → 1
1   2 → 6
        7
```

類題 58 次の2次方程式を解け。
(1) $x^2-3x-18=0$
(2) $2(x-3)^2-12=0$
(3) $3x^2-5x+2=0$
(4) $3x^2+5x-2=0$

2次方程式 $ax^2+bx+c=0$ の実数解について考えよう。

$ax^2+bx+c=0$

$x^2+\dfrac{b}{a}x=-\dfrac{c}{a}$ ←両辺をx^2の係数aで割って定数項を移項する

$x^2+\dfrac{b}{a}x+\left(\dfrac{b}{2a}\right)^2=-\dfrac{c}{a}+\left(\dfrac{b}{2a}\right)^2$ ←両辺に$\left(x\text{の1次の係数の}\dfrac{1}{2}\right)^2$を加える

$\left(x+\dfrac{b}{2a}\right)^2=\dfrac{b^2-4ac}{4a^2}$ …① ←$X^2=p$

「解の公式」という。

(i) $b^2-4ac>0$ のとき

$x+\dfrac{b}{2a}=\pm\dfrac{\sqrt{b^2-4ac}}{2a}$ より $x=\dfrac{-b\pm\sqrt{b^2-4ac}}{2a}$ （2つの解）

(ii) $b^2-4ac=0$ のとき

$x+\dfrac{b}{2a}=0$ より $x=-\dfrac{b}{2a}$（重解）

$b^2-4ac=0$のとき，$x=\dfrac{-b\pm\sqrt{0}}{2a}=\dfrac{-b}{2a}$ となって，2つの解が重なったものと考えられるから，この解を**重解**という。

(iii) $b^2-4ac<0$ のとき　解なし

$b^2-4ac<0$だと，①の式の左辺は0か正になるけど，右辺は負になる。つまり①の式を成立させるxの値がない。

$D=b^2-4ac$ として，Dを**判別式**という。

ポイント　[2次方程式 $ax^2+bx+c=0\,(a\ne 0)$ の解]

覚え得

$D>0$ のとき，**異なる2つの実数解** $x=\dfrac{-b\pm\sqrt{b^2-4ac}}{2a}$ をもつ。

$D=0$ のとき，**重解** $x=-\dfrac{b}{2a}$ をもつ。

$D<0$ のとき，**解をもたない**。

基本例題 59　　2次方程式の解法(2)

次の2次方程式を解け。

(1) $2x^2+3x-1=0$　　(2) $2x^2-33x+108=0$

ねらい
解の公式を利用して2次方程式を解くこと。

テストに出るぞ！

解法ルール　$x=\dfrac{-b\pm\sqrt{b^2-4ac}}{2a}$ を利用して解を求める。

解答例

(1) $x=\dfrac{-3\pm\sqrt{3^2-4\cdot 2\cdot(-1)}}{2\cdot 2}=\dfrac{-3\pm\sqrt{17}}{4}$ …答

(2) $x=\dfrac{-(-33)\pm\sqrt{(-33)^2-4\times 2\times 108}}{2\cdot 2}$

$=\dfrac{33\pm\sqrt{225}}{4}=\dfrac{33\pm 15}{4}=12,\ \dfrac{9}{2}$ …答

解の公式で解く場合
① x^2 の係数が1でないとき。
② x^2 の係数が1であっても，うまく因数分解できないとき。

類題 59 次の 2 次方程式を解け。

(1) $3x^2-2x-2=0$ (2) $3x^2-4x+1=0$ (3) $4x^2-4x+1=0$

基本例題 60　　　　　2 次方程式の解の公式

2 次方程式 $ax^2+2b'x+c=0$ の解の公式を求めよ。

ねらい x の係数が偶数である場合の解の公式を求めること。

解法ルール 2 次方程式 $ax^2+bx+c=0$ の解は

$D=b^2-4ac$ とおくとき，

$D \geqq 0 \Longrightarrow x=\dfrac{-b \pm \sqrt{b^2-4ac}}{2a}$

$D<0 \Longrightarrow$ 解なし

解答例 判別式を D とすると　$D=(2b')^2-4ac=4(b'^2-ac)$

よって

$b'^2-ac \geqq 0$ のとき

$x=\dfrac{-2b' \pm \sqrt{(2b')^2-4ac}}{2a}=\dfrac{-2b' \pm \sqrt{4(b'^2-ac)}}{2a}$

$=\dfrac{-2b' \pm 2\sqrt{b'^2-ac}}{2a}=\dfrac{-b' \pm \sqrt{b'^2-ac}}{a}$ …**答**

$b'^2-ac<0$ のとき　解なし　…**答**

解があるかどうかの判断は $D=4(b'^2-ac)$ すなわち $\dfrac{D}{4}=b'^2-ac$ の符号でもできるよ。

基本例題 61　　　　　2 次方程式の解法(3)

次の 2 次方程式を解け。　　**テストに出るぞ！**

(1) $x^2+4x+2=0$ (2) $0.3x^2-0.2x-0.2=0$

ねらい x の係数が偶数である場合の解の公式を利用して求めること。

解法ルール x の係数が偶数なので

解の公式 $x=\dfrac{-b' \pm \sqrt{b'^2-ac}}{a}$ を利用する。

$b'=\dfrac{b}{2}$ だよ。

解答例 (1) $a=1$, $b'=2$, $c=2$　　$b=2b'=4$　ゆえに　$b'=2$

$x=\dfrac{-2 \pm \sqrt{2^2-1 \cdot 2}}{1}=-2 \pm \sqrt{2}$ …**答**

(2) 両辺に 10 を掛けると　$3x^2-2x-2=0$

$a=3$, $b'=-1$, $c=-2$　　$b=2b'=-2$　ゆえに　$b'=-1$

$x=\dfrac{-(-1) \pm \sqrt{(-1)^2-3 \cdot (-2)}}{3}=\dfrac{1 \pm \sqrt{7}}{3}$ …**答**

類題 61 次の 2 次方程式を解け。

(1) $(x+1)(x-4)=x$ (2) $\dfrac{x^2+2}{2}+\dfrac{4x-11}{4}=0$

3　2 次関数のグラフと方程式・不等式

基本例題 62 　　　　　　　　　　　解の個数

次の2次方程式の異なる実数解の個数を調べよ。
(1) $2x^2-5x+1=0$　　(2) $x^2+4x+4=0$
(3) $2x^2-3x+4=0$　　(4) $2x^2+4x-3=0$

ねらい 判別式を活用して解の個数を調べること。

解法ルール 判別式 $D=b^2-4ac$ を計算して，その正，0，負で解の個数を判別する。

解答例 (1) $D=(-5)^2-4\cdot2\cdot1=17>0$ より，
異なる2個の実数解をもつ。　答 **2個**

(2) $\dfrac{D}{4}=2^2-1\cdot4=0$ より，重解をもつ。　答 **1個**

(3) $D=(-3)^2-4\cdot2\cdot4=-23<0$ より，解なし。　答 **0個**

(4) $\dfrac{D}{4}=2^2-2\cdot(-3)=10>0$ より，
異なる2個の実数解をもつ。　答 **2個**

$ax^2+2b'x+c=0$ のときは $\dfrac{D}{4}=b'^2-ac$ の正，0，負で判別します。

基本例題 63 　　　　　　　　　　　解の判別

2次方程式 $x^2-4x+k=0$ ……① (k は定数)
について，次の問いに答えよ。
(1) ①が異なる2つの実数解をもつような k の値の範囲を求めよ。
(2) ①が重解をもつような k の値と，そのときの重解を求めよ。

ねらい 判別式を活用して，解の判別をすること。

テストに出るぞ！

解法ルール $ax^2+2b'x+c=0$ の形だから

(1) **異なる2つの実数解**をもつ条件は $\dfrac{D}{4}>0$ である。

(2) **重解**をもつ条件は $\dfrac{D}{4}=0$ であり，**重解**は $x=-\dfrac{b'}{a}$ である。

解答例 (1) $\dfrac{D}{4}=(-2)^2-k=4-k>0$ より
$k<4$ …答

(2) $\dfrac{D}{4}=4-k=0$ より
$k=4$ …答
このとき重解は，$x=-\dfrac{-2}{1}$ より　$x=2$ …答

$k=4$ のとき ①は $x^2-4x+4=0$ より，$(x-2)^2=0$ で左辺は**完全平方式**になります。

類題 63 2次方程式 $x^2+3x+k+1=0$ (k は定数)の異なる実数解の個数を調べよ。

応用例題 64 　　解の公式を使った因数分解

2次方程式の解を利用して $6x^2-17x+12$ を因数分解せよ。

ねらい 解の公式を利用して因数分解すること。

解法ルール 2次方程式 $ax^2+bx+c=0$ の解を α, β とするとき，

$$ax^2+bx+c=a(x-\alpha)(x-\beta)$$ と因数分解できる。

解答例 $6x^2-17x+12=0$ の解は

$$x=\frac{17\pm\sqrt{17^2-4\cdot 6\cdot 12}}{12}=\frac{17\pm 1}{12}$$

よって　$x=\dfrac{3}{2},\ \dfrac{4}{3}$

したがって　$6x^2-17x+12=6\left(x-\dfrac{3}{2}\right)\left(x-\dfrac{4}{3}\right)$
　　　　　　　　　　　　　　　　　↑2を掛ける　↑3を掛ける

$$=(2x-3)(3x-4) \quad \cdots\text{答}$$

たすきがけが難しい場合に，この方法で因数分解をします。また，重解 $x=\alpha$ をもつ場合は，$\beta=\alpha$ より $a(x-\alpha)^2$ となります。

類題 64 $16x^2-8x-15$ を因数分解せよ。

応用例題 65 　　2次方程式の応用

半径が 8 cm の円がある。この円の半径を x cm 長くしたところ，面積が 80π cm² 増えたという。半径をいくら長くしたか。

ねらい 2次方程式を使って，文章題を解くこと。

解法ルール
1. 題意に合う方程式を作り，それを解く。
2. 解いた解が題意に合うかどうか確かめる。

解答例 半径 $(8+x)$ cm の円の面積は $\pi(8+x)^2$ cm² だから

$$\pi(8+x)^2-8^2\pi=80\pi$$

整理して　$x^2+16x-80=0$

$$(x-4)(x+20)=0$$

・$x=4$ のときは，半径は 4 cm 長くなるから
　円の面積の差は　$12^2\pi-8^2\pi=80\pi$ となり適している。
・$x=-20$ は明らかに不適。

したがって，**半径を 4 cm 長くした。**　$\cdots$答

文章題では答えにならない解もでてくるから注意！

類題 65 対角線の長さの和が 10 cm のひし形がある。このひし形の面積が 12 cm² になるときの対角線の長さを求めよ。

5　2次関数のグラフとx軸の位置関係

それでは，2次関数のグラフと2次方程式の解にどのような関係があるか考えてみましょう。まず次の問題を解いてごらん。

（問題） 次の2次関数のグラフとx軸との共有点があるかどうか調べよ。また，共有点があれば，そのx座標を求めよ。

(1) $y=x^2-2x-1$　　(2) $y=x^2-2x+1$　　(3) $y=x^2-2x+2$

はい，先生!!　共有点があるかどうかはグラフを利用すればわかるので，グラフをかいて調べてみます。

(1) $y=x^2-2x-1$
　　　$=(x-1)^2-1-1$
　　　$=(x-1)^2-2$

(2) $y=x^2-2x+1$
　　　$=(x-1)^2$

(3) $y=x^2-2x+2$
　　　$=(x-1)^2-1+2$
　　　$=(x-1)^2+1$

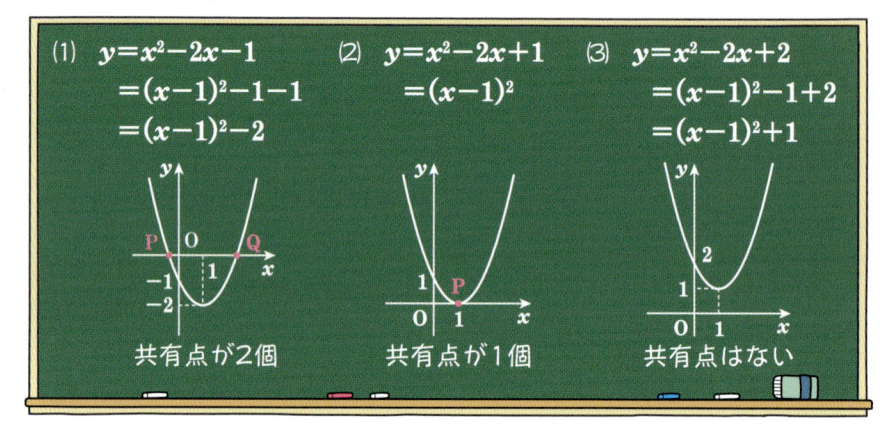

共有点が2個　　　共有点が1個　　　共有点はない

あとは私にまかせて!!共有点のx座標はグラフで$y=0$となるときの値だから…

(1) $x^2-2x-1=0$
　　$x=1\pm\sqrt{1+1}$
　　よって　$x=1\pm\sqrt{2}$

(2) $x^2-2x+1=0$
　　$(x-1)^2=0$
　　よって　$x=1$

(3) x軸と共有点がないので共有点のx座標はない。

よくできたわね。(3)はこれで正解なんだけど，(1)や(2)と同じように$y=0$とおいてできる方程式の判別式はどうなるかな？調べてごらん。

はい。方程式は$x^2-2x+2=0$だから，$D=(-2)^2-4\cdot1\cdot2=-4$　つまり$D<0$なので解はありません。先生！解がないときはグラフとx軸の共有点がないのですか？

いい質問です。**グラフとx軸との共有点がない $\Longleftrightarrow$ 2次方程式の解はない**となるようね。では，わかったことを表にまとめてみましょう。

2次関数 $y=ax^2+bx+c$	(1) $y=x^2-2x-1$	(2) $y=x^2-2x+1$	(3) $y=x^2-2x+2$
2次関数のグラフと x 軸との共有点の個数	共有点は2個 (x軸と2点で交わる)	共有点は1個 (x軸と1点で接する)	共有点はない (x軸と共有点をもたない)
2次方程式 $(ax^2+bx+c=0)$ の解	異なる2つの実数解	重解	解はない
$D=b^2-4ac$ の符号	$D=(-2)^2-4\cdot1\cdot(-1)=8>0$	$D=(-2)^2-4\cdot1\cdot1=0$	$D=(-2)^2-4\cdot1\cdot2=-4<0$

この表を見ると,どうやら D の符号と,2次関数のグラフと x 軸との共有点の個数が関係ありそうね。もう少し一般的な例で調べてみましょう。

2次関数 $y=ax^2+bx+c$ ……① のグラフと x 軸との共有点の個数が何個あるか。
$a>0$,$D=b^2-4ac>0$ のときを考えてみよう。
p.57のポイントより,①の頂点は $\left(-\dfrac{b}{2a},\ -\dfrac{b^2-4ac}{4a}\right)$ である。
$a>0$,$D=b^2-4ac>0$ のとき,頂点の y 座標: $-\dfrac{b^2-4ac}{4a}<0$ となる。
ゆえに2次関数 $y=ax^2+bx+c$ のグラフは,
1. $a>0$ より下に凸なグラフ
2. 頂点の y 座標は負
なので x 軸との共有点は2個あることになる。
さらに,グラフと x 軸との共有点の x 座標は,2次方程式 $ax^2+bx+c=0$ の実数解である。

さて,a と D との符号によって6通りの場合に分け,上と同様にして調べると,次の表のようになります。大切なことだから,きちんと覚えておきましょう。

ポイント [2次関数 $y=ax^2+bx+c$ のグラフと x 軸の位置関係] 覚え得

$D=b^2-4ac$		$D>0$	$D=0$	$D<0$
2次関数 $y=ax^2+bx+c$ のグラフと x 軸との共有点の個数		2個 (2点で交わる)	1個 (1点で接する)	0個 (共有点はない)
2次関数 $y=ax^2+bx+c$ のグラフと x 軸との位置関係および共有点の x 座標 $\left(\begin{array}{l}\alpha=\dfrac{-b-\sqrt{b^2-4ac}}{2a}\\ \beta=\dfrac{-b+\sqrt{b^2-4ac}}{2a}\end{array}\right)$	$a>0$	交点 α, β	接点 $\alpha=\beta$	
	$a<0$	交点 β, α	接点 $\alpha=\beta$	
2次方程式 $ax^2+bx+c=0$ の解		異なる2つの実数解 $x=\dfrac{-b\pm\sqrt{b^2-4ac}}{2a}$	重解 $x=-\dfrac{b}{2a}$	解なし

基本例題 66 2次関数のグラフとx軸との共有点の個数

次の2次関数のグラフと，x軸との共有点の個数を調べよ。
(1) $y=x^2-3x+1$
(2) $y=x^2-6x+9$
(3) $y=2x^2-4x+3$

ねらい
2次関数のグラフとx軸との共有点の個数を調べること。

解法ルール $y=ax^2+bx+c$ と x 軸との共有点の個数は，
$D=b^2-4ac$ の符号によって決まる。

$D>0 \iff$ 共有点2個
$D=0 \iff$ 共有点1個
$D<0 \iff$ 共有点なし

●ある式に数を代入するとき，数が負の数や分数のときは（ ）を付けて代入しよう。
例 $a=-2$ のとき，
$P=a^2-3a$ の値は
$a=(-2)$ を代入して
$P=(-2)^2-3(-2)$
$=10$

解答例
(1) $a=1$, $b=-3$, $c=1$ だから
$D=(-3)^2-4\cdot1\cdot1=5>0$　　よって　共有点は2個　…答

(2) $a=1$, $b'=-3$, $c=9$ だから
$\dfrac{D}{4}=(-3)^2-1\cdot9=0$　　よって　共有点は1個　…答

(3) $a=2$, $b'=-2$, $c=3$ だから
$\dfrac{D}{4}=(-2)^2-2\cdot3=-2<0$　　よって　共有点は0個　…答

類題 66 次の2次関数のグラフとx軸との共有点があるかどうか調べ，共有点があればその座標を求めよ。

(1) $y=2x^2+3x-1$　　(2) $y=\dfrac{1}{4}x^2+x+1$　　(3) $y=x^2-x+2$

基本例題 67 放物線とx軸との位置関係

放物線 $y=-x^2+2x+a+1$ が x 軸と異なる2点で交わるように，定数 a の値の範囲を定めよ。

ねらい
放物線とx軸が異なる2点で交わるための条件を求めること。

解法ルール $y=ax^2+bx+c$ が x 軸と2点で交わる $\iff D>0$

解答例 $\dfrac{D}{4}=1^2-(-1)(a+1)=a+2$

放物線が x 軸と2点で交わるための条件は $D>0$ であるから
$a+2>0$　　よって　$a>-2$　…答

● $y=-x^2+2x+a+1$
$=-(x-1)^2+a+2$
これは軸が $x=1$ の放物線群をなす。

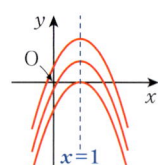

類題 67 2次関数 $y=x^2-4x+a$ のグラフと x 軸との共有点の個数は，a の値によってどのようにかわるか。

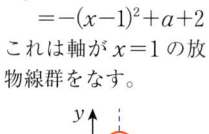

応用例題 68 　放物線と直線との共有点の座標

放物線 $y=x^2$ と直線 $y=x+6$ との共有点の座標を求めよ。

ねらい 放物線と，x 軸以外の直線との共有点の座標を求めること。

解法ルール 2つの関数 $y=f(x)$ と $y=g(x)$ のグラフの共有点の座標は，連立方程式 $\begin{cases} y=f(x) \\ y=g(x) \end{cases}$ の解である。

解答例 共有点の座標は，連立方程式 $\begin{cases} y=x^2 & \cdots\cdots① \\ y=x+6 & \cdots\cdots② \end{cases}$

の解であるから
$x^2=x+6$ 　　$x^2-x-6=0$
$(x-3)(x+2)=0$ 　　$x=3,\ -2$
①に代入して，$x=3$ のとき $y=9$，$x=-2$ のとき $y=4$
ゆえに，**共有点の座標は $(3,\ 9)$，$(-2,\ 4)$** …答

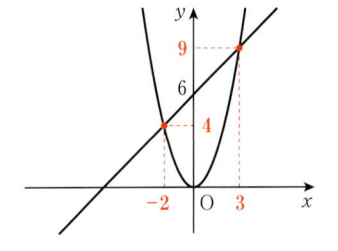

類題 68 　放物線 $y=2x^2+5x$ と直線 $y=x-2$ との共有点の座標を求めよ。

応用例題 69 　放物線と直線との位置関係

2次関数 $y=x^2-1$ のグラフが直線 $y=2x-a$ と共有点をもたないように，定数 a の値の範囲を定めよ。

ねらい 放物線と直線が共有点をもたないための条件を求めること。

解法ルール ① 連立方程式 $\begin{cases} y=x^2-1 \\ y=2x-a \end{cases}$ から y を消去して整理した

2次方程式 $x^2-2x+a-1=0$ を作る。

② **共有点がない $\iff$ 2次方程式の解がない $\iff$ $D<0$**

であるから，$D<0$ を解く。

解答例 y を消去すると 　$x^2-1=2x-a$
よって 　$x^2-2x+a-1=0$
共有点をもたない条件は $D<0$ であるから
$\dfrac{D}{4}=(-1)^2-1\cdot(a-1)=-a+2<0$
よって 　$a>2$ …答

$y=ax^2+bx+c$ と $y=mx+n$ のグラフの位置関係
2つの方程式から y を消去した2次方程式 $ax^2+(b-m)x+c-n=0$ の判別式を D とすると，
異なる2点で交わる $\iff D>0$
1点で接する $\iff D=0$
共有点をもたない $\iff D<0$

類題 69 　2次関数 $y=x^2-3x+a$ のグラフが，次の直線に接するように，定数 a の値を定めよ。
(1) $y=2x$ 　　　　　　　　　　　(2) $y=-x-2$

3 2次関数のグラフと方程式・不等式

6 2次関数のグラフと2次不等式

2次関数のグラフと2次不等式の関係を調べてみよう。

たとえば，2次関数　$y=x^2+x-2$　……①

に対して，不等式　$x^2+x-2>0$　……②

を考える。

不等式②の解は，関数①の **yの値を正にする**xの値の範囲，すなわち，関数①のグラフが **x軸より上側にある**ようなxの値の範囲である。

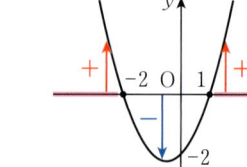

よって，不等式②の解は，右の図より

$$x<-2,\ 1<x$$

同様にして，不等式$x^2+x-2<0$の解は，関数①のグラフがx軸より下側にあるようなxの値の範囲である。

よって，不等式$x^2+x-2<0$の解は

$$-2<x<1$$

グラフと結びつけて理解しよう。

一般に，2次方程式$ax^2+bx+c=0$の判別式をD，解をα，β $(\alpha<\beta)$とすれば，
2次関数$y=ax^2+bx+c$のグラフと，2次不等式$ax^2+bx+c\geqq 0$，$ax^2+bx+c>0$，$ax^2+bx+c\leqq 0$，$ax^2+bx+c<0$の解との関係は，$a>0$のとき次のようにまとめられる。

ポイント [2次不等式の解]

	$D>0$	$D=0$	$D<0$
$y=ax^2+bx+c$ $(a>0)$のグラフ			
$ax^2+bx+c\geqq 0$ の解	$x\leqq\alpha,\ \beta\leqq x$	すべての実数	すべての実数
$ax^2+bx+c>0$ の解	$x<\alpha,\ \beta<x$	α以外の すべての実数	すべての実数
$ax^2+bx+c\leqq 0$ の解	$\alpha\leqq x\leqq\beta$	$x=\alpha$	解なし
$ax^2+bx+c<0$ の解	$\alpha<x<\beta$	解なし	解なし

基本例題 70　2次不等式の解法(1)

次の2次不等式を解け。
(1) $x^2+4x \geqq 0$
(2) $-2x^2+3x-1 \leqq 0$
(3) $2x^2 < 3x+1$

ねらい
2次不等式を解くこと。（$D>0$ の場合）

解法ルール

① 移項して，$ax^2+bx+c>0$ や $ax^2+bx+c<0$ の形に整理。このとき，$a>0$ となるようにする。

② $ax^2+bx+c=0$ の解 $\alpha, \beta (\alpha < \beta)$ を求める。

③ α, β は，$y=ax^2+bx+c$ と x 軸との共有点の x 座標であることに注意し，簡単な2次関数のグラフをかく。

④ グラフから $y>0$ や $y<0$ となる x の値の範囲を求める。

$y=x^2+4x$ より $x^2+4x \geqq 0$ を求めるには，グラフの $y \geqq 0$ となる所に印を入れて考えるとわかりやすいわ。

解答例

(1) 方程式 $x^2+4x=0$ を解くと，
$x(x+4)=0$ より $x=0, -4$
$y \geqq 0$ になる x の値の範囲を，右のグラフから求めると
$x \leqq -4, 0 \leqq x$ …答

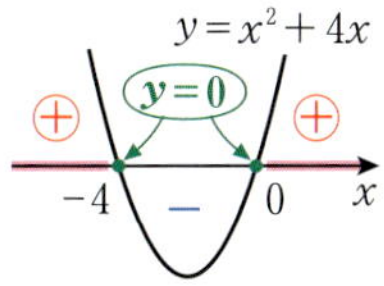

(2) 両辺に -1 を掛けると，不等号の向きがかわるから $2x^2-3x+1 \geqq 0$
方程式 $2x^2-3x+1=0$ を解くと，
$(2x-1)(x-1)=0$ より $x=\dfrac{1}{2}, 1$
右上のグラフより $x \leqq \dfrac{1}{2}, 1 \leqq x$ …答

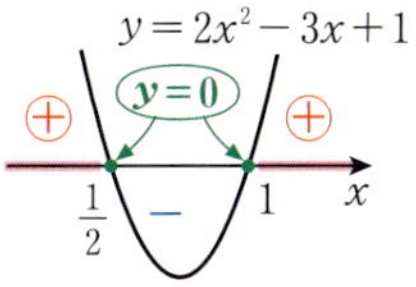

(3) 整理すると $2x^2-3x-1<0$
方程式 $2x^2-3x-1=0$ を解くと
$x=\dfrac{3 \pm \sqrt{(-3)^2-4\cdot 2 \cdot (-1)}}{2 \cdot 2}$
$=\dfrac{3 \pm \sqrt{17}}{4}$
右上のグラフより $\dfrac{3-\sqrt{17}}{4} < x < \dfrac{3+\sqrt{17}}{4}$ …答

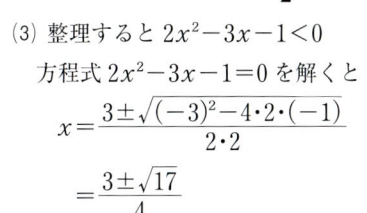

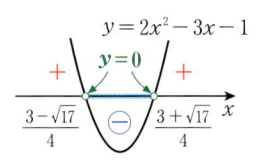

● $a>0$ のとき
$ax^2+bx+c=0$ の解を $\alpha, \beta (\alpha < \beta)$ とする。

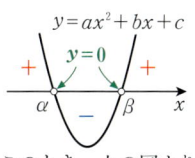

このとき，上の図より
$ax^2+bx+c>0$ の解は
$x<\alpha, \beta<x$
$ax^2+bx+c<0$ の解は
$\alpha<x<\beta$

類題 70　次の2次不等式を解け。

(1) $x^2-2x-15 \geqq 0$
(2) $x^2 > 3$
(3) $3x^2-2x-2 < 0$
(4) $-2x^2+1 > \dfrac{1}{6}x$
(5) $\dfrac{1}{2}x^2 \leqq x$
(6) $2x+4 \leqq x^2$

基本例題 71 2次不等式の解法(2)

ねらい 2次不等式を解くこと。($D=0$, $D<0$ の場合)

次の 2 次不等式を解け。
(1) $x^2-4x+4>0$
(2) $x^2-4x+4\geqq 0$
(3) $x^2-4x+4<0$
(4) $x^2-4x+4\leqq 0$
(5) $x^2-4x+5>0$
(6) $-x^2+4x-5\geqq 0$

解法ルール $ax^2+bx+c=0$ が重解をもつ($D=0$)ときと，解をもたない($D<0$)ときの 2 次不等式の解法
$\Longrightarrow y=ax^2+bx+c$ のグラフをかいて，y の値が正，負，0 になる x の値の範囲を求める。

解答例 $x^2-4x+4=0$ ……① において，
$$\frac{D}{4}=(-2)^2-1\cdot 4=0$$
なので，① の解は重解である。
その解は，$(x-2)^2=0$ より $x=2$
$y=x^2-4x+4$ のグラフは図Ⅰ

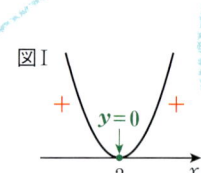

$D=0$ だから $y=x^2-4x+4$ のグラフは x 軸に点 $(2, 0)$ で接する。

図Ⅰ

(1) 図Ⅰより，$y>0$ となる x の値の範囲は，
2 以外のすべての実数 …答

(2) 図Ⅰより，$y\geqq 0$ となる x の値の範囲は，**すべての実数** …答

$y\geqq 0$ とは
$\begin{cases} y>0 \\ \text{または} \\ y=0 \end{cases}$
のこと。

(3) 図Ⅰより，$y<0$ となる x の値はない。 答 **解なし**

(4) 図Ⅰより，$y\leqq 0$ となる x の値は，$x=2$ のみ。 答 **$x=2$**

$x^2-4x+5=0$ ……② において，
$$\frac{D}{4}=(-2)^2-1\cdot 5=-1<0$$

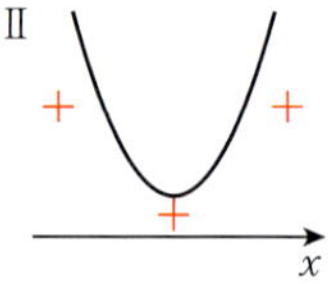

図Ⅱ

なので，② の解はない。
したがって，$y=x^2-4x+5$ のグラフは図Ⅱで，これは x 軸と共有点をもたない。

(5) 図Ⅱより，$y>0$ となる x の値の範囲は，**すべての実数** …答

(6) -1 を両辺に掛けると $x^2-4x+5\leqq 0$
図Ⅱより，$y\leqq 0$ となる x の値はない。 答 **解なし**

類題 71 次の 2 次不等式を解け。
(1) $x^2+6x+11>0$
(2) $3x^2+4<0$
(3) $x^2\geqq 2x-1$
(4) $-2x^2\geqq 1-2\sqrt{2}x$
(5) $x^2-6x+9>0$
(6) $x^2+8x+16<0$
(7) $2x^2+3x+2\geqq 0$
(8) $3x^2-4x+2\leqq 0$

基本例題 72 　連立不等式

次の連立不等式を解け。
$$\begin{cases} x^2-9 \leqq 0 \\ x^2+4x-5 > 0 \end{cases}$$

ねらい 連立不等式を解くこと。

解法ルール
1. それぞれの不等式を解く。
2. 解の共通部分を求める。

解答例
$x^2-9 \leqq 0$ より　$(x+3)(x-3) \leqq 0$　$-3 \leqq x \leqq 3$　……①
$x^2+4x-5 > 0$ より　$(x+5)(x-1) > 0$　$x < -5, 1 < x$　……②
①，②の共通範囲を求めて
$1 < x \leqq 3$　…答

応用例題 73 　連立不等式の応用

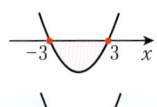

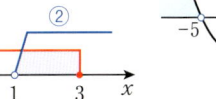

縦 6 m，横 8 m の花壇がある。縦，横同じ長さだけ広げ，花壇の面積を 80 m² 以上 120 m² 以下にしたい。広げる長さはどのような範囲になるか。

ねらい 文章題の不等式を解くこと。

解法ルール
1. 何を x とおくか。
2. 不等式を作り，それぞれの不等式を解く。
3. 解の共通部分を求める。

解答例 広げる長さを x m $(x>0)$　……①　とすると
縦 $(6+x)$ m，横 $(8+x)$ m だから
$$80 \leqq (6+x)(8+x) \leqq 120$$

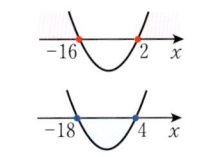

・$(6+x)(8+x) \geqq 80$ より　$x^2+14x-32 \geqq 0$
　$(x+16)(x-2) \geqq 0$ より　$x \leqq -16, 2 \leqq x$　……②

・$(6+x)(8+x) \leqq 120$ より　$x^2+14x-72 \leqq 0$
　$(x+18)(x-4) \leqq 0$ より　$-18 \leqq x \leqq 4$　……③

①，②，③の共通範囲を求めて
$2 \leqq x \leqq 4$

答　**2 m 以上 4 m 以下にする**

類題 73

縦 6 m，横 8 m の花壇がある。中央に同じ幅の通路を作りたい。花を植える部分を 24 m² 以上 35 m² 以下にするには，通路の幅をどのような範囲にすればよいか。

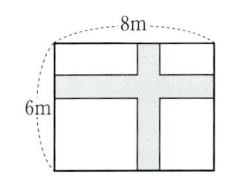

応用例題 74 定符号の2次関数

2次関数 $y=ax^2-2(a-2)x+2a-1$ が，すべての実数 x について，次の条件を満足するように，定数 a の値の範囲を定めよ。
(1) $y<0$　　　　　　　　　(2) $y\geqq0$

ねらい
係数に文字を含んだ2次関数の値の符号が一定となるための条件を求めること。

解法ルール　$a\neq0$ のとき，すべての実数 x について
1. $ax^2+bx+c<0 \iff a<0,\ D<0$
2. $ax^2+bx+c\geqq0$ となる場合は

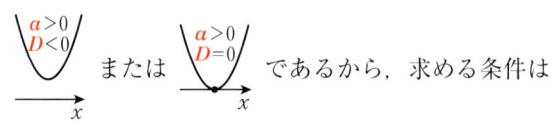

$\begin{matrix}a>0\\D<0\end{matrix}$ または $\begin{matrix}a>0\\D=0\end{matrix}$ であるから，求める条件は

$a>0,\ D\leqq0$

← $y<0$ となるのはグラフが x 軸より下にあるときで
$a<0,\ D<0$

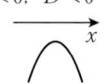

← $y\geqq0$ ということは，y が負の値をとらないということ。左の2つの場合以外は，どれも負の値をとることがある。

解答例　$y=ax^2-2(a-2)x+2a-1$ で，$y=0$ とおいたときの判別式を D とすると

$\dfrac{D}{4}=(a-2)^2-a(2a-1)=-a^2-3a+4=-(a+4)(a-1)$

(1) すべての実数 x について，$y<0$ となるための条件は
　$a<0$ ……① かつ $D<0$
　$D<0$ より　$-(a+4)(a-1)<0$　　$(a+4)(a-1)>0$
　よって　$a<-4,\ 1<a$ ……②
　①，②を同時に満たす範囲は　$\boldsymbol{a<-4}$　…答

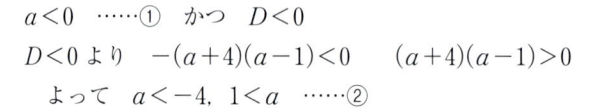

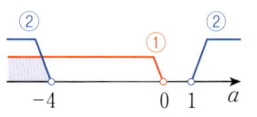

(2) すべての実数 x について，$y\geqq0$ となるための条件は
　$a>0$ ……③ かつ $D\leqq0$
　$D\leqq0$ より　$a\leqq-4,\ 1\leqq a$ ……④
　③，④を同時に満たす範囲は　$\boldsymbol{a\geqq1}$　…答

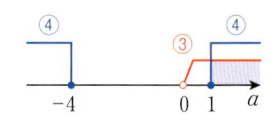

$p.73$ の6つのグラフから次のことがわかる。

ポイント　[2次関数の値の符号が一定となるための条件]
2次方程式 $ax^2+bx+c=0$ の判別式を D とすると
① すべての実数 x について　$ax^2+bx+c>0 \iff a>0,\ D<0$
② すべての実数 x について　$ax^2+bx+c<0 \iff a<0,\ D<0$

類題 74　x がどのような実数であっても，不等式
　$x^2-(2a-1)x+a^2>0$
が成り立つように，定数 a の値の範囲を定めよ。

7 解の存在範囲

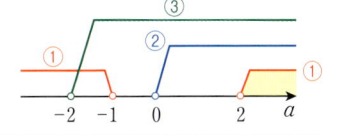

応用例題 75 　2次方程式の解の存在範囲(1)

2次方程式 $x^2-2ax+a+2=0$ が相異なる2つの正の解をもつように，定数 a の値の範囲を定めよ。

ねらい 係数に文字を含んだ2次方程式が相異なる2つの正の解をもつための条件を求めること。

解法ルール

1 $y=x^2-2ax+a+2$ のグラフがどうなるか，というイメージをつかむ。

　方程式の解 $\iff$ グラフと x 軸との共有点の x 座標

であるから，$y=x^2-2ax+a+2$ のグラフは，x 軸の正の部分と2個の共有点をもつことになる。

したがって，グラフは右の図のようになるはずだ。

2 グラフのイメージを式に表す。

　まず，共有点が2個ある $\iff D>0$

　次に，軸が y 軸より右側にある $\iff$ (頂点の x 座標)>0

　さらに，y 軸の正の部分と交わる $\iff$ ($x=0$ のときの y 座標)>0

解答例　$f(x)=x^2-2ax+a+2$ とおく。2次方程式 $f(x)=0$ が相異なる2つの正の解をもつのは，$y=f(x)$ のグラフが，y 軸の右側で x 軸と2つの共有点をもつときである。

$y=f(x)$ のグラフは下に凸の放物線であるから，求める条件は次の(i)～(iii)である。

(i) $\dfrac{D}{4}=a^2-(a+2)>0$ 　$(a+1)(a-2)>0$ 　よって 　$a<-1,\ 2<a$ ……①

(ii) 軸 $x=a>0$ ……②

(iii) $f(0)=a+2>0$ 　よって 　$a>-2$ ……③

①，②，③を同時に満たす範囲は 　$a>2$ …答

ポイント [2次方程式の解の存在範囲]

2次方程式 $ax^2+bx+c=0$ の解と，与えられた定数 k との大小を調べる問題では，$y=f(x)=ax^2+bx+c$ のグラフと x 軸との**共有点のもち方**を調べる。

調査内容は次の3点。

① 判別式 D の符号
② 軸の位置
③ $x=k$ における $f(x)$ の符号（$f(k)$ の符号）

類題 75　2次方程式 $x^2-ax+4=0$ が相異なる2つの負の解をもつように，定数 a の値の範囲を定めよ。

3 2次関数のグラフと方程式・不等式

応用例題 76 2次方程式の解の存在範囲(2)

(1) 2次方程式 $x^2-2ax+a=0$ の1つの解が0と1の間，他の解が1と2の間にあるように，定数 a の値の範囲を定めよ。

(2) 2次方程式 $x^2+2ax-a^2+8=0$ が，$x<1$ において異なる2つの実数解をもつように，定数 a の値の範囲を定めよ。

ねらい 係数に文字を含んだ2次方程式の解の存在範囲が与えられたとき，係数が満たす条件を求めること。

解法ルール
1 まず，グラフのイメージをつかむ。
2 グラフのイメージをつかんだら，それを式に表す。

解答例

(1) $f(x)=x^2-2ax+a$ とおく。

2次方程式 $f(x)=0$ の1つの解が0と1の間にあり，他の解が1と2の間にあるのは，グラフが右のようになるときである。そして，そのための条件は

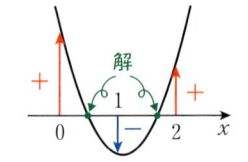

$f(0)>0,\ f(1)<0,\ f(2)>0$

が同時に成り立つことである。

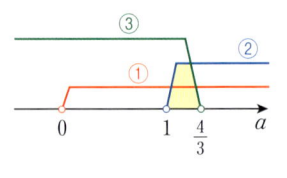

$f(0)>0$ より $a>0$ ……①

$f(1)<0$ より $1-2a+a<0$ よって $a>1$ ……②

$f(2)>0$ より $4-4a+a>0$ よって $a<\dfrac{4}{3}$ ……③

①，②，③を同時に満たす範囲は $1<a<\dfrac{4}{3}$ …**答**

(2) $f(x)=x^2+2ax-a^2+8$ とおく。

2次方程式 $f(x)=0$ が，$x<1$ において異なる2つの実数解をもつのは，グラフが右のようになるときである。そして，そのための条件は

判別式 $D>0$，軸 $x=-a<1$，$f(1)>0$

が同時に成り立つことである。

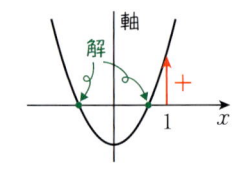

$\dfrac{D}{4}=a^2-(-a^2+8)=2(a^2-4)=2(a+2)(a-2)>0$ より

$a<-2,\ 2<a$ ……①

軸 $x=-a<1$ より $a>-1$ ……②

$f(1)=1+2a-a^2+8>0$ より $a^2-2a-9<0$

よって $1-\sqrt{10}<a<1+\sqrt{10}$ ……③

①，②，③を同時に満たす範囲は

$2<a<1+\sqrt{10}$ …**答**

$\sqrt{10}=3.16\cdots$

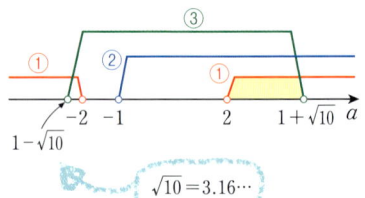

類題 76 2次方程式 $x^2+(a-3)x+a=0$ が異なる2つの解 $\alpha,\ \beta$ をもつとき，次の条件を満たす定数 a の値の範囲を求めよ。

(1) $\alpha>-2,\ \beta>-2$ (2) $\alpha<-2<\beta$

定期テスト予想問題 解答→p.18～20

1 関数 $y=kx+l$ $(0\leqq x\leqq 2)$ の値域が $1\leqq y\leqq 3$ のとき，定数 k, l の値を求めよ。

2 放物線 $C: y=2x^2-4x+1$ について，次の □ にあてはまるものを求めよ。
(1) C を x 軸方向に -2 だけ平行移動したグラフの方程式は □ となる。
(2) C と放物線 $y=-2x^2+4x+7$ とは点 □ に関して対称である。

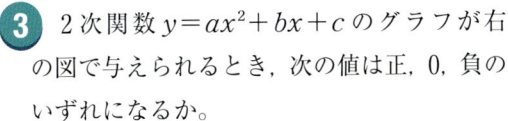

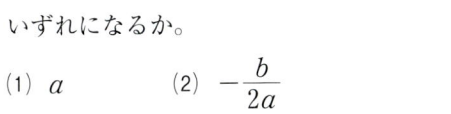

3 2次関数 $y=ax^2+bx+c$ のグラフが右の図で与えられるとき，次の値は正, 0, 負のいずれになるか。
(1) a (2) $-\dfrac{b}{2a}$
(3) b (4) c
(5) b^2-4ac (6) $a+b+c$ (7) $a-b+c$

4 グラフが次の条件を満足する2次関数を求めよ。
(1) 3点 $(0, 3)$, $(1, 8)$, $(-1, 0)$ を通る。
(2) 2次関数 $y=-3x^2+2x-1$ のグラフを平行移動して得られる曲線で, 2点 $(1, 0)$, $(-1, -2)$ を通る。
(3) 上に凸で, 頂点が直線 $y=x$ 上にあり, 2点 $(1, 1)$, $(2, 2)$ を通る。

5 $2x+3y=6$ $(x\geqq 0, y\geqq 0)$ を満たす実数 x, y に対して $S=xy$ とおく。
(1) S を x で表し，そのグラフをかけ。
(2) S の最大値，およびそのときの x, y の値を求めよ。

6 直角をはさむ2辺の長さの和が 20 cm の直角三角形がある。
(1) 直角三角形の面積の最大値を求めよ。
(2) 直角三角形の周の長さの最小値を求めよ。

HINT

1 $k>0$ と $k<0$ の場合に分けて考える。

2 (1) x を $x+2$ におき換える。
(2) 頂点に着目する。

3 (2) $x=-\dfrac{b}{2a}$ は軸の方程式である。
(5) $b^2-4ac=D$
(6) $x=1$ のときの y の値は？
(7) $x=-1$ のときの y の値は？

4 (1) $y=ax^2+bx+c$ とおく。
(2) $y=-3x^2+bx+c$ とおく。
(3) 頂点の座標を (p, p) として, $y=a(x-p)^2+p$ $(a<0)$ とおく。

5 (1) y を消去するとき, $y\geqq 0$ という条件に注意。
(2) (1)のグラフで考える。

6 (1) 直角をはさむ2辺の長さを, x, $20-x$ とおく。
(2) 斜辺の長さが最小のときに周の長さも最小になる。

7 2次関数 $y=2x^2+4mx+m^2+m$ の最小値 l を m の関数で表し，l の最大値とそのときの m の値を求めよ。

8 2次関数 $y=x^2-2x+2$ の，区間 $m\leqq x\leqq m+1$ における最小値を $g(m)$ とする。定数 m が次の範囲にあるとき，$g(m)$ を求めよ。
(1) $m<0$　　　(2) $0\leqq m\leqq 1$　　　(3) $m>1$

9 次の方程式，不等式を解け。
(1) $x^2+2x-3=0$　　　(2) $x^2-6x+1=0$
(3) $x^2-4x-6<0$　　　(4) $\begin{cases} x^2+5x-6\leqq 0 \\ x^2+5x+6>0 \end{cases}$

10 放物線 $y=-x^2+2ax-4$ ……① があるとき，次の条件に適するように，定数 a の値または値の範囲を定めよ。
(1) ①が直線 $y=2x$ に接する。
(2) ①が直線 $y=2x+5$ と共有点をもたない。

11 2つの放物線 $y=x^2+2ax+5a$ ……①，$y=x^2-2ax+2a+3$ ……②の少なくとも一方が x 軸と共有点をもつように，定数 a の値の範囲を定めよ。

12 2次関数 $f(x)=ax^2+2(a+2)x+2a+4$ の値が常に正であるとき，定数 a の値の範囲を求めよ。

13 2次方程式 $3x^2-2kx+1=0$ が1より小さい2つの異なる正の解をもつように，定数 k の値の範囲を次の手順にそって定めよ。
(1) 2次関数 $f(x)=3x^2-2kx+1$ のグラフは，□に凸な放物線で，x 軸と □$<x<$□ の範囲で，□個の交点をもっている。空欄を適当に埋めて，この文章にあてはまるような2次関数 $y=f(x)$ のグラフの概形をかけ。
(2) 判別式 D の符号から k の条件を求めよ。
(3) 軸の位置から k の条件を求めよ。
(4) $f(0)$，$f(1)$ の符号から k の条件を求めよ。
(5) (2)～(4)から k の値の範囲を定めよ。

---

7 2次関数を $y=a(x-p)^2+q$ の形に変形して考える。

8 それぞれの場合のグラフをかいて考える。（軸が区間内にあるかどうかに注意する。）

10 (1) 接する $\iff D=0$
(2) 共有点をもたない $\iff D<0$

11 $y=ax^2+bx+c$ が x 軸と共有点をもつ $\iff D\geqq 0$

12 ax^2+bx+c $(a\neq 0)$ がつねに正 $\iff a>0, D<0$

13 (3) 軸は $x=0$ と $x=1$ の間にある。
(4) $f(0)>0$, $f(1)>0$

3章 図形と計量 〔数学Ⅰ〕

1節 三角比

1 三角比

中学校で習った合同条件によれば，三角形の2つの辺とその間の角が決まれば，三角形は決まってしまう。

三角形が決まれば，残りの辺や角，それに高さや面積なども決まるから，計算で求められるはずだ。そのときに使われるのが，これから学ぶ<u>正弦</u>，<u>余弦</u>，<u>正接</u>といわれるものである。この3つは，あわせて<u>三角比</u>と呼ばれる。

● 正弦・余弦・正接とは？

1つの鋭角 ∠XAY が与えられたとき，その1辺 AY 上の点 B から，他の辺 AX に垂線 BC を引くと，B が AY 上のどこにあっても，

$$\frac{BC}{AB}, \frac{AC}{AB}, \frac{BC}{AC}$$

の値は，それぞれ一定で，∠A の大きさ A だけで定まる。

そこで，$\dfrac{BC}{AB}$ を A の**正弦**または**サイン**といい，$\sin A$ と表し，

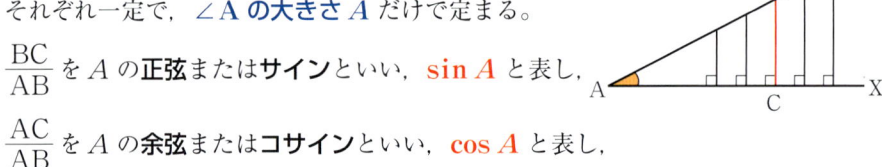

$\dfrac{AC}{AB}$ を A の**余弦**または**コサイン**といい，$\cos A$ と表し，

$\dfrac{BC}{AC}$ を A の**正接**または**タンジェント**といい，$\tan A$ と表す。

◆ 特別な角の三角比

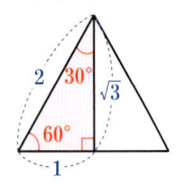

30°，45°，60° の三角比は，左の図で，たとえば

$$\sin 60° = \cos 30° = \frac{\sqrt{3}}{2}$$

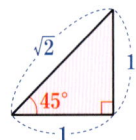

のように，求めることができる。

30°，45°，60° の三角比をまとめると右の表のようになる。これらはよく使われるので覚えておこう。

三角比＼A	30°	45°	60°
$\sin A$	$\dfrac{1}{2}$	$\dfrac{\sqrt{2}}{2}$	$\dfrac{\sqrt{3}}{2}$
$\cos A$	$\dfrac{\sqrt{3}}{2}$	$\dfrac{\sqrt{2}}{2}$	$\dfrac{1}{2}$
$\tan A$	$\dfrac{\sqrt{3}}{3}$	1	$\sqrt{3}$

❖ 三角比の表

　本書の巻末には，0°から90°までの大きさの角について，その三角比の値が**三角比の表**としてのせてある。

　三角比の表で，たとえば角が21°の所は右のようになっているから，21°の三角比は

$\sin 21° = 0.3584$，$\cos 21° = 0.9336$，$\tan 21° = 0.3839$

と求められる。

角	正弦(sin)	余弦(cos)	正接(tan)
⋮	⋮	⋮	⋮
21°	0.3584	0.9336	0.3839
⋮	⋮	⋮	⋮

ポイント　[正弦・余弦・正接]

① 正弦

$$\sin A = \frac{a}{c} = \frac{対辺}{斜辺}$$

$a = c \sin A$

② 余弦

$$\cos A = \frac{b}{c} = \frac{底辺}{斜辺}$$

$b = c \cos A$

③ 正接

$$\tan A = \frac{a}{b} = \frac{対辺}{底辺}$$

$a = b \tan A$

Aから見たときの…　斜辺 c，対辺 a，底辺 b

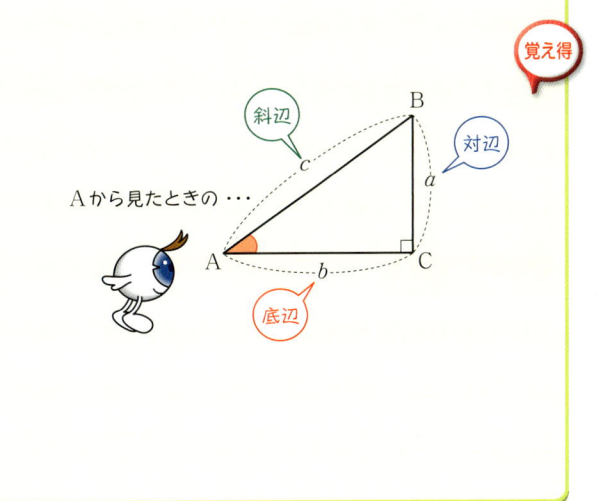

　正弦・余弦・正接の覚え方の注意を2つあげておこう。

（注意1） 底辺，対辺というのは，見る位置によって変わってくる。上の図の場合は，頂点Aの位置から見たものであるが，頂点Bから見ると，右の図のように，底辺と対辺が入れかわるので注意しよう。（もちろん，斜辺はどこから見ても斜辺だ。）なお，底辺のことを隣辺ということがある。

Bから見ると…　斜辺 c，底辺 a，対辺 b

（注意2） 正弦(sin)，余弦(cos)，正接(tan)は，それぞれの頭文字s，c，tの**筆記体を書く順序**にあわせて，「分母→分子を書く」と覚える方法がある。

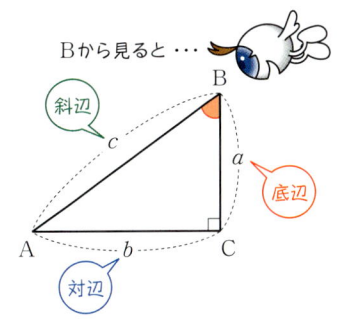

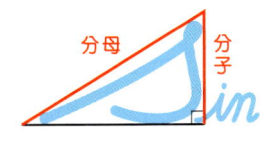

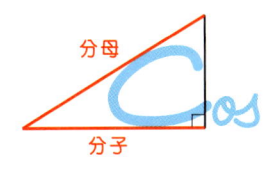

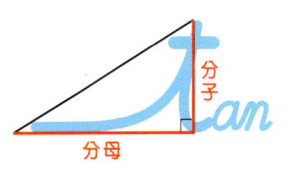

sin：分母・分子　　cos：分母・分子　　tan：分母・分子

1 三角比

基本例題 77 鋭角の三角比(1)

右の図の直角三角形 ABC で、$\sin A$, $\cos A$, $\tan A$ の値を求めよ。

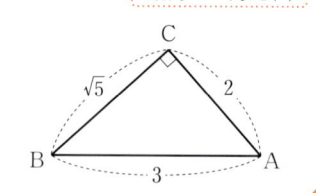

ねらい 三角比の定義にしたがって、鋭角の三角比の値を求めること。

解法ルール
1. A から見た対辺、底辺を正しくつかむ。
2. 三角比の定義にあてはめる。

$$\sin A = \frac{対辺}{斜辺}, \quad \cos A = \frac{底辺}{斜辺}, \quad \tan A = \frac{対辺}{底辺}$$

A から見たときの底辺は？

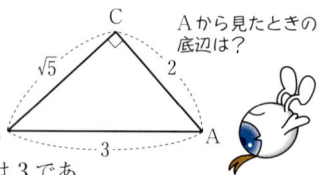

解答例 A から見ると、辺の長さは、対辺は $\sqrt{5}$, 底辺は 2, 斜辺は 3 であるから

$$\sin A = \frac{\sqrt{5}}{3}, \quad \cos A = \frac{2}{3}, \quad \tan A = \frac{\sqrt{5}}{2} \quad \cdots 答$$

基本例題 78 鋭角の三角比(2)

右の図の直角三角形について、角 θ の正弦、余弦、正接の値を求めよ。

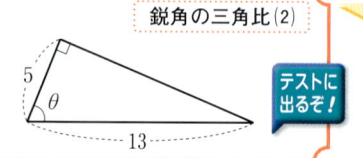

テストに出るぞ!

ねらい 直角三角形の1辺が未知の場合に、三角比の値を求めること。(未知の辺は、三平方の定理を使って求める。)

解法ルール
1. $\cos \theta$ は、定義にあてはめるとすぐに求められる。
2. $\sin \theta$, $\tan \theta$ では残りの辺の長さが必要。残りの辺の長さは、**三平方の定理**を使って求めることができる。

解答例 $\cos \theta = \dfrac{5}{13}$ …答

三平方の定理により、残りの辺(対辺)の長さは
$\sqrt{13^2 - 5^2} = \sqrt{144} = 12$

ゆえに $\sin \theta = \dfrac{12}{13}, \quad \tan \theta = \dfrac{12}{5}$ …答

三平方の定理
直角三角形の直角をはさむ2辺の長さを a, b, 斜辺を c とすると、$c^2 = a^2 + b^2$ が成立する。

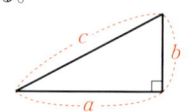

類題 78 次の図の直角三角形で、角 α, β のそれぞれについて、正弦、余弦、正接の値をそれぞれ求めよ。

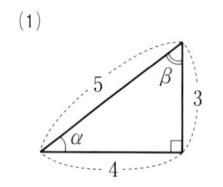

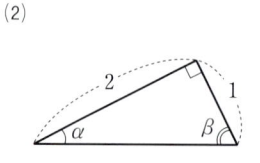

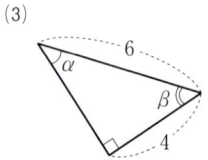

(1) (2) (3)

目の位置を決めよう。

88 3章 図形と計量

基本例題 79　直角三角形の辺を求める

次の直角三角形において，x の値を小数第 1 位まで求めよ。

(1) 斜辺 5，角 33°，底辺 x

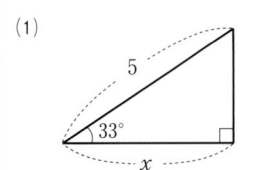

(2) 高さ 10，角 25°，斜辺 x

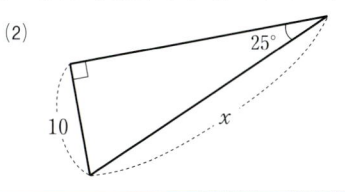

ねらい　三角比を使って，直角三角形の未知の辺の長さを求めること。

解法ルール　直角三角形では，1 辺の長さと 1 つの鋭角の大きさがわかると，他の辺の長さは三角比の表を使って求めることができる。

解答例

(1) $\cos 33° = \dfrac{x}{5}$　　$x = 5\cos 33°$

三角比の表により　$\cos 33° = 0.8387$

よって　$x = 5 \times 0.8387 = 4.1935 \to \mathbf{4.2}$ …答

(2) $\sin 25° = \dfrac{10}{x}$　　$x = \dfrac{10}{\sin 25°}$

三角比の表により　$\sin 25° = 0.4226$

よって　$x = \dfrac{10}{\sin 25°} = \dfrac{10}{0.4226} = 23.66\cdots \to \mathbf{23.7}$ …答

類題 79　右の直角三角形において，x の値を小数第 1 位まで求めよ。

(1) 斜辺 20，角 53°，底辺 x

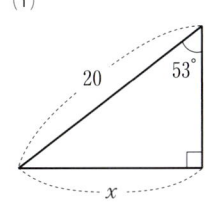

(2) 角 36°，底辺 16，対辺 x

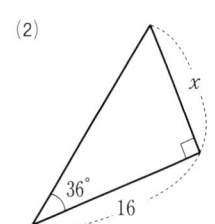

基本例題 80　直角三角形の角を求める

右の図の直角三角形において，x の値を整数で求めよ。

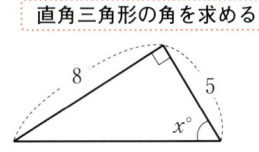

（図：直角をはさむ辺 8 と 5，角 $x°$）

ねらい　三角比を使って，直角三角形の未知の角の大きさを求めること。

解法ルール　直角三角形では，2 辺の長さがわかると，鋭角の大きさは，三角比の表を使って求めることができる。

解答例　$\tan x° = \dfrac{8}{5} = 1.6$

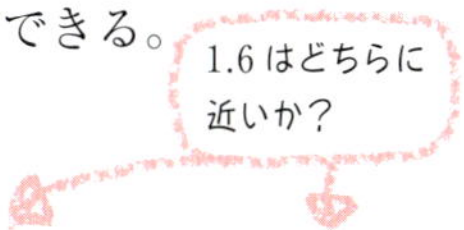

〔1.6 はどちらに近いか？〕

三角比の表により　$\tan 57° = 1.5399$，$\tan 58° = 1.6003$

ゆえに　$x = \mathbf{58}$ …答

類題 80　右の直角三角形において，x の値を整数で求めよ。

（図：斜辺 10，他の辺 8，角 $x°$）

1　三角比　89

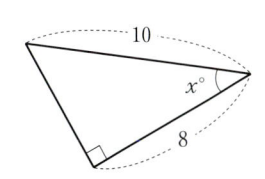

応用例題 81 塔の高さを求める

ある地点 A から塔の頂上を見ると，仰角(ぎょうかく)が 20° で，A から 220 m 塔に近づいた地点 B から塔の頂上を見ると，仰角が 45° であった。塔の高さを求めよ。観測したときの目の高さを 1 m とし，1 m 未満は四捨五入せよ。

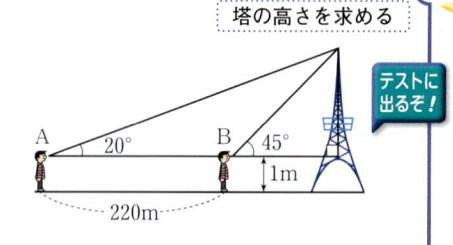

ねらい 三角比を使って，塔の高さを求めること。

テストに出るぞ！

解法ルール 右の図で，x の値が求められればよい。**x m は 20° の対辺の長さであるから，図の □ m が数値，または x を含んだ式で表されればよいこと**に気がつくだろう。

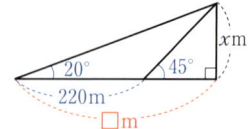

解答例 右の図のように A〜D を定め，CD＝x m とする。
直角三角形 CBD で，∠CBD＝45° であるから
　BD＝x m
よって　AD＝AB＋BD＝220＋x（m）
直角三角形 ACD で
　$\tan 20° = \dfrac{CD}{AD} = \dfrac{x}{220+x}$
三角比の表により　$\tan 20° = 0.3640$
ゆえに　$0.364 = \dfrac{x}{220+x}$
分母を払って整理すると
　$0.636x = 80.08$
　$x = \dfrac{80.08}{0.636} = 125.9\cdots \rightarrow 126$
よって，求める塔の高さは，x に目の高さ 1 m を加えて
　$x+1 = 126+1 = 127$ (m)
　答　127 m

仰角と俯角(ふかく)
水平面から見上げる角を**仰角**という。

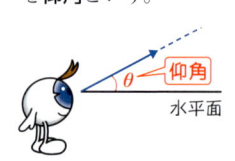

これに対して，水平面から見下ろす角を**俯角**という。

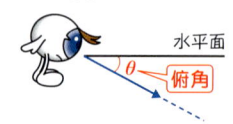

類題 81 次の図で，x を a を用いて表せ。

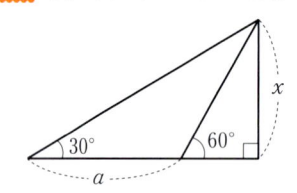

2 三角比の相互関係（1）

右の図の直角三角形 ABC において，
$a = c\sin\theta$，$b = c\cos\theta$ だから

$$\tan\theta = \frac{a}{b} = \frac{c\sin\theta}{c\cos\theta} = \frac{\sin\theta}{\cos\theta}$$

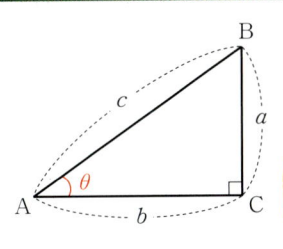

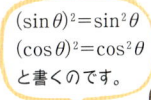

また，三平方の定理より
$$a^2 + b^2 = c^2$$

すなわち $(c\sin\theta)^2 + (c\cos\theta)^2 = c^2$ だから

$$\sin^2\theta + \cos^2\theta = 1 \quad \cdots\cdots (*)$$

$(*)$ の両辺を $\cos^2\theta$ で割ると $\left(\dfrac{\sin\theta}{\cos\theta}\right)^2 + 1 = \dfrac{1}{\cos^2\theta}$

$$1 + \tan^2\theta = \frac{1}{\cos^2\theta}$$

このことから $\sin\theta$，$\cos\theta$，$\tan\theta$ の相互関係をまとめると

> $(\sin\theta)^2 = \sin^2\theta$
> $(\cos\theta)^2 = \cos^2\theta$
> と書くのです。

ポイント ［三角比の相互関係］

$$\tan\theta = \frac{\sin\theta}{\cos\theta}, \quad \sin^2\theta + \cos^2\theta = 1, \quad 1 + \tan^2\theta = \frac{1}{\cos^2\theta}$$

基本例題 82 　　三角比の相互関係(1)

$\sin\theta = \dfrac{3}{5}$ を満たす鋭角 θ の，$\cos\theta$ と $\tan\theta$ の値を求めよ。

ねらい　θ が鋭角で $\sin\theta$ が与えられたとき，$\cos\theta$ と $\tan\theta$ の値を求めること。

解法ルール
1. $\sin^2\theta + \cos^2\theta = 1$ を利用して $\cos\theta$ を求める。
2. $\tan\theta = \dfrac{\sin\theta}{\cos\theta}$ を利用して $\tan\theta$ を求める。

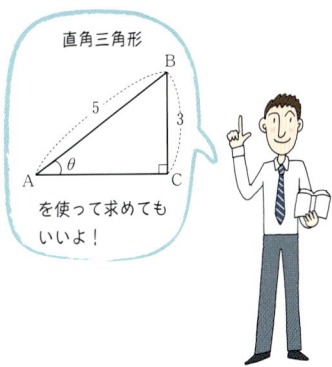

解答例 $\sin^2\theta + \cos^2\theta = 1$ より

$$\cos^2\theta = 1 - \sin^2\theta = 1 - \left(\frac{3}{5}\right)^2 = \frac{16}{25} = \left(\frac{4}{5}\right)^2$$

θ が鋭角のとき　$\cos\theta = \dfrac{4}{5}$　…答

$$\tan\theta = \frac{\sin\theta}{\cos\theta} = \frac{3}{5} \div \frac{4}{5} = \frac{3}{4} \quad \cdots\text{答}$$

> 直角三角形を使って求めてもいいよ！

類題 82 　$\cos\theta = \dfrac{2}{3}$ を満たす鋭角 θ の，$\sin\theta$ と $\tan\theta$ の値を求めよ。

基本例題 83 三角比の相互関係(2)

$\tan\theta = \dfrac{1}{2}$ を満たす鋭角 θ の，$\sin\theta$ と $\cos\theta$ の値を求めよ。 **テストに出るぞ!**

ねらい　θ が鋭角で $\tan\theta$ が与えられたとき，$\sin\theta$ と $\cos\theta$ の値を求めること。

解法ルール

1. $1+\tan^2\theta = \dfrac{1}{\cos^2\theta}$ を利用して $\cos\theta$ を求める。

2. $\tan\theta = \dfrac{\sin\theta}{\cos\theta}$ を利用して $\sin\theta$ を求める。

解答例

$1+\tan^2\theta = \dfrac{1}{\cos^2\theta}$ より　$1+\left(\dfrac{1}{2}\right)^2 = \dfrac{1}{\cos^2\theta}$

$\dfrac{1}{\cos^2\theta} = \dfrac{5}{4}$　　$\cos^2\theta = \dfrac{4}{5}$

θ が鋭角のとき　$\cos\theta = \dfrac{2}{\sqrt{5}} = \dfrac{2\sqrt{5}}{5}$　…答

$\tan\theta = \dfrac{\sin\theta}{\cos\theta}$ より，$\sin\theta = \tan\theta \cdot \cos\theta$ だから

$\sin\theta = \dfrac{1}{2} \cdot \dfrac{2\sqrt{5}}{5} = \dfrac{\sqrt{5}}{5}$　…答

直角三角形（B,1,C,2,A,θ）を使えば簡単ですね。

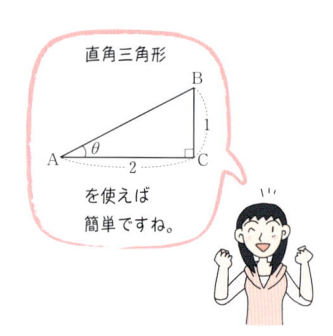

類題 83　$\tan\theta = \sqrt{3}$ を満たす鋭角 θ の，$\sin\theta$ と $\cos\theta$ の値を求めよ。

❖ $90°-\theta$ の三角比

右の図の直角三角形 ABC で

$\sin\theta = \dfrac{a}{c}$,　$\cos\theta = \dfrac{b}{c}$,　$\tan\theta = \dfrac{a}{b}$

$\sin(90°-\theta) = \dfrac{b}{c}$,　$\cos(90°-\theta) = \dfrac{a}{c}$,　$\tan(90°-\theta) = \dfrac{b}{a}$

したがって，θ が鋭角のとき，次の公式が成り立つ。

ポイント　[$90°-\theta$ の三角比]

$$\sin(90°-\theta) = \cos\theta,\ \ \cos(90°-\theta) = \sin\theta,\ \ \tan(90°-\theta) = \dfrac{1}{\tan\theta}$$

覚え得

$90°-\theta$ の公式を使うと，$\sin 73° = \sin(90°-17°) = \cos 17°$ のように，**鋭角の三角比はすべて $45°$ 以下の三角比で表すことができる。**

p.96 で，$180°-\theta$ の三角比と一緒に問題を考えよう。

3 三角比の拡張

三角比の扱いにはだいぶ慣れてきた頃だと思うけど，どうかな。
これまでは，鋭角の三角比を考えてきたけど，ここでは，これを鈍角，つまり **90° から 180° まで拡張する**ことにしましょう。

● 鈍角の三角比とは？

右の図のように，原点 O を中心とする半径 r の円と，原点 O から第 1 象限内に引いた半直線とが交わる点を $P(x, y)$ とする。$\angle AOP = \theta$ とすると，θ の三角比は次のようになる。

$$\sin\theta = \frac{y}{r}, \quad \cos\theta = \frac{x}{r}, \quad \tan\theta = \frac{y}{x}$$

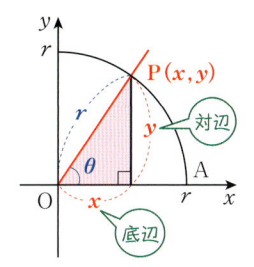

そこで，θ が鋭角のときも含めて，$0° \leq \theta \leq 180°$ のときの θ の三角比を，次のように定義する。

> **ポイント** [拡張された三角比の定義]
>
> 原点 O を中心とする**半径 r** の円において，x 軸の正の向きから左まわりに大きさ θ の角をとったとき定まる半径を OP とし，**点 P の座標を (x, y)** とする。このとき，
>
> $$\sin\theta = \frac{y}{r}, \quad \cos\theta = \frac{x}{r}, \quad \tan\theta = \frac{y}{x}$$
>
> と定める。

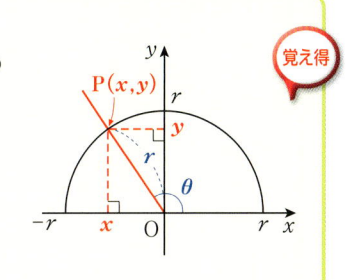

これも知っ得　単位円と三角比

座標を使った三角比の定義が便利なことは，だんだんわかってくるだろう。

実際には，上の定義で $r = 1$ とおくことが多い。このときの円，つまり，原点を中心とする半径が 1 の円を**単位円**と呼んでいる。

単位円を使うと，角 θ によって定まる**点 P の座標 (x, y) がそのまま三角比となる**。つまり，

$$x = \cos\theta, \quad y = \sin\theta$$

さらに，単位円周上の点 $A(1, 0)$ で x 軸に立てた垂線と OP との交点を $T(1, m)$ とすると $\tan\theta = \dfrac{y}{x} = \dfrac{m}{1}$

ゆえに　$m = \tan\theta$

すなわち，T の y 座標がそのまま θ の正接となっている。

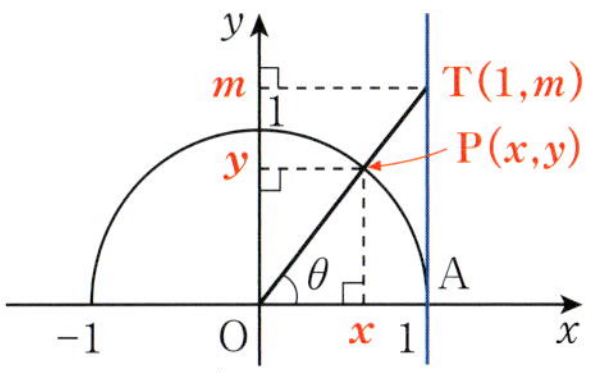

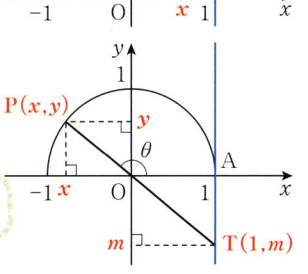

$\tan\theta$ は傾きと覚えよ。

● 単位円と特別な角の三角比

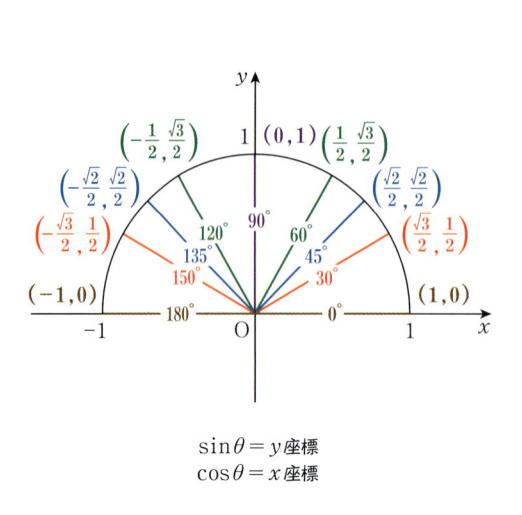

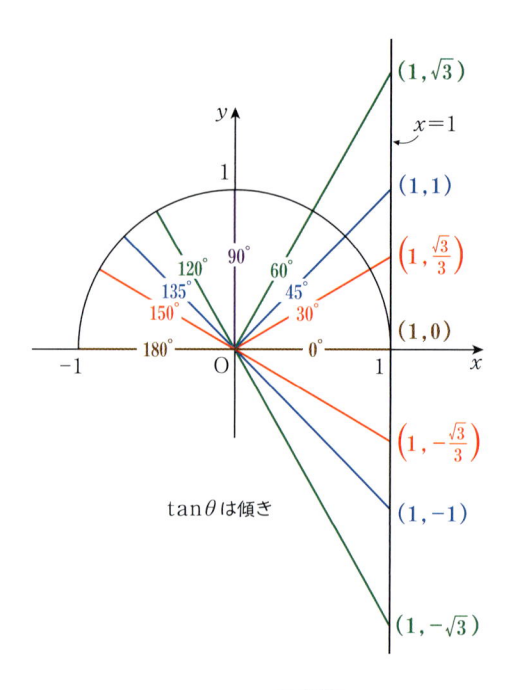

$\sin\theta = y$ 座標
$\cos\theta = x$ 座標

$\tan\theta$ は傾き

❖ 覚え方

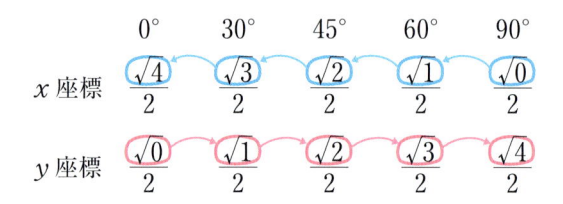

	0°	30°	45°	60°	90°
x 座標	$\frac{\sqrt{4}}{2}$	$\frac{\sqrt{3}}{2}$	$\frac{\sqrt{2}}{2}$	$\frac{\sqrt{1}}{2}$	$\frac{\sqrt{0}}{2}$
y 座標	$\frac{\sqrt{0}}{2}$	$\frac{\sqrt{1}}{2}$	$\frac{\sqrt{2}}{2}$	$\frac{\sqrt{3}}{2}$	$\frac{\sqrt{4}}{2}$

$\sin\theta$ は y 座標
$\cos\theta$ は x 座標
$\tan\theta$ は傾き

上の図の座標を読んで，下の表のようになることを確かめよう。

θ 三角比	0°	30°	45°	60°	90°	120°	135°	150°	180°
$\sin\theta$	0	$\frac{1}{2}$	$\frac{\sqrt{2}}{2}$	$\frac{\sqrt{3}}{2}$	1	$\frac{\sqrt{3}}{2}$	$\frac{\sqrt{2}}{2}$	$\frac{1}{2}$	0
$\cos\theta$	1	$\frac{\sqrt{3}}{2}$	$\frac{\sqrt{2}}{2}$	$\frac{1}{2}$	0	$-\frac{1}{2}$	$-\frac{\sqrt{2}}{2}$	$-\frac{\sqrt{3}}{2}$	-1
$\tan\theta$	0	$\frac{\sqrt{3}}{3}$	1	$\sqrt{3}$		$-\sqrt{3}$	-1	$-\frac{\sqrt{3}}{3}$	0

120°，135°，150°は符号に注意。

基本例題 84　簡単な三角方程式

$0° \leqq \theta \leqq 180°$ のとき，次の等式を満たす θ の値を求めよ。

(1) $\sin\theta = \dfrac{1}{2}$　　　(2) $\cos\theta = -\dfrac{\sqrt{2}}{2}$

ねらい　三角比の値が与えられたとき，角度を求めること。

解法ルール　単位円周上では，

$\sin\theta$ は y 座標で，$\cos\theta$ は x 座標で表される

ことを利用する。

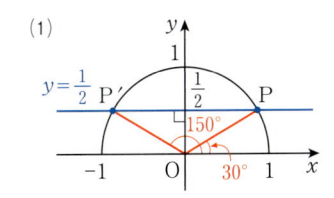

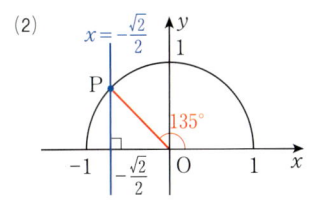

解答例　(1) 単位円周上で，y 座標が $\dfrac{1}{2}$ である点は，右の図の 2 点 P，P′ である。　**答**　$\theta = 30°, 150°$

(2) 単位円周上で，x 座標が $-\dfrac{\sqrt{2}}{2}$ である点は，右の図の点 P である。　**答**　$\theta = 135°$

類題 84　$0° \leqq \theta \leqq 180°$ のとき，次の等式を満たす θ の値を求めよ。

(1) $\sin\theta = \dfrac{\sqrt{2}}{2}$　　　(2) $\cos\theta = \dfrac{\sqrt{3}}{2}$　　　(3) $\tan\theta = -\sqrt{3}$

基本例題 85　簡単な三角不等式

$0° \leqq \theta \leqq 180°$ のとき，次の不等式を満たす θ の値の範囲を求めよ。

(1) $\sin\theta > \dfrac{\sqrt{3}}{2}$　　　(2) $\tan\theta \leqq -1$

ねらい　三角比を含む不等式が与えられたとき，角の範囲を求めること。

解法ルール　単位円周上では

$\sin\theta$ は y 座標で，$\tan\theta$ は傾きで表される

ことを利用する。

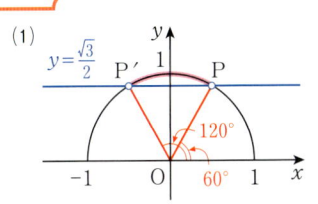

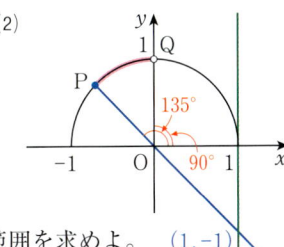

解答例　(1) 単位円周上で，y 座標が $\dfrac{\sqrt{3}}{2}$ より大きくなる点は，右の図の $\stackrel{\frown}{PP'}$ 上にある。　**答**　$60° < \theta < 120°$

(2) 単位円周上で，傾きが -1 以下になる点は，右の図の $\stackrel{\frown}{QP}$ 上にある。　**答**　$90° < \theta \leqq 135°$

類題 85　$0° \leqq \theta \leqq 180°$ のとき，次の不等式を満たす θ の値の範囲を求めよ。

(1) $\sin\theta \leqq \dfrac{1}{2}$　　　(2) $\cos\theta > \dfrac{1}{2}$　　　(3) $\tan\theta < \sqrt{3}$

4　$180°-\theta$, $90°-\theta$ の三角比

❖ $180°-\theta$ の三角比

下の2つの図から，単位円において，θ および $180°-\theta$ の角に対応する半径をそれぞれ OP, OP' とすると，**点 P と点 P' は y 軸に関して対称**になっていることがわかる。

そこで，**点 P の座標を (x, y)** とすれば，**点 P' の座標は $(-x, y)$** となることから，

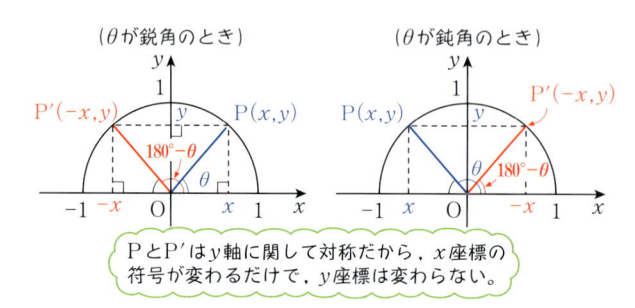

（θ が鋭角のとき）　（θ が鈍角のとき）

$\sin\theta = y$
$\sin(180°-\theta) = y$
$\cos\theta = x$
$\cos(180°-\theta) = -x$
$\tan\theta = \dfrac{y}{x}$
$\tan(180°-\theta) = -\dfrac{y}{x}$

> P と P' は y 軸に関して対称だから，x 座標の符号が変わるだけで，y 座標は変わらない。

したがって，$0° \leq \theta \leq 180°$ のとき，次の公式が成り立つ。

ポイント 　[$180°-\theta$ の三角比]　　　　　　　　　　　　　　　覚え得
$$\sin(180°-\theta) = \sin\theta, \quad \cos(180°-\theta) = -\cos\theta, \quad \tan(180°-\theta) = -\tan\theta$$

$180°-\theta$ の公式を使うと，**鈍角の三角比はすべて鋭角の三角比で表すことができる**。（鈍角の三角比も，「三角比の表」からその値を求めることができるわけだ。）

❖ $90°-\theta$ の三角比

p.92 で学んだ θ が鋭角のときの次の公式も同時に使っていこう。

ポイント 　[$90°-\theta$ の三角比]　　　　　　　　　　　　　　　覚え得
$$\sin(90°-\theta) = \cos\theta, \quad \cos(90°-\theta) = \sin\theta, \quad \tan(90°-\theta) = \dfrac{1}{\tan\theta}$$

$90°-\theta$ の公式を使うと，**鋭角の三角比はすべて 45° 以下の三角比で表すことができる**。

基本例題 86 鋭角の三角比で表す

次の三角比を鋭角の三角比で表せ。
(1) $\sin 123°$ (2) $\cos 156°$ (3) $\tan 91°$

ねらい $180°-\theta$ の三角比の公式を使って，鈍角の三角比を鋭角の三角比で表すこと。

解法ルール 鈍角の三角比は，次の公式を使うと鋭角の三角比で表せる。

$$\sin(180°-\theta)=\sin\theta, \quad \cos(180°-\theta)=-\cos\theta, \quad \tan(180°-\theta)=-\tan\theta$$

解答例
(1) $\sin 123°=\sin(180°-57°)=\mathbf{\sin 57°}$ …答
(2) $\cos 156°=\cos(180°-24°)=\mathbf{-\cos 24°}$ …答
(3) $\tan 91°=\tan(180°-89°)=\mathbf{-\tan 89°}$ …答

← $180°-\theta$ の三角比 **cos と tan の場合だけ符号が変わる**ことに注意しよう。

類題 86 △ABC で，$\sin A=\sin(B+C)$ が成り立つことを証明せよ。

基本例題 87 45°以下の三角比で表す

次の三角比を 45°以下の角の三角比で表せ。
(1) $\sin 75°$ (2) $\cos 123°$ (3) $\tan 105°$

ねらい 45°より大きい角の三角比を 45°以下の三角比で表すこと。

解法ルール
1 鈍角の三角比は，まず **$180°-\theta$ の公式**を使って，**鋭角の三角比で表す**。
2 45°より大きい鋭角の三角比は，**$90°-\theta$ の公式**を使うと，**45°以下の角の三角比で表す**ことができる。

$$\sin(90°-\theta)=\cos\theta, \quad \cos(90°-\theta)=\sin\theta, \quad \tan(90°-\theta)=\frac{1}{\tan\theta}$$

解答例
(1) $\sin 75°=\sin(90°-15°)$
　　　　$=\mathbf{\cos 15°}$ …答
(2) $\cos 123°=\cos(180°-57°)$
　　　　$=-\cos 57°$
　　　　$=-\cos(90°-33°)=\mathbf{-\sin 33°}$ …答
(3) $\tan 105°=\tan(180°-75°)$
　　　　$=-\tan 75°=-\tan(90°-15°)$
　　　　$=\mathbf{-\dfrac{1}{\tan 15°}}$ …答

← $90°-\theta$ の三角比
sin は cos に，cos は sin に，tan は逆数になることに注意しよう。（ただし，符号はどれも変わらない！）

類題 87 $\sin 20°=0.3420$，$\cos 20°=0.9397$，$\tan 20°=0.3640$ のとき，次の三角比の値を求めよ。
(1) $\sin 70°$ (2) $\cos 70°$ (3) $\sin 110°$
(4) $\tan 110°$ (5) $\cos 160°$ (6) $\tan 160°$

1 三角比

5 三角比の相互関係(2)

右の図のように，単位円において，角 θ に対応する半径を OP とし，P の座標を (x, y) とすると

$\sin\theta = y$, $\cos\theta = x$

$\tan\theta = \dfrac{y}{x} = \dfrac{\sin\theta}{\cos\theta}$ だから $\tan\theta = \dfrac{\sin\theta}{\cos\theta}$

また，三平方の定理により $y^2 + x^2 = 1$ だから

$\sin^2\theta + \cos^2\theta = 1$ ……（＊）

（＊）の両辺を $\cos^2\theta$ で割ると $\left(\dfrac{\sin\theta}{\cos\theta}\right)^2 + 1 = \dfrac{1}{\cos^2\theta}$

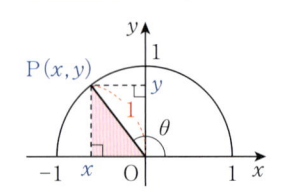

$1 + \tan^2\theta = \dfrac{1}{\cos^2\theta}$

このことから $\sin\theta$, $\cos\theta$, $\tan\theta$ の相互関係をまとめると

> 鈍角の場合も含めて相互関係を調べましょう。

ポイント ［三角比の相互関係］

$\tan\theta = \dfrac{\sin\theta}{\cos\theta}$, $\sin^2\theta + \cos^2\theta = 1$, $1 + \tan^2\theta = \dfrac{1}{\cos^2\theta}$

覚え得

基本例題 88 　三角比の相互関係(3)

$0° \leqq \theta \leqq 180°$ で $\cos\theta = \dfrac{5}{13}$ のとき，$\sin\theta$ と $\tan\theta$ の値を求めよ。

テストに出るぞ！

ねらい $\cos\theta$ が与えられたとき，$\sin\theta$, $\tan\theta$ の値を求めること。

解法ルール
1. $\sin^2\theta + \cos^2\theta = 1$ を利用して $\sin\theta$ を求める。
2. $\tan\theta = \dfrac{\sin\theta}{\cos\theta}$ を利用して $\tan\theta$ を求める。

解答例 $\sin^2\theta + \cos^2\theta = 1$ より

$\sin^2\theta = 1 - \cos^2\theta = 1 - \left(\dfrac{5}{13}\right)^2 = \left(\dfrac{12}{13}\right)^2$

よって $\sin\theta = \pm\dfrac{12}{13}$

$\sin\theta \geqq 0$ であるから $\sin\theta = \dfrac{12}{13}$ …答

$\tan\theta = \dfrac{\sin\theta}{\cos\theta} = \dfrac{12}{13} \div \dfrac{5}{13} = \dfrac{12}{5}$ …答

三角比の符号
$0° < \theta < 90°$ のとき $\sin\theta$, $\cos\theta$, $\tan\theta$ はどれも正である。

(別解) p.88 基本例題 77, 78 のように，図を用いて解いてもよい。

類題 88 $0° \leqq \theta \leqq 180°$ で $\cos\theta = \dfrac{3}{4}$ のとき，$\sin\theta$ と $\tan\theta$ の値を求めよ。

● 三角比の符号

下の図のように，角 θ の大きさが決まればそのときの点 P の x 座標，y 座標の正，負が決まるから，$\sin\theta$，$\cos\theta$，$\tan\theta$ の符号が決まる。

$0° < \theta < 90°$　　　　　$90° < \theta < 180°$

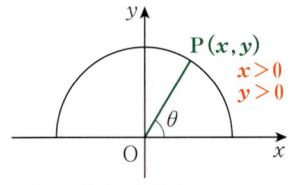

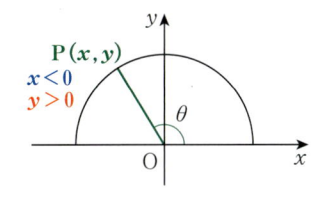

$\sin\theta = y$
$\cos\theta = x$
$\tan\theta = \dfrac{y}{x}$

このことをまとめると

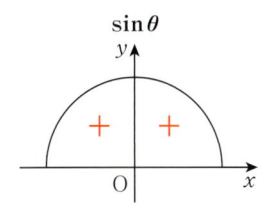

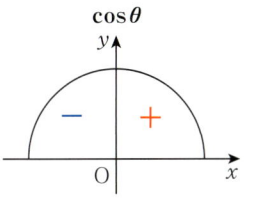

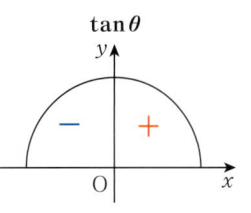

$\sin\theta$　　　　$\cos\theta$　　　　$\tan\theta$

基本例題 89　三角比の相互関係(4)

$\sin\theta = \dfrac{4}{5}$ を満たす鈍角 θ の，$\cos\theta$ と $\tan\theta$ の値を求めよ。

ねらい
θ が鈍角の場合について，$\sin\theta$ が与えられたとき，$\cos\theta$，$\tan\theta$ の値を求めること。

解法ルール

1. $\sin^2\theta + \cos^2\theta = 1$ を利用して $\cos\theta$ を求める。
ただし，θ は鈍角であるから　$\cos\theta < 0$

2. $\tan\theta = \dfrac{\sin\theta}{\cos\theta}$ を利用して $\tan\theta$ を求める。

三角比の符号
$90° < \theta < 180°$ のとき，
$\sin\theta$ は正，$\cos\theta$，$\tan\theta$ は負である。

解答例　$\sin^2\theta + \cos^2\theta = 1$ より

$\cos^2\theta = 1 - \sin^2\theta = 1 - \left(\dfrac{4}{5}\right)^2 = \left(\dfrac{3}{5}\right)^2$　　よって　$\cos\theta = \pm\dfrac{3}{5}$

θ は鈍角であるから　$\cos\theta < 0$

よって　$\cos\theta = -\dfrac{3}{5}$ …答

$\tan\theta = \dfrac{\sin\theta}{\cos\theta} = \dfrac{4}{5} \div \left(-\dfrac{3}{5}\right) = -\dfrac{4}{3}$ …答

類題 89-1 $0° \leq \theta \leq 180°$ で $\sin\theta = \dfrac{3}{4}$ のとき，$\cos\theta$ と $\tan\theta$ の値を求めよ。

類題 89-2 $0° \leq \theta \leq 180°$ で $\tan\theta = -\sqrt{2}$ のとき，$\sin\theta$ と $\cos\theta$ の値を求めよ。

1 三角比

発展例題 90 　三角比の式の値

$\sin\theta + \cos\theta = \dfrac{1}{2}$ $(0° \leqq \theta \leqq 180°)$ のとき，次の式の値を求めよ。

(1) $\sin\theta\cos\theta$ 　　　　(2) $\sin^3\theta + \cos^3\theta$
(3) $\sin\theta - \cos\theta$

ねらい
三角比の間の関係が等式で与えられたとき，三角比で表された式の値を求めること。

解法ルール
(1) $\sin\theta + \cos\theta = \dfrac{1}{2}$ の両辺を平方して，$\sin^2\theta + \cos^2\theta = 1$ を利用する。

(2) $a^3 + b^3 = (a+b)^3 - 3ab(a+b)$ の変形を利用する。

(3) まず，$(\sin\theta - \cos\theta)^2$ を求めてみる。

三角比のとりうる値の範囲
$0° \leqq \theta \leqq 180°$ のとき，
$0 \leqq \sin\theta \leqq 1$
$-1 \leqq \cos\theta \leqq 1$
$\tan\theta$ はすべての実数をとることができる。

解答例
(1) $\sin\theta + \cos\theta = \dfrac{1}{2}$ の両辺を平方すると

$\sin^2\theta + 2\sin\theta\cos\theta + \cos^2\theta = \dfrac{1}{4}$

$\sin^2\theta + \cos^2\theta = 1$ であるから　$1 + 2\sin\theta\cos\theta = \dfrac{1}{4}$

ゆえに　$\sin\theta\cos\theta = -\dfrac{3}{8}$　…答

(2) $\sin^3\theta + \cos^3\theta = (\sin\theta + \cos\theta)^3 - 3\sin\theta\cos\theta(\sin\theta + \cos\theta)$

$= \left(\dfrac{1}{2}\right)^3 - 3 \cdot \left(-\dfrac{3}{8}\right) \cdot \dfrac{1}{2}$

$= \dfrac{11}{16}$　…答

← $(a+b)^3 = a^3 + 3a^2b + 3ab^2 + b^3$ より
$a^3 + b^3 = (a+b)^3 - 3ab(a+b)$

(3) $(\sin\theta - \cos\theta)^2 = \sin^2\theta - 2\sin\theta\cos\theta + \cos^2\theta$

$= 1 - 2\sin\theta\cos\theta$

$= 1 - 2 \cdot \left(-\dfrac{3}{8}\right) = \dfrac{7}{4}$

$\sin^2\theta + \cos^2\theta = 1$ を利用した。

$0° \leqq \theta \leqq 180°$ のとき　$\sin\theta \geqq 0$
また，(1)より　$\sin\theta\cos\theta < 0$　ゆえに　$\cos\theta < 0$
よって　$\sin\theta - \cos\theta > 0$
したがって　$\sin\theta - \cos\theta = \dfrac{\sqrt{7}}{2}$　…答

← $ab < 0, a > 0$ のとき　$b < 0$

類題 90 $\sin\theta + \cos\theta = \dfrac{1}{3}$ $(0° \leqq \theta \leqq 180°)$ のとき，次の式の値を求めよ。

(1) $\sin\theta\cos\theta$ 　　　(2) $\sin\theta - \cos\theta$ 　　　(3) $\tan\theta + \dfrac{1}{\tan\theta}$

発展例題 91 　三角比の等式の証明(1)

次の等式が成り立つことを証明せよ。
(1) $\dfrac{1+\sin\theta}{\cos\theta}+\dfrac{\cos\theta}{1+\sin\theta}=\dfrac{2}{\cos\theta}$
(2) $\dfrac{\tan\theta}{1+\tan^2\theta}=\sin\theta\cos\theta$

ねらい 三角比の相互関係を使って，三角比の間に成立する等式を証明すること。

解法ルール
■1 左辺を通分して右辺を導く。
　このとき，$\sin^2\theta+\cos^2\theta=1$ を利用する。
■2 $\tan\theta$ は $\sin\theta$ と $\cos\theta$ で表す。このとき，利用する公式はもちろん $\tan\theta=\dfrac{\sin\theta}{\cos\theta}$

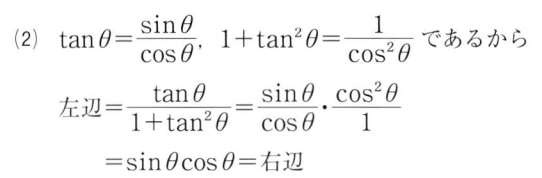

解答例
(1) 左辺 $=\dfrac{1+\sin\theta}{\cos\theta}+\dfrac{\cos\theta}{1+\sin\theta}$
$=\dfrac{(1+\sin\theta)^2+\cos^2\theta}{\cos\theta(1+\sin\theta)}=\dfrac{1+2\sin\theta+\sin^2\theta+\cos^2\theta}{\cos\theta(1+\sin\theta)}$
$=\dfrac{1+2\sin\theta+1}{\cos\theta(1+\sin\theta)}=\dfrac{2(1+\sin\theta)}{\cos\theta(1+\sin\theta)}=\dfrac{2}{\cos\theta}=$右辺

したがって　$\dfrac{1+\sin\theta}{\cos\theta}+\dfrac{\cos\theta}{1+\sin\theta}=\dfrac{2}{\cos\theta}$　終

（この和は1になる！）

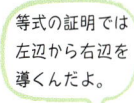

(2) $\tan\theta=\dfrac{\sin\theta}{\cos\theta}$, $1+\tan^2\theta=\dfrac{1}{\cos^2\theta}$ であるから
左辺 $=\dfrac{\tan\theta}{1+\tan^2\theta}=\dfrac{\sin\theta}{\cos\theta}\cdot\dfrac{\cos^2\theta}{1}$
$=\sin\theta\cos\theta=$右辺

したがって　$\dfrac{\tan\theta}{1+\tan^2\theta}=\sin\theta\cos\theta$　終

（**別解**）　左辺の分母，分子に $\cos^2\theta$ を掛けると
左辺 $=\dfrac{\tan\theta}{1+\tan^2\theta}=\dfrac{\cos\theta\sin\theta}{\cos^2\theta+\sin^2\theta}=\sin\theta\cos\theta=$**右辺**

等式の証明では左辺から右辺を導くんだよ。

類題 91 次の等式が成り立つことを証明せよ。
(1) $\dfrac{\sin\theta}{1+\cos\theta}+\dfrac{1+\cos\theta}{\sin\theta}=\dfrac{2}{\sin\theta}$
(2) $\tan^2\theta-\sin^2\theta=\tan^2\theta\sin^2\theta$

1　三角比

2節 三角比と図形

6 正弦定理と余弦定理

ここでは，三角比を使って，三角形の辺の長さと角の大きさとの関係を調べよう。

これからは，△ABC の∠A，∠B，∠C の大きさをそれぞれ A，B，C で表し，対辺 BC，CA，AB の長さをそれぞれ a，b，c で表すことにする。

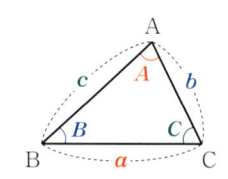

● 正弦定理とは？

$A < 90°$ のとき，正弦定理を導いてみよう。

△ABC の外接円の中心を O，外接円の半径を R とする。

BO と円の交点を D とすると
∠DCB=90°，BD=$2R$，∠D=∠A より

$$\sin D = \sin A = \frac{a}{2R} \quad よって \quad \frac{a}{\sin A} = 2R$$

同様にして $\dfrac{b}{\sin B}=2R$, $\dfrac{c}{\sin C}=2R$

$A=90°$，$A>90°$ のときも同様の結果が得られる。（右欄参照）
したがって，次の等式が成り立つ。これを**正弦定理**という。

ポイント
[正弦定理]
$$\frac{a}{\sin A} = \frac{b}{\sin B} = \frac{c}{\sin C} = 2R$$
（R は△ABC の外接円の半径）

覚え得

正弦定理は，上の形で表すのがふつうであるが，
$a=2R\sin A$, $b=2R\sin B$, $c=2R\sin C$
の形で利用することも多い。また，比の形で表すと
$a:b:c=\sin A:\sin B:\sin C$ となる。

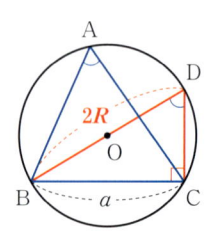

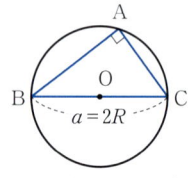

$A=90°$ のとき

$a=2R$, $\sin A=1$ より
$\dfrac{a}{\sin A}=2R$ が成り立つ。

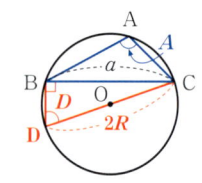

$A>90°$ のとき

図のように D をとると，$A=180°-D$ で $D<90°$ よって
$\sin A = \sin(180°-D) = \sin D$
ゆえに，左の結果を用いて
$\dfrac{a}{\sin A}=\dfrac{a}{\sin D}=2R$
が成り立つ。

基本例題 92 　　　　　　　　　　　正弦定理の利用(1)

△ABC において，$a=3$，$A=60°$，$B=45°$ のとき，b および外接円の半径 R を求めよ。

テストに出るぞ！

ねらい 正弦定理を利用して，三角形の未知の辺の長さおよび外接円の半径を求めること。

解法ルール ∠A に対する辺の長さ a がわかっているから，**正弦定理**

$$\frac{a}{\sin A}=\frac{b}{\sin B}=\frac{c}{\sin C}=2R$$

により，他の辺の長さが求められる。

解答例 $a=3$，$A=60°$，$B=45°$ であるから，正弦定理により

$$\frac{3}{\sin 60°}=\frac{b}{\sin 45°}$$

よって　$b=\dfrac{3\sin 45°}{\sin 60°}=3\cdot\dfrac{1}{\sqrt{2}}\div\dfrac{\sqrt{3}}{2}=\dfrac{6}{\sqrt{6}}=\sqrt{6}$　…答

また，正弦定理により　$\dfrac{3}{\sin 60°}=2R$

よって　$R=\dfrac{3}{2\sin 60°}=3\div\left(2\cdot\dfrac{\sqrt{3}}{2}\right)=\sqrt{3}$　…答

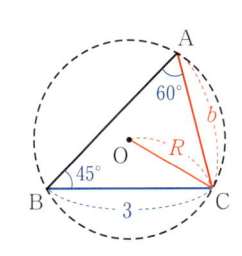

類題 92 △ABC において，$B=75°$，$C=45°$，$c=12$ のとき，a および外接円の半径 R を求めよ。

応用例題 93 　　　　　　　　　　　正弦定理の利用(2)

△ABC において，$a:b:c=2:3:4$ のとき

$\dfrac{\sin^2 A+\sin^2 B}{\sin^2 C}$ の値を求めよ。

ねらい 正弦定理を利用して，三角比の式の値を求めること。

解法ルール
1. 与えられた条件と正弦定理から，$\sin A:\sin B:\sin C$ がわかる。
2. 条件式が比例式のときは，$=k$ とおく。

正弦定理より
$\sin A:\sin B:\sin C$
$=a:b:c$
だよ。

解答例 正弦定理により　$a=2R\sin A$，$b=2R\sin B$，$c=2R\sin C$
$a:b:c=2:3:4$ より　$\sin A:\sin B:\sin C=2:3:4$
よって，$\sin A=2k$，$\sin B=3k$，$\sin C=4k$ とおくと

$$\frac{\sin^2 A+\sin^2 B}{\sin^2 C}=\frac{4k^2+9k^2}{16k^2}=\frac{13k^2}{16k^2}=\frac{13}{16}$$　…答

類題 93 △ABC において，$\sin A:\sin B:\sin C=3:4:5$ のとき，$\dfrac{a+c}{2b}$ の値を求めよ。

● 余弦定理とは？

右の図の $\triangle ABC$ で，C から AB に引いた垂線の足を D とする。

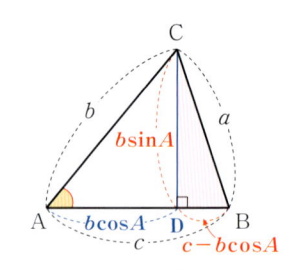

$CD = b\sin A$

$AD = b\cos A$ より $BD = c - b\cos A$

三平方の定理 $BC^2 = BD^2 + CD^2$ に代入して

$$\begin{aligned}
a^2 = BC^2 &= (c - b\cos A)^2 + (b\sin A)^2 \\
&= b^2\cos^2 A - 2bc\cos A + c^2 + b^2\sin^2 A \\
&= b^2(\sin^2 A + \cos^2 A) + c^2 - 2bc\cos A \\
&= b^2 + c^2 - 2bc\cos A
\end{aligned}$$

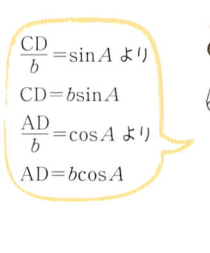

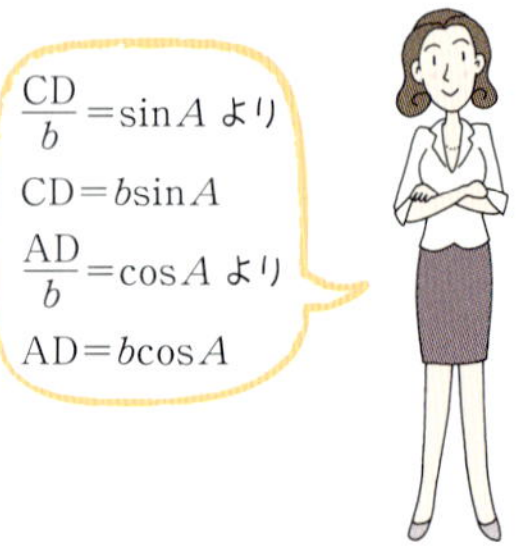

よって　　　$a^2 = b^2 + c^2 - 2bc\cos A$

同様にして　$b^2 = c^2 + a^2 - 2ca\cos B$

　　　　　　$c^2 = a^2 + b^2 - 2ab\cos C$

これらの等式を**余弦定理**という。

$\dfrac{CD}{b} = \sin A$ より
$CD = b\sin A$
$\dfrac{AD}{b} = \cos A$ より
$AD = b\cos A$

ポイント　[余弦定理]　　　　　これを覚える。

$$a^2 = b^2 + c^2 - 2bc\cos A$$

$$b^2 = c^2 + a^2 - 2ca\cos B \qquad c^2 = a^2 + b^2 - 2ab\cos C$$

覚え得

上の 3 つの式は，**全部覚える必要はない。**

まず，最初の　$a^2 = b^2 + c^2 - 2bc\cos A$　をシッカリ覚えておく。

この式で，文字を**サイクリックの順に変えていくと**，順次，下の 2 つの**式が導かれる**，というわけだ。

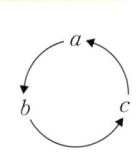

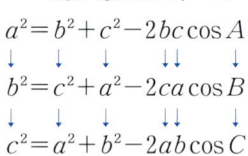

$a^2 = b^2 + c^2 - 2bc\cos A$
↓　↓　↓　↓↓　↓
$b^2 = c^2 + a^2 - 2ca\cos B$
↓　↓　↓　↓↓　↓
$c^2 = a^2 + b^2 - 2ab\cos C$

❖ 余弦定理の変形

式を見ればわかるように，余弦定理は **2 辺とその間の角を使って残りの辺を表す公式**である。ところで，$a^2 = b^2 + c^2 - 2bc\cos A$ を変形した

$$\cos A = \dfrac{b^2 + c^2 - a^2}{2bc}$$

も公式としてよく使われる。これは，**3 辺を使って角を求める公式**といえるだろう。

ポイント　[余弦定理の変形]

$$\cos A = \dfrac{b^2 + c^2 - a^2}{2bc} \qquad \cos B = \dfrac{c^2 + a^2 - b^2}{2ca} \qquad \cos C = \dfrac{a^2 + b^2 - c^2}{2ab}$$

覚え得

---

3 章　図形と計量

基本例題 94 余弦定理の利用

△ABC において，次の問いに答えよ。
(1) $b=1$, $c=\sqrt{2}$, $A=45°$ のとき，a を求めよ。
(2) $a=\sqrt{2}$, $b=2$, $c=\sqrt{3}-1$ のとき，B を求めよ。

ねらい
余弦定理を利用して，三角形の未知の辺や角を求めること。

解法ルール

1 2辺とその間の角（b, c と A）がわかっているとき，残りの辺の長さ（a）を求めるには，
$a^2=b^2+c^2-2bc\cos A$ を利用する。

2 3辺（a, b, c）がわかっているとき，B を求めるには，
$\cos B=\dfrac{c^2+a^2-b^2}{2ca}$ を利用する。

← 余弦定理を使って
辺の長さを求めるには
$a^2=b^2+c^2-2bc\cos A$
の形を，
角の大きさを求めるには
$\cos A=\dfrac{b^2+c^2-a^2}{2bc}$
の形を用いる。

解答例 (1) 余弦定理により
$a^2=b^2+c^2-2bc\cos A$
$=1^2+(\sqrt{2})^2-2\cdot 1\cdot\sqrt{2}\cos 45°$
$=1+2-2\sqrt{2}\cdot\dfrac{\sqrt{2}}{2}=1$
$a>0$ であるから $\boldsymbol{a=1}$ …答

(2) 余弦定理により
$\cos B=\dfrac{c^2+a^2-b^2}{2ca}$
$=\dfrac{(\sqrt{3}-1)^2+(\sqrt{2})^2-2^2}{2\cdot(\sqrt{3}-1)\cdot\sqrt{2}}$
$=\dfrac{-2(\sqrt{3}-1)}{2\sqrt{2}(\sqrt{3}-1)}=-\dfrac{\sqrt{2}}{2}$
$0°<B<180°$ であるから，
右の図より $\boldsymbol{B=135°}$ …答

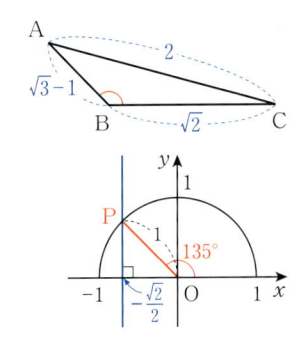

三角形には，3つの角と3つの辺がありますね。これを**三角形の6要素**といいます。このうち，3辺，2辺とその間の角，1辺とその両端の角がそれぞれ与えられたとき，1つの三角形が決定します。これを**三角形の決定条件**といい，三角形の決定条件が与えられたとき，他の要素を求めることを，**三角形を解く**といいます。

（三角形の解き方）
- 3辺が与えられたとき→**余弦定理**を利用する
- 2辺とその間の角が与えられたとき→**余弦定理**を利用する
- 1辺とその両端の角が与えられたとき→**正弦定理**を利用する

類題 94 △ABC において，次の問いに答えよ。
(1) $b=4$, $c=2\sqrt{3}$, $A=30°$ のとき，a を求めよ。
(2) $a=2$, $b=\sqrt{2}$, $c=\sqrt{3}+1$ のとき，A を求めよ。

応用例題 95 三角形の形状決定

△ABC において，次の等式が成り立つとき，この三角形はどのような形をしているか。

(1) $a\sin A = b\sin B$ (2) $a\cos B - b\cos A = c$

ねらい
三角形の辺や三角比の間に成り立つ関係式から，三角形の形状を判定すること。

解法ルール 三角形の形状を判定する問題でも，与えられた等式を**辺だけの関係で表す**とうまくいく。

(1) **正弦定理**を利用する。
(2) **余弦定理**を利用する。

解答例

(1) △ABC の外接円の半径を R とすると，正弦定理により

$$\sin A = \frac{a}{2R}, \quad \sin B = \frac{b}{2R}$$

これを $a\sin A = b\sin B$ に代入して

$$a \times \frac{a}{2R} = b \times \frac{b}{2R} \quad \text{よって} \quad \frac{a^2}{2R} = \frac{b^2}{2R}$$

ゆえに $a^2 = b^2$

$a > 0$, $b > 0$ であるから $a = b$

答 **BC＝CA の二等辺三角形**

● (1)は，変形するだけなら，角だけの関係で表すのは簡単である。つまり正弦定理より
$2R\sin A \times \sin A$
$= 2R\sin B \times \sin B$
$R > 0$ より
$\sin^2 A = \sin^2 B$
$\sin A > 0$, $\sin B > 0$
であるから
$\sin A = \sin B$
となるが，このあとの処理が少しめんどうである。

(2) 余弦定理により $\cos A = \dfrac{b^2+c^2-a^2}{2bc}$, $\cos B = \dfrac{c^2+a^2-b^2}{2ca}$

これを $a\cos B - b\cos A = c$ に代入して

$$a \cdot \frac{c^2+a^2-b^2}{2ca} - b \cdot \frac{b^2+c^2-a^2}{2bc} = c$$

両辺に $2c$ を掛けて分母を払うと

$c^2 + a^2 - b^2 - (b^2 + c^2 - a^2) = 2c^2$

$2a^2 - 2b^2 = 2c^2$

よって $a^2 = b^2 + c^2$

$a^2 = b^2 + c^2$ だから，三平方の定理により $A = 90°$

答 $A = 90°$ **の直角三角形**

● 三角形の形状決定問題では，"三角形の形状" を答えただけではダメ。
たとえば，(1)では「二等辺三角形」という解答では不十分だ。**等しい辺はどれか**，ということを明らかにしておかなければいけない。

類題 95 △ABC において，次の等式が成り立つとき，この三角形はどのような形をしているか。

(1) $b = 2c\cos A$
(2) $\sin^2 A + \sin^2 B = \sin^2 C$
(3) $2\cos B \sin C = \sin A$

3章　図形と計量

発展例題 96 三角比の等式の証明(2)

△ABC において，次の等式が成り立つことを証明せよ。
$$\frac{a-c\cos B}{b-c\cos A}=\frac{\sin B}{\sin A}$$

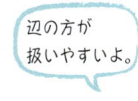

ねらい 正弦定理，余弦定理を利用して，三角比と辺の間に成り立つ等式を証明すること。

解法ルール 三角形における三角比の等式の証明問題では，
1. 辺だけの関係で表す。
2. 正弦定理・余弦定理を活用する。

解答例 余弦定理により $\cos A=\dfrac{b^2+c^2-a^2}{2bc}$, $\cos B=\dfrac{c^2+a^2-b^2}{2ca}$

よって $a-c\cos B=a-c\times\dfrac{c^2+a^2-b^2}{2ca}$

$=\dfrac{2a^2-(c^2+a^2-b^2)}{2a}=\dfrac{a^2+b^2-c^2}{2a}$

$b-c\cos A=b-c\times\dfrac{b^2+c^2-a^2}{2bc}$

$=\dfrac{2b^2-(b^2+c^2-a^2)}{2b}=\dfrac{a^2+b^2-c^2}{2b}$

よって 左辺 $=\dfrac{a-c\cos B}{b-c\cos A}$

$=\dfrac{a^2+b^2-c^2}{2a}\times\dfrac{2b}{a^2+b^2-c^2}=\dfrac{b}{a}$ ……①

△ABC の外接円の半径を R とすると，正弦定理により

$\sin A=\dfrac{a}{2R}$, $\sin B=\dfrac{b}{2R}$

したがって

右辺 $=\dfrac{\sin B}{\sin A}=\dfrac{b}{2R}\times\dfrac{2R}{a}=\dfrac{b}{a}$ ……②

①，②より $\dfrac{a-c\cos B}{b-c\cos A}=\dfrac{\sin B}{\sin A}$ …答

> 辺だけの関係で表す。
> 辺の方が扱いやすいよ。
> 辺だけの関係で表す。

ポイント [三角形における三角比の関係式の扱い方]

正弦定理，余弦定理を利用して，**辺だけの関係で表すには**
$\cos A=\dfrac{b^2+c^2-a^2}{2bc}$ や $\sin A=\dfrac{a}{2R}$ の形を利用する。

覚え得

類題 96 △ABC において，次の等式が成り立つことを証明せよ。
(1) $c(\sin^2 A+\sin^2 B)=\sin C(a\sin A+b\sin B)$
(2) $a(b\cos C-c\cos B)=b^2-c^2$

3節 図形の計量

7 測量

正弦定理や余弦定理の応用として，直接測量できない距離を計算で出す方法を考える。ここでは，電卓を使って具体的に約何 m か調べてみよう。

基本例題 97 〔測量〕

右の図のような，池をはさんだ2地点 AB 間の距離を求めたい。C地点を定めて測量したところ，
　AC＝200 m，BC＝300 m，
　$C=60°$
であった。AB 間の距離を求めよ。（電卓を利用して整数の形で求めること。）

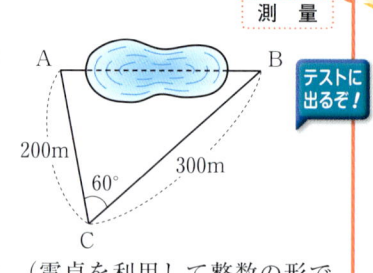

ねらい 三角比を実際の測量に応用すること。

解法ルール 2辺とその間の角が与えられているので，
余弦定理 $c^2 = a^2 + b^2 - 2ab\cos C$
を利用する。

解答例 余弦定理により
$$AB^2 = AC^2 + BC^2 - 2AC \cdot BC \cos C$$
$$= 200^2 + 300^2 - 2 \cdot 200 \cdot 300 \cos 60°$$
$$= 40000 + 90000 - 60000 = 70000$$

← $\cos 60° = \dfrac{1}{2}$

ゆえに　$AB = \sqrt{70000} = 100\sqrt{7}$
　　　　　　$\fallingdotseq 265$ (m)

$\sqrt{7} = 2.645\cdots$

答 265 m

類題 97 右の図のような，川をはさんだ2地点 AB 間の距離を求めたい。C地点を定めて測量したところ，AC＝100 m，$A=75°$，$C=60°$ であった。AB 間の距離を求めよ。
（電卓を利用して整数の形で求めること。）

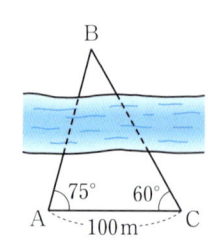

基本例題 98　　　　　　　　　　　　空間の測量

右の図のような，塔の高さ PC を求めたい。平面上に 2 地点 A, B を定めて測量したところ，
　AB=100 m,　∠CAB=45°,
　∠CBA=75°,　∠PBC=60°
であった。塔の高さ PC を求めよ。
（電卓を利用して整数の形で求めること。）

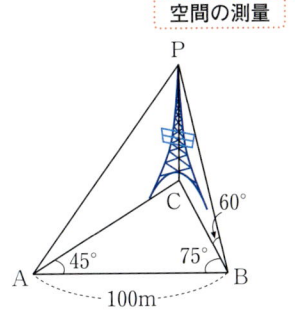

ねらい
平面の三角形を利用して，空間の測量をすること。

解法ルール　空間の測量では，
1. 2つの三角形に分解できるように（この問題では，△CAB と △PCB）図をかく。
2. それぞれの三角形を利用して値を求める。

解答例　右の図の △CAB において
$$C=180°-(45°+75°)=60°$$
正弦定理 $\dfrac{a}{\sin A}=\dfrac{c}{\sin C}$ より
$$\dfrac{BC}{\sin 45°}=\dfrac{100}{\sin 60°}$$
よって　$BC=\dfrac{100\sin 45°}{\sin 60°}=\dfrac{100\sqrt{2}}{\sqrt{3}}=\dfrac{100\sqrt{6}}{3}$

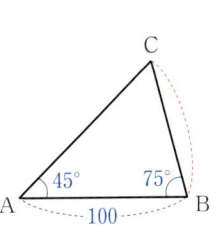

← $\sin 45°=\dfrac{\sqrt{2}}{2}$
　$\sin 60°=\dfrac{\sqrt{3}}{2}$

次に，右の △PCB において C が直角だから
$$\tan 60°=\dfrac{PC}{BC}$$
$$PC=BC\cdot\tan 60°$$
$$=\dfrac{100\sqrt{6}}{3}\cdot\sqrt{3}=100\sqrt{2}$$
$$≒141 \text{(m)}$$

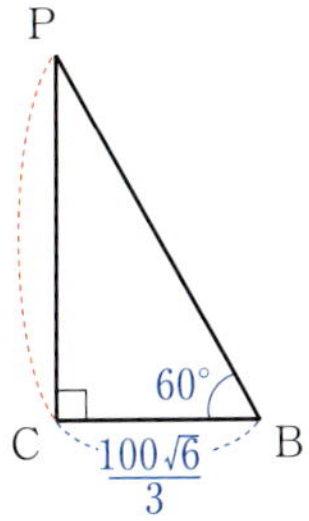

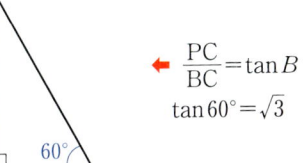

← $\dfrac{PC}{BC}=\tan B$
　$\tan 60°=\sqrt{3}$

$\sqrt{2}=1.4142\cdots$

答　141 m

類題 98　右の図のような，山の高さ PC を求めたい。平面上に 2 地点 A, B を定めて測量したところ，
　AB=900 m,　∠CAB=15°,
　∠CBA=45°,　∠PAC=30°
であった。山の高さ PC を求めよ。
（電卓を利用して整数の形で求めること。）

3　図形の計量

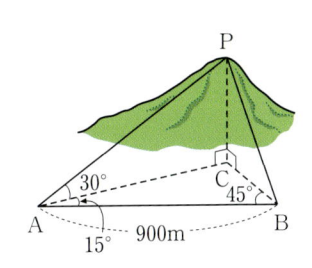

8 面積・体積

三角比を使って，図形の面積や立体の体積を求めてみよう。まず三角形の面積だが，もとになるのは，小学校以来おなじみの **三角形の面積＝底辺×高さ÷2**，文字式で表せば $S=\dfrac{1}{2}ah$ である。

● 三角比を使った面積の公式は？

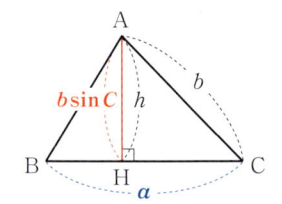

三角形の2辺の長さとその間の角を使って，三角形の面積を求めてみよう。

右の図のように，底辺 BC に対する高さを h とすると
$$h=b\sin C$$
（これは，C が直角または鈍角の場合も成り立つ。）
よって，△ABC の面積を S とすると

$$S=\dfrac{1}{2}ah=\dfrac{1}{2}ab\sin C$$

同様にして，$S=\dfrac{1}{2}bc\sin A$，$S=\dfrac{1}{2}ca\sin B$ が成り立つ。

● 内接円の半径を使った面積の公式は？

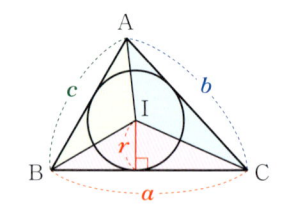

△ABC の内接円の中心を I とし，内接円の半径を r とすると，△ABC の面積 S はどのような式で求められるか考えてみよう。

$$S=\triangle\text{IBC}+\triangle\text{ICA}+\triangle\text{IAB}=\dfrac{1}{2}ar+\dfrac{1}{2}br+\dfrac{1}{2}cr$$

$$=\dfrac{1}{2}r(a+b+c)$$

△ABC の周の半分を s，つまり $a+b+c=2s$ とおくと

$$S=rs \quad \left(\text{ただし，}s=\dfrac{a+b+c}{2}\right)$$

ポイント　[三角形の面積]

△ABC の面積を S，AB＝c，BC＝a，CA＝b とすると

$$S=\dfrac{1}{2}ab\sin C=\dfrac{1}{2}bc\sin A=\dfrac{1}{2}ca\sin B$$

さらに，内接円の半径を r とすると

$$S=rs \quad \left(\text{ただし，}s=\dfrac{a+b+c}{2}\right)$$

覚え得：2辺とその間の角と覚えよう。

基本例題 99 　三角形の面積

$a=5$, $b=4$, $C=150°$ の三角形の面積を求めよ。

ねらい　2辺とその間の角が与えられたときの三角形の面積を求めること。

解法ルール　2辺 (a, b) とその間の角 (C) が与えられているから，

$$S=\frac{1}{2}ab\sin C$$ を利用する。

解答例　△ABC の面積を S とすると

$$S=\frac{1}{2}ab\sin C$$
$$=\frac{1}{2}\cdot 5\cdot 4\sin 150°=\frac{1}{2}\cdot 5\cdot 4\cdot \frac{1}{2}=5 \quad \cdots 答$$

$\sin 150°=\sin(180°-30°)=\sin 30°$

類題 99　$b=4$, $c=6$, $A=60°$ の三角形の面積を求めよ。

応用例題 100 　内接円の半径と面積

△ABC において，$a=5$, $b=7$, $c=8$ のとき，
(1) $\cos A$, $\sin A$ の値を求めよ。
(2) △ABC の面積 S を求めよ。
(3) △ABC の内接円の半径 r を求めよ。

ねらい　3辺が与えられたときの三角形の面積を求めることと，内接円の半径を求めること。

解法ルール　(1) **余弦定理**を使う。
(3) $S=rs$ を利用する。

解答例　(1) △ABC の3辺の長さが 5, 7, 8 だから，余弦定理により

$$\cos A=\frac{b^2+c^2-a^2}{2bc}=\frac{7^2+8^2-5^2}{2\cdot 7\cdot 8}=\frac{11}{14} \quad \cdots 答$$

$0°<A<180°$ より $\sin A>0$ だから

$$\sin A=\sqrt{1-\cos^2 A}=\sqrt{1-\left(\frac{11}{14}\right)^2}=\frac{5\sqrt{3}}{14} \quad \cdots 答$$

(2) $S=\frac{1}{2}\cdot 7\cdot 8\cdot \frac{5\sqrt{3}}{14}=10\sqrt{3} \quad \cdots 答$

(3) $s=\frac{5+7+8}{2}=10$

$S=rs$ に代入して　$10\sqrt{3}=r\cdot 10$　　$r=\sqrt{3} \quad \cdots 答$

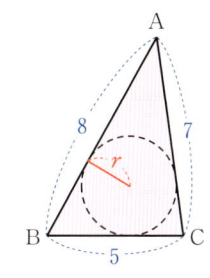

類題 100　△ABC において，$a=14$, $b=6$, $c=10$ のとき，
(1) △ABC の面積 S を求めよ。
(2) △ABC の内接円の半径 r，外接円の半径 R を求めよ。

3　図形の計量

応用例題 101 　　円に内接する四角形

円に内接する四角形 ABCD がある。
AB=8, BC=5, DA=3, ∠A=60°
のとき，次の問いに答えよ。
(1) 対角線 BD の長さを求めよ。
(2) 辺 CD の長さを求めよ。
(3) 四角形 ABCD の面積を求めよ。

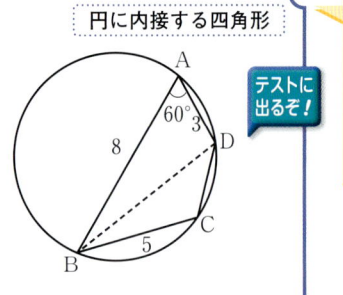

ねらい
円に内接する四角形について，対角線の長さや面積を，問題にしたがって，求めること。

解法ルール
1. △ABD で**余弦定理**を使って BD を求める。
2. 四角形 ABCD は円に内接するから ∠BCD=120°
3. △ABC の面積は $S=\dfrac{1}{2}bc\sin A$

解答例
(1) △ABD において，余弦定理により
$BD^2=8^2+3^2-2\times 8\times 3\times\cos 60°$
　　$=64+9-24$
　　$=49$
よって　BD=**7**　…答

(2) △BCD において，CD=x とおく。
∠BCD=120° だから
$BD^2=5^2+x^2-2\cdot 5\cdot x\cos 120°=7^2$
$x^2+5x-24=0$
$(x+8)(x-3)=0$
$x>0$ より　$x=3$
よって　CD=**3**　…答

← ∠BCD
$=180°-A$
$=180°-60°$
$=120°$
$\cos 120°=-\dfrac{1}{2}$

(3) 四角形 ABCD=△ABD+△BCD
$=\dfrac{1}{2}\cdot 8\cdot 3\sin 60°+\dfrac{1}{2}\cdot 5\cdot 3\sin 120°$
$=6\sqrt{3}+\dfrac{15\sqrt{3}}{4}=\dfrac{39\sqrt{3}}{4}$　…答

類題 101 円に内接する四角形 ABCD がある。
AB=3, BC=8, DA=5, BD=7
AB<CD のとき，次の問いに答えよ。
(1) ∠BAD の大きさを求めよ。
(2) CD の長さを求めよ。
(3) 四角形 ABCD の面積を求めよ。

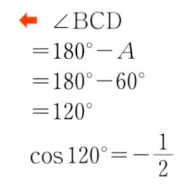

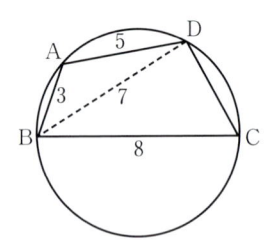

応用例題 102 　　　立体の体積

1辺の長さが a の,正四面体の体積を求めよ。

ねらい
空間図形の性質を知り,分解して,底面積,高さ,体積を求めること。

解法ルール 正四面体 ABCD において,**頂点 A から底面 BCD に引いた垂線の足は,△BCD の外接円の中心**である。

1 底面積,高さを求める。

2 体積 $V = \dfrac{1}{3} \times$ 底面積 $\times$ 高さ

解答例 正四面体 ABCD において,頂点 A から底面 BCD に引いた垂線の足を H とする。

△ABH,△ACH,△ADH において
　AB＝AC＝AD
　AH は共通
　∠AHB＝∠AHC＝∠AHD＝90°
ゆえに　△ABH≡△ACH≡△ADH
よって,BH＝CH＝DH だから H は △BCD の外接円の中心。

外接円の半径を R とすると,正弦定理により

$$\dfrac{a}{\sin 60°} = 2R \qquad R = \dfrac{a}{2\sin 60°} = \dfrac{a}{\sqrt{3}}$$

△ABH において,三平方の定理により

$$AH^2 = a^2 - \left(\dfrac{a}{\sqrt{3}}\right)^2 = \dfrac{2}{3}a^2$$

よって　$AH = \dfrac{\sqrt{6}}{3}a$ 　（底面積）

一方,△BCD の面積 S は

$$S = \dfrac{1}{2} \cdot a \cdot a \sin 60° = \dfrac{1}{2} \cdot a \cdot a \cdot \dfrac{\sqrt{3}}{2} = \dfrac{\sqrt{3}}{4}a^2$$

よって,正四面体の体積 V は

$$V = \dfrac{1}{3} \cdot \dfrac{\sqrt{3}}{4}a^2 \cdot \dfrac{\sqrt{6}}{3}a = \dfrac{\sqrt{2}}{12}a^3 \quad \cdots \text{答}$$

類題 102 1辺の長さが a の正八面体の体積を求めよ。

発展例題 103 三角形の面積の公式

△ABCの面積を S とするとき，次の等式が成り立つことを証明せよ。

(1) $S = \dfrac{abc}{4R}$ （R は外接円の半径）

(2) $S = \dfrac{a^2 \sin B \sin C}{2 \sin A}$

ねらい
三角形の面積のいろいろな公式を証明すること。

解法ルール 三角形の面積の公式

$$S = \frac{1}{2}bc\sin A = \frac{1}{2}ca\sin B = \frac{1}{2}ab\sin C$$

を利用する。このうち，どれを利用するかということは，証明する式と重複している部分が多いかどうかで判断すればよい。

(1) $S = \dfrac{a\boldsymbol{bc}}{4R} = \boldsymbol{bc} \cdot \dfrac{a}{4R}$ と変形できるから，

$S = \dfrac{1}{2}\boldsymbol{bc}\sin A \left(= \boldsymbol{bc} \cdot \dfrac{\sin A}{2} \right)$ を利用する。

← $\dfrac{a}{4R} = \dfrac{\sin A}{2}$ を証明することになる。使う定理はもちろん**正弦定理**。

(2) $S = \dfrac{\boldsymbol{a^2}\sin B\sin C}{2\sin A} = \dfrac{1}{2}\boldsymbol{a}\sin B \cdot \dfrac{a\sin C}{\sin A}$ と変形できる

から， $S = \dfrac{1}{2}ca\sin B \left(= \dfrac{1}{2}\boldsymbol{a}\sin B \cdot c \right)$ を利用する。

← $\dfrac{a\sin C}{\sin A} = c$ を証明することになる。この場合も，**正弦定理**を使うのは目に見えている。

解答例

(1) 正弦定理より $\sin A = \dfrac{a}{2R}$

これを $S = \dfrac{1}{2}bc\sin A$ に代入すると

$S = \dfrac{1}{2}bc \cdot \dfrac{a}{2R} = \dfrac{\boldsymbol{abc}}{\boldsymbol{4R}}$ 〔終〕

(2) 正弦定理より $\dfrac{a}{\sin A} = \dfrac{c}{\sin C}$ よって $c = \dfrac{a\sin C}{\sin A}$

これを $S = \dfrac{1}{2}ca\sin B$ に代入すると

$S = \dfrac{1}{2}a\sin B \cdot c = \dfrac{1}{2}a\sin B \cdot \dfrac{a\sin C}{\sin A} = \dfrac{\boldsymbol{a^2\sin B\sin C}}{\boldsymbol{2\sin A}}$ 〔終〕

類題 103 △ABCの面積を S，外接円の半径を R とするとき，次の等式が成り立つことを証明せよ。

$S = 2R^2\sin A\sin B\sin C$

これも知っ得　ヘロンの公式―もう1つの面積公式

2辺とその間の角がわかっている三角形の面積は，公式

$$S = \frac{1}{2}bc\sin A \quad \cdots\cdots ①$$

などによって求められることを学んだ（**p. 110**）。

また，1辺とその両端の角がわかっている三角形の面積は，発展例題 103(2)の公式

$S = \dfrac{a^2 \sin B \sin C}{2\sin A}$ を $\sin A = \sin\{180°-(B+C)\} = \sin(B+C)$ を使って変形した

$$S = \frac{a^2 \sin B \sin C}{2\sin(B+C)}$$

によって求めることができる。

ここでは，3辺がわかっているときの三角形の面積を求めてみよう。

①で $\sin A$ を a，b，c で表せばよいのだから，

余弦定理 $\cos A = \dfrac{b^2+c^2-a^2}{2bc}$ を利用して

$$\sin^2 A = 1 - \cos^2 A = (1+\cos A)(1-\cos A)$$

$$= \left(1 + \frac{b^2+c^2-a^2}{2bc}\right)\left(1 - \frac{b^2+c^2-a^2}{2bc}\right)$$

$$= \frac{(b+c)^2 - a^2}{2bc} \times \frac{a^2 - (b-c)^2}{2bc}$$

$$= \frac{(a+b+c)(-a+b+c)(a-b+c)(a+b-c)}{(2bc)^2}$$

> サイクリックの順に注意しよう。

ここで，△ABC の周の半分を s，つまり $a+b+c = 2s$ とおくと

$$-a+b+c = 2(s-a),\quad a-b+c = 2(s-b),\quad a+b-c = 2(s-c)$$

したがって $\sin^2 A = \dfrac{2^4 s(s-a)(s-b)(s-c)}{2^2(bc)^2}$

$\sin A > 0$ であるから $\sin A = \dfrac{2\sqrt{s(s-a)(s-b)(s-c)}}{bc}$

これを①に代入して $S = \sqrt{s(s-a)(s-b)(s-c)}$

これを**ヘロンの公式**という。

ポイント ［ヘロンの公式］

△ABC の面積を S とすると

$$S = \sqrt{s(s-a)(s-b)(s-c)} \quad \text{ただし，} s = \frac{a+b+c}{2}$$

それでは，ヘロンの公式を使って，実際に三角形の面積を求めてみよう。

> 応用例題100(2)の別解。

p. 111 応用例題 100 では，$a=5$, $b=7$, $c=8$ より $s = \dfrac{1}{2}(5+7+8) = 10$

したがって $s-a = 5$, $s-b = 3$, $s-c = 2$ よって $S = \sqrt{10 \cdot 5 \cdot 3 \cdot 2} = 10\sqrt{3}$

3 図形の計量

Tea Time

● ピラミッドの高さを測る

エジプトには巨大なピラミッドがありますね。ピラミッドは，今から約 4500 年も前に造られたものですが，昔の人はどのようにしてピラミッドの高さを測ったのでしょうか。

影を利用して木の高さを測る

1 本の棒を用意して，その長さを測ります。その棒を地面に垂直に立て，影の長さが棒の長さと等しくなったとき木の影の長さを測ります。この長さが木の高さに等しいというわけです。つまり，右の図で
△ABC∽△A′B′C′ より
　AB：BC＝A′B′：B′C′＝1：1
よって　AB＝BC

でもピラミッドの影の長さを測ることはできません。どうすればいいでしょうか。

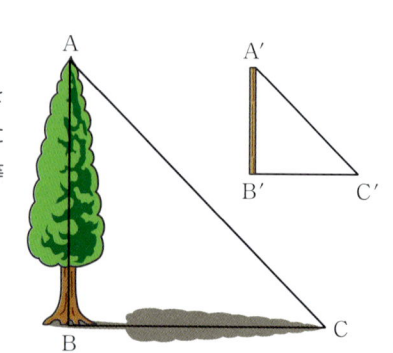

ピラミッドの高さを求める

まず 2 本の棒を使って右の図のような道具を作ります。
（AD⊥BC　　AB：BC＝1：1　　AB：BD＝2：1）

この道具を 2 つ用意して，下の図のように T，T′ を決めます。
（AA_1C_1，AD_2C_2，$BB_1C_1B_2C_2$ はそれぞれ一直線上にある。）このとき，
△ABC_1∽△$A_1B_1C_1$ より　$AB：BC_1＝A_1B_1：B_1C_1＝1：1$　……①
△ABC_2∽△$D_2B_2C_2$ より　$AB：BC_2＝D_2B_2：B_2C_2＝1：2$　……②
①，②より　$BC_1：BC_2＝1：2$　　よって　$BC_1：C_1C_2＝1：1$　……③
①，③より　$AB：C_1C_2＝1：1$　　だから　$AB＝C_1C_2$

よって　$AH＝AB＋BH＝C_1C_2＋C_1T$

昔の人はこのようにして，ピラミッドの高さを求めたのです。

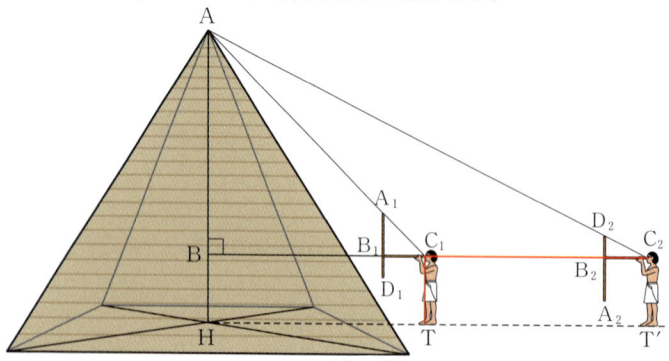

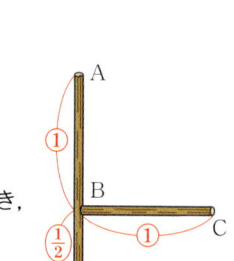

定期テスト予想問題 解答 → p. 25〜27

1 右の図のように，地点 A から木の頂上を見ると，仰角は $30°$ であった。その地点から木の方向へ 10 m 進んだ地点 B で仰角を測ると，$45°$ であった。この観測者の目の高さを 1.6 m とするとき，木の高さ EC は何 m か。
$\sqrt{3}=1.73$ として，四捨五入して小数第 1 位まで求めよ。

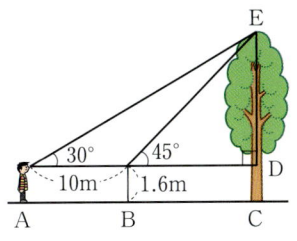

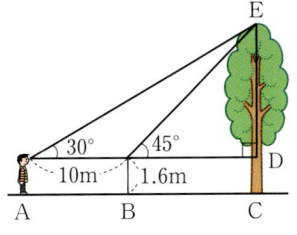

2 $0°≦θ≦180°$ のとき，次の等式を満たす $θ$ の値を求めよ。
(1) $\sinθ=\dfrac{\sqrt{3}}{2}$　　(2) $\cosθ=-\dfrac{\sqrt{3}}{2}$　　(3) $\tanθ=\dfrac{\sqrt{3}}{3}$

3 $0°≦θ≦180°$ で $\sinθ=\dfrac{2\sqrt{6}}{7}$ のとき，$\cosθ$，$\tanθ$ の値を求めよ。

4 $\sinθ=\dfrac{2}{3}$ のとき，$\dfrac{\sinθ}{1+\cosθ}+\dfrac{\sinθ}{1-\cosθ}$ の値を求めよ。

5 $\sinθ-\cosθ=\dfrac{1}{2}$ のとき，次の式の値を求めよ。
(1) $\sinθ\cosθ$　　(2) $\sin^3θ-\cos^3θ$

6 次の空欄を埋めよ。
△ABC において，
$(b-c)\sin A+(c-a)\sin B+(a-b)\sin C=\boxed{}$
が成り立つ。

7 △ABC において，次の空欄にあてはまる数を求めよ。
(1) $\sin^2 A=\sin^2 B+\sin^2 C$ ならば，$A=\boxed{}$ 度である。
(2) $a^2=b^2+c^2+bc$ ならば，$A=\boxed{}$ 度である。
(3) $b\cos A=a\cos B$ かつ $C=80°$ ならば，$A=\boxed{}$ 度である。

HINT

1 $ED=x$ m とおくと，$BC=x$ m となる。$\tan30°$ を x の式で表してみよう。

2 単位円周上で
$\sinθ$：y 座標
$\cosθ$：x 座標
$\tanθ$：傾き

3 $\sin^2θ+\cos^2θ=1$
$\tanθ=\dfrac{\sinθ}{\cosθ}$
を利用する。

4 通分してみる。

5 条件式の両辺を平方すると，$\sinθ\cosθ$ の値が求められる。

6 正弦定理を利用する。

7 (1) 正弦定理を利用する。
(2), (3) 余弦定理を利用する。

8 右の図のような，塔の高さ PC を求めたい。平面上に 2 地点 A，B を定めて測量したところ，
　　AB＝90 m，∠PAB＝45°，
　　∠PBA＝75°，∠PBC＝45°
であった。
塔の高さ PC を求めよ。
ただし，$\sqrt{3}=1.73$ として，整数の形で求めよ。

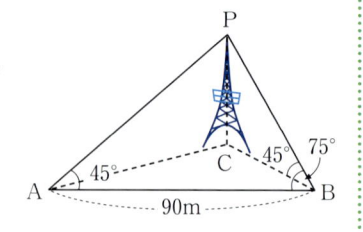

8 △PAB と △PCB について考える。

9 △ABC において，$c=7$，$a=4\sqrt{2}$，$B=45°$ のとき，次の問いに答えよ。
(1) $\sin A$，$\cos A$ を求めよ。
(2) △ABC の外接円の半径を求めよ。
(3) △ABC の内接円の半径を求めよ。

9 (1) 余弦定理を利用して，まず b を求める。
(2) 正弦定理を利用する。
(3) 内接円の中心を I とすると，
△ABC＝△BIC ＋△CIA＋△AIB

10 円に内接する四角形 ABCD において AB＝2，BC＝3，CD＝4，DA＝5 のとき，次の問いに答えよ。
(1) ∠BAD＝θ とおくとき，$\cos\theta$ の値を求めよ。
(2) BD の長さを求めよ。
(3) 四角形 ABCD の面積を求めよ。

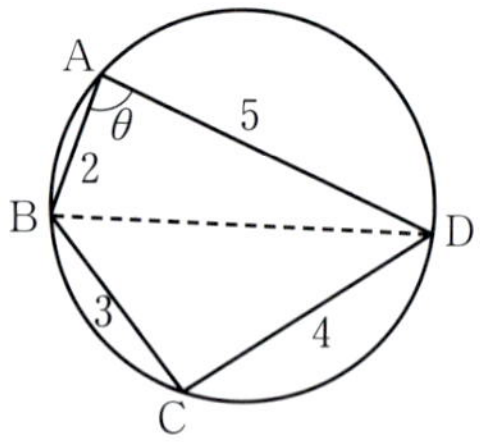

11 直方体 ABCD-EFGH において，AB＝6，AD＝4，AE＝2 である。このとき，次の問いに答えよ。
(1) △DEB の面積を求めよ。
(2) 頂点 A から平面 DEB に下ろした垂線の長さを求めよ。

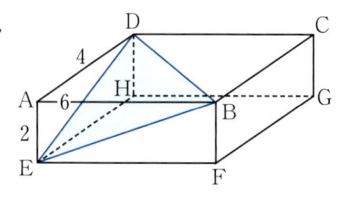

4章 データの分析 数学I

1節 データの整理と分析

1 データの整理

統計調査をするためには，まず，目的をはっきりとさせ，その目的にしたがってデータを収集し，整理する必要がある。度数分布表やヒストグラムを作成すること，いくつかの代表値については中学校で学習したね。まずは，中学校の復習から始めよう。

データを，等しい幅で何個かの区間に区切ったとき，その区間を**階級**といい，各階級の中央の値を**階級値**，その階級に属するデータの個数を**度数**と呼ぶ。また，度数全体に対する個々の階級の占める割合のことを相対度数という。度数分布をグラフにしたものが**ヒストグラム**（柱状グラフ）である。

基本例題 104　データの整理

40人のクラスで通学時間を調査したところ，次のようになった。単位は分である。

```
 5  10  14  16  17  21  22  23  29  31
33  34  37  38  41  43  44  47  49  51
52  53  53  55  57  58  62  63  65  67
69  71  72  74  77  81  83  88  93  95
```

(1) 0分以上10分未満を階級の1つとしてこのデータを10個の階級に分類し，階級値を求め，度数分布表を作れ。
(2) ヒストグラムを作れ。
(3) 度数分布表から，相対度数を求めよ。

ねらい
度数分布表，ヒストグラム，相対度数について学ぶ。

← 10個の階級に分類するから，0分以上10分未満，10分以上20分未満，…のように，10分の幅で階級をつくる。

解法ルール
1. 10分の幅で階級を作る。階級値は階級の真ん中の値。
2. ヒストグラム（柱状グラフ）で表す。
3. 相対度数 = $\dfrac{\text{その階級の度数}}{\text{度数の合計}}$

解答例 (1), (3)

階級（分）	階級値	度数	相対度数
0 以上 10 未満	5	1	0.025
10 ～ 20	15	4	0.100
20 ～ 30	25	4	0.100
30 ～ 40	35	5	0.125
40 ～ 50	45	5	0.125
50 ～ 60	55	7	0.175
60 ～ 70	65	5	0.125
70 ～ 80	75	4	0.100
80 ～ 90	85	3	0.075
90 ～ 100	95	2	0.050
計		40	1.000

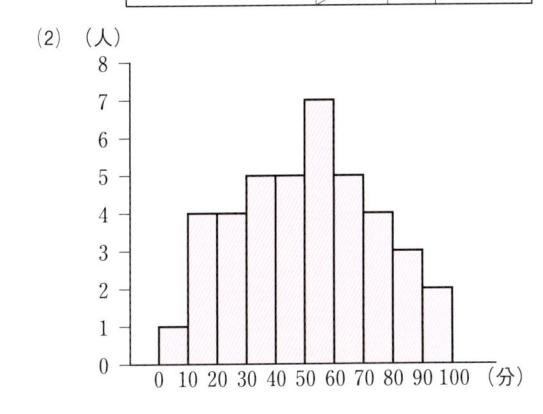

(2)（人）

← **累積度数**
　各階級に対して，度数をその階級まで加えたもの。

累積相対度数
　各階級に対して，相対度数をその階級まで加えたもの。

　左の度数分布表より，累積度数と累積相対度数を求めると，次のようになる。

階級（分）	累積度数	累積相対度数
0～10	1	0.025
10～20	5	0.125
20～30	9	0.225
30～40	14	0.350
40～50	19	0.475
50～60	26	0.650
60～70	31	0.775
70～80	35	0.875
80～90	38	0.950
90～100	40	1.000

ポイント ［データの整理］　　　　　　　　　　　　　　　　　　　　　　　　　覚え得

① 階級値　データを階級に分けたとき，その階級の中央の値。

② ヒストグラム　柱状グラフ

③ 相対度数 ＝ その階級の度数 / 度数の合計

ヒストグラムのそれぞれの長方形の上の辺の中点を結んでできる折れ線があったね。覚えているかな？

はい！度数折れ線です！

ヒストグラムの両端には，度数が0の階級があるとしてかくんだよ！

1 データの整理と分析

2　代表値

　度数分布表やヒストグラムから，このデータの特徴を一言で表す方法を考えてみよう。いや，数学だから，1つの数値で表してみよう。この数値のことを代表値という。代表値には，平均値，中央値(メジアン)，最頻値(モード)がある。

　代表値からもとのデータをどう読みとるかは君たち次第である。代表値の求め方をしっかり理解することにより，データの特徴を正しくとらえられるようになってほしい。

❖ 平均値

代表値の中で最もよく使われる。$\bar{x}$ で表す。
n 個のデータ $x_1, x_2, x_3, \cdots, x_n$ があるとき

$$\bar{x} = \frac{1}{n}(x_1 + x_2 + x_3 + \cdots + x_n)$$

度数分布表から求める場合は，その階級に属するデータはすべて階級値に等しいと考える。

階級値	x_1	x_2	x_3	$\cdots$	x_n	計
度　数	f_1	f_2	f_3	$\cdots$	f_n	N

$$\bar{x} = \frac{1}{N}(x_1 f_1 + x_2 f_2 + x_3 f_3 + \cdots + x_n f_n)$$

> 加重平均値といい，平均値の近似値としてよく使われる。

❖ 中央値(メジアン)

　n 個のデータを小さい順に(大きい順でも同じ)に並べたとき，中央にくる値のこと。M_e で表す。

n が奇数の場合…中央 $\left(\dfrac{n+1}{2} \text{番目}\right)$ の値

n が偶数の場合…中央の2つ $\left(\dfrac{n}{2} \text{番目と}\left(\dfrac{n}{2}+1\right) \text{番目}\right)$ の値の平均値。

❖ 最頻値(モード)

度数分布表の中で最も多い階級の階級値。M_o で表す。

> 用語はきちんと覚えておこう！

p. 120 基本例題 104 のデータの場合に，各代表値を求めてみよう。

平均値（データより）$\cdots \bar{x} = \dfrac{1}{40}(5+10+14+\cdots+95) = \dfrac{1993}{40} = 49.825$

$\qquad\qquad\qquad\qquad\qquad\qquad\qquad \fallingdotseq \mathbf{49.8 (分)}$

平均値（度数分布表より）$\cdots \bar{x} = \dfrac{1}{40}(5\times1+15\times4+25\times4+\cdots+95\times2)$

$\qquad\qquad\qquad\qquad = \dfrac{2020}{40} = \mathbf{50.5 (分)}$

中央値$\cdots M_e = \dfrac{1}{2}(51+52) = \mathbf{51.5 (分)}$

最頻値$\cdots$度数が最も多いのは 50 分以上 60 分未満の 7 人だから　$M_o = \mathbf{55 (分)}$

ポイント 　[代表値]

データの特徴を表す 1 つの数値。

① **平均値**　$\bar{x} = \dfrac{1}{n}(x_1+x_2+x_3+\cdots+x_n)$　（すべてのデータを利用した場合）

$\qquad\quad \bar{x} = \dfrac{1}{N}(x_1f_1+x_2f_2+x_3f_3+\cdots+x_nf_n)$

$\qquad\qquad\qquad\qquad\qquad\qquad\qquad$（度数分布表を利用した場合）

② **中央値（メジアン）**　データを小さい順に並べたときの中央の値

③ **最頻値（モード）**　度数分布表の中で最も多い階級の階級値

基本例題 105　　　　　　　　　　　　　　　　　　代表値

下の表は，20 人の生徒に，1 週間に何時間家庭学習をするかを調査した結果である。（単位　時間）

| 1 | 2 | 2 | 4 | 5 | 5 | 5 | 7 | 8 | 8 |
| 8 | 8 | 9 | 11 | 12 | 12 | 14 | 17 | 19 | 21 |

(1) 平均値，中央値を求めよ。

(2) 階級の幅を 4 時間にして，階級値を求め，度数分布表を作れ。

(3) (2)の表より，平均値，最頻値を求めよ。

ねらい
代表値を求めること。

解法ルール (1) 各代表値は，データから求める。
(3) 度数分布表から求める。

→ データから平均値を求める場合と，度数分布表から平均値を求める場合（加重平均値）では，値がちがう。加重平均値は，データの個数が大きいときに使うことが多い。

解答例 (1) 平均値…$\frac{1}{20}(1+2+2+4+5+5+5+7+8+8$
$+8+8+9+11+12+12+14+17+19+21)$
$=\frac{178}{20}=8.9$（時間）　…答

中央値…$\frac{1}{2}(8+8)=8$（時間）　…答

(2)

階級（時間）	階級値	度数
0 以上　4 未満	2	3
4 ～　8	6	5
8 ～ 12	10	6
12 ～ 16	14	3
16 ～ 20	18	2
20 ～ 24	22	1
計		20

(3) 平均値…$\frac{1}{20}(2\times3+6\times5+10\times6+14\times3+18\times2+22\times1)$
$=\frac{196}{20}=9.8$（時間）　…答

最頻値…最も度数が多いのは，8時間以上12時間未満の6人。
その階級値は **10（時間）**　…答

類題 105 39人の生徒の英単語のテストの結果は，次の通りであった。

11	15	23	26	28	30	31	37	38	41	45	46	47
49	52	57	58	58	60	61	63	65	67	68	68	71
73	74	74	75	77	80	83	84	85	88	91	92	95

（単位　問）

(1) 中央値を求めよ。
(2) 度数分布表（階級値も加えること）とヒストグラムを作れ。
(3) (2)の表より，平均値（小数第1位まで）と最頻値を求めよ。

3 散らばりと箱ひげ図

A，B2クラスの10人の生徒に10点満点のテストをした結果は次の通りです。

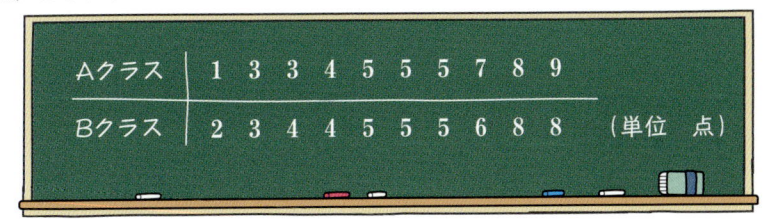

Aクラス	1	3	3	4	5	5	5	7	8	9
Bクラス	2	3	4	4	5	5	5	6	8	8

(単位 点)

代表値を求めてみましょう。

はい！

	平均値	中央値	最頻値
Aクラス	5	5	5
Bクラス	5	5	5

となります。

あれ？全部一緒だ…。

その通り。代表値は一緒だけど，データのばらつきはAクラスのほうが大きいですね。この「ばらつき」を調べることによって，より正確にデータを読みとることができるんです。このような「ばらつき」を表すものを**散布度**といいます。

❖ 範囲（レンジ）

データの最大値と最小値の差。R で表す。大きいほどばらつきが大きいといえる。

上のテストの結果では　Aクラスの範囲　$R(A) = 9 - 1 = 8$
　　　　　　　　　　　Bクラスの範囲　$R(B) = 8 - 2 = 6$

Aクラスのほうが範囲が広いから，Aクラスのほうがばらつきが大きいといえる。

❖ 四分位数

データを小さい順に並べ，4等分する位置にあるデータを，小さい方から順に，Q_1, Q_2, Q_3 とする。このとき，順に，**第1四分位数（Q_1）**，**第2四分位数（Q_2＝中央値）**，**第3四分位数（Q_3）** という。また，$Q_3 - Q_1$ を**四分位範囲**，$\dfrac{Q_3 - Q_1}{2}$ を**四分位偏差**という。

1　データの整理と分析

四分位数の求め方
① データを小さい順に並べる。
② 中央値を求める。…$Q_2=$ 中央値
③ 中央値より値が大きいグループと値が小さいグループの，データの個数が等しい2つのグループに分ける。データの個数が奇数の場合，中央値はどちらのグループにも入れない。
④ 小さいグループの中央値を求める。…Q_1
⑤ 大きいグループの中央値を求める。…Q_3

データの数が奇数個のとき

中央値より小さいグループ　中央値より大きいグループ
○ ○ ○ … ○ ○ ○ ○ ○ … ○ ○
　　　　　　　↑
　　　　　中央値

データの数が偶数個のとき

中央値より小さいグループ　中央値より大きいグループ
○ ○ ○ … ○ ○ ○ ○ … ○ ○ ○
　　　　　　↑
　　　　中央値

ポイント [散布度]
データのばらつきのこと。
① **範囲(レンジ)**＝最大値－最小値
② **四分位数** データを小さい順に並べ，4等分する値(Q_1, Q_2, Q_3)
③ **四分位偏差**＝$\dfrac{Q_3-Q_1}{2}$

（覚え得）

❖ 箱ひげ図

データの分布を表す図。分布の中心やデータのばらつきがよくわかる。

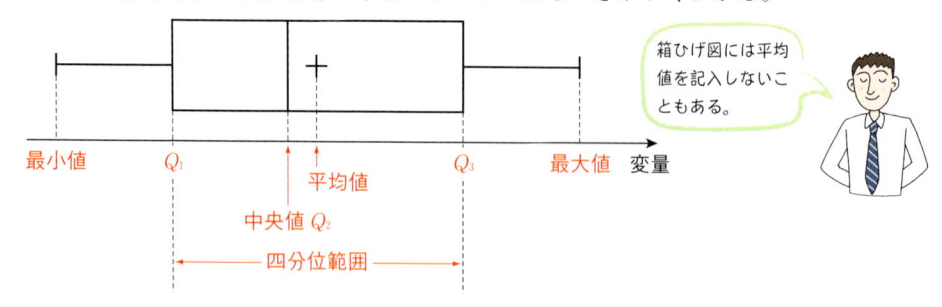

最小値　Q_1　中央値 Q_2　平均値　Q_3　最大値　変量
　　　　└──── 四分位範囲 ────┘

箱ひげ図には平均値を記入しないこともある。

4章 データの分析

応用例題 106 散らばりと箱ひげ図

p.125 のテストで，Aクラス，Bクラスそれぞれの結果について，四分位数を求め，箱ひげ図を作れ。また，四分位偏差を求めよ。

テストに出るぞ！

ねらい
四分位数を求めて，箱ひげ図を作成すること。

解法ルール
1 データを小さい順に並べ，中央値を求める。
   …Q_2(第2四分位数)
2 中央値より小さいグループの中央値を求める。
   …Q_1(第1四分位数)
3 中央値より大きいグループの中央値を求める。
   …Q_3(第3四分位数)

解答例 Aクラスについて
データは10個だから，中央値は

$$\frac{5+5}{2}=5(点)\ (第2四分位数)\ \cdots 答$$

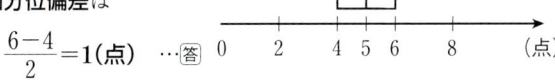

← 第2四分位数 ＝中央値

中央値を基準に2つに分けたグループのデータの個数は5個(奇数)だから，

小さいほうのグループの中央値は，**3点**(第1四分位数) …答
大きいほうのグループの中央値は，**7点**(第3四分位数) …答

箱ひげ図は右の図
四分位偏差は

$$\frac{7-3}{2}=2(点)\ \cdots 答$$

← 中央値を基準に2つのグループに分けるとき，データの個数が，
奇数個
…中央値はどちらのグループにも入れない。
偶数個
…ちょうど半分にする。

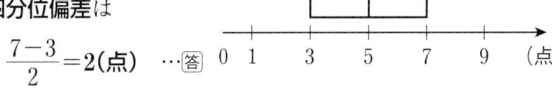

Bクラスについて同様に考えると

$$\frac{5+5}{2}=5(点)\ (第2四分位数)\ \cdots 答$$

小さいほうのグループの中央値は，**4点**(第1四分位数) …答
大きいほうのグループの中央値は，**6点**(第3四分位数) …答

箱ひげ図は右の図
四分位偏差は

$$\frac{6-4}{2}=1(点)\ \cdots 答$$

類題 106 13人の生徒が，10点満点の小テストを受けた。その結果は次の通りである。

　　1　2　3　5　5　6　7　7　7　8　8　9　10　(単位　点)

四分位数を求め，箱ひげ図を作れ。また，四分位偏差を求めよ。

● 箱ひげ図とヒストグラム

次の表は，2008年のアジア・オセアニア，ヨーロッパ，南北アメリカ，アフリカの地域ごとの平均寿命のデータである。データの特徴を，ヒストグラムや箱ひげ図で表してみよう。

世界の平均寿命（2008年）

アジア・オセアニア		ヨーロッパ		南北アメリカ		アフリカ	
日本	83	アイスランド	82	カナダ	81	モロッコ	72
オーストラリア	82	イタリア	82	アメリカ合衆国	78	アルジェリア	71
イスラエル	81	スイス	82	チリ	78	エジプト	69
シンガポール	81	スウェーデン	81	キューバ	77	ボツワナ	61
ニュージーランド	81	スペイン	81	パナマ	76	エチオピア	58
韓国	80	ノルウェー	81	メキシコ	76	スーダン	57
アラブ首長国連邦	78	フランス	81	アルゼンチン	76	ケニア	54
クウェート	78	アイルランド	80	ペルー	76	タンザニア	53
ブルネイ	76	イギリス	80	ウルグアイ	75	マラウイ	53
オマーン	74	オーストリア	80	コロンビア	75	南アフリカ	53
トルコ	74	オランダ	80	ベネズエラ	75	ニジェール	52
中国	74	ギリシャ	80	ドミニカ共和国	73	シエラレオネ	49
ベトナム	73	ドイツ	80	エクアドル	73	ナイジェリア	49
マレーシア	73	フィンランド	80	ブラジル	73	ザンビア	48
イラン	72	ベルギー	80	グアテマラ	69	スワジランド	48
サウジアラビア	72	ルクセンブルク	80			レソト	47
シリア	72	デンマーク	79			アンゴラ	46
タイ	70	ポルトガル	79			チャド	46
フィリピン	70	チェコ	77			ジンバブエ	42
スリランカ	69	ポーランド	76				
ウズベキスタン	68	スロバキア	75				
インドネシア	67	ハンガリー	74				
朝鮮民主主義人民共和国	67	ブルガリア	73				
バングラデシュ	65	ルーマニア	73				
イエメン	64	ベラルーシ	70				
インド	64	ウクライナ	68				
カザフスタン	64	ロシア	68				
イラク	63						
ネパール	63						
パキスタン	63						
カンボジア	62						
ミャンマー	54						
アフガニスタン	42						

❖ データの特徴

アジア・オセアニア…データの個数が大きい。42歳から83歳まで分布は広い。

ヨーロッパ…ほとんどの国の平均寿命は高い。80歳代が最も多い。

南北アメリカ…データの個数が小さい。全体に高めで，70歳代が最も多い。

アフリカ…全体に低い。40歳代の国も多くある。

次のグラフは，地域ごとのデータを**ヒストグラム**に表したものである。それぞれのヒストグラムが，どの地域のグラフか考えてみよう。

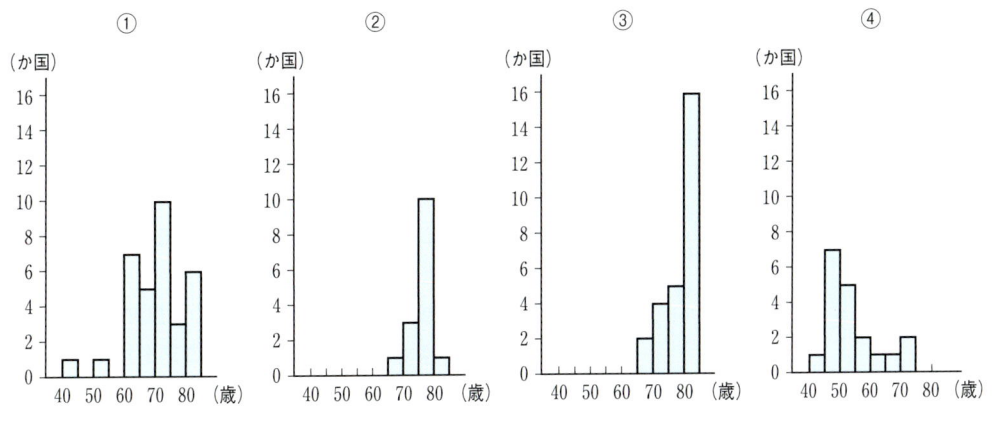

①…平均寿命は，高いところに固まりながら，低い国もある。
②…平均寿命は，ほとんど高いところにある。データの個数は少ない。
③…平均寿命が高い国がとても多い。
④…平均寿命は多くの国が低い。

以上より，①…アジア・オセアニア，②…南北アメリカ，③…ヨーロッパ，④…アフリカ とわかる。

次に，**箱ひげ図**について考えてみよう。

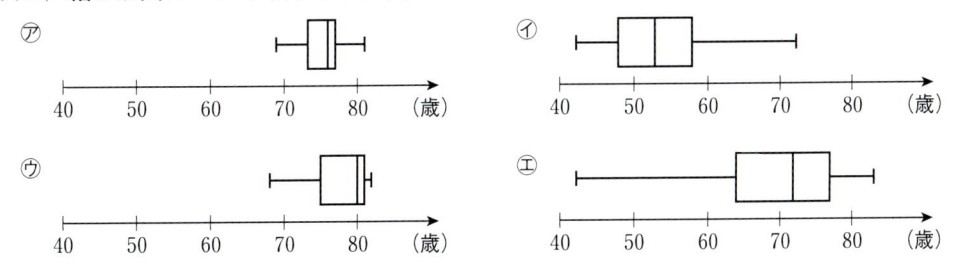

㋐…平均寿命は，70歳代から80歳代の間で，ほぼ偏りなく分布している。
㋑…平均寿命は，40歳代から70歳代までで，低い方に分布している。
㋒…平均寿命は，どの国も高い。範囲は狭く，高い国が多い。
㋓…平均寿命は，40歳代から80歳代で，高い方に分布している。

以上より，㋐…南北アメリカ，㋑…アフリカ，㋒…ヨーロッパ，㋓…アジア・オセアニアとわかる。

グラフとデータの特徴をよく見比べて，データの分布のようすを把握できるようにしよう。

1 データの整理と分析

Tea Time

◯ スポーツと代表値

　スポーツの中でも，体操競技やフィギュアスケートなどの採点競技では，審判員の採点をもとに得点を算出して順位を決めています。人間が見た目で採点するわけですから，不公平感が生じることもありますし，作為的な点数をつけることもできます。この点を解消し，できるだけ公平で客観性の高い得点結果がもたらされるように，採点方法にはさまざまな工夫がなされています。

　ここでは，体操競技を例に挙げて，採点方法を簡単に見てみましょう。

　得点は，演技の難しさなど構成内容を評価するDスコア（演技価値点，Difficulty Score）と演技の出来栄えを評価するEスコア（実施点，Execution Score）の両方を加算して算出されます。高難度の技を実施しても，技の完成度が低く，美しさや雄大さが伴わなければ実施点が減点されることになり，結果的に高い得点を得られなくなります。自分の能力に合った難度の高い技を，より美しく雄大に実施することが高得点につながるわけです。

> Dスコアについて
> 　2人（1人は調整役）のD審判員が，難度，組合せなどの演技価値をチェックし，Dスコアとする。
>
> Eスコアについて
> 　5人のE審判員が，10点満点から実施減点を引いたスコアを出す。5つのスコアの中から最高点と最低点を除き，中間の3つの点数の平均値…①を求める。
> 　2名のR審判員もE審判員同様の採点をし，その平均値…②を求める。
> ①と②の点数の差が，
> 　基準内…①が最終的なEスコア。
> 　基準外…R審判員のスコアを加味して
> 　　　　　最終的なEスコアを算出。
>
> 　DスコアとEスコアを加えたものから，ペナルティ（ライン減点，タイム減点等）を引いたものが，最終的な得点になる。

　D審判員は，技の難度を客観的なものにします。有名な選手が演じた技も無名の選手が演じた技も，同じ技であれば，点数は同じなのです。

　E審判員は，いわゆる「美しさ」を評価するので，客観性が低くなりがちです。そのため，より客観性を高め，不公平感をなくす代表値のとり方が工夫されています。E審判員の5つの点数のはずれ値（最高点と最低点）を除き，平均値をとっているわけですね。また，これに加え，R審判員2人の採点も比較しています。差が基準内であれば（つまりデータの範囲が小さければ）E審判員の得点をそのまま採用し，基準外であれば，あらためてR審判員の結果も加味するという，2重3重の備えがなされているわけです。

　採点競技において，だれもが納得できる得点を導き出すシステムというのは大変難しいことです。これまでにも，さまざまな競技で，多様な工夫がなされ，今日に至ります。

4 分散と標準偏差

範囲や四分位範囲は，データの2個の値の差をとって，データ全体の散らばりのようすを示したものである。では，データすべてを使って散らばりのようすを見ることを考えてみよう。

n 個のデータを $x_1, x_2, x_3, \cdots, x_i, \cdots, x_n$，その平均値を $\bar{x}$ とする。

偏差…各データが，平均値とどれだけ離れているかを示す数値。 $x_i - \bar{x}$

すべてのデータの偏差を加えると0になる。
$$(x_1 - \bar{x}) + (x_2 - \bar{x}) + (x_3 - \bar{x}) + \cdots + (x_n - \bar{x}) = 0$$

よって，n 個の偏差の平均値は0となるので，これを使って，散らばりのようすを見ることはできない。そこで，偏差の平方の平均値を考えてみよう。

偏差平方…偏差の平方。 $(x_i - \bar{x})^2$
分散…偏差平方の平均値。 s^2 で表す。
$$s^2 = \frac{1}{n}\{(x_1 - \bar{x})^2 + (x_2 - \bar{x})^2 + (x_3 - \bar{x})^2 + \cdots + (x_n - \bar{x})^2\}$$

p. 125 のA，B2クラスのテストの結果について，それぞれの分散を求めてみよう。

$$s^2{}_A = \frac{1}{10}\{(1-5)^2 + (3-5)^2 + (3-5)^2 + (4-5)^2 + (5-5)^2 + (5-5)^2 + (5-5)^2 + (7-5)^2$$
$$+ (8-5)^2 + (9-5)^2\}$$
$$= \frac{1}{10}(16 + 4 + 4 + 1 + 0 + 0 + 0 + 4 + 9 + 16) = 5.4$$

$$s^2{}_B = \frac{1}{10}\{(2-5)^2 + (3-5)^2 + (4-5)^2 + (4-5)^2 + (5-5)^2 + (5-5)^2 + (5-5)^2 + (6-5)^2$$
$$+ (8-5)^2 + (8-5)^2\}$$
$$= \frac{1}{10}(9 + 4 + 1 + 1 + 0 + 0 + 0 + 1 + 9 + 9) = 3.4$$

個々のデータと平均値との差の平方の平均値は，Bの方が小さい。つまり，Bの方が散らばりが小さいとわかる。

分散は，**計算の途中で平方**するため，分散の正の平方根を考える。

標準偏差…分散の正の平方根。 $s = \sqrt{s^2}$ （標準偏差 $= \sqrt{\text{分散}}$）

◆ 分散・標準偏差と平均値の関係

分散の公式を変形してみよう。

$$s^2 = \frac{1}{n}\{(x_1-\bar{x})^2+(x_2-\bar{x})^2+(x_3-\bar{x})^2+\cdots+(x_n-\bar{x})^2\}$$

$$= \frac{1}{n}[\{x_1^2-2x_1\bar{x}+(\bar{x})^2\}+\{x_2^2-2x_2\bar{x}+(\bar{x})^2\}+\{x_3^2-2x_3\bar{x}+(\bar{x})^2\}+\cdots+\{x_n^2-2x_n\bar{x}+(\bar{x})^2\}]$$

$$= \frac{1}{n}\{(x_1^2+x_2^2+x_3^2+\cdots+x_n^2)-2\bar{x}(x_1+x_2+x_3+\cdots+x_n)+n(\bar{x})^2\}$$

$$= \frac{1}{n}(x_1^2+x_2^2+x_3^2+\cdots+x_n^2)-2\bar{x}\cdot\underbrace{\frac{1}{n}(x_1+x_2+x_3+\cdots+x_n)}_{=\bar{x}}+(\bar{x})^2$$

$$= \frac{1}{n}(x_1^2+x_2^2+x_3^2+\cdots+x_n^2)-(\bar{x})^2$$

よって　分散＝(データの平方の平均値)−(平均値の平方)

　　　　標準偏差＝√(データの平方の平均値)−(平均値の平方)

ポイント ［標準偏差(1)］　　　　　　　　　　　　　　　　　　覚え得

すべてのデータを使った場合

分散　$s^2 = \frac{1}{n}\{(x_1-\bar{x})^2+(x_2-\bar{x})^2+(x_3-\bar{x})^2+\cdots+(x_n-\bar{x})^2\}$

$\qquad\qquad = \frac{1}{n}(x_1^2+x_2^2+x_3^2+\cdots+x_n^2)-(\bar{x})^2$

標準偏差　$s = \sqrt{\text{分散}}$

基本例題 107　　　　　　　　　　　　　　　　　分散・標準偏差

ねらい　標準偏差を求めること。

3つのさいころを投げて出た目の数を合計することを8回繰り返した。結果は次の通りである。

| 8 | 10 | 13 | 15 | 7 | 8 | 14 | 13 |

このとき，平均値，分散，標準偏差(小数第3位を四捨五入して小数第2位まで)を求めよ。

解法ルール **1** 分散 $= \dfrac{1}{n}\{(x_1-\bar{x})^2+(x_2-\bar{x})^2+(x_3-\bar{x})^2+\cdots$
$\qquad\qquad\qquad +(x_n-\bar{x})^2\}$ ……(Ⅰ)

$\qquad\qquad = \dfrac{1}{n}(x_1^2+x_2^2+x_3^2+\cdots+x_n^2)-(\bar{x})^2$ ……(Ⅱ)

2 標準偏差 $= \sqrt{\text{分散}}$

解答例 平均値は $\bar{x}=\dfrac{1}{8}(8+10+13+15+7+8+14+13)=\mathbf{11}$ …答

データ x, $x-\bar{x}$, $(x-\bar{x})^2$ についての，下のような表を作る。

← (Ⅰ)を使った解法。

← 表に表すとわかりやすい。

	x	$x-\bar{x}$	$(x-\bar{x})^2$
	8	−3	9
	10	−1	1
	13	2	4
	15	4	16
	7	−4	16
	8	−3	9
	14	3	9
	13	2	4
計	88		68
平均値	11		8.5

分散は，色の部分の値だから $s^2=\mathbf{8.5}$

よって，**標準偏差**は $s=\sqrt{8.5}=2.915\cdots\to\mathbf{2.92}$ …答

← ルートの計算は，電卓を使えばよい。

（別解）（Ⅱ）を使って分散を求めると

$s^2=\dfrac{1}{8}(8^2+10^2+13^2+15^2+7^2+8^2+14^2+13^2)-11^2$

$\quad =\dfrac{1036}{8}-11^2$

$\quad =129.5-121=\mathbf{8.5}$

類題 107 正20面体のさいころを8回投げたら，出た目の結果は次のようになった。

$\boxed{\ 8\quad 11\quad 14\quad 17\quad 9\quad 12\quad 16\quad 9\ }$

このとき，平均値，分散，標準偏差（小数第3位を四捨五入して小数第2位まで）を求めよ。

次に，データが度数分布表で与えられたときの平均値，分散，標準偏差を求めよう。

ポイント　[標準偏差(2)]

度数分布表が与えられた場合

階級値	x_1	x_2	x_3	⋯	x_i	⋯	x_n	計
度数	f_1	f_2	f_3	⋯	f_i	⋯	f_n	N

平均値…$\bar{x} = \dfrac{1}{N}(x_1 f_1 + x_2 f_2 + x_3 f_3 + \cdots + x_n f_n)$

分散…$s^2 = \dfrac{1}{N}\{(x_1-\bar{x})^2 f_1 + (x_2-\bar{x})^2 f_2 + (x_3-\bar{x})^2 f_3 + \cdots + (x_n-\bar{x})^2 f_n\}$

標準偏差…$s = \sqrt{\dfrac{1}{N}\{(x_1-\bar{x})^2 f_1 + (x_2-\bar{x})^2 f_2 + (x_3-\bar{x})^2 f_3 + \cdots + (x_n-\bar{x})^2 f_n\}}$

覚え得

応用例題 108

度数分布表と標準偏差

20人を対象に，あるテストをしたときの結果は右のようになった。

このとき，平均値を求めよ。また，標準偏差を，小数第3位を四捨五入して小数第2位まで求めよ。

点数(点)	人数(人)
0	0
1	1
2	3
3	2
4	3
5	2
6	3
7	3
8	1
9	2
10	0

ねらい
度数分布表から，標準偏差を求めること。

解法ルール
1. 階級値×度数をその階級のデータの値の総和と考える。
2. (階級値－平均値)²×度数を，その階級のデータの平方の和と考える。

← 表に表すとわかりやすい。

解答例

点数 x	人数 f	xf	$x-\bar{x}$	$(x-\bar{x})^2$	$(x-\bar{x})^2 f$
0	0	0	-5	25	0
1	1	1	-4	16	16
2	3	6	-3	9	27
3	2	6	-2	4	8
4	3	12	-1	1	3
5	2	10	0	0	0
6	3	18	1	1	3
7	3	21	2	4	12
8	1	8	3	9	9
9	2	18	4	16	32
10	0	0	5	25	0
計	20	100		110	110
平均値		5			5.5

答 平均値は　$100 \div 20 = \mathbf{5}$（点）

分散は　$110 \div 20 = 5.5$

標準偏差は　$\sqrt{5.5} = 2.345\cdots \to \mathbf{2.35}$ 点

$s^2 = \dfrac{1}{20}(1^2 \times 1 + 2^2 \times 3 + 3^2 \times 2 + 4^2 \times 3 + 5^2 \times 2$
$+ 6^2 \times 3 + 7^2 \times 3 + 8^2 \times 1 + 9^2 \times 2) - 5^2$
$= 30.5 - 25 = 5.5$ としてもよい。

類題 108 20 人のクラスで，50 点満点のテストをしたときの結果は下のようになった。

点数（点）	0 以上 10 未満	10〜20	20〜30	30〜40	40〜50
人数	1	3	5	7	4

このとき，平均値を求めよ。また，標準偏差を，小数第 3 位を四捨五入して小数第 2 位まで求めよ。

Tea Time ⬠ 偏差値

皆さんが気になる，「偏差値」について考えてみましょう。

テストの点数とともに知らされる偏差値は，

$$50 + \frac{\text{得点}-\text{平均点}}{\text{標準偏差}} \times 10$$

と表されます。偏差値は，平均値が 50，標準偏差が 10 の変量です（計算してみましょう）。

自分の得点と平均点が近ければ近いほど，「得点－平均点」が 0 に近づくので，偏差値は 50 に近づくことがわかります。つまり，平均点と同じ点数であれば，偏差値は 50 ですね。また，得点が平均点より低ければ，偏差値は 50 より小さくなります。

偏差値は，受験者の平均点や得点の分布（標準偏差）に関わるので，得点が下がっても偏差値は上がるということも起こるのです。

1 データの整理と分析

2節 データの相関

5 散布図

これまでは，1つの変量に関するデータの特徴について調べてきたけど，ここからは，「数学のテストの点数と英語のテストの点数」，「身長と体重」のような，2つの変量についての関係を調べることにしよう。

A，B，Cの3クラスで，10人を選んで国語と数学のテストを実施したところ，次のようなデータが得られた。

A クラス

	①	②	③	④	⑤	⑥	⑦	⑧	⑨	⑩
国語	7	3	8	4	7	9	5	6	8	6
数学	5	3	6	3	7	7	4	5	7	4

B クラス

	①	②	③	④	⑤	⑥	⑦	⑧	⑨	⑩
国語	7	3	8	4	7	9	5	6	8	6
数学	2	3	7	7	8	4	5	3	5	6

C クラス

	①	②	③	④	⑤	⑥	⑦	⑧	⑨	⑩
国語	7	3	8	4	2	9	5	6	8	6
数学	2	6	2	5	8	1	3	3	3	5

このデータを，視覚的にわかりやすくするために，国語の点数を x 軸に，数学の点数を y 軸にとって，座標平面上にプロットしてみよう。これを，**散布図(相関図)** という。

国語の点数を x 座標，数学の点数を y 座標として，座標平面上に点を打っていくのよ。

各クラスの散布図の特徴は次の通りである。

A クラス

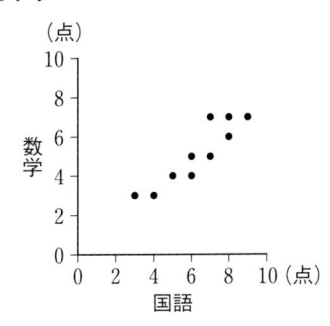

点は左下（どちらの点数も悪い）から右上（どちらの点数も良い）に分布している。つまり，国語の点数が良い生徒は数学の点数も良い傾向にある。
このようなとき，**正の相関がある**という。

B クラス

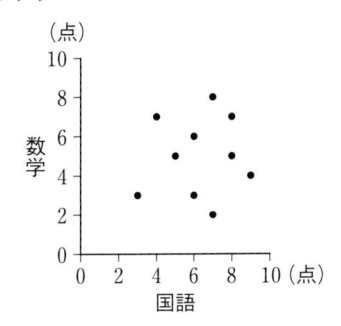

点はばらばらに散らばっている。つまり，国語の点数の良い悪いと，数学の点数の良い悪いには関係がない。
このようなとき，**相関がない**という。

C クラス

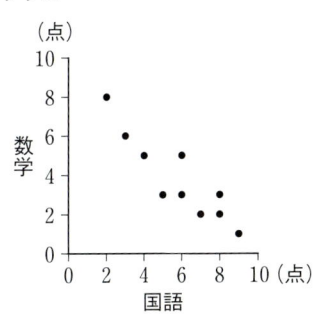

点は左上（国語の点数は悪いが数学は良い）から右下（国語の点数は良いが数学は悪い）に分布している。つまり，国語の点数が良い生徒は数学の点数が悪く，国語の点数が悪い生徒は数学の点数が良い傾向にある。
このようなとき，**負の相関がある**という。

ポイント [散布図]

正の相関がある　　　負の相関がある　　　相関がない

2 データの相関

6 共分散と相関係数

対応する2つの変量 x, y の値の組を，
(x_1, y_1), (x_2, y_2), ……, (x_i, y_i), ……, (x_n, y_n)
とする。この変量 x, y の相関関係を，1つの数値で表す方法を考えてみよう。

x_1, x_2, ……, x_i, ……, x_n の平均値を $\bar{x}$,
y_1, y_2, ……, y_i, ……, y_n の平均値を $\bar{y}$
とする。右の図のように，$(\bar{x}, \bar{y})$ を原点と考えて，この点を通る座標軸に平行な直線で平面を4つに分けると，x の偏差 $x_i - \bar{x}$, y の偏差 $y_i - \bar{y}$ の積の正負は，図に示したようになる。

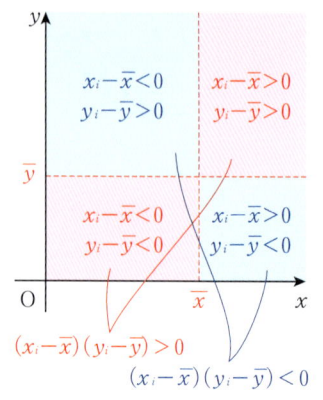

正の相関がある…赤色の部分（$(x_i - \bar{x})(y_i - \bar{y}) > 0$）に多くの点があるとき。
負の相関がある…青色の部分（$(x_i - \bar{x})(y_i - \bar{y}) < 0$）に多くの点があるとき。

したがって，$(x_i - \bar{x})(y_i - \bar{y})$ の平均値は，正の相関があるときは正の値を，負の相関があるときは負の値をとる。この値を **共分散** といい s_{xy} で表す。

$$s_{xy} = \frac{1}{n}\{(x_1 - \bar{x})(y_1 - \bar{y}) + (x_2 - \bar{x})(y_2 - \bar{y}) + \cdots + (x_i - \bar{x})(y_i - \bar{y}) + \cdots + (x_n - \bar{x})(y_n - \bar{y})\}$$

x と y に相関がないほど共分散は 0 に近い値になる。

共分散は，変量の単位によってデータの数値（桁数）がかわるから，このような影響を受けない数値を考える。これを **相関係数** といい，

$$r = \frac{s_{xy}}{s_x \cdot s_y} \quad (s_x, s_y \text{は，} x, y \text{の標準偏差})$$

で表す。このとき，$-1 \leq r \leq 1$ である。また，$|r|$ が1に近いほど相関は強い。

基本例題 109 共分散と相関係数

p.136 の各クラスのテストの結果について，
(1) それぞれの共分散を求めよ。
(2) それぞれの相関係数を，小数第3位を四捨五入して小数第2位まで求めよ。また，相関関係をいえ。

ねらい
相関係数を求め，相関のようすを見ること。

解法ルール ① 平均値，偏差，共分散を求める。
② 相関係数 $r = \dfrac{s_{xy}}{s_x \cdot s_y}$ を計算する。

解答例 共分散，相関係数を求めるため，次のような表を作る。

Aクラス

	国語			数学			$(x-\bar{x})(y-\bar{y})$
	x	$x-\bar{x}$	$(x-\bar{x})^2$	y	$y-\bar{y}$	$(y-\bar{y})^2$	
①	7	0.7	0.49	5	−0.1	0.01	−0.07
②	3	−3.3	10.89	3	−2.1	4.41	6.93
③	8	1.7	2.89	6	0.9	0.81	1.53
④	4	−2.3	5.29	3	−2.1	4.41	4.83
⑤	7	0.7	0.49	7	1.9	3.61	1.33
⑥	9	2.7	7.29	7	1.9	3.61	5.13
⑦	5	−1.3	1.69	4	−1.1	1.21	1.43
⑧	6	−0.3	0.09	5	−0.1	0.01	0.03
⑨	8	1.7	2.89	7	1.9	3.61	3.23
⑩	6	−0.3	0.09	4	−1.1	1.21	0.33
計	63		32.1	51		22.9	24.7
平均値	6.3		3.21	5.1		2.29	2.47 ←s_{xy}

(1) **共分散**は，表の色の部分。よって $s_{xy}=2.47$ …图

(2) **相関係数** $r=\dfrac{s_{xy}}{s_x \cdot s_y}=\dfrac{2.47}{\sqrt{3.21}\sqrt{2.29}}=0.911\cdots \to \mathbf{0.91}$ …图

強い正の相関がある。 …图

Bクラス

	国語			数学			$(x-\bar{x})(y-\bar{y})$
	x	$x-\bar{x}$	$(x-\bar{x})^2$	y	$y-\bar{y}$	$(y-\bar{y})^2$	
①	7	0.7	0.49	2	−3	9	−2.1
②	3	−3.3	10.89	3	−2	4	6.6
③	8	1.7	2.89	7	2	4	3.4
④	4	−2.3	5.29	7	2	4	−4.6
⑤	7	0.7	0.49	8	3	9	2.1
⑥	9	2.7	7.29	4	−1	1	−2.7
⑦	5	−1.3	1.69	5	0	0	0
⑧	6	−0.3	0.09	3	−2	4	0.6
⑨	8	1.7	2.89	5	0	0	0
⑩	6	−0.3	0.09	6	1	1	−0.3
計	63		32.1	50		36	3
平均値	6.3		3.21	5		3.6	0.3 ←s_{xy}

(1) **共分散**は，表の色の部分。よって $s_{xy}=0.3$ …图

(2) **相関係数** $r=\dfrac{s_{xy}}{s_x \cdot s_y}=\dfrac{0.3}{\sqrt{3.21}\sqrt{3.6}}=0.088\cdots \to \mathbf{0.09}$ …图

相関関係はない。 …图

Cクラス

	国語			数学			$(x-\bar{x})(y-\bar{y})$
	x	$x-\bar{x}$	$(x-\bar{x})^2$	y	$y-\bar{y}$	$(y-\bar{y})^2$	
①	7	1.2	1.44	2	−1.8	3.24	−2.16
②	3	−2.8	7.84	6	2.2	4.84	−6.16
③	8	2.2	4.84	2	−1.8	3.24	−3.96
④	4	−1.8	3.24	5	1.2	1.44	−2.16
⑤	2	−3.8	14.44	8	4.2	17.64	−15.96
⑥	9	3.2	10.24	1	−2.8	7.84	−8.96
⑦	5	−0.8	0.64	3	−0.8	0.64	0.64
⑧	6	0.2	0.04	3	−0.8	0.64	−0.16
⑨	8	2.2	4.84	3	−0.8	0.64	−1.76
⑩	6	0.2	0.04	5	1.2	1.44	0.24
計	58		47.6	38		41.6	−40.4
平均値	5.8		4.76	3.8		4.16	−4.04 ← s_{xy}

(1) **共分散**は，表の色の部分。よって $s_{xy}=-4.04$ …答

(2) **相関係数** $r=\dfrac{-4.04}{\sqrt{4.76}\sqrt{4.16}}=-0.907\cdots \to \mathbf{-0.91}$ …答

強い負の相関関係がある。 …答

ポイント ［共分散と相関係数］

共分散… $s_{xy}=\dfrac{1}{n}\{(x_1-\bar{x})(y_1-\bar{y})+(x_2-\bar{x})(y_2-\bar{y})+\cdots+(x_n-\bar{x})(y_n-\bar{y})\}$

相関係数… $r=\dfrac{s_{xy}}{s_x \cdot s_y}$ （s_x, s_y は x, y の標準偏差） $-1 \leqq r \leqq 1$

$|r|$ が 1 に近いほど相関関係が強く，0 に近いほど弱い。

基本例題 110 　　散布図と相関係数

ねらい：散布図をかくこと。相関係数を求めること。

高校1年生のあるクラスの男子生徒10人の身長と体重は次の通りである。

	①	②	③	④	⑤	⑥	⑦	⑧	⑨	⑩
身長 x(cm)	173	166	176	161	167	159	160	165	168	170
体重 y(kg)	65	54	70	55	58	55	52	53	56	59

(1) 散布図を作成し，相関があるかどうか調べよ。
(2) 相関係数を，小数第3位を四捨五入して小数第2位まで求めよ。

解法ルール
1. 横軸に身長を，縦軸に体重をとる。
2. 表を作って相関係数を求める。

解答例 (1)

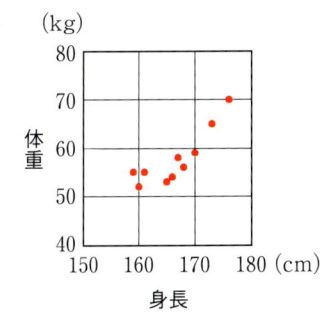

(kg) 体重／身長 (cm)

答 正の相関関係がある。

(2)

	x	$x-\bar{x}$	$(x-\bar{x})^2$	y	$y-\bar{y}$	$(y-\bar{y})^2$	$(x-\bar{x})(y-\bar{y})$
①	173	6.5	42.25	65	7.3	53.29	47.45
②	166	−0.5	0.25	54	−3.7	13.69	1.85
③	176	9.5	90.25	70	12.3	151.29	116.85
④	161	−5.5	30.25	55	−2.7	7.29	14.85
⑤	167	0.5	0.25	58	0.3	0.09	0.15
⑥	159	−7.5	56.25	55	−2.7	7.29	20.25
⑦	160	−6.5	42.25	52	−5.7	32.49	37.05
⑧	165	−1.5	2.25	53	−4.7	22.09	7.05
⑨	168	1.5	2.25	56	−1.7	2.89	−2.55
⑩	170	3.5	12.25	59	1.3	1.69	4.55
計	1665		278.5	577		292.1	247.5
平均値	166.5		27.85	57.7		29.21	24.75

$$r=\frac{s_{xy}}{s_x \cdot s_y}=\frac{24.75}{\sqrt{27.85}\sqrt{29.21}}=0.867\cdots \to \mathbf{0.87} \quad \cdots 答$$

類題 110 高校1年生のあるクラスの女子生徒10人の身長と体重は次の通りである。

	①	②	③	④	⑤	⑥	⑦	⑧	⑨	⑩
身長 x(cm)	150	155	146	161	157	154	159	165	148	150
体重 y(kg)	45	54	50	58	53	55	58	52	56	49

(1) 散布図を作成し，相関があるかどうか調べよ。
(2) 相関係数を，小数第3位を四捨五入して小数第2位まで求めよ。

2 データの相関

定期テスト予想問題　解答→p.29〜31

1 40人のクラスで漢字テストをしたところ，点数は下のようになった。次の問いに答えよ。(単位　問)

34	35	38	41	43	45	46	47	48	50
51	53	54	56	58	63	63	65	66	66
67	67	68	69	70	72	72	75	77	77
78	79	81	84	85	88	89	92	93	95

(1) 中央値を求めよ。
(2) このデータを，10個の階級に分類し，度数分布表を作れ。
(3) ヒストグラムを作れ。
(4) (2)の表に，階級値と相対度数を追加せよ。
(5) (4)の表から，平均値，最頻値を求めよ。
(6) 四分位偏差を求めよ。
(7) 箱ひげ図を作れ。
(8) (4)の表から，標準偏差を小数第3位を四捨五入して第2位まで求めよ。

2 ある高等学校の野球部とサッカー部の新入部員に，握力の測定をしたところ，下の表のようになった。次の問いに答えよ。

野球部

| 右手 | 52 | 46 | 48 | 38 | 50 | 43 | 52 |
| 左手 | 49 | 44 | 50 | 45 | 47 | 46 | 41 |

サッカー部

| 右手 | 43 | 50 | 46 | 39 | 36 | 40 | 41 | 49 |
| 左手 | 40 | 48 | 42 | 33 | 38 | 38 | 37 | 44 |

(単位　kg)

(1) 野球部，サッカー部，それぞれの散布図をかけ。また，どちらの部の方が相関関係が強いといえるか。
(2) 野球部，サッカー部，それぞれの共分散を求めよ。(割り切れない場合は小数第3位を四捨五入して第2位まで求めよ。)
(3) 野球部，サッカー部，それぞれの相関係数に一番近いものを，次の①〜⑤の中から選べ。

① -0.9　　② -0.5　　③ 0　　④ 0.5　　⑤ 0.9

HINT

1 (2) 0問から100問を10問間隔で，10個の階級に分類する。
(5) 平均値は加重平均で求める。
(8) 表を利用して，まず，分散を求める。

2 (1) 散布図を見ながら相関関係の強弱を判断する。
(3) 相関係数を求め，(1)のグラフから読みとった相関関係の強さが正しいことを確かめよう。

3 あるクラスで，8人の生徒に，それぞれ10点満点の英語と数学のテストを実施した。正解した数の結果は次の通りである。英語の正答数を x で，数学の正答数を y で表し，x，y の平均値をそれぞれ $\bar{x}$，$\bar{y}$ で表す。ただし，表の数値はすべて正確な数で，四捨五入はされていない。次の問いに答えよ。

	英語			数学			
	x	$x-\bar{x}$	$(x-\bar{x})^2$	y	$y-\bar{y}$	$(y-\bar{y})^2$	$(x-\bar{x})(y-\bar{y})$
a	3			5	0	0	
b	7			7	2	4	
c	4			4	−1	1	
d	9			8	3	9	
e	4			2	−3	9	
f							
g	7			3	−2	4	
h	8			6	1	1	
平均値				5			
中央値	6.5						

(1) 生徒 f の，英語と数学の点数を求めよ。

(2) 表の空欄をすべて埋めよ。

(3) 英語と数学，それぞれの箱ひげ図をかけ。

(4) 英語と数学，それぞれの分散を求めよ。また，共分散を求めよ。

(5) 英語と数学，それぞれの標準偏差 s は，次の①〜⑥のどの範囲に入るか。
① $0<s<1.5$　② $1.5\leqq s<1.7$　③ $1.7\leqq s<1.9$
④ $1.9<s<2.1$　⑤ $2.1\leqq s<2.3$　⑥ $2.3\leqq s$

(6) 英語と数学の相関係数 r は，次の①〜⑤のどの範囲に入るか。
① $-1\leqq r<-0.5$　② $-0.5\leqq r<0$　③ $r=0$
④ $0<r<0.5$　⑤ $0.5\leqq r<1$

3 (1) 英語…中央値が6.5点であることから求められる。
数学…平均値が5点であることから求められる。

4 右の表は，あるクラスの10人について，漢字の「読み」と「書き取り」のテストの得点を，それぞれまとめたものである。

ただし，「読み」の得点の最大値と最小値の差は37点で，AはBよりも大きいものとする。

このとき，次の問いに答えよ。

番号	読み(点)	書き取り(点)
1	67	72
2	42	62
3	59	64
4	68	76
5	49	60
6	53	65
7	77	64
8	48	52
9	A	70
10	B	55
平均値	58	64
標準偏差	C	7

(1) AとBの和を求めよ。
(2) AとBの値を求めよ。
(3) Cの値を求めよ。
(4) 「読み」の得点と「書き取り」の得点の散布図として適切なものを，次の①〜④の中から選べ。

① ② ③ ④

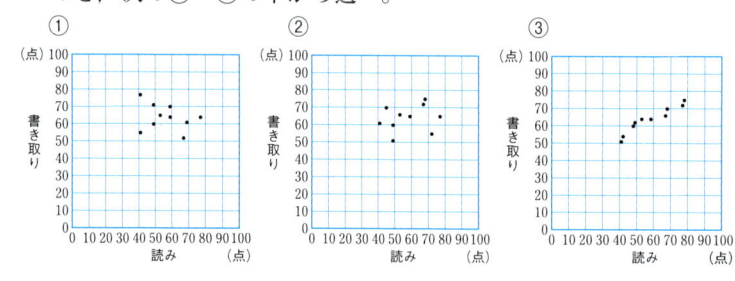

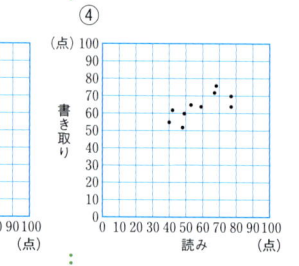

(5) 「読み」の得点と「書き取り」の得点の相関係数は，どの範囲にあるか。適当なものを次の①〜④の中から選べ。

　① $-0.8 \leqq r \leqq -0.6$　　　② $-0.3 \leqq r \leqq -0.1$
　③ $0.1 \leqq r \leqq 0.3$　　　　④ $0.6 \leqq r \leqq 0.8$

(6) 新たに2人について同じテストを行ったところ，右のような結果になった。この2人の得点を加えた「読み」の得点，「書き取り」の得点，それぞれの標準偏差の値は，加える前の値と比較してどうなるか。次の中から選べ。

番号	読み(点)	書き取り(点)
11	37	64
12	79	64

　① 小さくなる　　② 変わらない　　③ 大きくなる

5章 場合の数と確率 数学A

1節 場合の数

1 集合の要素の個数

集合 P に属する要素の個数が有限個であるとき，集合 P の要素の個数を $n(P)$ で表す。集合の要素の個数については次のようにまとめられる。

ポイント
[要素の個数]
① $n(\overline{A}) = n(U) - n(A)$
② $n(A \cup B) = n(A) + n(B) - n(A \cap B)$
特に，$A \cap B = \phi$ のとき，$n(A \cup B) = n(A) + n(B)$

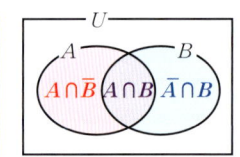

基本例題 111 　　　要素の個数(1)

1以上100以下の自然数の中で，次の条件を満たすものはいくつあるか。
(1) 2 または 3 で割り切れる数
(2) 6 でも 8 でも割り切れない数

ねらい
$n(A \cup B) = n(A) + n(B) - n(A \cap B)$ を利用すること。

解法ルール $n(A \cup B) = n(A) + n(B) - n(A \cap B)$ の利用。 ベン図をかいてみよう。

解答例
(1) 2の倍数の集合を A，3の倍数の集合を B とする。
$n(A \cup B) = n(A) + n(B) - n(A \cap B)$
$\qquad = 50 + 33 - 16$
$\qquad = 67$

$100 \div 2 = 50$
$100 \div 6 = 16$ 余り 4 　　$A \cap B$ は 6 の倍数。
$100 \div 3 = 33$ 余り 1

答 67個

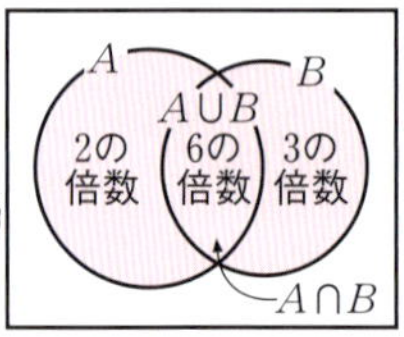

(2) 6の倍数の集合を A，8の倍数の集合を B とする。
すべての数から，6 または 8 で割り切れる数を除けばよい。
$n(A \cup B) = n(A) + n(B) - n(A \cap B)$
$\qquad\quad = 16 + 12 - 4 = 24$
$n(\overline{A \cup B}) = 100 - 24 = 76$

$100 \div 24 = 4$ 余り 4 　　$A \cap B$ は 24 の倍数。
$100 \div 8 = 12$ 余り 4

答 76個

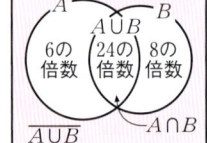

類題 111 100以上200以下の自然数の中で，次の条件を満たすものはいくつあるか。

(1) 3または5で割り切れる数

(2) 3では割り切れるが5では割り切れない数

(3) 3でも5でも割り切れない数

基本例題 112　要素の個数(2)

あるクラスでアンケートをとったところ，犬の好きな人が22人，猫の好きな人が17人，両方とも好きな人が7人，両方とも嫌いな人が8人であった。
このクラスの人数を求めよ。

ねらい 部分集合の条件から，全体集合の個数を求めること。

解法ルール 全体集合 U は，P と $\overline{P}$ の和集合だから，その個数は $n(U)=n(P)+n(\overline{P})$ で計算する。

← ベン図でそれぞれの部分集合の個数を調べて解く。

解答例 犬が好きな人の集合を A，猫が好きな人の集合を B とする。
$A\cap B$ は両方とも好きな人の集合，
$\overline{A\cup B}$ は両方とも嫌いな人の集合，
を表している。

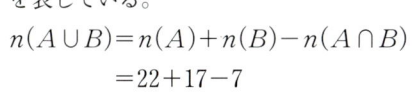

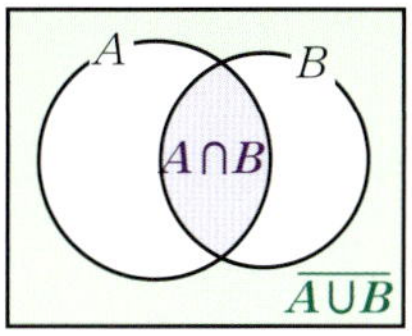

$n(A\cup B)=n(A)+n(B)-n(A\cap B)$
$\qquad\qquad =22+17-7$
$\qquad\qquad =32$

$n(\overline{A\cup B})=8$

したがって，クラス全員の集合を U とすると
$n(U)=n(A\cup B)+n(\overline{A\cup B})$
$\qquad =32+8$
$\qquad =\mathbf{40(人)}$　…答

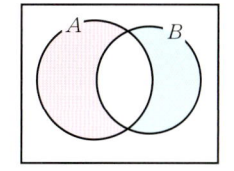

赤色の部分は $A\cap \overline{B}$
つまり，犬が好きで猫が嫌いな人。
この人数は
$n(A\cap \overline{B})$
$=n(A)-n(A\cap B)$
$=15(人)$
青色の部分は $\overline{A}\cap B$
つまり，猫が好きで犬が嫌いな人。
この人数は
$n(\overline{A}\cap B)$
$=n(B)-n(A\cap B)$
$=10(人)$

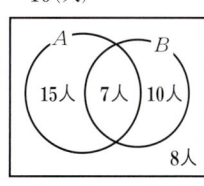

ベン図より
$15+10+7+8=40(人)$
としてもよい。

類題 112 40人のクラスで全員の通学方法を調べたところ，

電車を利用する人　　　　32人
自転車を利用する人　　　15人
上のいずれも利用しない人　4人

という結果であった。

(1) 電車と自転車の両方を利用している人の人数を求めよ。

(2) 自転車だけを利用している人の人数を求めよ。

2 場合の数

ある場合の数を求めるとき，思いつくままに列挙して数えたのでは，もれや重複がある場合が多い。そこで，もれなく，重複なく列挙して数えるためには，ある規則に注目して，これに従って数えていくといいんだ。

ここでは，この「規則」について勉強していこう。

「10を3つの自然数の和で表す方法は何通りあるか。ただし，加える順序の違いは無視する。」を考えてみよう。

このとき，思いつくままに書き並べたのでは，

- 重複していないか
- もれがないか

などの不安がある。

そこで，3つの自然数の最も大きい数に注目して整理すると

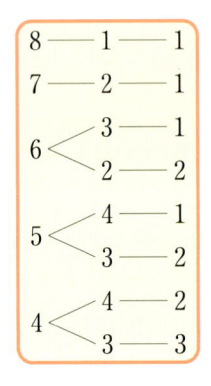

```
8 — 1 — 1
7 — 2 — 1
    3 — 1
6 <
    2 — 2
    4 — 1
5 <
    3 — 2
    4 — 2
4 <
    3 — 3
```

● この問題は，
「$x+y+z=10$
$(x≧y≧z)$を満たす
自然数(x, y, z)を
求めよ。」
と考えるとわかりやすい。

ここで，$x≧y≧z$は，
「加える順序の違いは無視する」ための条件である。なぜならこの条件がなければ，
$(x, y, z)=(6, 3, 1)$
と$(6, 1, 3)$は別のものになってしまい，題意を満たさない。しかし，実際は加える順序が違うだけだから，同じものとみなさなくてはいけないので，この条件が必要になる。

となる。したがって，**8通り**であることがわかる。

上の図のように，各場合を次々に枝分かれしていく図で表すと，全体がはっきりととらえられる。このような図を**樹形図**という。樹形図は，**もれなく，重複なく数えあげる**のに適している。

基本例題 113　場合の数(1)

10円硬貨，50円硬貨，100円硬貨を使って280円支払う方法は何通りあるか。ただし，使わない硬貨はないものとする。

ねらい　場合の数を，樹形図を利用して求めること。

解法ルール　10円硬貨を x 枚，50円硬貨を y 枚，100円硬貨を z 枚使うとすると，$10x+50y+100z=280$ を満たす自然数 x, y, z を求めればよい。

解答例　樹形図をかいて調べる。

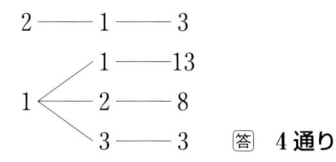

```
100円  50円  10円
  2 ―― 1 ―― 3
         1 ―― 13
  1 ―― 2 ―― 8
         3 ―― 3
```

　　答　4通り

← お金の支払い方の問題では"用いるお金の中で1番高いもの"の枚数で分類する。(分類が少なくてすむ)

類題 113　$x+2y+3z=7$ を満たす正の整数の組は何通りあるか。

基本例題 114　場合の数(2)

10円硬貨が2枚，50円硬貨が2枚，100円硬貨が1枚ある。これらの一部または全部を使ってちょうど支払える金額は何通りあるか。

ねらい　支払い方の場合の数を，整理して求めること。

解法ルール　硬貨は全部で5枚ある。このうちの何枚を使うかによって分類し，何通りの金額が支払えるか求める。

解答例
- 1枚使う場合　10円，50円，100円
- 2枚使う場合　20円，60円，(100円)，110円，150円
- 3枚使う場合　70円，(110円)，120円，160円，200円
- 4枚使う場合　(120円)，170円，210円
- 5枚使う場合　220円

　　答　14通り

← 3枚使う場合の金額 ＝220円－(2枚使う場合の金額) と考えると楽にできる。なぜなら，5枚の硬貨のうちの3枚を使うということは，2枚残すということ。すなわち全体の金額(220円)から，残す枚数の金額を引けば，使う枚数の金額になる。4枚の場合も，全体から1枚の場合を引けばよい。

類題 114　10円硬貨，50円硬貨，100円硬貨を使って280円を支払う方法は何通りあるか。ただし用いる硬貨は10枚以下とし，すべての硬貨を用いなくてもよいものとする。

3 和の法則

大,小2つのさいころを同時に投げるとき,目の和が5の倍数となるのは何通りあるか考えてみよう。

Step 1 目の和が5の倍数となるのは5または10

Step 2 目の和が5になるのは

大	1	2	3	4
小	4	3	2	1

の 4 通り

"和の法則"って難しそうだね。

わざわざこういう名前をつけただけ。自然に普段から使っていることなのよ。

Step 3 目の和が10になるのは

大	4	5	6
小	6	5	4

の 3 通り

Step 4 目の和が5になる場合と10になる場合は**同時に起こりえない**ので,

> 目の和が5の倍数になる場合の数
> ＝(目の和が5になる場合の数)＋(目の和が10になる場合の数) より
>   4＋3＝7(通り)

以上をまとめると,

> 全体が2つの場合に分けられ,それらが同時に起こらないならば,
>   全体の場合の数＝2つの場合の数の和

となる。

ポイント [和の法則]

2つの事柄 A,B が同時に起こらないとき,A の起こる場合の数が m 通り,B の起こる場合の数が n 通りであるとすると,

　　A または B の起こる場合の数＝$m+n$(通り)

覚え得

基本例題 115 最短経路の数(1)

右の図のような道がある。
A 地点から B 地点まで遠まわりをしないで行くとき，何通りの行き方があるか。

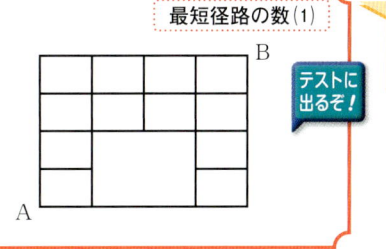

解法ルール それぞれの交差点で，その交差点に至る道すじの数を記入していく。

解答例 交差点に至る道すじの数を，A 地点に近いところから順に書き入れていくと右の図のようになる。 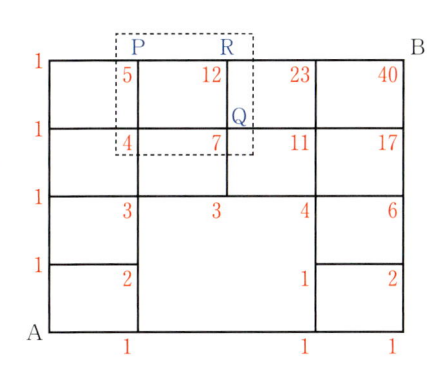
したがって，A から B へ行く道すじは
40 通り …答

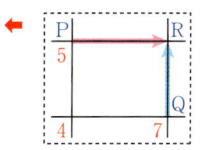

R へ到達するには，P または，Q を通ることになる。A から P に至る道すじは 5 通り。A から Q に至る道すじは 7 通りだから，A から R に至る道すじは
$5+7=12$（通り）

類題 115-1 右の図のような道がある。
A 地点から B 地点まで遠まわりをしないで行くとき，何通りの行き方があるか。

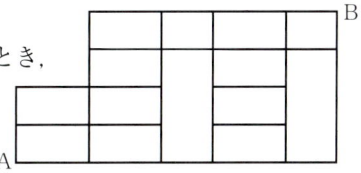

類題 115-2 右の図のような立体の道がある。
A 地点から B 地点まで遠まわりをしないで行くとき，何通りの行き方があるか。

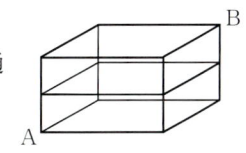

4 積の法則

X町とY町の間には4本の道があり，Y町とZ町の間には3本の道がある。X町からY町を通ってZ町へ行くには何通りの行き方があるか求めよう。

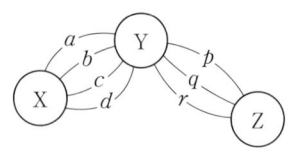

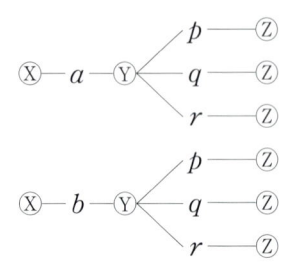

同じように，Ⓧ—c—Ⓨ，Ⓧ—d—Ⓨ についてもY町からZ町への行き方は3通りある。以上，樹形図でまとめてみると，（通る道を示す）

「積の法則ってどんなときに使うんですか？」

「積の法則というのは"ある条件のもとでは場合の数が掛け算で求められる"ということ。」

「『Aが起こるそれぞれの場合にBがb通りずつ起こる』というように，場合の数を計算する際，君の頭の中に「それぞれ」が登場すれば「積の法則」となるよ。」

したがって，X町からZ町への行き方は，X町からY町へが4通り，Y町からZ町へが3通りであることから，$4 \times 3 = 12$（通り）となる。

> **ポイント** [積の法則]
> Aの起こる場合の数がm通り，Aのそれぞれの場合にBの起こる場合の数がn通りであるとき
> AかつBの起こる場合の数＝$m \times n$（通り）

基本例題 116　　　　　　　　　　　　積の法則

次の問いに答えよ。
(1) 男子3人，女子4人の中から，男女1人ずつ委員を選ぶとき，その選び方は何通りあるか。
(2) 大，中，小のさいころを同時に投げるとき，その目の出方は何通りあるか。
(3) $(1+x+x^2)(1+y)(1+z+z^2)$ を展開すると，項の数は全部でいくつか。

ねらい
積の法則を利用して場合の数を求めること。

解法ルール　それぞれに積の法則を適用する。

解答例
(1) 男子の選び方は3通り。**おのおの**1人につき女子の選び方は4通り。
　　　したがって　$3 \times 4 = 12$(通り) …答

(2) 大のさいころの目の出方は6通り。
　　それぞれの目について，中のさいころの目の出方は6通り。
　　それぞれの目について，小のさいころの目の出方は6通り。
　　　したがって　$6 \times 6 \times 6 = 216$(通り) …答

(3) 実際に展開するときは，下の図のように，はじめの(　)の中の3つの項それぞれに，2つめの(　)の2つの項を1つ1つ掛け，さらに，3つめの(　)の3つの項1つ1つを掛ける。

$$(1+x+x^2)(1+y)(1+z+z^2)$$

つまり，展開したあとの項はそれぞれの(　)の中から項を1つずつ選んで掛け合わせたものになり，それらが同じ項にならない。
　　　したがって　$3 \times 2 \times 3 = 18$(個) …答

← 結果的には，それぞれの(　)の中の項の数を掛け合わせればよい。式を展開したときに得られる各項は，3つの(　)の中からそれぞれ1つずつ選んできて掛け合わせたものになるため，それぞれの(　)の中からどの項を選ぶか，つまり選べる項はいくつあるかということにかかわってくるから。

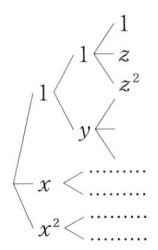

類題 116　次の問いに答えよ。
(1) 4種類の新聞と7種類の雑誌よりそれぞれ1種類ずつ選ぶ方法は何通りか。
(2) $(a+b)(p+q+r)(x+y+z)$ を展開したとき，項はいくつできるか。

1　場合の数

基本例題 117 　和の法則と積の法則

大，小2つのさいころを同時に投げるとき，次の場合の数を求めよ。
(1) 目の和が偶数となる場合。
(2) 目の積が偶数となる場合。

ねらい
和の法則，積の法則を的確に用いること。

解法ルール
(1) 目の和が偶数となるのは，大，小のさいころの目が，
　　　(偶数, 偶数)，(奇数, 奇数)
となる場合。

(2) 目の積が偶数となる場合は，**全体の場合の数から，積が奇数となる場合の数を引く**とよい。

解答例
(1) 大，小2つのさいころの目を
　　(大のさいころの目, 小のさいころの目)と表すと，
　　(偶数, 偶数)となる場合　$3 \times 3 = 9$(通り)　← 積の法則
　　(奇数, 奇数)となる場合　$3 \times 3 = 9$(通り)
　　したがって　$9 + 9 = \mathbf{18}$(通り)　…答　← 和の法則

(2) 大，小2つのさいころの目の出方はそれぞれ6通り。
　　したがって，全体では　$6 \times 6 = 36$(通り)　← 積の法則
　　この中で目の積が奇数となるのは，大，小のさいころともに奇数の目が出る場合で　$3 \times 3 = 9$(通り)
　　よって　(目の積が偶数になる場合の数)
　　　　　＝(全体の場合の数)－(目の積が奇数になる場合の数)
　　　　　＝$36 - 9 = \mathbf{27}$(通り)　…答

← 目の積が偶数になるのは，
　(偶数, 偶数)，
　(奇数, 偶数)，
　(偶数, 奇数)
の3つの場合であるから，1つ1つ求めるより，**全体から奇数になる場合を引く方が楽にできる**。

類題 117-1 2けたの自然数の中で，十の位の数と一の位の数の和が偶数となるものはいくつあるか。また，積が偶数となるような数はいくつあるか。

類題 117-2 A, B, C, Dの4つの町は，図のように何本かの道でつながれている。
このとき，AからDに行く方法は何通りあるか。

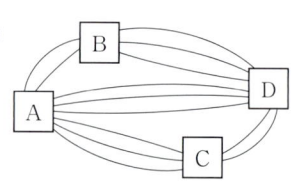

5章　場合の数と確率

応用例題 118 　　　　約数の個数と和

360 の正の約数について，
(1) 個数を求めよ。
(2) 奇数であるものの個数を求めよ。
(3) 総和を求めよ。

ねらい
素因数分解を用いて，約数の個数とその和を求めること。

解法ルール まず，素因数分解をする。
(1)，(2) 約数は素因数の累乗の積で表される。

解答例 $360 = 2^3 \cdot 3^2 \cdot 5$

(1) 360 の約数は，$2^p \cdot 3^q \cdot 5^r$ の形で表され，p，q，r は
$0 \leq p \leq 3$，$0 \leq q \leq 2$，$0 \leq r \leq 1$ を満たす任意の整数である。
　p の値は，0，1，2，3 の 4 通り
　q の値は，0，1，2 　　　の 3 通り
　r の値は，0，1 　　　　　の 2 通り
よって，積の法則により　$4 \times 3 \times 2 = \mathbf{24}$(個) …答

(2) 奇数であるものは，(1)のうち，$3^q \cdot 5^r$ の形で表されるものだから　$3 \times 2 = \mathbf{6}$(個) …答

(3) 約数は，$\{2^0, 2^1, 2^2, 2^3\}$，$\{3^0, 3^1, 3^2\}$，$\{5^0, 5^1\}$ の中から，それぞれ 1 つずつ選んで掛け合わせたものである。
一方　$(2^0+2^1+2^2+2^3)(3^0+3^1+3^2)(5^0+5^1)$　……①
の展開式の各項は約数を表す。
したがって，求める約数の総和は①の式の値に等しい。
①より　$15 \times 13 \times 6 = \mathbf{1170}$ …答

← $2^0 = 3^0 = 5^0 = 1$ とする。
一般に，$a^0 = 1$ と定める。

約数の個数と総和の求め方
$X = p^m \cdot q^n$ と素因数分解できるとする。
X の約数の個数
$= (m+1)(n+1)$
X の約数の総和
$= (p^0 + p^1 + \cdots + p^m)$
$\quad \times (q^0 + q^1 + \cdots + q^n)$
展開してみるとよくわかる。

ポイント [約数の個数と総和]
一般に，正の整数 N の素因数分解を $N = a^l \cdot b^m \cdot c^n \cdots$ とすれば
　N の約数の個数は　$(l+1)(m+1)(n+1)\cdots$
　N の約数の総和は　$(a^0+a^1+\cdots+a^l)(b^0+b^1+\cdots+b^m)(c^0+c^1+\cdots+c^n)\cdots$

類題 118-1 300 の正の約数の個数を求めよ。また偶数の約数の個数を求めよ。

類題 118-2 200 の正の約数の総和を求めよ。また，300 の正の約数の総和を求めよ。

類題 118-3 120 と 200 の正の公約数の個数を求めよ。

2節 順列と組合せ

5 順列

A, B, C, Dの4人からクラス委員と文化委員を1人ずつ選ぶとすると，何通りの選び方があるかな？

まず，クラス委員にAが選ばれたとすると文化委員はB, C, Dのうちの1人で，クラス委員にBが選ばれたとすると文化委員は…，樹形図をかいて考えてみます。

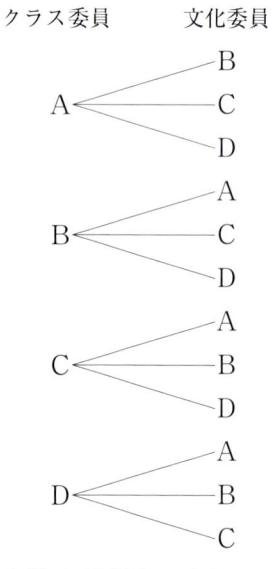

```
クラス委員    文化委員
               B
       A ─── C
               D

               A
       B ─── C
               D

               A
       C ─── B
               D

               A
       D ─── B
               C
```

全部で12通りですね。

そう。では，40人のクラスからクラス委員と文化委員と体育委員を選ぶとすると，何通りの選び方があるでしょう。

さっきと同じように樹形図をかけば安全で確実なんだろうけど，40人となるとちょっと大変ね。何かいい方法はないかしら？

156　5章　場合の数と確率

そうね。40人の場合の樹形図というのはかなり大変ね。そこで次のように考えてみましょう。

クラス委員，文化委員，体育委員の順に決めていくとする。
Step 1　クラス委員にはクラス40人のすべてがなりうるから　40（通り）
Step 2　文化委員にはクラス委員以外のすべてがなりうるから　40－1＝39（通り）
Step 3　体育委員にはクラス委員，文化委員以外のすべてがなりうるから
　　　　40－2＝38（通り）

つまり，クラス委員の選び方は40通り。クラス委員の選び方それぞれについて文化委員の選び方は39通り。体育委員の選び方は，クラス委員，文化委員の選び方それぞれについて38通り。よって，積の法則により
　　$40 \times 39 \times 38 = 59280$（通り）
となるわけだ。

このように，いくつかのものを順序を考えて並べたものを順列という。
一般に，異なる n 個のものの中から異なる r 個を選んで並べたものを
　　n 個のものから r 個とった順列
といい，その総数を $_n\mathrm{P}_r$ で表す。

上の場合は「40個のものから3個とった順列」であるから
　　$_{40}\mathrm{P}_3 = 40 \times 39 \times 38$

一般の公式は
　　$_n\mathrm{P}_r = n \times (n-1) \times \cdots \times \{n-(r-1)\}$
と表される。

Pは Permutation の頭文字をとったもの。

$(r-1)$ 番目までに $(r-1)$ 個使っているから，r 番目には $\{n-(r-1)\}$ 通りの場合の数がある。

特に $r=n$ のとき
　　$_n\mathrm{P}_n = n \times (n-1) \times \cdots \times 3 \times 2 \times 1 = n!$
となる。ここで $n!$ は，n から1までの自然数の積で，n の階乗という。

ポイント

［異なる n 個のものから r 個とった順列の数］
　　$_n\mathrm{P}_r = n(n-1)(n-2)\cdots(n-r+1)$
　　　　$= \dfrac{n!}{(n-r)!}$

［異なる n 個のものを1列に並べる順列の数］
　　$_n\mathrm{P}_n = n!$（階乗）

2　順列と組合せ

基本例題 119 　　　　　　　　　　　整数の個数

1, 2, 3, 4, 5 の数字がある。この中の異なる数字を並べてできる次のような整数はいくつあるか。

(1) 5けたの整数
(2) 3けたの整数
(3) 4けたの偶数
(4) 両端の数が奇数である4けたの整数

ねらい $_nP_r$ を用いて，具体的な場合の数を計算すること。

解法ルール 整数とはいくつかの整数を並べてできたもの。したがって，「整数の個数」とは，それぞれの条件に適する並べ方を調べればよい。

どんな整数も，0 から 9 までの整数が並んでいるだけ！

解答例
(1) $_5P_5 = 5×4×3×2×1 = \mathbf{120(個)}$ …答

(2) $_5P_3 = 5×4×3 = \mathbf{60(個)}$ …答

(3) 一の位の数が偶数であればよい。
　　□□□2 の形……$_4P_3 = 4×3×2 = 24(個)$
　　□□□4 の形……$_4P_3 = 4×3×2 = 24(個)$
　　よって　$24+24 = \mathbf{48(個)}$ …答

(4) 一の位と千の位が奇数であればよい。
　　奇□□奇
　　奇数は 1, 3, 5 の 3 個だから，千の位と一の位の並べ方は
　　$_3P_2 = 3×2 = 6$
　　このそれぞれについて，百の位と十の位は，**すでに使っている 2 つの数字以外の 3 つの数字から 2 つ選び，並べればよい。**
　　すなわち　$_3P_2 = 3×2 = 6$
　　よって，全体では　$6×6 = \mathbf{36(個)}$ …答

← 千の位…1, 3, 5 の **3 個**。
一の位…1, 3, 5 の中から千の位で使った数を除いたもので，**2 個**。
百の位…2, 4 および残りの奇数の **3 個**。
十の位…残り 2 個。
積の法則により
$3×2×3×2 = 36(個)$

類題 119-1 1, 2, 3, 4, 5, 6 の数字を全部並べてできる 6 けたの整数のうち，次のような整数はいくつあるか。
(1) 奇数　　　　(2) 両端が奇数　　　　(3) 5 の倍数

類題 119-2 10 個の駅がある電車の路線で，乗車駅名と降車駅名を印刷した乗車券をつくるとする。全部で何種類必要か。

応用例題 120 条件のついた順列

男子4人，女子3人が1列に並ぶとき，次の各場合の並び方は何通りあるか。
(1) 女子3人が隣り合う場合。
(2) 女子3人が隣り合い，かつ男子4人も隣り合う場合。
(3) 女子がどの2人も隣り合わない場合。

ねらい 条件のついた順列の数を求めること。

条件がついている順列では，条件の整理をすることが大切よ。

解法ルール 特定の人間が隣り合って並ぶ場合は，**隣り合う人間をひとまとめ**にして考えればよい。

解答例
(1) 女子3人をひとまとめにして考える。女子のグループと男子4人，計5つの並び方は
  $_5P_5 = 5 \times 4 \times 3 \times 2 \times 1 = 120$(通り)
それぞれについて，女子3人の並び方は
  $_3P_3 = 3 \times 2 \times 1 = 6$(通り)
したがって $120 \times 6 = \mathbf{720}$**(通り)** …答

(2) 7人の並び方は
  (ⅰ) 女女女男男男男 または (ⅱ) 男男男男女女女
  (ⅰ) 女子3人の並び方は $_3P_3 = 6$(通り)
    それぞれについて，男子4人の並び方は
      $_4P_4 = 4 \times 3 \times 2 \times 1 = 24$(通り)
    よって $6 \times 24 = 144$(通り)
  (ⅱ) (ⅰ)の場合と同じ。
したがって $144 \times 2 = \mathbf{288}$**(通り)** …答

(3) ○男○男○男○男○ 5つの○のいずれかに女子が1人ずつ入ればよい。
  男子の並び方は $_4P_4 = 24$(通り)
1人目の女子は5つから選べ，2人目は4つから，残り1人は3つから選べるので，**積の法則**により
  $5 \times 4 \times 3 = 60$(通り)
したがって $24 \times 60 = \mathbf{1440}$**(通り)** …答

← つまり，女子3人の並び方(入り方)は $_5P_3$(通り)

類題 120 女子3人，男子4人が1列になって山道を歩くとき，次の並び方は何通りあるか。
(1) 前から2番目と7番目が男子になる。
(2) 男女が交互になる。

● 円順列とは？

A，B，C，Dの4人が1列に並ぶ順列の数は $_4P_4 = 4 \times 3 \times 2 \times 1 = 24$(通り)だったね。さてこの4人が手をつないで輪をつくるとき，順列の数は何通りになるか考えてみよう。はたして，1列のときと同じように「$_4P_4$」で求めることができるかな？

ABCD，BCDA，CDAB，DABCの4つの並び方は，明らかに異なる並び方である。

> $_nP_r$ですべての順列の数が求められるのではないのですか？

この4人が，反時計まわりに丸いテーブルに着くとする。

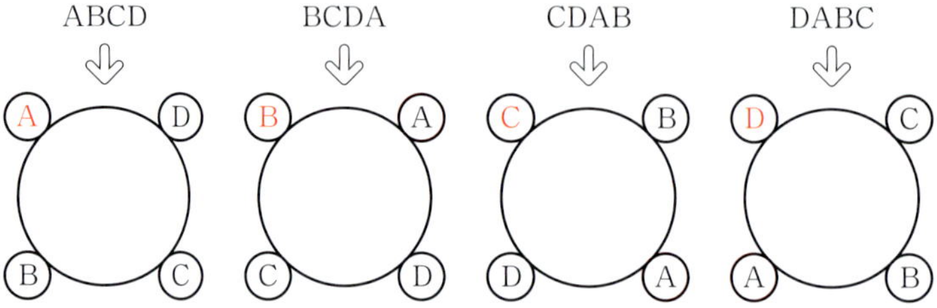

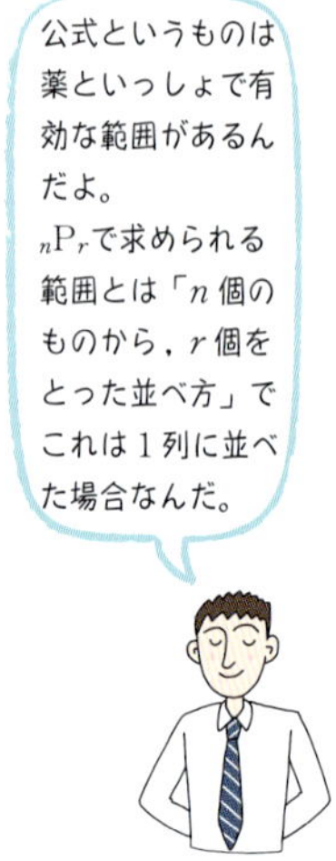

ABCD　　BCDA　　CDAB　　DABC

> 公式というものは薬といっしょで有効な範囲があるんだよ。
> $_nP_r$で求められる範囲とは「n個のものから，r個をとった並べ方」でこれは1列に並べた場合なんだ。

テーブルの席に区別がないものとして，4人の並び方を考えてみよう。

- Aの　右隣りはいずれもB，左隣りはいずれもD
- Bの　右隣りはいずれもC，左隣りはいずれもA
- Cの　右隣りはいずれもD，左隣りはいずれもB
- Dの　右隣りはいずれもA，左隣りはいずれもC

つまり，相互の関係だけに目をつけるとこの4つは全く同じものである。だから，この順列の場合は，特定の1人，たとえばAを固定して考えるとよい。

Aを固定すると，この順列はAから3人を見たときの並び方の個数になる。つまり，

$3! = 3 \times 2 \times 1 = 6$(通り)

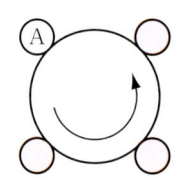

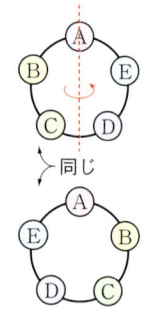

一般に，n個の異なるものを円形に並べたものを円順列という。これはn個の中の特定の1個を固定して考えればよい。

じゅず順列

円順列の特別なものとして，裏返しても同じものがある（じゅずや首飾り）。その公式は

$$\frac{(n-1)!}{2}$$

同じ

ポイント　[n個のものの円順列の数]

$(n-1)!$

覚え得

基本例題 121 　　　　　　　　　　　　　　　　円順列

両親と4人の子供が円形のテーブルに着くとき，次のような並び方は何通りあるか。
(1) 両親が隣り合う場合。
(2) 両親が向かい合う場合。

ねらい 条件のついた円順列を求めること。

解法ルール 両親の席を基準にして考えていく。つまり，両親から見たときの子供の並び方を調べればよい。

解答例 (1) 両親を1まとめにして考えると，5人の円順列になる。
よって $(5-1)! = 4 \times 3 \times 2 \times 1 = 24$（通り）
両親が入れ替わる場合があるから
$24 \times 2 = \mathbf{48}$（通り） …［答］

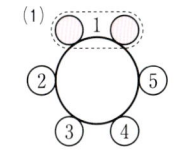

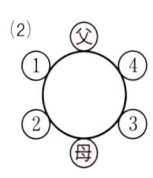

(2) 6人の円順列において，特定の1人を父とすると，母の席も条件より決まる。残る席は4つだから
${}_4P_4 = 4 \times 3 \times 2 \times 1 = \mathbf{24}$（通り） …［答］

類題 121-1 男子4人，女子4人の計8人が円形のテーブルに着くとき，男女が交互に並ぶ並び方は何通りあるか。

類題 121-2 男子5人，女子2人が円形に並ぶとき，
(1) 女子2人が隣り合う並び方は何通りあるか。
(2) 女子2人が隣り合わない並び方は何通りあるか。

● 重複順列

1から5までの数字を1回だけ使ってできる3けたの整数は ${}_5P_3 = 5 \times 4 \times 3 = 60$（個）
もし，同じ数字を何度でも使ってよいとすると，百の位に入る数字は5通り，十の位も5通り，一の位も5通りで，$5 \times 5 \times 5 = 5^3 = 125$（個）の整数ができる。

一般に，**異なるn種のものから同じものを繰り返して使うことを許してr個とって得られる順列を重複順列**という。

ポイント ［異なるn種のものからr個とった重複順列の数］
$$n^r$$

2 順列と組合せ

基本例題 122 　　　　　　　　　　　　　重複順列

次の問いに答えよ。
(1) 4人がじゃんけんをするとき，4人の「グー」，「チョキ」，「パー」の出し方は何通りあるか。
(2) 4人をAとBの2つの部屋に入れる方法は何通りあるか。次の場合について求めよ。
　(i) 全員を1つの部屋に入れてよい。
　(ii) それぞれの部屋に少なくとも1人は入れる。
(3) 3けたの自然数のうち，各位の数が偶数であるものはいくつあるか。

ねらい 重複順列を求めること。

解法ルール 異なる n 種のものより r 個とった重複順列の総数は n^r 個である。

n 種のものから r 個とる重複順列
1番目…n 通り
2番目…n 通り

r 番目…n 通り
⇓
順列の数は n^r (通り)

解答例
(1) それぞれの出し方は3通り。よって　$3^4=81$(通り)　…答

(2) (i) 4人の部屋への入り方は，それぞれ2通り。
　　したがって　$2^4=16$(通り)　…答
　(ii) (すべての場合の数) − (全員が1つの部屋に入る場合の数) と考える。全員が1つの部屋に入る場合は，Aに入る場合とBに入る場合の2通り。
　　したがって　$16-2=14$(通り)　…答

(3) 百の位の数：　2, 4, 6, 8の4通り
　十の位の数：0, 2, 4, 6, 8の5通り
　一の位の数：0, 2, 4, 6, 8の5通り
　したがって　$4×5×5=100$(個)　…答

部分集合の個数
$A=\{a_1, a_2, \cdots, a_n\}$
A の要素 a_1 について，部分集合の要素になっているかいないかの2通りある。
残り $a_2, \cdots, a_n$ についてもそれぞれ同様。
よって，部分集合の個数は 2^n (個)

類題 122-1 4個の数字 0, 1, 2, 3 を使うと，次のような数はいくつできるか。同じ数字を何度使ってもよいものとする。
(1) 4けたの数　　　　　　　　　(2) 4けたの偶数

類題 122-2 6個の異なるケーキを次のように2人で分ける方法は何通りあるか。
(1) どちらか1人が1個ももらえないことがあってもよい。
(2) 2人とも少なくとも1個はもらう。

類題 122-3 5個の要素からなる集合の部分集合は全部でいくつあるか。

6 組合せ

異なる n 個のものから順序を考えないで r 個取り出した組をつくるとき，その組を

n 個のものから r 個とった組合せ

といい，その総数を $_n\mathrm{C}_r$ で表す。

ところで，

順　列：異なる n 個のものから r 個取り出して並べたもの
組合せ：異なる n 個のものから r 個取り出したもの

であるから，順列と組合せの違いは，取り出したあと並べるか並べないか，つまり**順序を考えるか考えないか**である。すなわち，

> C は Combination の頭文字をとったもの。

$$
\begin{array}{ccc}
\text{異なる } n \text{ 個のものから } r \text{ 個取り出して並べる場合の数} & = & \text{異なる } n \text{ 個のものから } r \text{ 個取り出す場合の数} & \times & r \text{ 個のものを並べる場合の数} \\
\parallel & & \parallel & & \parallel \\
\text{順列の総数} & & \text{組合せの総数} & & r! \\
\parallel & & \parallel & & \parallel \\
_n\mathrm{P}_r & = & _n\mathrm{C}_r & \times & r!
\end{array}
$$

以上より，$_n\mathrm{C}_r$ の計算は

$$_n\mathrm{C}_r = \frac{_n\mathrm{P}_r}{r!}$$

とすればよいことがわかる。よって

$$
\begin{aligned}
_n\mathrm{C}_r &= \frac{\overbrace{n(n-1)\cdots\{n-(r-1)\}}^{r\text{個}}}{r!} \\
&= \frac{n(n-1)\cdots\{n-(r-1)\}(n-r)(n-r-1)\cdots 3\cdot 2\cdot 1}{r!(n-r)(n-r-1)\cdots 3\cdot 2\cdot 1} \\
&= \frac{n!}{r!(n-r)!}
\end{aligned}
$$

ポイント　［異なる n 個のものから r 個とる組合せの数］

$$_n\mathrm{C}_r = \frac{_n\mathrm{P}_r}{r!} = \frac{n!}{r!(n-r)!}$$

2　順列と組合せ

● よく使う等式 $_nC_r = {_nC_{n-r}} \ (0 \leq r \leq n)$

上の式の右辺に着目しよう。「異なる n 個のものから $(n-r)$ 個のものを取り出す」ということはつまり「r 個のものを残す」と言いかえられるね。この方針で考えていこう。

わかりやすくするため，具体的に n 人の人と考えよう。（もちろん n 冊の本でも n 台の車でもよい）

n 人の中から r 人選ぶ場合の数は　$_nC_r$

ところで，右の図のように，n 人の中から r 人を選べば，必ず選ばれなかった人が $(n-r)$ 人いる。つまり，

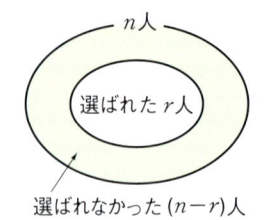

n 人の中から r 人を選ぶ ＝ n 人の中の選ばれない $(n-r)$ 人を決める。

∥ ∥

$_nC_r$ ＝ $_nC_{n-r}$

したがって　$_nC_r = {_nC_{n-r}}$

特に，$r=0$ のとき，$_nC_0 = {_nC_n} = 1$ となる。

● 知っていると便利な等式
$_nC_r = {_{n-1}C_{r-1}} + {_{n-1}C_r} \ (1 \leq r \leq n-1)$

この等式は，どうしても暗記しなければいけないというものではないんだけれど，この式を見たときに，なぜこんな式が成り立つのかが理解できるようになってほしいんだ。

n 人の中から r 人を選ぶとき，n 人の中の特定の1人，例えばAに着目する。このとき，次の2つの場合が考えられる。

　(i)　選ばれる r 人の中に A が含まれる場合
　(ii)　選ばれる r 人の中に A は含まれない場合

(i)　A が含まれるから，A 以外の残り $(n-1)$ 人から $(r-1)$ 人を選べばよい。よって
　　$_{n-1}C_{r-1}$

(ii)　A が含まれないから，A 以外の残り $(n-1)$ 人から r 人を選べばよい。よって　$_{n-1}C_r$

つまり，

n 人から r 人を選ぶ場合の数 ＝ 選ぶ r 人の中に A が含まれる場合の数 ＋ 選ぶ r 人の中に A が含まれない場合の数

∥ ∥ ∥

$_nC_r$ ＝ $_{n-1}C_{r-1}$ ＋ $_{n-1}C_r$

したがって　$_nC_r = {_{n-1}C_{r-1}} + {_{n-1}C_r}$

基本例題 123　　　　　　　　　　条件のついた組合せ(1)

男子5人，女子7人の中から4人の代表を選ぶとき，次のような場合は何通りあるか。

(1) 男子1人，女子3人となる。
(2) 男子，女子がそれぞれ少なくとも1人は選ばれる。
(3) 特定の2人A，Bが必ず選ばれる。
(4) 特定の2人A，Bについて，Aは選ばれるがBは選ばれない。

ねらい　$_nC_r$ を用いて，条件のついた組合せを求めること。

解法ルール　$_nC_r = {_nC_{n-r}}$ を利用し，計算を容易にする。

● $_nC_r$ の計算ではできるだけ r を小さくする。

解答例

(1) 男子から1人，女子から3人選ぶので

$$_5C_1 \times {_7C_3} = 5 \cdot \frac{7 \cdot 6 \cdot 5}{3 \cdot 2 \cdot 1} = 175 \text{(通り)} \quad \cdots \text{答}$$

(2) （すべての場合の数）−（全員が男子である場合の数）
　　　　　　　　−（全員が女子である場合の数）より

$$_{12}C_4 - {_5C_4} - {_7C_4} = {_{12}C_4} - {_5C_1} - {_7C_3}$$
$$= \frac{12 \cdot 11 \cdot 10 \cdot 9}{4 \cdot 3 \cdot 2 \cdot 1} - 5 - \frac{7 \cdot 6 \cdot 5}{3 \cdot 2 \cdot 1} = 455 \text{(通り)} \quad \cdots \text{答}$$

$_nC_r = {_nC_{n-r}}$ をどんどん利用しよう。計算がずっと楽になる。ここでは $_5C_4 = {_5C_1}$，$_7C_4 = {_7C_3}$ として使っているよ。

(3) A，Bは必ず選ばれるのだから，A，B以外の10人から2人の代表を選べばよい。

$$_{10}C_2 = \frac{10 \cdot 9}{2 \cdot 1} = 45 \text{(通り)} \quad \cdots \text{答}$$

(4) A以外の残り3人の代表を，A，B以外の10人から選べばよい。

$$_{10}C_3 = \frac{10 \cdot 9 \cdot 8}{3 \cdot 2 \cdot 1} = 120 \text{(通り)} \quad \cdots \text{答}$$

類題 123　大人6人，子供7人から5人を選ぶとき，次のような選び方は何通りあるか。

(1) 大人がちょうど2人選ばれる。
(2) 少なくとも1人は大人が選ばれる。
(3) 特定の2人A，Bが必ず選ばれる。
(4) 特定の2人A，Bについて，Aは選ばれるがBは選ばれない。

応用例題 124　条件のついた組合せ(2)

赤, 白, 青, 黒の4枚のカードを, 赤, 白, 青, 黒の箱にそれぞれ1枚ずつ入れるとき, 次のような入れ方は何通りあるか。
(1) 赤のカードだけが同じ色の箱に入る。
(2) 2枚のカードだけが同じ色の箱に入る。
(3) どのカードも同じ色の箱に入らない。

ねらい　各条件において, 樹形図や $_nC_r$ を使って処理をすること。

解法ルール　各条件について, **樹形図**などを利用して数えればよい。

解答例　(1) 右の樹形図より
2通り …答

赤い箱　白い箱　青い箱　黒い箱
赤 ┬ 青 ── 黒 ── 白
　 └ 黒 ── 白 ── 青

樹形図は有効。

(2) 同じ色の箱に入るカードの色, 2色の選び方は
$$_4C_2 = \frac{4\cdot 3}{2\cdot 1} = 6(通り)$$
それぞれの2色について, 残り2色は, カードと同じ色の箱に入らないので入り方は1通り。
よって　$6 \times 1 = 6$(通り) …答

(3) 同じ色の箱に入るカードの枚数によって分類すると
(i) 4枚　(ii) 2枚　(iii) 1枚　(iv) 0枚
となり, 求めるのは(iv)の場合。

3枚だけが同じ色の箱に入るということはありえないことに注意。

それぞれの場合の数は
(i) 1通り
(ii) (2)より 6通り
(iii) (1)と, 色が4色あることから　$2 \times 4 = 8$(通り)
全体の場合の数は　$4! = 24$(通り)
よって　$24 - (1 + 6 + 8) = 9$(通り) …答

すべてが $_nP_r$ や $_nC_r$ だけを使って解けるわけではないんだよ。よく考えて, 計算の過程でうまく公式を使うといいんだ。

類題 124　数の列12345を並べかえて得られる数の列のうち, 次の条件を満たすものはいくつあるか。
(1) 並べかえる前とあとの列で, 一致する数字が1だけの場合。
(2) 並べかえる前とあとの列で, 一致する数字が1と2だけの場合。
(3) 並べかえる前とあとの列で, すべての数字が一致しない場合。

基本例題 125 　　　　　　　　　　　　　図形への応用

正八角形について，次のものの個数を求めよ。
(1) 対角線
(2) 8個の頂点のうち，3個を頂点とする三角形
(3) (2)の三角形のうち，正八角形と1辺のみを共有する三角形
(4) (2)の三角形のうち，正八角形とどの辺も共有しない三角形

ねらい 図形に関する組合せの応用問題を解くこと。

解法ルール 正 n 角形において　（辺の数）＋（対角線の数）＝ $_nC_2$（本）

← n 個の点から2点選ぶ。

正 n 角形で3点を頂点とする三角形の数は　$_nC_3$（個）

← n 個の点から3点選ぶ。

解答例
(1) 対角線および辺の数 $= {}_8C_2 = \dfrac{8 \cdot 7}{2 \cdot 1} = 28$（本）

辺の数は8本。

よって　$28 - 8 = \mathbf{20}$**(本)**　…答

(2) 8個の頂点から3点を選べばよい。

よって　${}_8C_3 = \dfrac{8 \cdot 7 \cdot 6}{3 \cdot 2 \cdot 1} = \mathbf{56}$**(個)**　…答

(3) 右の図で，辺 AB のみを共有する三角形を考えると，残り1つの頂点は，H，C 以外の4点のうちいずれか。
（H，C とすると正八角形と2辺を共有することになる。）
他の7本の辺についても同様。
よって　$8 \times 4 = \mathbf{32}$**(個)**　…答

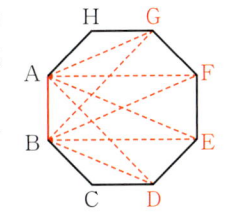

← 具体例を数えてみるとよい。

(4) (2)でできる三角形を，正八角形と何本の辺を共有するかを基準に分類すると，
　(ⅰ) 2本　(ⅱ) 1本　(ⅲ) 共有しない
となり，求めるのは(ⅲ)の場合。それぞれの場合の数は，
(ⅰ) △ABC，△BCD，…，△HAB の 8 個
(ⅱ) (3)より 32 個
よって　$56 - (8 + 32) = \mathbf{16}$**(個)**　…答

こんなふうに分けるのはうまい方法。

類題 125 正七角形の頂点のうち，3個を頂点とする三角形はいくつあるか。また，これらの三角形のうち正七角形と辺を共有しないものはいくつあるか。

2 順列と組合せ

応用例題 126 組分けの数

9冊の異なる本を次のように分ける方法は何通りあるか。
(1) 4冊, 3冊, 2冊の3組に分ける。
(2) 3冊ずつ3人の子供に分ける。
(3) 3冊ずつ3組に分ける。
(4) 5冊, 2冊, 2冊の3組に分ける。

ねらい 組分けの数を求めること。

解法ルール (2)と(3)の違いに注意する。(3)は, 3冊ずつ分けたものに区別はないが, (2)は, **どの子供に分けるかによって別のもの**になる。

解答例
(1) 9冊の本から4冊を選び, 残り5冊から3冊を選ぶと, 残りは2冊になる。

よって $_9C_4 \times _5C_3 = \dfrac{9 \cdot 8 \cdot 7 \cdot 6}{4 \cdot 3 \cdot 2 \cdot 1} \times \dfrac{5 \cdot 4}{2 \cdot 1} = 1260$(通り) …答

(2) 3人の子供を A, B, C とする。
Aにまず3冊分ける。残り6冊のうちBに分ける3冊を決めれば, Cに分ける3冊も決まる。

よって $_9C_3 \times _6C_3 = \dfrac{9 \cdot 8 \cdot 7}{3 \cdot 2 \cdot 1} \times \dfrac{6 \cdot 5 \cdot 4}{3 \cdot 2 \cdot 1} = 1680$(通り) …答

(3) (2)を利用する。
(3冊ずつ3人の子供に分ける場合の数)
=(3冊ずつ3組に分ける場合の数)
×(3組に分けたものを3人の子供に配る場合の数)
下線部は, $3! = 3 \times 2 \times 1 = 6$(通り)

よって $\dfrac{1680}{6} = 280$(通り) …答

(4) 9冊から5冊選んで, 残り4冊を2冊ずつ2組に分ける。

よって $_9C_5 \times \dfrac{_4C_2}{2!} = \dfrac{9 \cdot 8 \cdot 7 \cdot 6}{4 \cdot 3 \cdot 2 \cdot 1} \times \dfrac{4 \cdot 3}{2 \cdot 1 \cdot 2 \cdot 1} = 378$(通り) …答

← **区別のある3組に分ける**(A)ということは, **区別のない3組に分けたもの**(B)に $3!$ 通りの区別をつける(C)ということ。つまり,
(A)の場合の数
=(B)の場合の数
×(C)の場合の数

← $_4C_2 = x \times 2!$
$x = \dfrac{_4C_2}{2!}$

(2)と(3)の違いをよく理解しておきましょう。(4)の考え方にもかかわってくるよ。

類題 126 8人を次のように分ける方法は何通りあるか。
(1) 6人と2人の2組に分ける。
(2) 4人ずつ A, B の2組に分ける。
(3) 4人ずつ2組に分ける。
(4) 2人ずつ4組に分ける。
(5) 3人, 3人, 2人の3組に分ける。

● 同じものを含む場合の順列

a, a, a, b, b, c の6文字を並べると，$aaabbc, abbaac,$ …といった列ができる。このような列を**同じものを含む順列**というんだ。こういう順列の数は，どのように求めればよいか考えてみよう。

上の例のような，a 3個，b 2個，c 1個の6文字を並べる場合の数は，右のような箱にこの6文字を入れる場合の数に等しい。

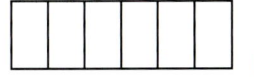

> 箱という考え方は特別示してないけどわかりやすい具体例で考えればいいんだ。

その方法は，

Step 1 a を入れる3つの場所を選ぶ。その選び方の総数は
$${}_6C_3 \text{(通り)}$$

Step 2 残りの3つの場所から b を入れる2つの場所を選ぶ。残りの1つは c を入れる場所。その選び方の総数は
$${}_3C_2 \text{(通り)}$$

> c を入れる場所を先に決めても同じ。その方が計算が楽。

Step 3 以上より
$${}_6C_3 \times {}_3C_2 = \frac{6 \cdot 5 \cdot 4}{3 \cdot 2 \cdot 1} \times 3 = 60 \text{(通り)}$$

一般に，a が p 個，b が q 個，c が r 個，計 n 個のものを1列に並べる場合の数は，

$$\begin{aligned}{}_nC_p \times {}_{n-p}C_q \times {}_{n-p-q}C_r &= {}_nC_p \times {}_{n-p}C_q \times {}_rC_r \\ &= \frac{n!}{p!(n-p)!} \times \frac{(n-p)!}{q!(n-p-q)!} \times 1 \\ &= \frac{n!}{p!q!r!}\end{aligned}$$

> $p+q+r=n$ だから $n-p-q=r$

← a の入れ方それぞれについて，b の入れ方が ${}_{n-p}C_q$(通り) あることに注意。

であることがわかる。

ポイント [同じものを含む順列の数]

p 個，q 個，r 個，…がそれぞれ同じものであるとき，これら n 個のものを1列に並べる場合の数は

$${}_nC_p \times {}_{n-p}C_q \times {}_{n-p-q}C_r \times \cdots = \frac{n!}{p!q!r!\cdots} \quad (p+q+r+\cdots=n)$$

2 順列と組合せ

基本例題 127　　同じものを含む順列

succeed の 7 文字を全部並べて得られる順列について，次の問いに答えよ。

(1) 7 文字全部を並べて得られる順列の数を求めよ。

(2) 順列の中で s，u，d がこの順序で並んでいる順列の数を求めよ。

(3) c が隣り合わない順列の数を求めよ。

ねらい　順序の決まったものや同じものを含む順列の数を求めること。

解法ルール　a が p 個，b が q 個，c が r 個の順列の総数

$$_n\mathrm{C}_p \times {}_{n-p}\mathrm{C}_q = \frac{n!}{p!\,q!\,r!} \quad (p+q+r=n)$$

解答例
(1) c 2 個，e 2 個，s，u，d 各 1 個，計 7 個の文字の順列の総数は

$$_7\mathrm{C}_2 \times {}_5\mathrm{C}_2 \times 3! = \frac{7\cdot 6}{2\cdot 1} \times \frac{5\cdot 4}{2\cdot 1} \times 3\cdot 2\cdot 1$$
$$= \mathbf{1260}\,(\text{通り}) \quad \cdots \text{答}$$

（別解）$\dfrac{7!}{2!\,2!\,1!\,1!\,1!} = 1260\,(\text{通り})$

① c が入る位置を 7 か所より 2 か所決める。
② e が入る位置を 5 か所より 2 か所決める。
③ 残り 3 か所に s，u，d が入る場所を決める。

(2) 右のような箱にこれら 7 つの文字を入れると考える。c と e の入る場所が決まれば，残り 3 つの場所には，s，u，d の順序で入るため，7 文字すべての入れ方が決まる。

したがって　$_7\mathrm{C}_2 \times {}_5\mathrm{C}_2 = \dfrac{7\cdot 6}{2\cdot 1} \times \dfrac{5\cdot 4}{2\cdot 1} = \mathbf{210}\,(\text{通り})$　…答

(1)と異なる部分。

← s，u，d の順序が決まっているので，この 3 つを同じ文字とみて，c 2 個，e 2 個，s 3 個の順列と考え，

$$\frac{7!}{2!\,2!\,3!} = 210$$

とすることもできる。

(3) （すべての場合の数）－（c が隣り合う場合の数）と考える。
2 つの c を 1 組と考えると，s，u，cc，e，e，d の 6 つの文字の順列となる。

「隣り合う」場合の定石。

よって　$_6\mathrm{C}_2 \times 4! = \dfrac{6\cdot 5}{2\cdot 1} \times 4\cdot 3\cdot 2\cdot 1 = 360\,(\text{通り})$

したがって　$1260 - 360 = \mathbf{900}\,(\text{通り})$　…答

類題 127　2，2，2，3，3，5，6，7 の 8 個の数字をすべて用いてできる 8 けたの整数について，次の問いに答えよ。

(1) 8 けたの整数は全部で何個あるか。

(2) 5，6，7 がこの順に並んでいる整数は何個あるか。

応用例題 128 最短経路の数(2)

右の図のような道路において，AからBへの最短の道順のうち，次の場合を求めよ。

(1) AからBへ行く道順
(2) 必ずPを通る道順
(3) 必ずPとQを通る道順
(4) PまたはQを通る道順

ねらい 最短経路の数を求めること。

← p.151 基本例題115のように，ある交差点にたどりつくまでの経路の数をかき込んでいって求める方法もある。

解法ルール AからBに行くには，上へ4区隔，右へ5区隔，計9区隔進まなくてはならない。つまり9区隔のうち4区隔が上，5区隔が右になる。

解答例

(1) AからBに行くには，上と右合わせて9区隔進まなくてはいけない。上へ進む4区隔を決めれば右へ行く5区隔も必然的に決まる。

したがって $_9C_4 = \dfrac{9 \cdot 8 \cdot 7 \cdot 6}{4 \cdot 3 \cdot 2 \cdot 1} = 126$ (通り) …答

← 右行き→5個，上行き↑4個の並べ方と考えて
$\dfrac{9!}{5!4!}$
としてもよい。

(2) AからPへの行き方は 2通り
  PからBへの行き方は $_7C_3 = 35$(通り)
  したがって $2 \times 35 = 70$(通り) …答

← 2区隔のうち上に1区隔
← 7区隔のうち上に3区隔

(3) AからPへの行き方は 2通り
  PからQへの行き方は $_4C_2 = 6$(通り)
  QからBへの行き方は $_3C_1 = 3$(通り)
  したがって $2 \times 6 \times 3 = 36$(通り) …答

← 4区隔のうち上に2区隔
← 3区隔のうち上に1区隔

(4) AからQの行き方は $_6C_3 = 20$(通り)
  QからBへの行き方は 3通り
  よって，必ずQを通る道順は $20 \times 3 = 60$(通り)
  (PまたはQを通る)
  =(Pを通る)+(Qを通る)−(PもQも通る)
  したがって $70 + 60 - 36 = 94$(通り) …答

← 6区隔のうち上に3区隔

類題 128 右の図のような道路でAからBまで遠まわりをしないで行くとき，次の道すじは何通りあるか。

(1) Pを通って行く場合
(2) 区間PQが通れない場合

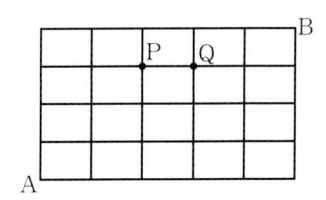

これも知っ得　重複組合せ

5つのお菓子を A，B，C 3人に分ける方法は何通りあるでしょう？ただし，1つももらわない人があってもよいことにします。この問題をいっしょに考えていきましょう。

お菓子を，右の図のように○で表し，5つ並べておきます。
次に，この5つの○を分けるために，2つの仕切り｜を入れます。
この仕切りによって，3つの部分 A，B，C に分けられましたね。
このとき，A に2個，B に1個，C に2個と分けたと考えます。
このような例を何個かつくって，その右側に A，B，C それぞれのもらう数を書いた表をつくりましょう。

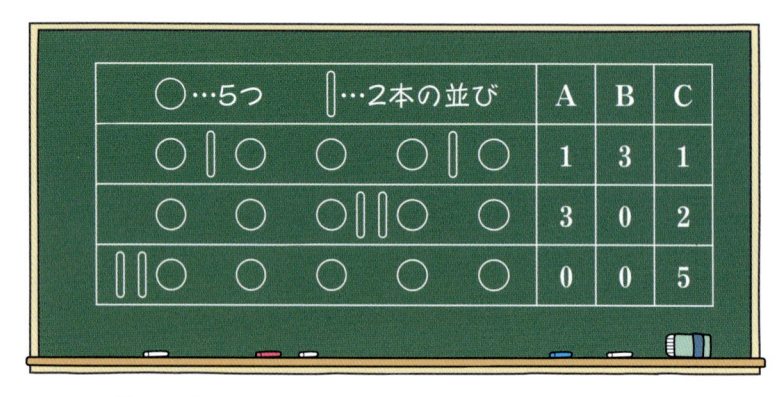

○…5つ　｜…2本の並び	A	B	C
○｜○　○　○｜○	1	3	1
○　○　○｜｜○　○	3	0	2
｜｜○　○　○　○　○	0	0	5

この表から数え方がわかりますか。

えーっと。○が5つと｜が2つの7つのものを並べるのだから，**同じものを含む順列**だ。
わかったぞ！　$_7C_5 = {_7C_2} = \dfrac{7 \cdot 6}{2 \cdot 1} = 21$

そのとおり！もう1つ違う考え方で数えましょう。
右の図のような道路を，P から Q まで最短の道順で歩くことにします。図のように，道には A，B，C が落ちていると考え，P から Q への道中で A，B，C を拾いながら歩けば，その数が A，B，C 3人にお菓子を分ける数と一致しますね。
したがって　$_7C_2 = 21$

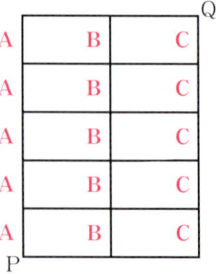

それでは一般化しておきましょう。
異なる n 種のものから，繰り返しを許して r 個取り出す組合せの総数は

$$_{n+r-1}C_r$$

で表されます。

発展例題 129 　　　　　　　　重複組合せ

次のそれぞれの場合で，$x+y+z=10$ を満たす解 (x, y, z) の個数を求めよ。

(1) x, y, z は 0 以上の整数。
(2) x, y, z は自然数。

ねらい
重複を許してつくる組合せを求めること。

解法ルール

(1) ○｜○○○○○○○｜○○
　　x　　　　y　　　　z

のように，10 個の○を 2 本の｜で区切って，x, y, z に振り分ける。

← この場合，$x=1$，$y=7$，$z=2$ となる。

(2) **x, y, z は 1 以上なので，あらかじめ 1 ずつ配っておけ** ばよい。残り 7 個の○を 2 本の｜で区切って，x, y, z に振り分ける。

公式 ${}_nC_r={}_nC_{n-r}$ を使って，計算を楽にしよう！

解答例

(1) x, y, z の 3 種のものから繰り返しを許して 10 個取り出す重複組合せになる。取り出した文字の個数がその文字の値と考える。

$${}_{3+10-1}C_{10}={}_{12}C_{10}={}_{12}C_2=\frac{12\cdot 11}{2\cdot 1}=66(個) \quad \cdots \text{答}$$

(2) x, y, z それぞれに 1 を配っておいて，残り 7 個について，x, y, z の 3 種のものから繰り返しを許して 7 個取り出す重複組合せと考える。

　　○｜○○○○｜○○
　　x　　　y　　　z

$${}_{3+7-1}C_7={}_9C_7={}_9C_2=\frac{9\cdot 8}{2\cdot 1}=36(個) \quad \cdots \text{答}$$

← この場合，
$x=1+1=2$，
$y=1+4=5$，
$z=1+2=3$
となる。

類題 129

りんご，みかん，かきの 3 種類の果物がたくさんある。このうち 8 個を選んで果物かごをつくるとき，何種類のかごができるか。ただし，1 種類の果物だけのかごがあってもよいとする。

3節 確率とその基本性質

7 確率の意味

君達はどんなときに「確率」という言葉を耳にするかな？

天気予報の「降水確率」！

そうね。ところで「降水確率」って何を表しているんだろう？

当然，雨の降りやすさとか降る可能性でしょう？

それじゃ「降水確率30%」って具体的にいうとどういうことだろう？

「30%くらい雨が降る」という意味だと思います。

感じとしてはそうね。でも何の30%なのかな？

「〜県の降水確率は…」とか「〜地方の降水確率は…」という具合に耳にしますから，その地方の面積の30%ということだと思います。

「午前6時から正午までの降水確率は…」って時間のことを言っていますから，この時間帯の30%ということじゃないんですか。

どうやら，はっきり決めておかないと混乱してしまうようね。実際は，「**統計的に見れば，過去において同じような気圧配置になったときに，10回に3回の割合で雨が1mm以上降った**」という意味なんです。このように，ある事柄の起こりやすさを数値で表すと，事柄の起こりやすさを比較したり判断したりするのにとても役に立つのよ。ここでは「確率」についていろいろと考えてみましょう。実際の生活に応用できることなんかも多くてとてもおもしろいよ。

ある事柄の起こりやすさの度合い，すなわちある事柄の起こる確率を次のように決める。

ある事柄の起こる確率 ＝ $\dfrac{ある事柄の起こる場合の数}{起こりうるすべての場合の数}$

確率のこころ。

ここで，起こりうる個々の場合がいずれも同じ割合で現れる，すなわち「**同様に確からしい**」ということが重要となる。このことをもう少し数学的に表すことにしよう。

確率は数値で表される。

❖ 準備する言葉

試　行……「さいころを投げる」，「硬貨を投げる」といったような，同じ条件で繰り返し行うことのできる実験や行為。

← 英語で trial

事　象……試行の結果として起こる事柄。たとえば「さいころの1の目が出る」，「硬貨の表が出る」といったこと。

← 英語で event

全事象……1つの試行の結果（事象）全体の集合。（1つの試行で起こりうるすべての場合）

根元事象……全事象をつくっている要素1つでつくられる集合。

● 事象 A の根元事象の個数
⇓
事象 A の場合の数

例　1個のさいころを投げる試行
　全事象……{1, 2, 3, 4, 5, 6}
　根元事象……{1}, {2}, {3}, {4}, {5}, {6}

以上の言葉を用いて確率を定義すると，次のようになる。

ポイント ［確率の定義］

1つの試行においてすべての根元事象の起こり方が同様に確からしいとき，事象 A の起こる確率 $P(A)$ は，全事象を U とすれば，

$$P(A) = \dfrac{事象 A の根元事象の個数}{全事象 U の根元事象の個数}$$

となる。

基本例題 130 さいころの確率

大，小2つのさいころを同時に投げるとき，次の確率を求めよ。

(1) 同じ目が出る。
(2) 目の積が奇数となる。
(3) 目の和が7となる。

また，2つのさいころが区別できない場合についても，上の(1)～(3)を考えよ。

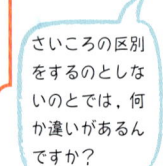

ねらい さいころを投げる試行についての確率を求めること。

解法ルール 事象 A の $P(A) = \dfrac{\text{事象 } A \text{ の起こる場合の数}}{\text{起こりうるすべての場合の数}}$

解答例 全事象は $6 \times 6 = 36$（通り）

(1) （大の目，小の目）＝(1, 1), (2, 2), (3, 3), (4, 4), (5, 5), (6, 6) の6通り。

よって，求める確率は $\dfrac{6}{36} = \dfrac{1}{6}$ …答

(2) 目の積が奇数となるのは，2つとも奇数の目が出るときで，この場合の数は

$3 \times 3 = 9$（通り）

よって，求める確率は $\dfrac{9}{36} = \dfrac{1}{4}$ …答

(3) （大の目，小の目）＝(1, 6), (2, 5), (3, 4), (4, 3), (5, 2), (6, 1) の6通り

よって，求める確率は $\dfrac{6}{36} = \dfrac{1}{6}$ …答

また，2つのさいころが区別できないとしても，根元事象の起こり方を同様に確からしくするために区別して考えることになり，起こりうる場合の数が変わらないので，
上の(1)～(3)と同じ答えになる。

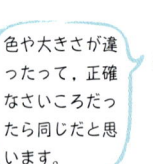

類題 130 3個のさいころを同時に投げるとき，次の確率を求めよ。

(1) すべて6の目が出る。
(2) すべて同じ目が出る。
(3) 目の和が7となる。
(4) 目の積が偶数となる。
(5) 1つだけ偶数の目が出る。

これも知っ得　1の目が出る確率 $\dfrac{1}{6}$ の意味は？

先生！さいころの1の目が出る確率って $\dfrac{1}{6}$ ですよね。ということは，さいころを6回投げれば1回1の目が出るということでしょう？
でも，実際にさいころを投げてみると1の目が全く出ないことがあります。どういうことですか？

なるほど。いいところに気がついたね。では，説明しよう。
さいころの1の目が出る確率 $\dfrac{1}{6}$ というのは，
「6回投げると，必ず1回1の目が出る」
ということではなくて，
「何十回，何百回とさいころを投げたとき，1の目が出る回数はそのうちの約 $\dfrac{1}{6}$ である」
つまり，数学的にいえば，
「n 回さいころを投げて，r 回1の目が出たとすると，n を大きくするにしたがって，$\dfrac{r}{n}$（相対度数）の値は $\dfrac{1}{6}$ に近づく」
ということなんだ。

では，10円硬貨を2回投げて，2回とも表が出ても別に不思議ではないということですね。

そうだよ。10円硬貨を100回，1000回，…と繰り返し投げていくと，$\dfrac{表の出る回数}{投げた回数}$ が $\dfrac{1}{2}$ に近づいていくということなんだ。何も，2回投げると必ず1回表が出るという意味ではないんだよ。

でも先生，さいころの場合本当に $\dfrac{1}{6}$ に近づくんですか？

君も結構疑り深いね。少し大変だけど，友達と協力したりして実際にやってごらん。間違いないよ。**ベルヌーイ**という人が，**大数の法則**で

$$相対度数 = \dfrac{r(1の目が出る回数)}{n(さいころを投げる回数)},\quad P = \dfrac{1(1の目)}{6(さいころの目の種類)}$$

とすると，n を十分大きくすれば（何度もさいころを投げれば）$\dfrac{r}{n}$ は，ほぼ P に等しくなる。

と述べているしね。

基本例題 131　　　　　　　　　　順列の確率

A，Bを含む6人が，以下の条件で並ぶ場合の確率を求めよ。
(1) A，Bが隣り合うように1列に並ぶ。
(2) A，Bが列の両端にくるように1列に並ぶ。
(3) A，Bが隣り合うように円形に並ぶ。

ねらい
順列を用いて確率を求めること。

解法ルール　まず，
1 起こりうるすべての場合の数
2 確率を求めることがらの起こる場合の数
を求めること。

解答例　6人が1列に並ぶ場合の数は　$6!$（通り）

(1) A，Bが隣り合う場合，この**2人を1つのグループと見て**，4人と1グループの並び方と考えればよいから
　　$5!$（通り）
このうち，A，Bの並び方が2通りあるから，この場合の数は
$5! \times 2$（通り）

　　求める確率は　$\dfrac{5! \times 2}{6!} = \dfrac{2}{6} = \dfrac{1}{3}$ …答

●2人が隣り合う
⇕
2人をひとまとめにして考える。また，2人の並び方を忘れないこと。

(2) ●○○○○●
A，B以外の4人の並び方（上の○）は　$4!$（通り）
A，Bの並び方（上の●）は2通り
よって，場合の数　$4! \times 2$（通り）

　　求める確率は　$\dfrac{4! \times 2}{6!} = \dfrac{2}{6 \cdot 5} = \dfrac{1}{15}$ …答

(3) 6人が円形に並ぶ場合の数は　$(6-1)! = 5!$（通り）
A，Bが隣り合う場合，この2人をひとまとめにして考え，4人と1グループの円順列と考える。2人の並び方も考えて，場合の数は　$4! \times 2$（通り）

　　求める確率は　$\dfrac{4! \times 2}{5!} = \dfrac{2}{5}$ …答

類題 131　A，B，C，D 4人のリレー選手が走る順をくじで決めるとき，次の確率を求めよ。
(1) Aが第1走者になる。
(2) AがBにバトンを渡すことになる。

基本例題 132 　　　赤球・白球の確率

ねらい　組合せを用いて確率を求めること。

赤球3個，白球7個，計10個の球が袋の中に入っている。この中から同時に3個取り出すとき，取り出した3個の中に，

(1) 赤球が含まれていない確率を求めよ。
(2) 赤球が2個だけ含まれている確率を求めよ。

解法ルール　球を取り出す問題では，同じ色の球であってもすべて区別できると考えて，場合の数を求めればよい。

解答例　10個の球が入っている袋から3個取り出す場合の数は
$${}_{10}C_3 \text{（通り）}$$

(1) 取り出した3個の中に赤球が含まれていなければ，3球とも白球であるから，その場合の数は $\;{}_7C_3\text{（通り）}$

求める確率は

$$\frac{{}_7C_3}{{}_{10}C_3} = \frac{\frac{7\cdot6\cdot5}{3\cdot2\cdot1}}{\frac{10\cdot9\cdot8}{3\cdot2\cdot1}} = \frac{7\cdot6\cdot5}{10\cdot9\cdot8} = \frac{7}{24} \quad \cdots \text{答}$$

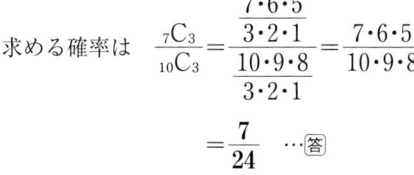

(2) 赤球が2個含まれるということは，赤球が2個，白球が1個の場合。

このときの場合の数は $\;{}_3C_2 \times {}_7C_1\text{（通り）}$

求める確率は

$$\frac{{}_3C_2 \times {}_7C_1}{{}_{10}C_3} = \frac{3\cdot7}{\frac{10\cdot9\cdot8}{3\cdot2\cdot1}} = \frac{3\cdot7}{10\cdot3\cdot4} = \frac{7}{40} \quad \cdots \text{答}$$

類題 132-1　赤球5個，白球7個が入っている袋から4個の球を同時に取り出すとき，赤球が2個，白球が2個取り出される確率を求めよ。

類題 132-2　男子3人，女子8人の中から3人代表を選ぶとき，次の確率を求めよ。
(1) 3人とも男子が選ばれる。
(2) 男子が2人だけ選ばれる。

どうして3個の赤球と7個の白球が区別できると考えるんですか？

区別できるといっても，手ざわりや大きさ，重さが違うわけではないよ。あくまで取り出すときにはすべての球は同じ条件と考えるんだ。

では何を区別するんですか。

たとえば，3個の赤球に1,2,3と番号をつけるとかだよ。赤球に番号がついている場合とついていない場合で確率に違いがあるかな？

ありません。

そうだよね。もし，赤球に区別があれば，「${}_nC_r$」の公式が使えるだろう？　確率にかわりがないんだから，便利な公式が使えるように考えようというわけさ。

3　確率とその基本性質

基本例題 133 くじの確率(1)

10本のくじの中に当たりくじが4本入っている。このくじを同時に3本引くとき,次の確率を求めよ。
(1) 3本とも当たる。
(2) 2本が当たり,1本がはずれる。

解法ルール くじの場合も,**すべてのくじが区別できる**ものとして場合の数を求めればよい。

解答例 3本のくじを引く場合の数は $_{10}C_3$(通り)

(1) 3本とも当たる場合の数は $_4C_3$(通り)

求める確率は $\dfrac{_4C_3}{_{10}C_3} = \dfrac{\frac{4\cdot3\cdot2}{3\cdot2\cdot1}}{\frac{10\cdot9\cdot8}{3\cdot2\cdot1}} = \dfrac{4\cdot3\cdot2}{10\cdot9\cdot8} = \dfrac{1}{30}$ …答

(2) 2本が当たり,1本がはずれる場合の数は
$_4C_2 \times {_6C_1}$(通り)

求める確率は
$\dfrac{_4C_2 \times {_6C_1}}{_{10}C_3} = \dfrac{\frac{4\cdot3}{2\cdot1}\cdot6}{\frac{10\cdot9\cdot8}{3\cdot2\cdot1}} = \dfrac{2\cdot3\cdot6}{10\cdot3\cdot4} = \dfrac{3}{10}$ …答

ねらい くじの確率を計算すること。(組合せを用いる場合)

① $_nC_r$ の意味
異なる n 個のものから r 個取り出す組合せの数。

② つまり n 個のものが区別できなければ $_nC_r$ は使えない。

③ $_nC_r$ を使うと大変便利。

④ くじに番号がかいてあってもなくても確率にかわりはない。

⑤ それなら,くじに番号がかいてあるとして,区別して考えよう。

確率では,同じものでも(さいころ,球,くじ,…)区別できると考え,$_nC_r$ をうまく使えるようにしよう。

類題 133 くじが12本あり,このうち3本が当たりくじである。このとき,次の確率を求めよ。
(1) 同時に2本引くとき,2本とも当たる。
(2) 同時に3本引くとき,3本ともはずれる。
(3) 同時に4本引くとき,1本だけ当たる。

8 確率の基本性質

事象 A, B において

$A \cap B$ ……A, B がともに起こる事象（**共通事象**）

$A \cup B$ ……A または B が起こる事象（**和事象**）

全事象 U におけるすべての根元事象の起こり方は，同様に確からしいとし，事象 A に属する根元事象の個数（事象 A の起こる場合の数）を $n(A)$ とする。

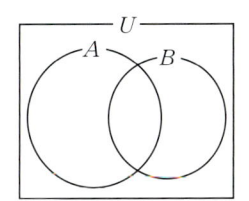

事象 A の確率を $P(A)$ と表すと

$$P(A) = \frac{n(A)}{n(U)}$$

$0 \leqq n(A) \leqq n(U)$ だから

- $0 \leqq \dfrac{n(A)}{n(U)} = P(A) \leqq \dfrac{n(U)}{n(U)} = 1$

- $P(\phi) = \dfrac{n(\phi)}{n(U)} = 0$

- $P(U) = \dfrac{n(U)}{n(U)} = 1$

$n(A \cup B) = n(A) + n(B) - n(A \cap B)$ だから

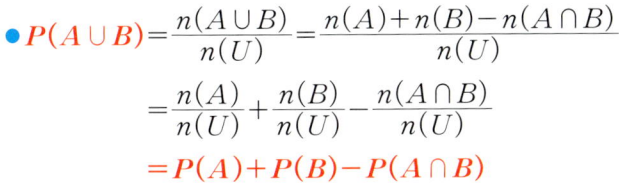

- $P(A \cup B) = \dfrac{n(A \cup B)}{n(U)} = \dfrac{n(A) + n(B) - n(A \cap B)}{n(U)}$

   $= \dfrac{n(A)}{n(U)} + \dfrac{n(B)}{n(U)} - \dfrac{n(A \cap B)}{n(U)}$

   $= P(A) + P(B) - P(A \cap B)$

特に A と B が**排反**であるとき，$A \cap B = \phi$ だから

- $P(A \cup B) = P(A) + P(B)$

● $A \cap B = \phi$ のとき，「事象 A と事象 B は排反である」という。

以上をまとめると，次のようになる。

ポイント [確率の基本性質]

全事象を U, U における事象を A, B とすると，
- どのような事象 A に対しても $0 \leqq P(A) \leqq 1$
- 空事象 ϕ の確率は $P(\phi) = 0$
- 全事象 U の確率は $P(U) = 1$
- $P(A \cup B) = P(A) + P(B) - P(A \cap B)$
  特に A と B が**排反**のとき $(A \cap B = \phi)$
  $P(A \cup B) = P(A) + P(B)$

基本例題 134 排反事象の確率

白球4個，黒球5個，赤球3個が袋の中に入っている。この袋の中から同時に3個の球を取り出すとき，次の確率を求めよ。
(1) どの色の球も取り出される。
(2) 全部同じ色が取り出される。

ねらい 排反事象の確率を求めること。

解法ルール 白球4個，黒球5個，赤球3個が**それぞれ区別できるものとして，場合の数を考える。**

● A と B は排反
$P(A \cup B)$
$= P(A) + P(B)$

解答例 全体の場合の数は $_{12}C_3 = \dfrac{12 \cdot 11 \cdot 10}{3 \cdot 2 \cdot 1} = 220$（通り）

(1) どの色も1個ずつ取り出されるから，その選び方は
$_4C_1 \times _5C_1 \times _3C_1 = 60$（通り）

求める確率は $\dfrac{60}{220} = \dfrac{3}{11}$ …答

(2) 全部白球である場合 $_4C_3 = 4$（通り）
全部黒球である場合 $_5C_3 = \dfrac{5 \cdot 4}{2 \cdot 1} = 10$（通り） （$_5C_3 = {}_5C_2$）
全部赤球である場合 $_3C_3 = 1$（通り）
全部同じ色になる場合の数は $4 + 10 + 1 = 15$（通り）

求める確率は $\dfrac{15}{220} = \dfrac{3}{44}$ …答

← 事象 A, B, C が互いに排反であるとき
$P(A \cup B \cup C)$
$= P(A) + P(B) + P(C)$
を利用すると，
全部白である確率
$\dfrac{4}{220}$
全部黒である確率
$\dfrac{10}{220}$
全部赤である確率
$\dfrac{1}{220}$
よって
$\dfrac{4}{220} + \dfrac{10}{220} + \dfrac{1}{220}$
$= \dfrac{3}{44}$

類題 134-1 白球4個，赤球3個が入っている袋から2個の球を同時に取り出すとき，それらの色が同じである確率を求めよ。

類題 134-2 5枚の硬貨を同時に投げるとき，表が3枚以上となる確率を求めよ。

類題 134-3 次の問いに答えよ。
(1) 2つのさいころを同時に投げるとき，その目の和が偶数になる確率を求めよ。
(2) 3つのさいころを同時に投げるとき，その目の和が偶数になる確率を求めよ。

基本例題 135 　　　　　排反事象でないときの確率

100 枚のカードに，1 から 100 までの数が 1 つずつ書かれている。この中から 1 枚のカードを引くとき，次のカードを引く確率を求めよ。

(1) 6 の倍数。
(2) 4 かつ 6 の倍数。
(3) 4 または 6 の倍数。
(4) 6 の倍数であって，4 の倍数でない。
(5) 4 でも 6 でも割り切れない。

ねらい 排反事象でないときの確率を求めること。

解法ルール 右のようなベン図をかき，場合の数を求める。

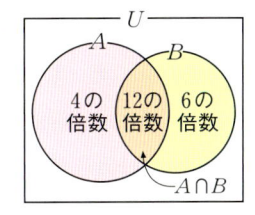

解答例 A：4 の倍数である事象
　　　　　B：6 の倍数である事象
とすると

$n(A)$：$100 \div 4 = 25$　　よって　25（個）

$n(B)$：$100 \div 6 = 16$ 余り 4　　よって　16（個）

$n(A \cap B)$：$100 \div 12 = 8$ 余り 4　　よって　8（個）

(1) $P(B) = \dfrac{16}{100} = \dfrac{4}{25}$　…答

(2) $P(A \cap B) = \dfrac{8}{100} = \dfrac{2}{25}$　…答

← 4 かつ 6 の倍数
⟺ 4 と 6 の公倍数
⟺ 12 の倍数

(3) $P(A \cup B) = P(A) + P(B) - P(A \cap B)$
$= \dfrac{25}{100} + \dfrac{16}{100} - \dfrac{8}{100} = \dfrac{33}{100}$　…答

(4) $P(B \cap \overline{A}) = \dfrac{n(B \cap \overline{A})}{n(U)} = \dfrac{n(B) - n(A \cap B)}{n(U)}$
$= \dfrac{16-8}{100} = \dfrac{8}{100} = \dfrac{2}{25}$　…答

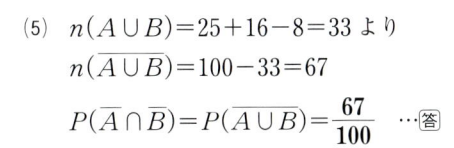

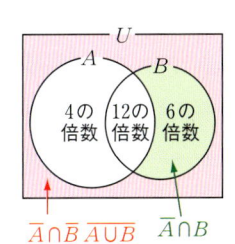

(5) $n(A \cup B) = 25 + 16 - 8 = 33$ より
$n(\overline{A \cup B}) = 100 - 33 = 67$
$P(\overline{A} \cap \overline{B}) = P(\overline{A \cup B}) = \dfrac{67}{100}$　…答

応用例題 136 くじの確率(2)

10本のくじの中に，3本の当たりくじが入っている。A，B，Cの3人がこの順にくじを引くとき，次の確率を求めよ。ただし，引いたくじはもとに戻さないものとする。

(1) Aが当たる。
(2) Bが当たる。
(3) A，BがはずれてCが当たる。

ねらい 順列を用いてくじの確率を計算すること。（応用）

解法ルール A，B，Cの3人がこの順にくじを引く引き方は，**1本ずつ順にくじを3本引いたときにできる順列の数**になっていることに注目する。

解答例 くじの引き方の総数は ${}_{10}P_3 = 10 \times 9 \times 8 = 720$（通り）

(1) Aが当たりくじを引く場合の数は
$${}_3P_1 \times {}_9P_2 = 3 \times 9 \times 8 = 216 \text{（通り）}$$

（当たりくじ3本の中の1本）
（残り9本から，BとCが1本ずつひく。）

Aが当たる確率は $\dfrac{216}{720} = \dfrac{3}{10}$ …答

(2) Bが当たるのは，
 (i) AもBも当たる
 (ii) Aははずれ，Bは当たる
の2つの場合がある。

（Cはどちらでもよい。）

 (i) ${}_3P_2 \times {}_8P_1 = 3 \times 2 \times 8 = 48$（通り）
 (ii) ${}_7P_1 \times {}_3P_1 \times {}_8P_1 = 7 \times 3 \times 8 = 168$（通り）

Bが当たる場合の数 $48 + 168 = 216$（通り）

Bが当たる確率は $\dfrac{216}{720} = \dfrac{3}{10}$ …答

(3) A，BがはずれてCが当たる場合の数は
$${}_7P_2 \times {}_3P_1 = 7 \times 6 \times 3 = 126 \text{（通り）}$$

求める確率は $\dfrac{126}{720} = \dfrac{7}{40}$ …答

← Aが当たる確率も，Bが当たる確率も等しいことがわかる。ちなみにCが当たる確率は，

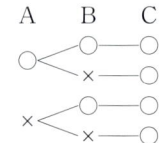

A B C
○—○—○
○—×—○
×—○—○
×—×—○

の4通りについて考える必要がある（各自計算してほしい）。結果は $\dfrac{3}{10}$ となり，A，Bの場合と同じになる。このことから，くじは引く順番にかかわらず平等であることがわかる。

類題 136 袋の中に白球が6球，赤球が4球入っている。この袋の中から1球ずつ，もとにもどさずに合計4個の球を取り出す。このとき，次の確率を求めよ。

(1) 取り出された球がすべて同じ色である。
(2) 1番目と4番目が赤球である。

応用例題 137 じゃんけんの確率

3人でじゃんけんをして，負けた者から抜けていく。最後に残った者を優勝とする。このとき，次の確率を求めよ。
(1) 1回で優勝する者が決まる。
(2) 1回終了後に2人が残っている。

ねらい
じゃんけんの確率を求めること。

解法ルール
1. 3人のうちの1人に注目する。他の2人についても同様の考え方でできる。
2. 残った2人の選び方を考えること。

解答例 3人がじゃんけんをするとき，そのすべての出し方は
$3^3 = 27$（通り）
3人をA，B，Cとする。

(1) Aが優勝する場合
$\begin{cases} Aが\ グー\ を出し，他の2人が\ チョキ\ を出す。\\ Aが\ チョキ\ を出し，他の2人が\ パー\ を出す。\\ Aが\ パー\ を出し，他の2人が\ グー\ を出す。\end{cases}$
以上の3通りとなる。

よって，Aが勝つ確率は $\dfrac{3}{27} = \dfrac{1}{9}$

他の2人についても勝つ確率が同様であることは明らかで，これらは排反。

よって，求める確率は $\dfrac{1}{9} + \dfrac{1}{9} + \dfrac{1}{9} = \dfrac{1}{3}$ …［答］

(2) 2人が勝ち1人が負ける場合だから，じゃんけんのパターンは(1)と同様に考えて，
　グー　2人―チョキ1人
　チョキ2人―パー　1人
　パー　2人―グー　1人
の3通り。
それぞれについて勝つ2人の選び方は $_3C_2 = 3$（通り）

よって，求める確率は $\dfrac{3}{27} \times 3 = \dfrac{1}{3}$ …［答］

● あいこになる確率を考えよう。
　(i) 3人とも同じ
　(ii) 3人とも異なる
(i) 3通り
(ii)
A　　B　　C
グー ＜ チョキ―パー
　　　　パー―チョキ
チョキ ＜ グー―パー
　　　　パー―グー
パー ＜ グー―チョキ
　　　　チョキ―グー
の6通り。つまり，これはA，B，Cの3人に，グー，チョキ，パーと書いたカードを1つずつ配ると考えればよい。
すなわち　3!（通り）
よって $\dfrac{3+6}{27} = \dfrac{1}{3}$

← Aが負ける場合，Bが負ける場合，Cが負ける場合という考え方をすると，(1)と同様の考え方ができ，$\dfrac{1}{9}$ となることがわかる。

類題 137 1回だけ4人でじゃんけんをする場合，次の確率を求めよ。
(1) 1人だけ勝つ。
(2) 2人が勝つ。
(3) あいこになる。

9 余事象の確率

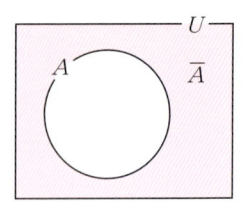

全事象 U の中で事象 A に対して
A が起こらない
という事象を A の**余事象**といい，$\overline{A}$ で表す。

このとき，
- $A \cap \overline{A} = \phi$
- $A \cup \overline{A} = U$

が成立する。

したがって
- $P(A \cup \overline{A}) = P(A) + P(\overline{A}) - P(A \cap \overline{A})$
  $= P(A) + P(\overline{A})$
  $= 1$

$A \cap \overline{A} = \phi$ より
$P(A \cap \overline{A}) = 0$

$A \cup \overline{A} = U$ より
$P(A \cup \overline{A}) = P(U) = 1$

よって $P(\overline{A}) = 1 - P(A)$

ポイント ［余事象の確率］
$P(\overline{A}) = 1 - P(A)$ （覚え得）

この式はどのような場合に使うと便利なのか。次の問題を考えることによって確認しよう。

（問題） 赤球が 5 個，白球が 7 個入っている袋から，4 個の球を同時に取り出すとき，少なくとも 1 個赤球が取り出される確率を求めよ。

「少なくとも 1 個赤球が取り出される」場合は，
- 赤球が 4 個
- 赤球が 3 個
- 赤球が 2 個
- 赤球が 1 個

と，4 通りもあるが，それ以外の場合は，**赤球が 0 個，つまり白球が 4 個の 1 通り**しかない。直接 4 通りも確率を計算するのは大変だ。それよりも，**それ以外の 1 通りの確率を求めて，1 から引く方がずっと楽である**ことは，すぐにわかるだろう!!

赤	白	それぞれの確率	求める確率
4	0	$\dfrac{{}_5C_4}{{}_{12}C_4} = \dfrac{5}{495}$	$\dfrac{5}{495} + \dfrac{70}{495}$ $+ \dfrac{210}{495} + \dfrac{175}{495}$ $= \dfrac{92}{99}$
3	1	$\dfrac{{}_5C_3 \times {}_7C_1}{{}_{12}C_4} = \dfrac{70}{495}$	
2	2	$\dfrac{{}_5C_2 \times {}_7C_2}{{}_{12}C_4} = \dfrac{210}{495}$	
1	3	$\dfrac{{}_5C_1 \times {}_7C_3}{{}_{12}C_4} = \dfrac{175}{495}$	
0	4	$\dfrac{{}_7C_4}{{}_{12}C_4} = \dfrac{35}{495}$	$1 - \dfrac{35}{495} = \dfrac{92}{99}$

基本例題 138　余事象の確率

2個のさいころを同時に投げるとき，次の確率を求めよ。
(1) 少なくとも1つは偶数の目が出る。
(2) 異なる目が出る。

ねらい　余事象の確率を求めること。

解法ルール　「少なくとも」の言葉があれば，**余事象の確率**
$$P(\overline{A})=1-P(A)$$ の利用

解答例　(1) 少なくとも1つは偶数の目が出る事象は，ともに奇数の目が出る事象の余事象である。

ともに奇数の目が出る確率は　$\dfrac{3\cdot 3}{6^2}=\dfrac{1}{4}$

よって，求める確率は　$1-\dfrac{1}{4}=\dfrac{3}{4}$　…答

(2) 異なる目が出る事象は，同じ目が出る事象の余事象である。

同じ目が出る確率は　$\dfrac{6}{6^2}=\dfrac{1}{6}$

よって，求める確率は　$1-\dfrac{1}{6}=\dfrac{5}{6}$　…答

> 事象 A の確率 $P(A)$ を求めるときは，$n(A)$ と $n(\overline{A})$ とどちらが求めやすいか考えてみよう。
> そして場合の数が求めやすい方から処理していくといいよ。

> もし，$n(\overline{A})$ を考えることに気づかなかったらどうなりますか。

> 大丈夫。解けるよ。少々計算が面倒だけどね。

類題 138-1　5枚の硬貨を投げるとき，少なくとも1枚は表が出る確率を求めよ。

類題 138-2　3個のさいころを投げるとき，出る目の積が偶数になる確率を求めよ。

類題 138-3　白球が3個，赤球が4個，青球が5個入っている袋から同時に3個の球を取り出すとき，少なくとも1つは白球が取り出される確率を求めよ。

Tea Time ○ 同じ誕生日の人

40人のクラスで，同じ誕生日の人達がいる可能性はどれくらいでしょう。

家族の誕生日が異なる確率は？

両親と子供2人の4人家族で，4人の誕生日がすべて異なる確率を考えてみましょう。

4人の誕生日は365日のうちのいずれかの日（うるう年は考えない）ですから，すべての場合の数は，365^4（通り）です（重複順列ですね）。父親の誕生日は365日のうちのいずれか。母親の誕生日は365日のうち父親の誕生日以外，つまり364日のうちのいずれか。2人の子供の誕生日はそれぞれ363日，362日のうちのいずれか。つまり4人の誕生日が異なる場合の数は

$$365 \times 364 \times 363 \times 362 \text{（通り）}$$

ですから，求める確率は

$$\frac{365 \cdot 364 \cdot 363 \cdot 362}{365^4} = 0.9836\cdots$$

となります。

4人家族100世帯中では，98世帯は全員の誕生日が違う，といったところでしょうか。

n人のグループでは？

次に，一般的にn人のグループでn人の誕生日が異なる確率を考えてみましょう。（366人以上の人の誕生日がすべて異なることはないので，$n \leq 365$とします。）

n人の誕生日はすべて365日のうちのいずれかの日ですから，すべての場合の数は，365^n（通り）です。また，グループの人を，A_1，A_2，$\cdots$，A_nとすると，A_1の誕生日は365日のうちのいずれか。A_2の誕生日はA_1の誕生日以外の364日のうちのいずれか。A_nの誕生日はA_1，A_2，$\cdots$，A_{n-1}の誕生日以外の$\{365-(n-1)\}$日のうちのいずれか。つまり，n人の誕生日がすべて異なる場合の数は，365個からn個をとる順列の数と考えられますから${}_{365}P_n$（通り）となります。ですから，求める確率は

$$p_n = \frac{{}_{365}P_n}{365^n}$$
$$= \frac{365 \cdot (365-1) \cdot \cdots \cdot \{365-(n-1)\}}{365 \cdot 365 \cdot \cdots \cdot 365}$$
$$= \left(1 - \frac{1}{365}\right)\left(1 - \frac{2}{365}\right)\cdots\left(1 - \frac{n-1}{365}\right)$$

となります。

40人のクラスでは？

上で求めたp_nは，n人のグループでn人の誕生日が異なる確率ですから，同じ誕生日の人がいる確率は，**余事象の確率 "$1-p_n$"** で求められます。40人のクラスの場合 $1-p_{40}$，つまり

$$1 - \left(1 - \frac{1}{365}\right)\left(1 - \frac{2}{365}\right)\cdots\left(1 - \frac{39}{365}\right)$$

を求めればいいのです。でも少々この計算は大変です。結果は，約0.891。かなり高い確率ですね。10クラス中9クラスは同じ誕生日の人達が存在するのです。ちなみに，nが他の値をとるときは次のようになります。

n	10	20	23	30	50
$1-p_n$	0.117	0.411	**0.507**	0.706	0.970

上の表からもわかるように，23人いれば，同じ誕生日の人達がいる可能性が5分5分といったところなのです。少し意外な数字ではありませんか？　あなたのクラスにも，誕生日が同じ人達がいるのではないでしょうか。

4節 独立な試行と確率

10 独立な試行と確率

2つの試行が互いに他方の試行の結果に影響をおよぼさないとき，これらの試行は**独立**であるという。

2つの独立な試行が同時に起こる確率は，次のように表される。

ポイント [独立な試行の確率]
2つの独立な試行において，それぞれ事象 A，B が同時に起こる確率は，
$$P(A) \cdot P(B)$$
となる。

基本例題 139 独立な試行の確率(1)

Aの袋には白球が7個，黒球が3個，Bの袋には白球が3個，黒球が5個入っている。A，Bの袋から1個ずつ球を取り出すとき，球の色が異なる確率を求めよ。

ねらい 2つの独立な試行の確率を求めること。

解法ルール Aの袋から白球，Bの袋から黒球が取り出される確率と，Aの袋から黒球，Bの袋から白球が取り出される確率を求めればよい。

解答例 Aの袋から白球，Bの袋から黒球が取り出される確率は
$$\frac{7}{10} \times \frac{5}{8} = \frac{35}{80}$$
Aの袋から黒球，Bの袋から白球が取り出される確率は
$$\frac{3}{10} \times \frac{3}{8} = \frac{9}{80}$$
よって，求める確率は $\dfrac{35}{80} + \dfrac{9}{80} = \dfrac{44}{80} = \dfrac{11}{20}$ …答

● 2つの事象 A, B が同時に起こる確率を $P(A) \cdot P(B)$ とすることは，自然に身についているはず。たとえば，硬貨を2回投げて2回とも表が出る確率を
$$\frac{1}{2} \times \frac{1}{2} = \frac{1}{4}$$
とするように。

類題 139 基本例題139において，同じ色の球が取り出される確率を求めよ。

基本例題 140　独立な試行の確率(2)

A，B，Cの3人が数学のテストで60点以上の点数をとる確率はそれぞれ $\dfrac{4}{5}$, $\dfrac{3}{4}$, $\dfrac{2}{3}$ であるという。この3人が一緒に数学のテストを受験したとき，次の確率を求めよ。

(1) 1人だけ60点以上の点数をとる。
(2) 少なくとも2人が60点以上の点数をとる。

ねらい　3つの独立な試行の確率を計算すること。

解法ルール　A，B，Cの3人が60点未満である確率は，それぞれ $\dfrac{1}{5}$, $\dfrac{1}{4}$, $\dfrac{1}{3}$ である。

解答例　(1) 1人だけ60点以上をとるのだから，他の2人は60点未満

60点以上とる人とその確率	60点未満の人とその確率	確率
A $\left(\dfrac{4}{5}\right)$	B $\left(\dfrac{1}{4}\right)$, C $\left(\dfrac{1}{3}\right)$	$\dfrac{4}{5} \times \dfrac{1}{4} \times \dfrac{1}{3} = \dfrac{4}{60}$
B $\left(\dfrac{3}{4}\right)$	C $\left(\dfrac{1}{3}\right)$, A $\left(\dfrac{1}{5}\right)$	$\dfrac{3}{4} \times \dfrac{1}{3} \times \dfrac{1}{5} = \dfrac{3}{60}$
C $\left(\dfrac{2}{3}\right)$	A $\left(\dfrac{1}{5}\right)$, B $\left(\dfrac{1}{4}\right)$	$\dfrac{2}{3} \times \dfrac{1}{5} \times \dfrac{1}{4} = \dfrac{2}{60}$

よって，求める確率は $\dfrac{4}{60} + \dfrac{3}{60} + \dfrac{2}{60} = \dfrac{9}{60} = \mathbf{\dfrac{3}{20}}$ …答

(2) 少なくとも2人が60点以上をとる事象は，60点以上が1人か0人となる事象の余事象である。

← 60点以上が
3人
2人
―――
1人
0人

60点以上が0人となる場合の確率　$\dfrac{1}{5} \times \dfrac{1}{4} \times \dfrac{1}{3} = \dfrac{1}{60}$

60点以上が1人の場合の確率　(1)より　$\dfrac{3}{20}$

よって，60点以上が1人または0人となる確率は

$\dfrac{3}{20} + \dfrac{1}{60} = \dfrac{1}{6}$

したがって，求める確率は　$1 - \dfrac{1}{6} = \mathbf{\dfrac{5}{6}}$　…答

類題 140　3人のサッカー選手のペナルティーキックの成功率はそれぞれ，0.85，0.8，0.7である。少なくとも2人が成功する確率を求めよ。

応用例題 141 独立な試行の確率(3)

4つのさいころを同時に投げるとき,出た目の最大値が4である確率を求めよ。また,出た目の最小値が4である確率を求めよ。

ねらい
さいころを使った独立な試行の確率を計算すること。

解法ルール 出た目がすべて4以下の事象を A_4,
出た目がすべて3以下の事象を A_3
とし,ベン図をかくと右のようになる。
このとき,赤色の部分はどのような事象か。

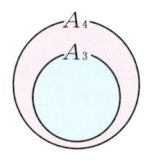

解答例 出た目がすべて4以下の事象 A_4 を,出た目の最大値で整理する。
A_4 は

　　出た目の最大値が 4
　　出た目の最大値が 3
　　出た目の最大値が 2　(＊)
　　出た目の最大値が 1

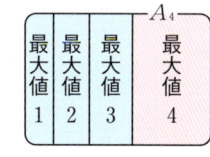

の部分から成る。また(＊)の部分(上の図で青色の部分)は,出た目がすべて3以下の事象 A_3 である。
よって,求める確率は

$$P(A_4) - P(A_3) = \left(\frac{4}{6}\right)^4 - \left(\frac{3}{6}\right)^4 = \frac{256-81}{1296} = \frac{175}{1296} \quad \cdots \text{答}$$

また,出た目がすべて4以上の集合を B_4,出た目がすべて5以上の集合を B_5 とし,出た目の最小値で整理すると,

$$B_4 \begin{cases} \text{出た目の最小値が 6} \\ \text{出た目の最小値が 5} \end{cases} B_5 \\ \quad\;\text{出た目の最小値が 4} \cdots\cdots\cdots \text{求める確率の事象}$$

よって,求める確率は

$$P(B_4) - P(B_5) = \left(\frac{3}{6}\right)^4 - \left(\frac{2}{6}\right)^4 = \frac{81-16}{1296} = \frac{65}{1296} \quad \cdots \text{答}$$

← 最大値が4であるということは,4つのさいころとも,出た目は (1, 2, 3, 4) のいずれか (A_4) で,しかもそのうちの少なくとも1つは4ということ。つまり,4つとも3以下の目 (1, 2, 3) が出た場合 (A_3) を A_4 から除いたものになる。
よって求める確率は,
$P(A_4) - P(A_3)$
すなわち A_4 を全体とした場合の A_3 の余事象 $\overline{A_3}$ になる。

類題 141 3つのさいころを同時に投げるとき,出た目の最大値が3である確率と,出た目の最小値が3である確率を求めよ。

11 反復試行

たとえば硬貨やさいころを繰り返し投げるというような，同じ条件のもとで1つの試行を繰り返し行うことを**反復試行**というよ。では，次の問題を考えることにより反復試行についてしっかり理解しよう。

（問題）さいころを4回投げるとき，6の目がちょうど2回出る確率を求めよ。

では，すべての場合を表にして，それぞれの確率を求めるという方法で解いてごらん。

はい。

1回目	2回目	3回目	4回目	確率
6	6	☆	☆	$\frac{1}{6}\times\frac{1}{6}\times\frac{5}{6}\times\frac{5}{6}=\left(\frac{1}{6}\right)^2\times\left(\frac{5}{6}\right)^2=\frac{25}{1296}$
6	☆	6	☆	$\frac{1}{6}\times\frac{5}{6}\times\frac{1}{6}\times\frac{5}{6}=\left(\frac{1}{6}\right)^2\times\left(\frac{5}{6}\right)^2=\frac{25}{1296}$
6	☆	☆	6	$\frac{1}{6}\times\frac{5}{6}\times\frac{5}{6}\times\frac{1}{6}=\left(\frac{1}{6}\right)^2\times\left(\frac{5}{6}\right)^2=\frac{25}{1296}$
☆	6	6	☆	$\frac{5}{6}\times\frac{1}{6}\times\frac{1}{6}\times\frac{5}{6}=\left(\frac{1}{6}\right)^2\times\left(\frac{5}{6}\right)^2=\frac{25}{1296}$
☆	6	☆	6	$\frac{5}{6}\times\frac{1}{6}\times\frac{5}{6}\times\frac{1}{6}=\left(\frac{1}{6}\right)^2\times\left(\frac{5}{6}\right)^2=\frac{25}{1296}$
☆	☆	6	6	$\frac{5}{6}\times\frac{5}{6}\times\frac{1}{6}\times\frac{1}{6}=\left(\frac{1}{6}\right)^2\times\left(\frac{5}{6}\right)^2=\frac{25}{1296}$

☆…6以外の目(1，2，3，4，5)のいずれかを表す

よって $\frac{25}{1296}\times 6=\frac{25}{216}$　　答 $\frac{25}{216}$

できました。

そうだね。では，今解いた表を見て気づいたことを言ってごらん。

まず，どの場合でも，6が2回，☆が2回出てきます。あとは…，それぞれの場合の確率がすべて同じ，$\frac{25}{1296}$です。

そう。大切なのはいずれの場合も6が2回，☆が2回で，それぞれの確率は $\left(\frac{1}{6}\right)^2\times\left(\frac{5}{6}\right)^2=\frac{25}{1296}$ ということだ。つまり，

> 4回中6が2回，☆が2回 …… 1回目から4回目のうち6が出る2回を決める。
> 　　　　　　　　　　　異なる4個のものから2個選べばいいので $_4C_2$
> それぞれの確率は $\left(\dfrac{1}{6}\right)^2 \times \left(\dfrac{5}{6}\right)^2$ …… いずれの場合も6の目（確率 $\dfrac{1}{6}$）が2回，
> 　　　　　　　　　　　それ以外の目（確率 $\dfrac{5}{6}$）が2回出るから，
> 　　　　　　　　　　　それぞれの場合の確率は $\left(\dfrac{1}{6}\right)^2 \times \left(\dfrac{5}{6}\right)^2$
> よって，求める確率は $_4C_2 \times \left(\dfrac{1}{6}\right)^2 \times \left(\dfrac{5}{6}\right)^2 = \dfrac{4 \times 3}{2 \times 1} \times \dfrac{25}{1296} = \dfrac{25}{216}$

ということになります。では同じやり方で，「1回の試行で事象 A が起こる確率を p とするとき，n 回の反復試行で A が r 回起こる確率」を求めてごらん。

はい。

> n 回のうち A が起こる r 回の決め方 …… $_nC_r$
> それぞれの確率 …… A が起こる確率は p，A が起こらない確率は $(1-p)$ だから
> 　　　　　　　　　$p^r(1-p)^{n-r}$
> よって，求める確率は $_nC_r p^r(1-p)^{n-r}$

となります。

その通り。以上をまとめると次のようになります。よく覚えておこう。

ポイント [反復試行の確率]
一般に，1回の試行で A が起こる確率を p とするとき，
n 回の反復試行で A が r 回起こる確率 P_r は，
$$P_r = {}_nC_r\, p^r(1-p)^{n-r}$$
となる。

先生！具体的な数で考えているうちはわかるんですけど，一般的に文字で表すと，何だかわからなくなります。何とかなりませんか。

文字を，英語で使う he や she と同じように考えてみたらどうかな？いくら「n」，「r」という形をしていても，意味は具体的な数と同じなんだよ。君たちはいつでも he を Tom，she を Jane など具体的な名前にかえて使うことができるだろう？同じだよ。難しく考えないようにしよう。

4　独立な試行と確率

基本例題 142　　　　　　　　　　反復試行の確率(1)

表が出る確率が $\dfrac{1}{2}$ である1枚の硬貨を7回投げるとき，次の確率を求めよ。

(1) はじめの3回が表であとの4回が裏である。
(2) 表が3回，裏が4回出る。
(3) 少なくとも表が3回は出る。

ねらい
反復試行（硬貨投げ）の確率を求めること。

解法ルール　条件に示された回数だけ表が出るパターンは，7回の試行の中で何通りあるか考える。

解答例

(1) 表，表，表，裏，裏，裏，裏　となる場合だから

求める確率は　$\left(\dfrac{1}{2}\right)^7 = \dfrac{1}{128}$　…答

(2) 7回中3回表が出るから，（残り4回は裏）

$_7C_3 \left(\dfrac{1}{2}\right)^3 \left(1-\dfrac{1}{2}\right)^4 = \dfrac{7\cdot 6\cdot 5}{3\cdot 2\cdot 1}\left(\dfrac{1}{2}\right)^7 = \dfrac{35}{128}$　…答

(3) 少なくとも3回表が出る事象は，
表が　(i) 0回　(ii) 1回　(iii) 2回　の場合の余事象である。

(i) $_7C_0 \left(\dfrac{1}{2}\right)^0 \left(1-\dfrac{1}{2}\right)^7 = \dfrac{1}{128}$

(ii) $_7C_1 \left(\dfrac{1}{2}\right)^1 \left(1-\dfrac{1}{2}\right)^6 = 7\cdot\dfrac{1}{128} = \dfrac{7}{128}$

(iii) $_7C_2 \left(\dfrac{1}{2}\right)^2 \left(1-\dfrac{1}{2}\right)^5 = \dfrac{7\cdot 6}{2\cdot 1}\cdot\dfrac{1}{128} = \dfrac{21}{128}$

よって　$1-\left(\dfrac{1}{128}+\dfrac{7}{128}+\dfrac{21}{128}\right) = \dfrac{99}{128}$　…答

← 「少なくとも」の言葉があるから余事象の確率を考えよう。
← $_7C_0 = 1$
　$\left(\dfrac{1}{2}\right)^0 = 1$

類題 142　1つのさいころを4回投げるとき，次の確率を求めよ。

(1) 1の目が3回出る。
(2) 偶数の目が2回出る。
(3) 3の倍数の目が少なくとも1回は出る。

応用例題 143 — 反復試行の確率(2)

箱の中に赤球が3個,白球が2個,青球が1個入っている。この箱から球を1個取り出してはもとにもどすという操作を5回繰り返したとき,次の確率を求めよ。

(1) 赤,赤,赤,白,白の順序で取り出される。
(2) 赤球が3回,白球が2回取り出される。
(3) 赤球が1回,白球が2回,青球が2回取り出される。

ねらい 3種類の色の球が入っている箱から球を取り出すときの確率を求めること。

解法ルール 箱に入った球を取り出す試行も,**取り出した球をもとにもどすときは反復試行**の代表的な例となる。

解答例

赤球が取り出される確率は $\dfrac{3}{6}=\dfrac{1}{2}$

白球が取り出される確率は $\dfrac{2}{6}=\dfrac{1}{3}$

青球が取り出される確率は $\dfrac{1}{6}$

(1) $\left(\dfrac{1}{2}\right)^3 \times \left(\dfrac{1}{3}\right)^2 = \dfrac{1}{72}$ …答

(2) 5回のうち,赤球が3回,白球が2回取り出されるパターンは $_5C_3 = {_5C_2} = 10$(通り)

それぞれの場合の確率は $\left(\dfrac{1}{2}\right)^3 \times \left(\dfrac{1}{3}\right)^2 = \dfrac{1}{72}$

求める確率は $10 \times \dfrac{1}{72} = \dfrac{5}{36}$ …答

(3) 5回のうち赤球が1回,白球が2回,青球が2回取り出されるパターンは $_5C_1 \times {_4C_2} \times {_2C_2} = 30$(通り)

それぞれの場合の確率は $\dfrac{1}{2} \times \left(\dfrac{1}{3}\right)^2 \times \left(\dfrac{1}{6}\right)^2 = \dfrac{1}{648}$

求める確率は $30 \times \dfrac{1}{648} = \dfrac{5}{108}$ …答

> 5回のうち,赤球が取り出されるのは何回目かを決める。$_5C_1$(通り)
> 残り4回のうち,白球が取り出されるのは何回目かを決める。$_4C_2$(通り)
> 残り2回は青球。

ポイント 試行 T において,事象 A,B,C の起こる確率をそれぞれ p,q,r とする。T を n 回繰り返すとき,A が a 回,B が b 回,C が c 回起こる確率 P は

$$P = {_nC_a} \cdot {_{n-a}C_b} \cdot \underline{_{n-a-b}C_c} \cdot p^a \cdot q^b \cdot r^c \quad (p+q+r=1,\ a+b+c=n)$$

→ $n-a-b=c$ より $_cC_c=1$

類題 143 応用例題143において,次の確率を求めよ。

(1) 赤球が少なくとも3回出る。
(2) 赤球と青球しか出ない(ただし赤球,青球とも1回は出るものとする)。

応用例題 144　　反復試行の確率(3)

不良品率が p である製品の山から 4 個を取り出すとき，良品が 3 個以上であれば，この製品は合格とする。
(1) 取り出した製品 4 個のうち，良品が 3 個である確率を求めよ。
(2) この製品が合格する確率を求めよ。

ねらい
反復試行の応用をすること。

解法ルール　大量の製品の山から 1 つ取り出して不良品を確認する試行は，それぞれ独立な試行と考えてよい。**1 個ずつ取り出す試行を反復する**と考える。

解答例

(1) 製品を 1 個ずつ計 4 個取り出したとき，そのうちの 1 個が不良品である確率を求めればよい。

何回目に不良品が取り出されるかという場合の数は
$$_4C_1 = 4 (通り)$$
それぞれの場合の確率は　$p(1-p)^3$
求める確率は　$4p(1-p)^3$　…答

(2) 製品が合格するのは，4 個取り出すとき，
　(i) 良品が 3 個
　(ii) 良品が 4 個
の場合がある。
(i) (1)より　$4p(1-p)^3$
(ii) 1 通りで，その確率は　$(1-p)^4$
求める確率は
$$4p(1-p)^3 + (1-p)^4 = (3p+1)(1-p)^3 \quad \text{…答}$$

● このような問題では，山の中には大量の製品があると考えるので，製品から 1 個を取り出す試行は独立であるとしてよい。（たくさんあるので，1 つ取っても確率には影響しないと考える。）

← 不良品である確率が p であるから，**良品である確率は $1-p$**

類題 144　日本人の血液型は，A 型の割合が最も多いとされている。いま，A 型の割合を 40% とすると，任意の 4 人を選んだとき A 型の人が 3 人以上含まれる確率を求めよ。

応用例題 145 反復試行の確率(4)

A, Bの2チームが試合をして先に4勝したチームを優勝とする。AがBに勝つ確率を $\frac{2}{3}$ とし，引き分けはないものとするとき，
(1) 4試合目で優勝チームが決まる確率を求めよ。
(2) 6試合目でAが優勝する確率を求めよ。

ねらい ゲームで勝つ確率を求めること。

解法ルール 1つ1つの試合の勝ち負けについては独立な試行と考えられるので，反復試行として考える。

> Aが負ける確率＝Bが勝つ確率
> Aが勝つ確率＝Bが負ける確率

解答例 (1) 4試合でいずれかのチームが4勝する場合であるから

Aが優勝する場合 $\left(\frac{2}{3}\right)^4 = \frac{16}{81}$

Bが優勝する場合 $\left(\frac{1}{3}\right)^4 = \frac{1}{81}$

求める確率は $\frac{16}{81} + \frac{1}{81} = \frac{17}{81}$ …答

(2) 6試合目でAが優勝するということは

> 1試合目から5試合目……Aの3勝2敗 …(i)
> 6試合目　　　　　　……Aが勝つ(4勝目)…(ii)

ということである。

(i) ${}_5C_3 \cdot \left(\frac{2}{3}\right)^3 \cdot \left(\frac{1}{3}\right)^2 = \frac{5 \cdot 4}{2 \cdot 1} \cdot \frac{8}{243} = \frac{80}{243}$

$= {}_5C_2$

(ii) 確率は $\frac{2}{3}$

求める確率は $\frac{80}{243} \cdot \frac{2}{3} = \frac{160}{729}$ …答

> これは重要なこと。単純なAの4勝2敗ではなく，6試合目に必ず勝つ4勝2敗であるということを忘れずに。

類題 145 1個のさいころを何回か投げて，1の目が3回出たらやめる。ちょうど5回投げてやめることになる確率を求めよ。

応用例題 146　　　反復試行の確率(5)

数直線上を，次のルール①，②にしたがって動く点Pがある。
① 最初点Pは原点Oに静止している。
② 1枚の硬貨を投げ，点Pは，表が出れば現在の位置より2だけ右へ，裏が出れば現在の位置より1だけ左へ動く。

ただし，硬貨を投げて表と裏の出る確率はそれぞれ $\frac{1}{2}$ とする。

(1) 硬貨を7回投げたとき，原点Oを出発した点Pが座標2にある確率を求めよ。

(2) (1)の状態から硬貨を8回投げたとき，点Pが原点Oにある確率を求めよ。

ねらい
酔歩の確率を求めること。

酔歩って何ですか？

酒に酔って道を歩いている人を見かけるでしょう？彼らは1歩1歩進むのに，意識や目的がないから，次にどちらの方向へ歩くかという確率は，まるで「独立」のようね。というわけで，進み方が互いに独立なゲームの確率を「酔歩の確率」と呼んでいるんです。英語では random walk というのよ。

解法ルール　表が x 回，裏が y 回出たとすると，点Pの位置は，**$2x-y$** で表される。

解答例　表が x 回，裏が y 回出たとする。

(1) 7回硬貨を投げているから　$x+y=7$ ……①
　　点Pは座標2にあるから　$2x-y=2$ ……②
　　①，②より　$x=3, y=4$
　　よって，表が3回，裏が4回出たことがわかる。
　　その確率は
$$_7C_3 \cdot \left(\frac{1}{2}\right)^3 \cdot \left(\frac{1}{2}\right)^4 = \frac{7 \cdot 6 \cdot 5}{3 \cdot 2 \cdot 1} \cdot \left(\frac{1}{2}\right)^7 = \frac{35}{128} \quad \cdots \text{答}$$

(2) 8回硬貨を投げているから　$x+y=8$ ……③
　　点Pは原点にあるから　$2x-y+2=0$ ……④
　　③，④より　$x=2, y=6$
　　よって，表が2回，裏が6回出たことがわかる。
　　その確率は
$$_8C_2 \cdot \left(\frac{1}{2}\right)^2 \cdot \left(\frac{1}{2}\right)^6 = \frac{8 \cdot 7}{2 \cdot 1} \cdot \left(\frac{1}{2}\right)^8 = \frac{7}{64} \quad \cdots \text{答}$$

最初点Pは，+2 にあったので。

類題 146　原点Oから出発して数直線上を動く点Pがある。さいころを投げて，2以下の目なら +2，3以上の目なら -1 移動する。さいころを4回投げたとき，座標が -1 の点にある確率を求めよ。

応用例題 147 　　　　　　　　　　反復試行の確率(6)

右の図のような，1辺の長さが1の正方形ABCDの頂点Aに小石をおく。さいころを投げ，偶数の目が出たときは2，奇数の目が出たときは1だけ反時計まわりに小石を進めるとき，ちょうど1周してAに戻る確率を求めよ。

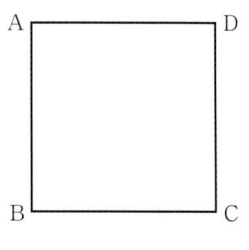

ねらい
酔歩(もとにもどる場合)の確率を求めること。

解法ルール 偶数の目が x 回，奇数の目が y 回出たとすると，小石の動いた量は，$2x+y$ となる。

解答例 偶数の目が x 回，奇数の目が y 回出たとすると，小石は，$2x+y$ 動くことになる。ちょうど1周してもとの位置にもどればよいので

$$2x+y=4$$

となる (x, y) を求めればよい。$x \geqq 0$，$y \geqq 0$ に注意して解くと

$(x, y)=(0, 4), (1, 2), (2, 0)$

(i) $(x, y)=(0, 4)$ つまり奇数の目が4回のとき，

この確率は　$\left(\dfrac{1}{2}\right)^4 = \dfrac{1}{16}$

(ii) $(x, y)=(1, 2)$ つまり偶数の目が1回，奇数の目が2回のとき，

この確率は　$_3C_1 \cdot \dfrac{1}{2} \cdot \left(\dfrac{1}{2}\right)^2 = \dfrac{3}{8}$

(iii) $(x, y)=(2, 0)$ つまり偶数の目が2回のとき，

この確率は　$\left(\dfrac{1}{2}\right)^2 = \dfrac{1}{4}$

よって，求める確率は　$\dfrac{1}{16} + \dfrac{3}{8} + \dfrac{1}{4} = \dfrac{\mathbf{11}}{\mathbf{16}}$　…|答|

> この部分が酔歩の確率の定番で…

> この部分が反復試行の確率の定番だよ。

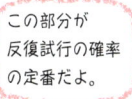

類題 147 応用例題147において，3の倍数の目が出たときは3，その他の目が出たときは1だけ時計まわりに小石を進めるという条件のとき，さいころを4回投げたときにAに戻る確率を求めよ。

5節 条件つき確率

12 条件つき確率

? 条件つき確率って何だか難しそう。「さいころを投げるとき，…」のような条件はいつもついてるわ。ほかにどんな"条件"がつくのかしら。

そう心配しなくていい。確率の考え方は同じだよ。
　事象 A が起こったときに，事象 B が起こる確率を $P_A(B)$ と表し，これを，A が起こったときの B の**条件つき確率**という。

なるほど，"A が起こったときの"というのが条件ですか。
でも，$P(B)$ と $P_A(B)$ はどうちがうのですか。

さいころを投げて，3の倍数の目が出る事象を A，2の倍数の目が出る事象を B としたときを例にとって説明するよ。

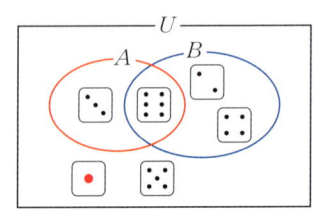

$P(B) = \dfrac{\text{事象 } B \text{ の起こる場合の数}}{\text{全事象 } U \text{ の数}} = \dfrac{n(B)}{n(U)} = \dfrac{3}{6} = \dfrac{1}{2}$ はわかるね！

$P_A(B)$ というのは

$P_A(B) = \dfrac{\text{積事象 } A \cap B \text{ の起こる場合の数}}{\text{事象 } A \text{ の起こる場合の数}} = \dfrac{n(A \cap B)}{n(A)} = \dfrac{1}{2}$ ということなんだ。

確率はどちらも $\dfrac{1}{2}$ だけど，
$P(B)$ は全事象の $\dfrac{1}{2}$，$P_A(B)$ は事象 A の $\dfrac{1}{2}$ ということですか。

その通り。条件つき確率というのは，基準となる全体が変わるんだ。
同じ $\dfrac{1}{2}$ でも，何を全体としての $\dfrac{1}{2}$ かが大切なんだよ。
同じように，B が起こったときの A の条件つき確率も考えられ，その場合は

$$P_B(A) = \dfrac{n(A \cap B)}{n(B)}$$

と定義されるんだ。

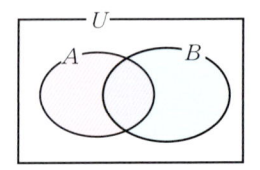

● 条件つき確率と乗法定理

前ページの条件つき確率

$$P_A(B) = \frac{n(A \cap B)}{n(A)} \quad \cdots\cdots ①$$

の右辺は根元事象の個数で表されているが，

事象 A の起こる確率 $\quad P(A) = \dfrac{n(A)}{n(U)} \quad \cdots\cdots ②$

積事象 $A \cap B$ の起こる確率 $\quad P(A \cap B) = \dfrac{n(A \cap B)}{n(U)}$

を用いて表すことができる。

すなわち，①の右辺の分母，分子を $n(U)$ で割ると

$$P_A(B) = \frac{\dfrac{n(A \cap B)}{n(U)}}{\dfrac{n(A)}{n(U)}} = \frac{P(A \cap B)}{P(A)}$$

また，これを変形すると

$$P(A \cap B) = P(A) \cdot P_A(B)$$

これを確率の**乗法定理**という。

また，条件つき確率 $P_B(A) = \dfrac{n(A \cap B)}{n(B)}$ についても同様に考えられるので，

$$P_B(A) = \frac{P(A \cap B)}{P(B)} \qquad P(A \cap B) = P(B) \cdot P_B(A)$$

となる。以上をまとめておこう。

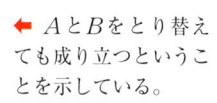

💬 ①と②の分母の違いがわかるかな。

← A と B をとり替えても成り立つということを示している。

ポイント

[条件つき確率]

$$P_A(B) = \frac{n(A \cap B)}{n(A)} = \frac{P(A \cap B)}{P(A)}$$

[確率の乗法定理]

$$P(A \cap B) = P(A) \cdot P_A(B) = P(B) \cdot P_B(A)$$

覚え得

事象 A が起こったときの事象 B の条件つき確率 $P_A(B)$ を求めるときは，

  $n(A \cap B)$，$n(A)$ がわかるか，

  $P(A \cap B)$，$P(A)$ がわかるか

を吟味して，

$$P_A(B) = \frac{n(A \cap B)}{n(A)} \quad \text{または} \quad P_A(B) = \frac{P(A \cap B)}{P(A)}$$

にあてはめるとよい。

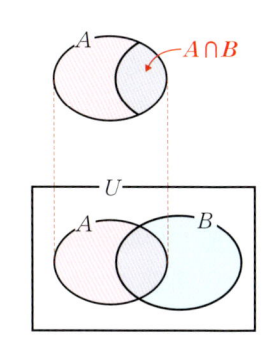

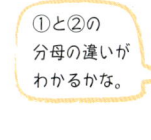

💬 $P_B(A)$ を求めるときも同じだよ。

5 条件つき確率

基本例題 148　条件つき確率(1)

1つのさいころを1回だけ投げる試行において，次のように事象を定める。

A：5以上の目が出る　　B：偶数の目が出る

このとき，条件つき確率 $P_A(B)$, $P_B(A)$ を求めよ。

解法ルール　この場合の全事象 U は　$U=\{1, 2, 3, 4, 5, 6\}$

事象 A, B, 積事象 $A \cap B$ を明らかにして

$$P_A(B)=\frac{n(A \cap B)}{n(A)}, \quad P_B(A)=\frac{n(A \cap B)}{n(B)}$$

解答例　$A=\{5, 6\}$, $B=\{2, 4, 6\}$, $A \cap B=\{6\}$

であるから

$n(A)=2$, $n(B)=3$, $n(A \cap B)=1$

である。したがって

$$P_A(B)=\frac{n(A \cap B)}{n(A)}=\frac{1}{2} \quad \cdots \text{答}$$

$$P_B(A)=\frac{n(A \cap B)}{n(B)}=\frac{1}{3} \quad \cdots \text{答}$$

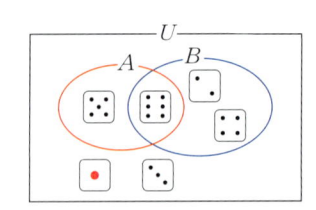

(別解)　$P_A(B)$ は「5以上の目が出たときの偶数の目である条件つき確率」

$P_B(A)$ は「偶数の目が出たときの5以上の目である条件つき確率」である。

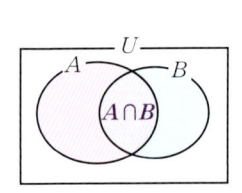

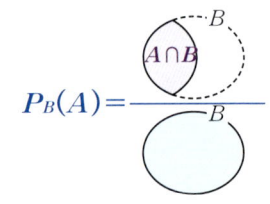

$$P_A(B)=\frac{}{} \qquad P_B(A)=\frac{}{}$$

この場合，$P(A)=\dfrac{2}{6}=\dfrac{1}{3}$, $P(B)=\dfrac{3}{6}=\dfrac{1}{2}$, $P(A \cap B)=\dfrac{1}{6}$ であるので，

$$P_A(B)=\frac{P(A \cap B)}{P(A)}=\frac{1}{6} \div \frac{1}{3}=\frac{1}{2}, \quad P_B(A)=\frac{P(A \cap B)}{P(B)}=\frac{1}{6} \div \frac{1}{2}=\frac{1}{3}$$

として求めてもよい。

類題 148　1から15までの数が1ずつ書かれた15枚のカードがある。このカードから1枚引く試行において

2の倍数を引く事象を A, 3の倍数を引く事象を B, 5の倍数を引く事象を C とする。次の確率を求めよ。

(1) $P_A(B)$　　　　　(2) $P_B(C)$　　　　　(3) $P_C(\overline{A})$

基本例題 149　　　　　　　　　　　　　乗法定理

a の袋には白球 4 個，赤球 2 個，b の袋には白球 2 個，赤球 4 個が入っている。a の袋から 1 個の球を取り出して b の袋に入れ，よく混ぜてから b の袋から 1 個の球を取り出して a の袋に入れる。このとき，次の確率を求めよ。
(1) a の袋からも b の袋からも白球が取り出される確率
(2) a の袋の中の白球の個数が変わらない確率

ねらい　乗法定理を利用して，確率を求めること。

テストに出るぞ！

解法ルール
(1) a の袋から白球を取り出す事象を A
　　b の袋から白球を取り出す事象を B　とするとき
$$P(A \cap B) = P(A) \cdot P_A(B)$$
(2) a の袋からも b の袋からも同じ色の球を取り出すとき，a の袋の中の白球の個数は変わらない。

解答例
(1) a の袋から白球を取り出す確率は $\dfrac{4}{6}$　←$P(A)$

a の袋から白球を取り出したとき，b の袋から白球を取り出す確率は
　$P_A(B)$ → $\dfrac{3}{7}$　←白球は 2+1=3，全体は 6+1=7

a の袋からも b の袋からも白球が取り出される確率は，乗法定理により　← $P(A \cap B) = P(A) \cdot P_A(B)$

$$\dfrac{4}{6} \times \dfrac{3}{7} = \dfrac{2}{7} \quad \cdots \text{答}$$

(2) (1)と同様にして，a の袋からも b の袋からも赤球が取り出される確率は

a の袋から赤球 → $\dfrac{2}{6} \times \dfrac{5}{7} = \dfrac{5}{21}$　　b の袋の赤球は 4+1=5，全体は 7

a の袋からも b の袋からも白球が取り出される事象と赤球が取り出される事象は排反事象であるから，袋の中の白球の個数が変わらない確率は

$$\dfrac{2}{7} + \dfrac{5}{21} = \dfrac{11}{21} \quad \cdots \text{答}$$

●a の袋から白球を取り出す事象を A とするとき，赤球を取り出す事象は $\overline{A}$ である。したがって，すべての場合を図示すると，下のようになる。

```
            a              b
                      3/7 ─白
            ┌白       P_A(B)
       4/6 / P(A)     P_A(B̄)
          /           4/7 ─赤
          \
       2/6 \ P(Ā)     2/7 ─白
            └赤       P_Ā(B)
                      P_Ā(B̄)
                      5/7 ─赤
```

類題 149-1　基本例題 149 において，a の袋の中の白球の個数が増える場合，減る場合のそれぞれの確率を求めよ。

類題 149-2　a の袋に赤球 2 個と白球 3 個，b の袋に赤球 3 個と白球 2 個が入っている。a の袋から 1 球取り出して b の袋に入れ，よくかき混ぜた後，1 球取り出す。このとき，取り出した球が赤球である確率を求めよ。

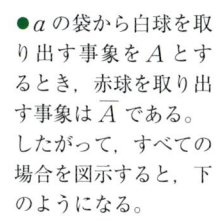

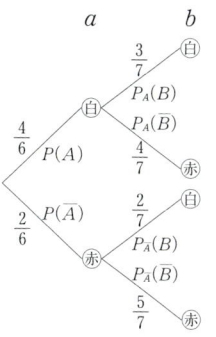

5　条件つき確率

基本例題 150　乗法定理（くじの確率）

3本の当たりくじを含む8本のくじがある。このくじを a, b の2人がこの順に1本ずつ引く。ただし，くじはもとにもどさないものとする。このとき，次の確率を求めよ。

(1) a, b の2人とも当たる確率
(2) a がはずれ，b が当たる確率
(3) b が当たる確率

ねらい　乗法定理を利用して確率を求めること。

解法ルール　a が当たりくじを引く事象を A（はずれは $\overline{A}$）
b が当たりくじを引く事象を B（はずれは $\overline{B}$）
とすると

(1) $P(A \cap B)$
(2) $P(\overline{A} \cap B)$
(3) a も b も当たる場合と a がはずれ b が当たる場合があり，それぞれ $P(A \cap B)$, $P(\overline{A} \cap B)$ である。

●乗法定理
$P(A \cap B) = P(A) \cdot P_A(B)$

（A の起こる確率）（A が起きたときの B の起こる確率）

解答例　a が当たりくじを引く事象を A，b が当たりくじを引く事象を B とする。

(1) $P(A \cap B) = P(A) \cdot P_A(B) = \dfrac{3}{8} \times \dfrac{2}{7} = \dfrac{3}{28}$　…答

　　　当たりくじは $3-1=2$

(2) $P(\overline{A} \cap B) = P(\overline{A}) \cdot P_{\overline{A}}(B) = \dfrac{5}{8} \times \dfrac{3}{7} = \dfrac{15}{56}$　…答

　　　はずれは5　　当たりは3

(3) 事象 $A \cap B$ と $\overline{A} \cap B$ は排反事象であるから

$P(A \cap B) + P(\overline{A} \cap B) = \dfrac{3}{28} + \dfrac{15}{56} = \dfrac{3}{8}$　…答

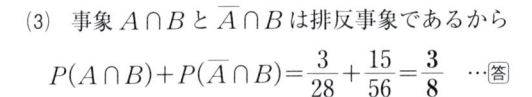

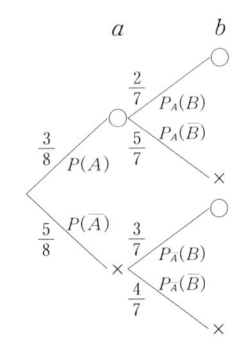

類題 150　白球3個，赤球2個が入った袋から，球を1個ずつ2回取り出すものとする。ただし，取り出した球はもとにもどさないものとする。次の確率を求めよ。

(1) 2回目が赤球である確率
(2) 取り出した2個の球の色が異なる確率

応用例題 151　条件つき確率(2)

ある会社の製品は，a 工場，b 工場で作られていて，各工場で作られた製品に不良品の出る確率は a 製が 0.03，b 製が 0.02 であるという。a 工場から 100 個，b 工場から 50 個の製品を集め，その中から 1 個の製品を選び出すとき，次の確率を求めよ。

(1) 選んだ 1 個が a 工場で作られた不良品である確率
(2) 選んだ 1 個が不良品である確率
(3) 選んだ 1 個が不良品であったとき，それが a 工場で作られたものである確率

ねらい　乗法定理を用いて求められる確率をもとに，条件つき確率を求めること。

解法ルール　a 工場で作られたものであるという事象を A
b 工場で作られたものであるという事象を B とし，
不良品であるという事象を C として考えると
(1) $P(A \cap C) = P(A) \cdot P_A(C)$
(2) $P(C) = P(A \cap C) + P(B \cap C)$
(3) $P_C(A) = \dfrac{P(C \cap A)}{P(C)}$

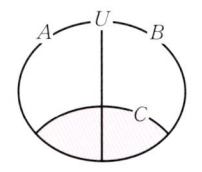

← $C \cap A = A \cap C$

解答例　a 工場，b 工場で作られたものであるという事象をそれぞれ A，B，不良品であるという事象を C とすると

$$P(A) = \frac{100}{150}, \quad P(B) = \frac{50}{150} \quad \leftarrow n(U) = 100 + 50 = 150$$

また，$P_A(C) = 0.03$，$P_B(C) = 0.02$ である。

(1) $P(A \cap C) = P(A) \cdot P_A(C) = \dfrac{100}{150} \times 0.03 = \dfrac{1}{50}$　…答

(2) 不良品には a 工場で作られた不良品と b 工場で作られた不良品がある。選んだ 1 個が b 工場で作られた不良品である確率は

$$P(B \cap C) = P(B) \cdot P_B(C) = \frac{50}{150} \times 0.02 = \frac{1}{150}$$

選んだ 1 個が不良品である確率は，これと(1)より

$$P(C) = P(A \cap C) + P(B \cap C) = \frac{1}{50} + \frac{1}{150} = \frac{2}{75} \quad \text{…答}$$

(3) $P_C(A) = \dfrac{P(C \cap A)}{P(C)} = \dfrac{1}{50} \div \dfrac{2}{75} = \dfrac{3}{4}$　…答

●製品の内訳

	不良	良	計
a	3	97	100
b	1	49	50
計	4	146	150

a 製 100 個中の不良品
$100 \times 0.03 = 3$
b 製 50 個中の不良品
$50 \times 0.02 = 1$

類題 151　袋の中に 3 枚のカード a，b，c があり，a は両面とも赤，b は赤と白，c は両面とも白である。この袋から 1 枚のカードを抜き出し，テーブルの上におく。テーブルにおかれたカードの上の面が白であるとき，下の面も白である確率を求めよ。

応用例題 152 条件つき確率（原因の確率）

ある年 N 市でインフルエンザが流行した。このとき，インフルエンザにかかった人の割合は，予防接種を受けた場合には 0.2，受けなかった場合には 0.5 であった。また，予防接種を受けた人の割合は 0.3 であった。N 市の人を 1 人を選んだとき，次の確率を求めよ。

(1) 選んだ人がインフルエンザにかかった確率
(2) 選んだ人がインフルエンザにかかっていたとき，その人が予防接種を受けていた確率

ねらい 乗法定理を用いて，原因の確率を求めること。

解法ルール 予防接種を受けたという事象を A，インフルエンザにかかったという事象を B とする。割合は確率と考えられ

$P(A) = 0.3$ ← 予防接種を受けた確率
$P(\overline{A}) = 1 - 0.3$ ← 予防接種を受けていない確率
$P_A(B) = 0.2$ ← 予防接種を受けてインフルエンザにかかった確率
$P_{\overline{A}}(B) = 0.5$ ← 予防接種を受けないでインフルエンザにかかった確率

(1) $P(B) = P(A \cap B) + P(\overline{A} \cap B)$
(2) $P_B(A) = \dfrac{P(B \cap A)}{P(B)}$

← ある試行において，2 つの事象 A, B を考えるとき，全体は 4 つの場合に分けられる。

A\\B	B	$\overline{B}$
A	$A \cap B$	$A \cap \overline{B}$
$\overline{A}$	$\overline{A} \cap B$	$\overline{A} \cap \overline{B}$

解答例 予防接種を受けたという事象を A，インフルエンザにかかったという事象を B とすると

$P(A) = 0.3$, $P(\overline{A}) = 1 - 0.3 = 0.7$
$P_A(B) = 0.2$, $P_{\overline{A}}(B) = 0.5$

(1) インフルエンザにかかっていたとき，予防接種を受けた場合と受けなかった場合がある。
$P(B) = P(A \cap B) + P(\overline{A} \cap B)$
$= P(A) \cdot P_A(B) + P(\overline{A}) \cdot P_{\overline{A}}(B)$
$= 0.3 \times 0.2 + 0.7 \times 0.5 = \mathbf{0.41}$ …答

(2) $P_B(A) = \dfrac{P(A \cap B)}{P(B)} = \dfrac{P(A) \cdot P_A(B)}{P(B)}$
$= \dfrac{0.3 \times 0.2}{0.41} = \dfrac{\mathbf{6}}{\mathbf{41}}$ …答

予防接種＼インフルエンザ		かかった	かからない
受けた	0.3	0.3×0.2	0.3×0.8
受けない	0.7	0.7×0.5	0.7×0.5
計		0.41	0.59

類題 152 袋 a には赤球 3 個，白球 4 個，袋 b には赤球 2 個，白球 1 個が入っている。でたらめに 1 つの袋を選び，その中から 1 球を取り出すとき，次の確率を求めよ。

(1) 赤球が取り出される確率
(2) 赤球が取り出されたとき，それが袋 a の球である確率

これも知っ得　事象の独立と従属

一般に，2つの事象 A, B について
$$P_A(B)=P(B),\ P_B(A)=P(A)$$
が成り立つとき，A と B は**独立**である，または**独立事象**であるといいます。
また，A と B が独立でないとき，A と B は**従属**，または**従属事象**であるといいます。

"独立"と"従属"の言葉の意味から考えると，
A と B が独立ってことは，A と B は関係ないと考えてよいということですか。

そうね。**事象 A が起こったことが事象 B の起こる確率に影響を与えない**，すなわち**事象 A が起こっても，起こらなくても，事象 B の起こる確率は変わらない**という方が正確かな。
ところで，A と B が独立であるということは，別の表現でもいえるんです。

$P_A(B)=\dfrac{P(A\cap B)}{P(A)}=P(B)$ ということですから，
$$P(A\cap B)=P(A)\cdot P(B)$$
のことじゃないですか？

> A と B が独立かどうかを判定するには，$P(A\cap B)=P(A)\cdot P(B)$ が成り立つかどうかを調べるといいんですね。

よく気がついたね。
　事象 A と B が独立 $\iff P(A\cap B)=P(A)\cdot P(B)$
ということです。

先生！ $P(A\cap B)=P(A)\cdot P(B) \iff P_A(B)=P(B)$ ですね。
はじめに先生がいった $P_B(A)=P(A)$ はなくても独立だということですか。

そうね。 $P(A\cap B)=P(A)\cdot P(B)$ の両辺を $P(B)$ で割ると
$$\dfrac{P(A\cap B)}{P(B)}=P(A)\ \ \text{すなわち}\ \ P_B(A)=P(A)$$
$P_A(B)=P(B)$, $P_B(A)=P(A)$ のうち一方が成り立てば他方も成り立つ。
結局，ここに出てきた3つの式のどれかが成り立てば独立ということなんです。

ポイント　事象 A, B が独立 $\iff P(A\cap B)=P(A)\cdot P(B)$
　　　　　　　　　　　　　　 $\iff P_A(B)=P(B)$
　　　　　　　　　　　　　　 $\iff P_B(A)=P(A)$

発展例題 153　　　　　　　　　事象の独立・従属

ねらい
2つの事象の独立, 従属の判定ができるか。

大小2つのさいころを同時に投げるとき, 大きいさいころの目が偶数である事象を A, 目の和が5である事象を B, 目の和が6である事象を C とするとき, 次の2つの事象は独立か従属か。

(1) 事象 A と B　　　　(2) 事象 A と C

解法ルール　事象 A と B が独立か従属かは
$$P(A \cap B) = P(A) \cdot P(B)$$
が成り立つか否かで判定する。

事象 A, B が独立
$$\Leftrightarrow$$
$$P(A \cap B) = P(A) \cdot P(B)$$

解答例
(1) 大小のさいころの目の組は　$6 \times 6 = 36$(通り)

大の目が偶数で, 小の目は1から6のどれでもよいから, 事象 A の起こる場合は　$3 \times 6 = 18$(通り)

よって　$P(A) = \dfrac{18}{36} = \dfrac{1}{2}$

大小の目の和が5となる組は,
(大, 小) = (1, 4), (2, 3), (3, 2), (4, 1)

の4通りだから　$P(B) = \dfrac{4}{36} = \dfrac{1}{9}$

このうち, 大の目が偶数であるのは
(大, 小) = (2, 3), (4, 1)　の2通りだから

$P(A \cap B) = \dfrac{2}{36} = \dfrac{1}{18}$　　$P(A) \cdot P(B) = \dfrac{1}{2} \times \dfrac{1}{9} = \dfrac{1}{18}$

ゆえに　$P(A \cap B) = P(A) \cdot P(B)$

よって, A と B は独立である。　…答

(2) 大小の目の和が6となる組は,
(大, 小) = (1, 5), (2, 4), (3, 3), (4, 2), (5, 1)

の5通りだから　$P(C) = \dfrac{5}{36}$

このうち, 大の目が偶数であるのは,
(大, 小) = (2, 4), (4, 2)　の2通りだから

$P(A \cap C) = \dfrac{2}{36} = \dfrac{1}{18}$　　$P(A) \cdot P(C) = \dfrac{1}{2} \times \dfrac{5}{36} = \dfrac{5}{72}$

ゆえに　$P(A \cap C) \neq P(A) \cdot P(C)$

よって, A と C は従属である。　…答

●設問の(1)と(2)は, 目の和が5であるか6であるかの違いで, 文面から一方が独立で, 一方が従属とは読みとれない。計算してみて判定することになる。

類題 153　さいころを投げたとき, 奇数の目が出る事象を A, 3以上の目が出る事象を B, 4以下の目が出る事象を C とする。次の2つの事象は独立か従属か。

(1) 事象 A と B　　　　(2) 事象 B と C

発展例題 154 確率の相互関係

2つの事象 A と B は独立である。$P(A)=\dfrac{1}{3}$, $P_A(B)=\dfrac{1}{2}$ のとき，次の確率を求めよ。

(1) $P(B)$ (2) $P(A \cap B)$
(3) $P(\overline{A} \cap B)$ (4) $P(A \cup B)$

ねらい 2つの事象の独立の関係を使って，いろいろな確率を求めること。

解法ルール 事象 A と B は独立 $\iff P(A \cap B) = P(A) \cdot P(B)$
$\iff P_A(B) = P(B)$
$\iff P_B(A) = P(A)$

をうまく使う。
(3), (4) は，集合の関係を図示するとわかりやすい。

解答例
(1) 事象 A と B は独立だから $P_A(B) = P(B)$
よって $P(B) = P_A(B) = \dfrac{1}{2}$ …答

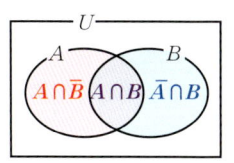

(2) $P(A \cap B) = P(A) \cdot P(B)$
$= \dfrac{1}{3} \times \dfrac{1}{2} = \dfrac{1}{6}$ …答

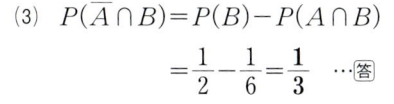

(3) $P(\overline{A} \cap B) = P(B) - P(A \cap B)$
$= \dfrac{1}{2} - \dfrac{1}{6} = \dfrac{1}{3}$ …答

(4) $P(A \cup B) = P(A) + P(B) - P(A \cap B)$
$= \dfrac{1}{3} + \dfrac{1}{2} - \dfrac{1}{6} = \dfrac{2}{3}$ …答

●(3)では，類題 154-3 より
$P(\overline{A} \cap B)$
$= P(\overline{A}) \cdot P(B)$
を用いて求めることもできる。
確率を求めて確認するとよい。

類題 154-1 A, B は互いに独立な事象で，$P(A) = \dfrac{3}{4}$, $P(A \cap \overline{B}) = \dfrac{2}{3}$ である。次のそれぞれの確率を求めよ。
(1) $P(A \cap B)$ (2) $P(B)$ (3) $P(A \cup B)$

類題 154-2 $P(A) = \dfrac{1}{4}$, $P(B) = \dfrac{2}{3}$, $P(\overline{A} \cap B) = \dfrac{1}{4}$ であるとき，事象 A と事象 B は独立か。

類題 154-3 事象 A と B が独立であるとき，事象 $\overline{A}$ と B も独立であることを証明せよ。

Tea Time

○ 確率論のルーツは賭け事

17世紀の有名な数学者パスカル（1623～1662：「人間は考える葦である」の言葉で有名）の話をしましょう。

パスカルへの質問

彼の友人で職業的な賭博師であったシュバリエ・ド・メレという人が，パスカルに次のような質問をしました。

> いま，技量が全く伯仲しているA，Bの2人が32ピストール（ピストールは昔のスペインの金貨）ずつを賭けて勝負しています。先に3回勝った方が64ピストールをもらうことにしました。しかし，Aが2回，Bが1回勝ったところで勝負をやめなくてはいけなくなったのです。64ピストールはどのように分ければいいのでしょう。

パスカルの回答

メレの質問に対するパスカルの回答は次の通りでした。

> あと，1回勝負を続けたとします。もしAが勝てばAが64ピストールもらえます。もしBが勝てば2勝ずつになるので，ここで勝負をやめたとすれば，A，Bに32ピストールずつ分けるのが妥当でしょう。したがってAは次の勝負に勝てば64ピストール，負けても32ピストールもらうことになります。だから，まずAに，勝っても負けてももらうはずの32ピストールを分けます。次に残りの32ピストールですが，もしAが勝てばAのもの，Bが勝てばBのものですから，2人の技量が同じならば，16ピストールずつ分けるべきです。つまり，Aには計48ピストール，Bには16ピストール分けるべきだと私は考えます。

確率の考え方では—確率論のルーツ

パスカルの回答を，確率を使って考えてみます。もし最後まで勝負をしたとしたら，

- Aが64ピストール獲得する確率は
  (i) 4回目にAが勝つ…$\dfrac{1}{2}$
  (ii) 4回目にBが勝ち5回目にAが勝つ…$\left(\dfrac{1}{2}\right)^2$

  (i)，(ii)は排反だから
  $$\dfrac{1}{2}+\left(\dfrac{1}{2}\right)^2=\dfrac{1}{2}+\dfrac{1}{4}=\dfrac{3}{4}$$

- Bが64ピストール獲得する確率は
  4回目，5回目ともBが勝つ…$\left(\dfrac{1}{2}\right)^2=\dfrac{1}{4}$

だから64ピストールは，Aに$\dfrac{3}{4}$，Bに$\dfrac{1}{4}$

つまり，Aに $64\times\dfrac{3}{4}=48$（ピストール），

Bに $64\times\dfrac{1}{4}=16$（ピストール）

分けるのがよい，となるわけです。

パスカルは，この質問をはじめ，メレからの賭博に関するいろいろな質問についてフェルマー（1601～1665：フランスの数学者）と何度も手紙のやりとりをしました。現在では，この手紙の交換が「**確率論**」のはじまりとされています。

定期テスト予想問題 解答→p.41~42

1 A, Bを含む8人の中から5人を選んで円卓に着席させる方法のうち，次のような場合は何通りか。
(1) A, Bがともに含まれる場合
(2) (1)のうちAとBが隣り合う場合

HINT

1 まず5人を選び，そしてこの5人を円卓に並べると考えればよい。

2 0000から9999までの4けたの電話番号のうち4つの数がすべて異なるものは (1) 個，各けたの数が左から右へだんだん小さくなるものは (2) 個，同じ数を2個ずつ含むものは (3) 個できる。

2 (3)は
● 用いる数字の選び方
● 選ばれた数字の並べ方
という順序で考えればよい。

3 平面上で縦には6本の平行線が3cmの間隔で並び，横にはそれらに垂直に交わる8本の平行線が2cmの間隔で並んでいる。この図の中にある次の図形の個数を求めよ。
(1) 長方形　　　(2) 正方形

3 (1) 長方形は縦，横2本ずつの直線で1つ決まる。
(2) 正方形は2本の直線の間隔が等しいことに注意。

4 9個の数字 1, 1, 2, 2, 3, 3, 5, 6, 8 を1列に並べるとき，奇数はすべて奇数番目にあるような並べ方は何通りあるか。

4 まず，奇数番目に5個の奇数を入れる場合の数から求めればよい。

5 SUCCESS の7文字を並べるとき，次の確率を求めよ。
(1) 両端が母音になる。
(2) 同じ文字が隣り合う。

5 同じものを含む順列
(1) SSS, CCの入る場所が何通りあるか。
(2) 隣り合うものはひとまとめにする。

6 男女各 4 人の中から次のような 4 人が選ばれる確率を求めよ。
(1) 男子 2 人，女子 2 人が選ばれる。
(2) 少なくとも 1 人は男子が選ばれる。
(3) 特定の 2 人 A，B が選ばれる。

6 組合せを用いて，それぞれの場合の数を計算する。

7 3 つの袋 A，B，C がある。A には赤球 1 個と白球 2 個，B には赤球 2 個と白球 3 個，C には赤球 3 個と白球 5 個が入っている。いま，それぞれの袋から 1 球ずつ，合わせて 3 球を取り出す。
(1) 3 球がすべて赤球である確率を求めよ。
(2) 3 球のうち，1 球だけが赤球である確率を求めよ。
(3) A または B から赤球が取り出される確率を求めよ。

7 A，B，C の袋から赤球が取り出される確率を求め，これらが独立試行であることから確率を求めればよい。

8 10 本のくじの中に当たりくじがちょうど 4 本入っている。このくじから 1 本ずつ順に 4 本引くとき，次の確率を求めよ。
ただし，引いたくじはもとにもどさないとする。
(1) 4 回目に初めて当たりくじを引く。
(2) 4 回目に 2 本目の当たりくじを引く。

8 条件つき確率を用いて求める。

9 10 本中 3 本の当たりくじがある。赤球 2 個，白球 4 個の入った袋から球を 1 個取り出し，赤球であればくじを 2 本，白球であればくじを 1 本引くことにする。このとき，次の確率を求めよ。
(1) 1 本当たる。
(2) 少なくとも 1 本当たる。

9 2 つの事象が独立であることを利用して求めればよい。

10 事象 A，B の起こる確率をそれぞれ $\dfrac{1}{4}$，$\dfrac{1}{3}$ とし，B が起こったときの A の起こる条件つき確率を $\dfrac{1}{2}$ とする。
このとき，次の確率を求めよ。
(1) A，B がともに起こる確率
(2) A または B が起こる確率
(3) A が起こったときの B の起こる条件つき確率

10 (1) $P(A \cap B)$
$= P(B) \cdot P_B(A)$
(2) $P(A \cup B)$
$= P(A) + P(B)$
$\quad - P(A \cap B)$
(3) $P_A(B)$
$= \dfrac{P(A \cap B)}{P(A)}$

6章 図形の性質 数学A

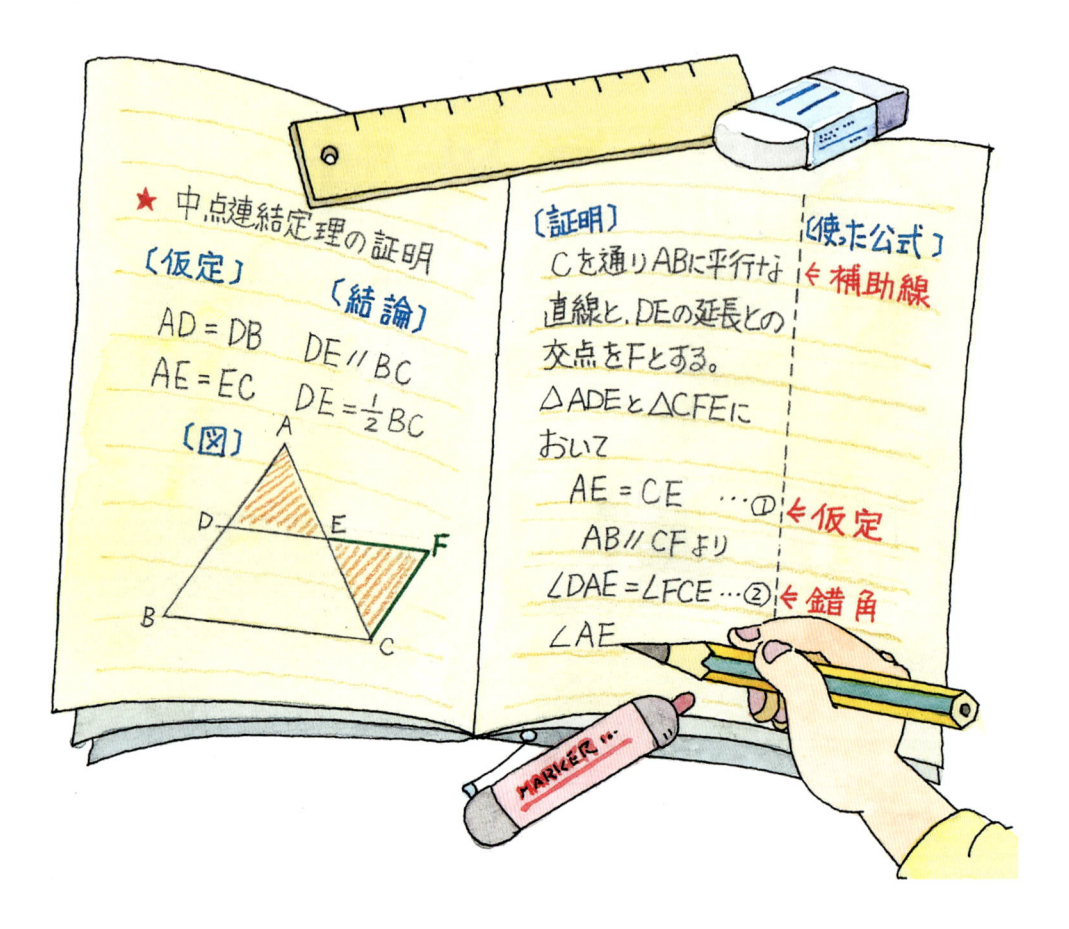

1節 平面図形の性質

平面図形の上達法を伝授しよう。
① ノートは，上の絵のように見開きにして使おう。
　（テスト前に，右ページを折り，左ページを見て証明が書けるようにする。）
② 図は大きく正確にかこう。
　（記号は，左回りに A，B，C とするのが基本。）
③ 補助線は色を変えて引こう。
　（重要な図には色をぬる。）
④ 使った公式は確認しよう。

1 平面図形の基本性質

平面図形を調べるにあたって，中学校で学んだ内容をまとめてみましょう。言葉で覚えられないときは，図を利用して記号で覚えるといいですよ。

1 対頂角

2直線が交わってできる**対頂角**について，

ポイント [対頂角]
対頂角は等しい。

1 対頂角

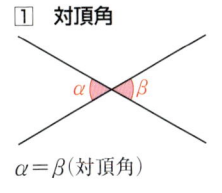

$\alpha = \beta$（対頂角）

2 平行線と角

2直線に，他の1直線が交わってできる**同位角，錯角，同側内角**について，

ポイント [平行線と角]

2直線が平行 $\iff$ ① 同位角は等しい
② 錯角は等しい
③ 同側内角の和は $180°$

覚え得

2 平行線と角

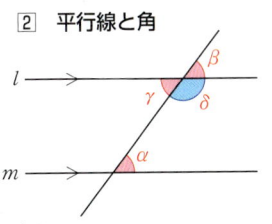

$l \mathbin{/\mkern-5mu/} m \iff$
$\begin{cases} ① \alpha = \beta（同位角）\\ ② \alpha = \gamma（錯角）\\ ③ \alpha + \delta = 180° \\ \qquad（同側内角）\end{cases}$

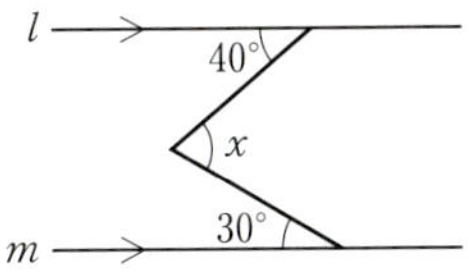

左の図の x は，l, m に平行な補助線を，右の図のように引いて求める。

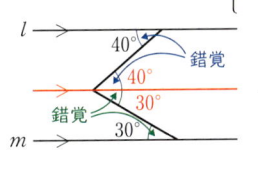

$x = 40° + 30° = \mathbf{70°}$

3 三角形の内角と外角

三角形の内角と外角について，

ポイント [三角形の内角と外角]
① 三角形の3つの**内角**の和は $180°$ である。
② 三角形の**外角**は，それに隣り合わない2つの内角の和に等しい。

3 三角形の内角と外角

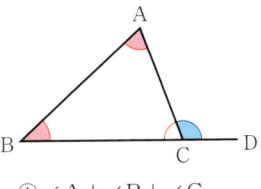

① $\angle A + \angle B + \angle C = 180°$
② $\angle A + \angle B = \angle ACD$

[②の証明]
図のように，点 C を通り AB に平行な直線 CE を引く。
$\angle ACE = \angle A$（錯角），$\angle ECD = \angle B$（同位角）
よって $\angle ACD = \angle ACE + \angle ECD = \angle A + \angle B$

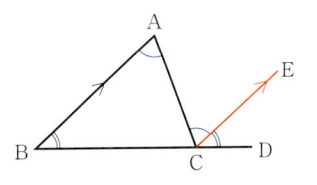

4 三角形の合同条件

2つの三角形が合同となる条件は，

ポイント [三角形の合同条件]
① 3組の辺がそれぞれ等しい。
② 2組の辺とその間の角がそれぞれ等しい。
③ 1組の辺とその両端の角がそれぞれ等しい。

4 三角形の合同条件

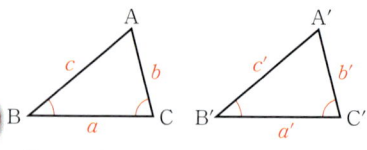

① $a=a'$, $b=b'$, $c=c'$
② $a=a'$, $c=c'$, $\angle B=\angle B'$
③ $a=a'$, $\angle B=\angle B'$, $\angle C=\angle C'$
$\Longrightarrow \triangle ABC \equiv \triangle A'B'C'$

△ABCにおいて，右の図のようにAB，ACを1辺とする正方形をつくる。△AEC≡△ABGであることを証明しよう。

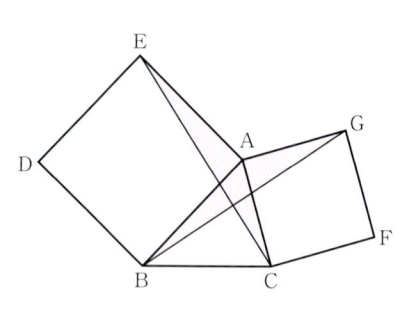

〔証明〕 △AECと△ABGにおいて
　AE＝AB（四角形 ABDE は正方形）
　AC＝AG（四角形 ACFG は正方形）
　∠CAE＝∠GAB（＝∠BAC＋90°）
2組の辺とその間の角がそれぞれ等しいので　△AEC≡△ABG

5 直角三角形の合同条件

2つの直角三角形が合同となる条件は，

ポイント [直角三角形の合同条件]
① 斜辺と1つの鋭角がそれぞれ等しい。
② 斜辺と他の1辺がそれぞれ等しい。

5 直角三角形の合同条件

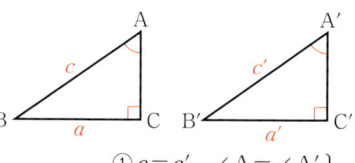

① $c=c'$, $\angle A=\angle A'$
② $c=c'$, $a=a'$
$\Longrightarrow \triangle ABC \equiv \triangle A'B'C'$

6 二等辺三角形の性質

二等辺三角形について，

ポイント [二等辺三角形の性質]
① 両底角が等しい。
② 頂角の二等分線と底辺の垂直二等分線は一致する。

6 二等辺三角形の性質

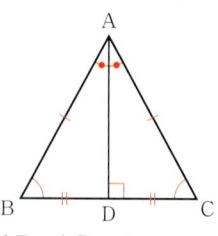

AB＝AC $\Longrightarrow$
① ∠B＝∠C
② ・∠BAD＝∠CAD
　・BD＝CD
　・AD⊥BC
いずれか1つが成立すれば他も成立する。

7 平行四辺形の性質

2組の向かい合う辺が平行である四角形(**平行四辺形**)について,

> **ポイント** [平行四辺形の性質]
> ① 2組の向かい合う辺はそれぞれ等しい。
> ② 1組の向かい合う辺が平行で等しい。
> ③ 2組の向かい合う角はそれぞれ等しい。
> ④ 対角線はそれぞれの中点で交わる。

7 平行四辺形の性質
(AB∥DC, AD∥BC)

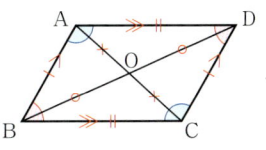

① AB=DC, AD=BC
② AD∥BC, AD=BC
③ ∠A=∠C, ∠B=∠D
④ AO=CO, BO=DO

8 三角形の辺と平行線

三角形の辺に関する平行線と線分の比については,右の図で,

> **ポイント** [三角形の辺と平行線]
> ① DE∥BC
> $\Longrightarrow$ AD:AB=AE:AC=DE:BC
> ② AD:AB=AE:AC $\Longrightarrow$ DE∥BC

8 三角形の辺と平行線

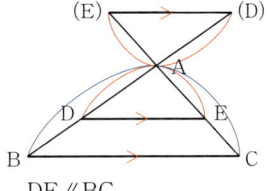

DE∥BC
　$\Longleftrightarrow$ AD:AB
　　=AE:AC

9 中点連結定理

△ABCでAB, ACの中点をそれぞれM, Nとすれば,

> **ポイント** [中点連結定理]
> AM=MB, AN=NC
> $\Longrightarrow$ MN∥BC, MN=$\frac{1}{2}$BC

覚え得

9 中点連結定理

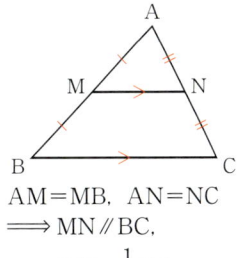

AM=MB, AN=NC
$\Longrightarrow$ MN∥BC,
　MN=$\frac{1}{2}$BC

10 平行線と比

平行な直線に交わる2直線があるとき,右の図で,

> **ポイント** [平行線と比]
> $l\parallel m\parallel n \Longleftrightarrow$ AB:AC=DE:DF
> 　　　　(AB:BC=DE:EFも可)

覚え得

10 平行線と比

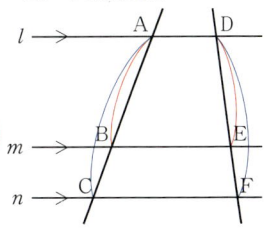

$l\parallel m\parallel n$
$\Longleftrightarrow$ AB:AC
　=DE:DF

1　平面図形の性質

11 三角形の相似条件

2つの三角形が相似となる条件は,

> **ポイント**　[三角形の相似条件]
> ① 2組の角がそれぞれ等しい。
> ② 2組の辺の比とその間の角がそれぞれ等しい。
> ③ 3組の辺の比がそれぞれ等しい。

11 三角形の相似条件

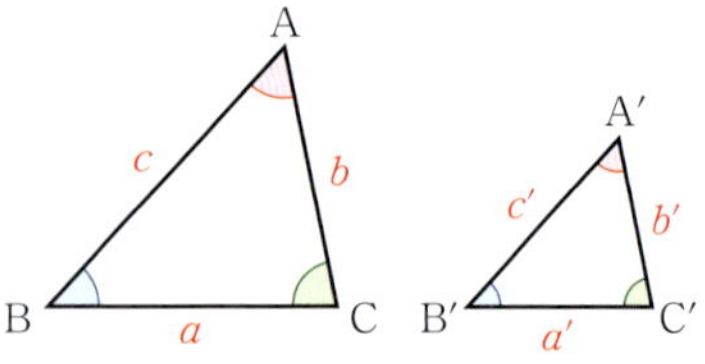

① $\angle A = \angle A'$, $\angle B = \angle B'$
② $b : b' = c : c'$, $\angle A = \angle A'$
③ $a : a' = b : b' = c : c'$
$\Longleftrightarrow \triangle ABC \backsim \triangle A'B'C'$

12 内角の二等分線

$\triangle ABC$ において $\angle A$ の二等分線と辺 BC の交点を D とすると,

> **ポイント**　[内角の二等分線]
> $\angle BAD = \angle CAD \Longleftrightarrow BD : DC = AB : AC$
> 点 D は線分 BC を AB : AC に内分する点
>
> 覚え得

12 内角の二等分線

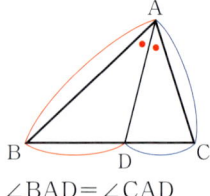

$\angle BAD = \angle CAD$
$\Longleftrightarrow BD : DC$
$\quad = AB : AC$

13 外角の二等分線

$\triangle ABC$ において $\angle A$ の外角の二等分線と辺 BC の延長との交点を D, BA の延長上の点を E とすると,

> **ポイント**　[外角の二等分線]
> $\angle CAD = \angle EAD$
> $\Longleftrightarrow BD : DC = AB : AC$
> 点 D は線分 BC を AB : AC に外分する点

13 外角の二等分線

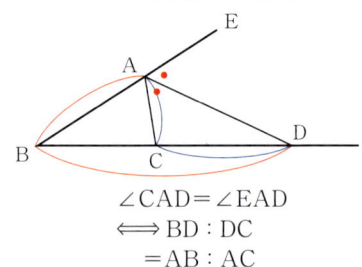

$\angle CAD = \angle EAD$
$\Longleftrightarrow BD : DC$
$\quad = AB : AC$

12, 13 については，中学校で学習していない人もいるので，本文 *p. 224* でもう一度くわしく説明しますが，重要な公式なので，覚えておくと便利ですよ。

14 色々な面積比

Ⅰ 等高な三角形の面積比

△ABC において，辺 BC 上に点 D をとるとき，

> **ポイント** ［等高な三角形の面積比］
> △ABD：△ADC＝BD：DC

14-Ⅰ 等高な三角形の面積比

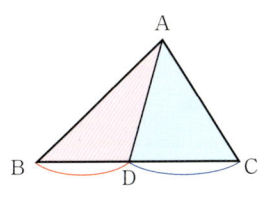

△ABD：△ADC
＝BD：DC

Ⅱ 底辺が共通な三角形の面積比

△ABC において，辺 BC 上に点 D をとり，AD（または延長）上に点 P をとるとき，

> **ポイント** ［底辺共通な三角形の面積比］
> △PBC：△ABC＝PD：AD
> △PAB：△PAC＝BD：CD

14-Ⅱ 底辺共通な三角形の面積比

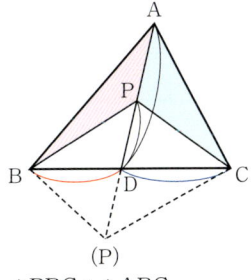

△PBC：△ABC
＝PD：AD
△PAB：△PAC
＝BD：CD

Ⅲ 1つの角が等しい三角形の面積比

△ABC において，辺 AB，AC 上にそれぞれ点 D，E をとるとき，

> **ポイント** ［1つの角が等しい三角形の面積比］
> △ADE：△ABC＝(AD・AE)：(AB・AC) 【覚え得】

14-Ⅲ 1角が等しい三角形の面積比

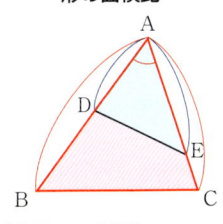

△ADE：△ABC
＝(AD・AE)：(AB・AC)

Ⅳ 相似な図形の面積比

△ABC∽△A′B′C′ のとき，

> **ポイント** ［相似な図形の面積比］
> △ABC∽△A′B′C′
> $\Longrightarrow$ △ABC：△A′B′C′＝AB^2：A′B′^{2} 【覚え得】

相似比の 2 乗の比になる。

14-Ⅳ 相似形の面積比

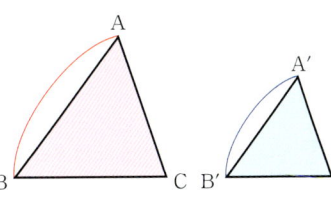

△ABC∽△A′B′C′
$\Longrightarrow$ △ABC：△A′B′C′
＝AB^2：A′B′^{2}

1 平面図形の性質

15 三平方の定理

直角三角形において，

> **ポイント** [三平方の定理]
> $\angle A = 90° \iff AB^2 + AC^2 = BC^2$

15 三平方の定理

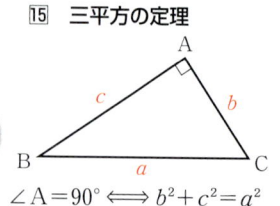

$\angle A = 90° \iff b^2 + c^2 = a^2$

16 直角三角形の性質

直角三角形において，BC の中点を M とすると，

> **ポイント** [直角三角形の性質]
> $\angle A = 90° \iff AM = BM = CM$

16 直角三角形の性質

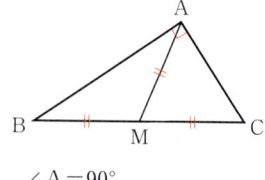

$\angle A = 90° \iff AM = BM = CM$

17 中線定理

△ABC で BC の中点を M とするとき，

> **ポイント** [中線定理]
> $BM = MC$
> $\implies AB^2 + AC^2 = 2(AM^2 + BM^2)$

17 中線定理

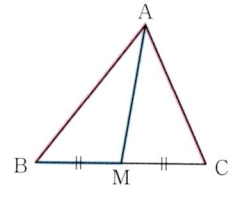

$AB^2 + AC^2 = 2(AM^2 + BM^2)$

18 円周角の定理

1 つの弧に対する円周角と中心角の関係は，

> **ポイント** [円周角の定理]
> 1 つの弧に対する
> ① 円周角は等しい。
> ② 円周角は中心角の半分の大きさ。

18 円周角の定理

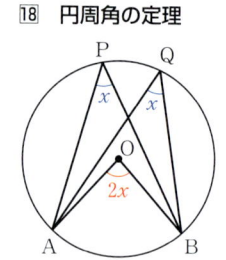

① $\angle APB = \angle AQB$
② $\angle APB = \dfrac{\angle AOB}{2}$

以上の基本性質を使って，さらに平面図形の性質を調べていこうね。

Tea Time ◯ 黄金比

クレジットカードや名刺などは，縦横のバランスがよい長方形です。この形は，古くから最も美しい長方形として知られていました。では，この長方形の縦横の比率を求めてみましょう。

この長方形には，「長方形 ABCD から，AB を1辺とする正方形 ABEF を切り取った残りの長方形 ECDF が，もとの長方形 ABCD と相似になる。」という性質があります。

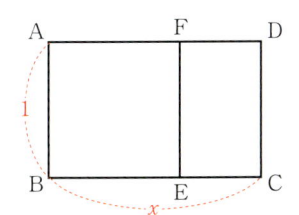

ミロのビーナス

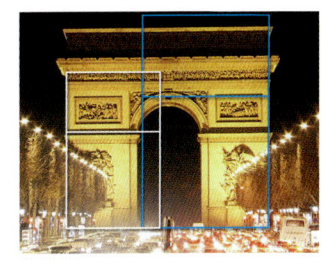

凱旋門

$AB=1$，$BC=x$ とします。
長方形 ABCD ∽ 長方形 ECDF
$AB:BC=EC:CD$ だから
  $1:x=(x-1):1$
$x(x-1)=1$ より $x^2-x-1=0$
  よって $x=\dfrac{1\pm\sqrt{5}}{2}$
$x>0$ より $x=\dfrac{1+\sqrt{5}}{2}$

つまり $AB:BC=1:\dfrac{1+\sqrt{5}}{2}$

この比を**黄金比**といいます。
近似値を求めてみましょう。

$$\dfrac{1+\sqrt{5}}{2}=\dfrac{1+2.236\cdots}{2}=\dfrac{3.236\cdots}{2}$$

$AB:BC=1:\dfrac{3.236\cdots}{2}≒1:1.6$

パルテノン神殿

この比は，絵画や彫刻や建築物などの芸術作品に多く見られます。右の例で確認してみましょう。

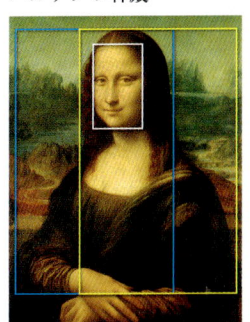

モナリザ

1 平面図形の性質

2 証明

ここでは、"なぜ正しいか"をすじ道を立てて論理的に証明することを学ぶよ。
〔証明〕をするときは、〔仮定〕(与えられている条件)と〔結論〕(導き出す内容)をおさえておくことが重要だ。
まずは、直接的に証明する方法で、前に述べた基本性質をいくつか証明してみよう。

> 君達が書く答案は証明の部分だけでいいけど、仮定と結論をおさえておくことは大切なことよ。

基本例題 155　中点連結定理(⑨の証明)

△ABC において、辺 AB, AC の中点をそれぞれ D, E とするとき、DE∥BC, DE=$\frac{1}{2}$BC であることを証明せよ。

テストに出るぞ！

ねらい
証明の仕方を考えること。

解法ルール
1. 図は大きく正確にかく。
2. 補助線を考える。
3. 平行であることを示すには、2平行線と角を見る。

解答例

〔仮定〕　　　〔結論〕
AD=DB ｝⟹　DE∥BC
AE=EC 　　　DE=$\frac{1}{2}$BC

> 仮定と結論をおさえよう。

DE∥BC, DE=$\frac{1}{2}$BC

〔証明〕
C を通り、AB に平行な直線と DE の延長との交点を F とする。
△ADE と △CFE において
　仮定より　AE=CE　……①
　AB∥CF より　∠DAE=∠FCE(錯角)　……②
　　　　　　　∠AED=∠CEF(対頂角)　……③
①、②、③より、1組の辺とその両端の角がそれぞれ等しいので
　△ADE≡△CFE　よって　AD=CF, DE=FE
また、仮定より　AD=DB だから　DB=CF　……④
④と DB∥CF より、1組の向かいあう辺が平行で等しいから、四角形 DBCF は平行四辺形。　よって　DE∥BC
BC=DF=2DE　よって　DE=$\frac{1}{2}$BC
したがって　DE∥BC, DE=$\frac{1}{2}$BC　終

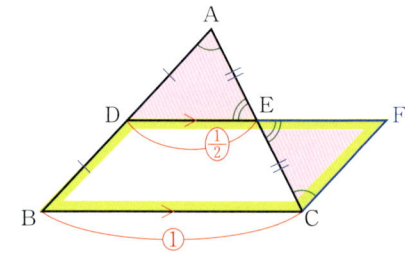

2-②平行な2直線の錯角は等しい。
1対頂角は等しい。

4-③1組の辺とその間の角がそれぞれ等しいので、三角形は合同。

7-②の逆で、1組の向かい合う辺が平行で等しいから平行四辺形。

基本例題 156 三平方の定理(15の証明)

∠A=90°である直角三角形 ABC において，
$AB^2+AC^2=BC^2$ であることを証明せよ。

ねらい 直接的に証明をすること。

解法ルール
1. 図は大きく正確にかく。
2. AB^2 をつくるには**相似な三角形**を利用する。
3. **補助線**を考える。

解答例

〔仮定〕　　〔結論〕
∠A=90° ⟹ $AB^2+AC^2=BC^2$

〔証明〕
A から BC に引いた垂線の足を H とする。
△ABC と △HBA において
　仮定より　∠BAC=∠BHA(=90°)
　∠ABC=∠HBA(共通)
2組の角がそれぞれ等しいので，
△ABC∽△HBA となって
　　BC：BA=AB：HB
よって　$AB^2=BH \cdot BC$　……①
同様にして
△ABC∽△HAC がいえて
　　BC：AC=AC：HC
よって　$AC^2=CH \cdot BC$　……②
①+② より　$AB^2+AC^2=BH \cdot BC+CH \cdot BC$
　　　　　　　　　　　$=(BH+CH) \cdot BC$
　　　　　　　　　　　$=BC^2$
よって　$\mathbf{AB^2+AC^2=BC^2}$　終

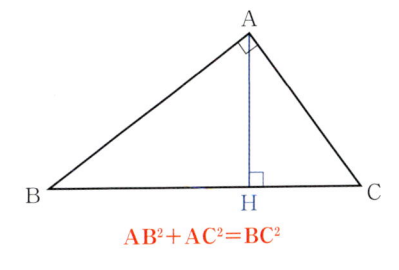

$AB^2+AC^2=BC^2$

11-①より，三角形は相似

BH+CH=BC

類題 156　△ABC の辺 BC の中点を M とするとき，
$AB^2+AC^2=2(AM^2+BM^2)$ であることを証明せよ。(17中線定理の証明)

基本例題 157 内角の二等分線（12の証明） **テストに出るぞ！**

△ABC において，∠A の二等分線は辺 BC を AB：AC に内分することを証明せよ。

ねらい 平行線の比を活用すること。

解法ルール
1. 図は大きく正確にかく。
2. 補助線を引く。
3. AB：AC の比を一直線上にもってくる。
4. 平行線と比を活用する。

解答例 ∠A の二等分線と辺 BC との交点を D とすると，

〔仮定〕　　　　　〔結論〕
∠BAD＝∠CAD ⟹ BD：DC＝AB：AC

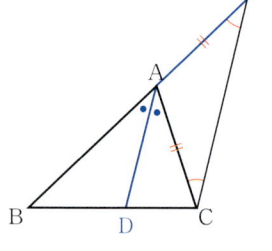

BD：DC＝AB：AC

〔証明〕
BA の延長上に AC＝AE となる点 E をとると，
△ACE は二等辺三角形となるので
　　∠ACE＝∠AEC　……①　← 6 二等辺三角形の性質
一方，∠BAC は ∠CAE の外角だから
　　∠BAC＝∠ACE＋∠AEC　……②　← 3 三角形の内角と外角
①，②より　∠BAC＝2∠ACE
また，仮定より AD は ∠BAC の二等分線だから
　　∠CAD＝$\frac{1}{2}$∠BAC＝∠ACE
錯角が等しいので　AD∥EC　← 2 平行線と角の性質
よって　BD：DC＝BA：AE　← 8 三角形の辺と平行線の性質
AC＝AE となるような補助線を引いたので
　　BD：DC＝AB：AC
よって，**点 D は辺 BC を AB：AC に内分する点である。** 終

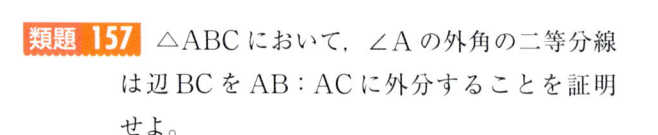

類題 157 △ABC において，∠A の外角の二等分線は辺 BC を AB：AC に外分することを証明せよ。
（**Hint**：AB 上に AC＝AF となる点 F をとる。）

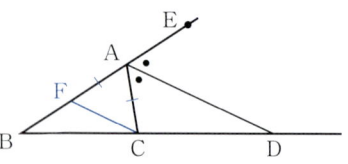

6 章　図形の性質

3 定理の逆の証明

次に，間接的に証明する方法で，定理の逆の証明法としてよく使われる方法を紹介しておこう。

基本例題 158 　　中点連結定理の逆（9の逆）

△ABC において，AB の中点 D を通り，BC に平行な直線と AC の交点を E とするとき，AE＝EC であることを証明せよ。

ねらい
間接的な証明法（同一法）で証明すること。

解法ルール
1. 図は大きく正確にかく。
2. AC の中点 E′ が E と一致することを示す。

解答例 AC の中点を E′ とする。

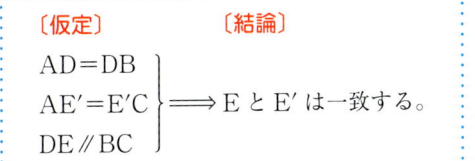

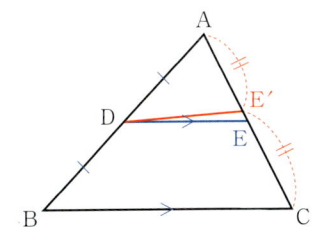

〔仮定〕　　　〔結論〕
AD＝DB
AE′＝E′C ⟹ E と E′ は一致する。
DE∥BC

〔証明〕
仮定より AD＝DB，AE′＝E′C だから，
中点連結定理により　DE′∥BC
一方，仮定より　DE∥BC
よって　DE∥DE′
E，E′ はともに AC 上の点であるから，E と E′ は一致する。
　　したがって　**AE＝EC**　終

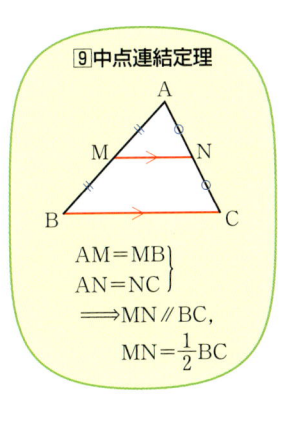

9 中点連結定理

AM＝MB
AN＝NC
⟹ MN∥BC,
　　MN＝$\frac{1}{2}$BC

この解答，なんだかずるくありませんか？

うーん，そんなふうに感じるかもしれないけど，これは立派な証明法なんだよ。**同一法**といってね，定理の逆を証明するときに使うことが多いんだ。このように，定理の逆が成り立つことを調べるのも重要なことなんだよ。

1　平面図形の性質

応用例題 159 内角の二等分線の逆（12の逆）

△ABC において，辺 BC を AB：AC に内分する点を D とするとき，AD は ∠A を 2 等分することを証明せよ。

ねらい 間接的な証明法で証明すること。

解法ルール
1. 図は大きく正確にかく。
2. ∠A の二等分線と BC の交点 D′ が D と一致することを示す。

解答例 ∠A の二等分線が BC と交わる点を D′ とする。

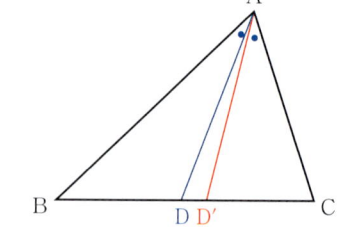

〔仮定〕
BD：DC＝AB：AC
∠BAD′＝∠D′AC
〔結論〕
D と D′ は一致する。

〔証明〕
12 内角の二等分線の性質より
　　BD′：D′C＝AB：AC
一方，仮定より
　　BD：DC＝AB：AC
よって，BD：DC＝BD′：D′C となり，D, D′ はともに辺 BC 上の点であるから，D と D′ は一致する。
したがって，**AD は ∠A を 2 等分する**。 終

類題 159 △ABC において，辺 BC を AB：AC に外分する点を D とするとき，AD は ∠A の外角を 2 等分することを証明せよ。（13 外角の二等分線の逆）

Tea Time

● ユークリッド幾何学

　平面図形の性質を研究する学問を幾何学といい，これは，すでに紀元前 300 年頃に，ユークリッドによって，学問として体系づけがおこなわれました。現在，君達が学んでいる幾何学は**ユークリッドの「原論」**にまとめられたものです。

　今から 2000 年以上も昔にできた学問が，現在まで受け継がれているのです。

4 三角形の五心

三角形には，ある条件を満たす3本の直線が1点で交わるという不思議な性質が5つあり，それらの点を，**重心**，**外心**，**垂心**，**内心**，**傍心**といい，まとめて**五心**といいます。

❖ 重　心

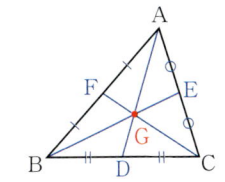

三角形の3つの中線は1点で交わり，その点で各中線は $2:1$ の比に分けられる。この点を三角形の**重心**（右の図の点 G）という。

（注意） 三角形の頂点と対辺の中点を結ぶ直線を**中線**という。

❖ 外　心

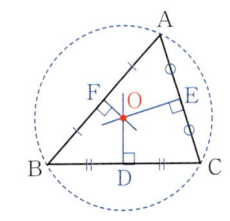

三角形の3つの辺の垂直二等分線は1点で交わる。この点を三角形の**外心**（右の図の点 O）という。

外心 O は三角形の**外接円の中心**である。

❖ 垂　心

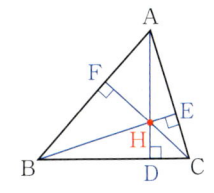

三角形で，3つの頂点から対辺に引いた垂線は1点で交わる。この点を三角形の**垂心**（右の図の点 H）という。

❖ 内　心

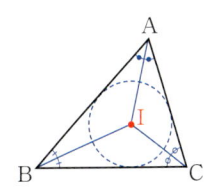

三角形の3つの内角の二等分線は1点で交わる。この点を三角形の**内心**（右の図の点 I）という。

内心 I は三角形の**内接円の中心**である。

❖ 傍　心

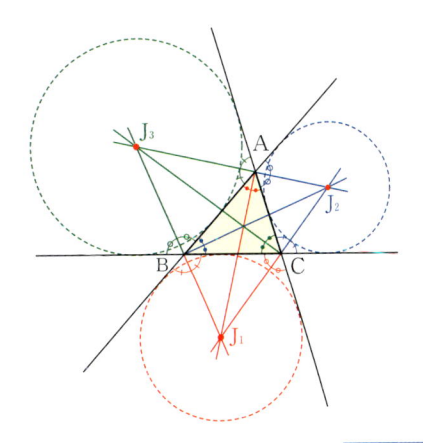

三角形で，1つの内角の二等分線と他の2つの外角の二等分線は1点で交わる。この点を三角形の**傍心**（右の図の点 J_1，J_2，J_3）という。

傍心は三角形の**傍接円の中心**である。

基本例題 160　　　　　　　　　　　　　　　　重 心

三角形の3つの中線は1点で交わり，その点で各中線は2：1の比に分けられることを証明せよ。

ねらい
重心の性質を証明すること。

解法ルール
1. 2本の中線の交点と残りの頂点を通る直線が，中線となることを証明する。
2. 補助線をどこに引くか考える。
3. **中点連結定理，平行四辺形の性質**を活用する。

解答例　△ABCにおいて，3辺BC，CA，ABの中点をそれぞれD，E，Fとする。またBE，CFの交点をGとする。

〔仮定〕　　〔結論〕
CE＝EA　　AGの延長はDを通る。
AF＝FB　　AG：GD＝2：1

〔証明〕
AGの延長上にAG＝GTとなる点Tをとる。
△ABTにおいて，
AG＝GT
AF＝FB　　より　FG∥BT〔中点連結定理〕
よって　FC∥BT　……①
△ACTで同様にして
BE∥TC　……②
①，②より，四角形BTCGは平行四辺形。
ゆえに，対角線BC，GTはそれぞれの中点で交わる。
よって，AGの延長はBCの中点Dを通る。
したがって，3つの中線は1点で交わる。
また　AG＝GT
　　　GD＝DT　より　**AG：GD＝2：1**　終

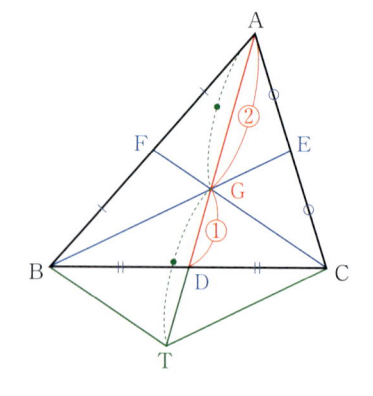

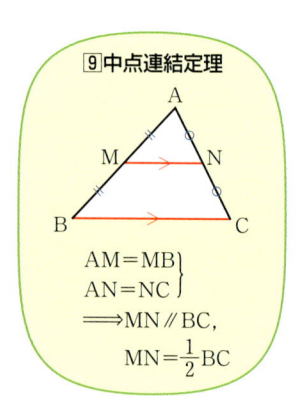

⑨中点連結定理

AM＝MB
AN＝NC
⟹MN∥BC，
MN＝$\frac{1}{2}$BC

類題 160　平行四辺形ABCDでBC，ADの中点をそれぞれE，Fとする。対角線BDとAE，CFとの交点をそれぞれM，Nとするとき，次のことを証明せよ。
(1) Mは△ABCの重心である。
(2) M，Nは対角線BDの三等分点である。

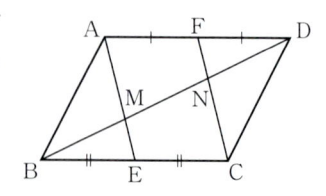

基本例題 161 外心

三角形の各辺の垂直二等分線は1点で交わることを証明せよ。

ねらい　外心の性質を証明すること。

解法ルール
1. 2本の垂直二等分線の交点と残りの辺の中点を通る直線が、その辺の垂直二等分線となることを証明する。
2. 二等辺三角形の性質を活用する。

解答例　△ABC において、3辺 BC, CA, AB の中点をそれぞれ D, E, F とする。また、2辺 AB, AC の垂直二等分線の交点を O とする。

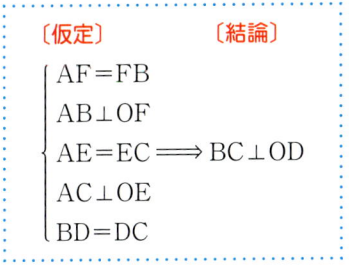

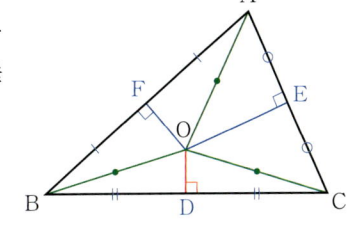

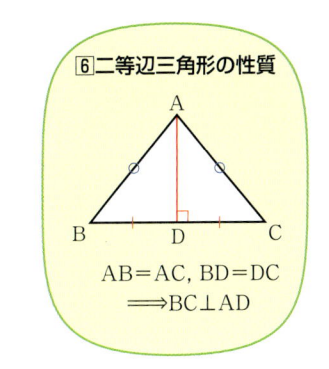

〔仮定〕
$$\begin{cases} AF=FB \\ AB\perp OF \\ AE=EC \\ AC\perp OE \\ BD=DC \end{cases} \implies \text{〔結論〕}\ BC\perp OD$$

〔証明〕
O は線分 AB の垂直二等分線上の点だから
　OA=OB　……①
同様に、O は線分 AC の垂直二等分線上の点だから
　OA=OC　……②
①, ②より　OB=OC
よって、△OBC は二等辺三角形となる。
仮定より　BD=DC
したがって、二等辺三角形の性質により　BC⊥OD
ゆえに、OD は BC の垂直二等分線となる。
よって、**三角形の各辺の垂直二等分線は1点で交わる。**　〔終〕

⑥ 二等辺三角形の性質

AB=AC, BD=DC
⟹BC⊥AD

ポイント　[外心]
△ABC の外心 O ⟺ O は外接円の中心

基本例題 161 の証明で OA=OB=OC

類題 161-1　右の図は、ある円の一部である。円の中心を求めよ。

類題 161-2　∠A=90°の直角三角形 ABC の外心はどこにあるか。

1　平面図形の性質

基本例題 162 　　　　　　　　　　内　心

三角形の3つの内角の二等分線は1点で交わることを証明せよ。

ねらい
内心の性質を証明すること。

解法ルール
① 2本の角の二等分線の交点と残りの頂点を通る直線が，角の二等分線となることを証明する。
② 直角三角形の合同条件を活用する。

解答例 △ABC において，∠B，∠C の二等分線の交点を I とする。

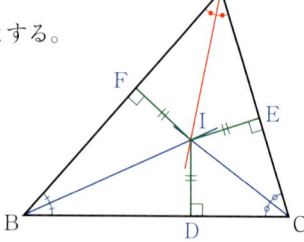

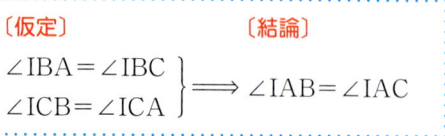

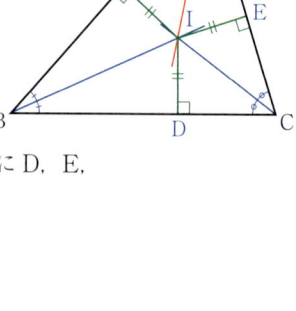

〔仮定〕　　　　〔結論〕
∠IBA＝∠IBC
∠ICB＝∠ICA $\Longrightarrow$ ∠IAB＝∠IAC

〔証明〕　　　補助線

I から△ABC の各辺へ垂線を引き，その足を図のように D，E，F とする。

△IBD と△IBF において
　∠IDB＝∠IFB（＝90°）
　∠IBD＝∠IBF（仮定より）
　IB は共通

以上より，直角三角形において斜辺と1つの鋭角がそれぞれ等しいので　△IBD≡△IBF　よって　ID＝IF　……①

同様に，△ICD≡△ICE より　ID＝IE　……②

①，②より　IE＝IF

次に，△IAE と△IAF において
　∠IEA＝∠IFA（＝90°）
　IE＝IF
　IA は共通

以上より，直角三角形において斜辺と他の1辺がそれぞれ等しいので　△IAE≡△IAF　よって　∠IAC＝∠IAB

したがって，**三角形の3つの内角の二等分線は1点で交わる**。　〔終〕

⑤直角三角形の合同条件
① 斜辺と1つの鋭角
② 斜辺と他の1辺

類題 162 鋭角三角形 ABC において，頂点 A，B，C から対辺に引いた垂線の足をそれぞれ D，E，F とし，垂心を H とする。このとき H は△DEF の内心であることを証明せよ。

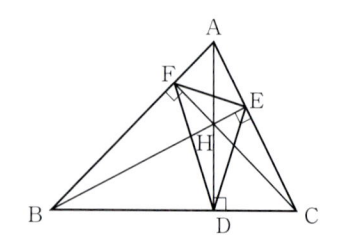

● 垂心と傍心について

垂心も傍心も初めて耳にするよね。まず，垂心からくわしく説明しよう。**3つの頂点から対辺に引いた垂線は1点で交わる**。この交点を**垂心**（右の図の点H）というんだ。右の図を見て，各頂点A，B，Cを通って対辺に平行な直線を引いて作った△LMNに注目してごらん。Hは△LMNの何になる？

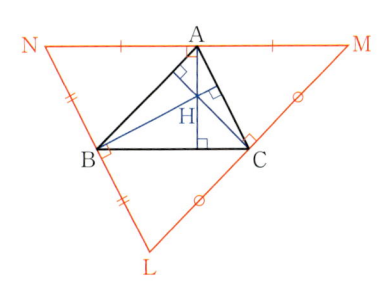

ええと…。Hは△LMNの各辺の垂直二等分線の交点だから…。わかった!! 外心ですね。なるほど，△ABCの3つの垂線は1点で交わりますね。

そうだね。じゃあ，△HBC，△HCA，△HAB のそれぞれの垂心はどこにある？

△HBCの垂心は，HからBCに引いた垂線とBからCHに引いた垂線とCからHBに引いた垂線の交点だから…。あ！Aになります！同じように考えると…，△HCAの垂心はB，△HABの垂心はCですね。

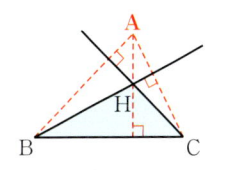

その通り。では傍心について説明するよ。
1つの内角の二等分線と他の2つの外角の二等分線は1点で交わる。この点を**傍心**（右の図の点J）というんだ。

証明は，

　右の図のように∠B，∠Cの外角の二等分線の交点Jから各辺，またその延長上に引いた垂線の足をD，E，Fとする。

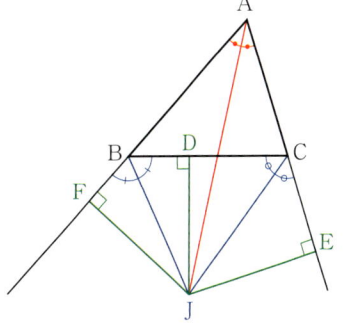

　　△JDB≡△JFB（斜辺と1つの鋭角がそれぞれ等しい）
　　△JDC≡△JEC（斜辺と1つの鋭角がそれぞれ等しい）
　だから　JD＝JE＝JF
　JE＝JF より　△JEA≡△JFA（斜辺と他の1辺がそれぞれ等しい）
　よって，JAは∠Aの二等分線になる。

とすればいいんだ。*p.227* で示したように，**傍心は3つある**んだよ。

1　平面図形の性質

応用例題 163 内心・垂心・傍心

△ABCの内心をI, 3つの傍心をJ_1, J_2, J_3とするとき, Iは△$J_1J_2J_3$の垂心であることを証明せよ。

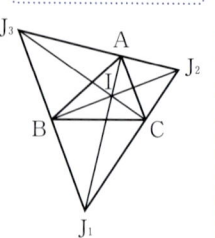

ねらい
内心, 垂心, 傍心の性質をうまく利用して証明する。

解法ルール IA⊥J_2J_3, IB⊥J_3J_1, IC⊥J_1J_2 を証明すればよい。

傍心
1つの内角の二等分線と, 他の2つの外角の二等分線の交点

解答例 図のように辺BAの延長上にDをとる。
AJ_2は∠BACの外角の二等分線だから
　　∠CAJ_2＝∠DAJ_2
また　∠DAJ_2＝∠BAJ_3（対頂角）
よって　∠CAJ_2＝∠BAJ_3　……①
一方, Iは△ABCの内心だから
　　∠CAI＝∠BAI　……②
①, ②より　∠CAJ_2＋∠CAI＝∠BAJ_3＋∠BAI
よって　∠IAJ_2＝∠IAJ_3
∠IAJ_3＋∠IAJ_2＝180°だから　∠IAJ_2＝90°
したがって　IA⊥J_2J_3
同様にして　IB⊥J_3J_1
　　　　　　IC⊥J_1J_2
よって, Iは△$J_1J_2J_3$の垂心である。　□

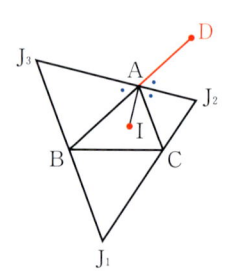

ポイント [内心, 垂心, 傍心の関係]
- Iは△ABCの**内心**。
- J_1, J_2, J_3は△ABCの**傍心**。
- Iは△$J_1J_2J_3$の**垂心** Hでもある。

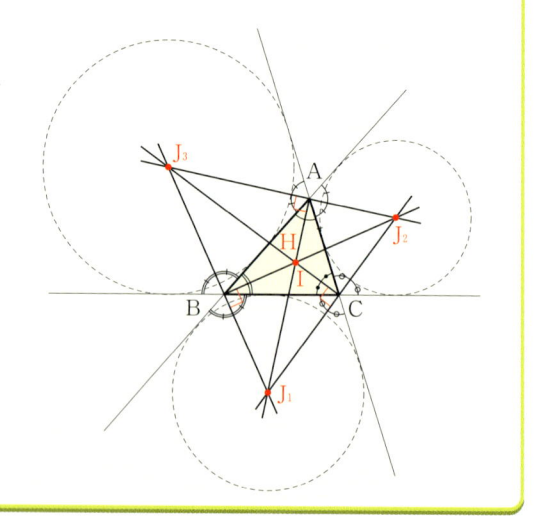

5 三角形の面積比

基本例題 164 　　三角形の面積比（14-Ⅲ の証明）

△ABC において，辺 AB，AC 上にそれぞれ点 D, E をとるとき，
△ABC：△ADE＝(AB・AC)：(AD・AE) であることを証明せよ。

ねらい
1つの角が等しい三角形の面積比を求めること。

解法ルール
1. 底辺または高さが等しい三角形で面積比が考えられるように補助線を引く。
2. 14-Ⅰ 等高な三角形の面積比を活用する。

解答例 補助線 BE を引く。

△ADE と △ABE は頂点 E からの高さが等しいから

$$\triangle ADE = \frac{AD}{AB}\triangle ABE \quad \cdots\cdots ①$$

△ABE と △ABC は頂点 B からの高さが等しいから

$$\triangle ABE = \frac{AE}{AC}\triangle ABC \quad \cdots\cdots ②$$

②を①に代入して　$\triangle ADE = \frac{AD}{AB}\cdot\frac{AE}{AC}\triangle ABC$

よって　**△ABC：△ADE＝(AB・AC)：(AD・AE)**　終

右の図で，△ABD と △ACD の比を考えましょう。

- 頂点 A から底辺 BC への高さ AH が等しいと考えれば，面積の公式より，面積比は底辺 BD と DC の比となります。よって　△ABD：△ACD＝BD：DC
　　　　← 14-Ⅰ 等高な三角形の面積比

- AD を2つの三角形の底辺と考えれば，面積比はそれぞれ頂点 B，C からの高さ BM，CN の比となります。
　　よって　△ABD：△ACD＝BM：CN＝BD：DC　← 14-Ⅱ 底辺が共通な三角形の面積比

このように，いずれも同じ結果が得られます。三角形の底辺，高さの見方をうまくしましょう。

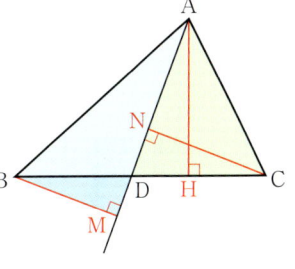

類題 164 右の図のように，△ABC において
BD：DC＝3：1，CE：EA＝2：1，AF：FB＝1：1であるとき，△DEF：△ABC の比を求めよ。

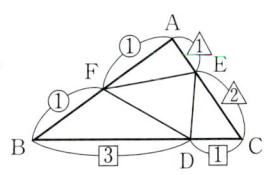

6 チェバの定理

基本例題 165　　　　　　　　　　　チェバの定理

△ABC の内部に点 O があり，AO，BO，CO の延長と各辺 BC，CA，AB との交点をそれぞれ D，E，F とするとき，
$$\frac{AF}{FB} \cdot \frac{BD}{DC} \cdot \frac{CE}{EA} = 1$$
であることを証明せよ。

ねらい　面積比を利用してチェバの定理を証明すること。

解法ルール　△OAB と △OCA に着目すると
$$\frac{\triangle OAB}{\triangle OCA} = \frac{BD}{DC} \quad \leftarrow \boxed{14}-\text{II} \text{ 底辺が共通な三角形の面積比}$$

解答例

〔仮定〕△ABC の内部に点 O がある。 〔結論〕$\dfrac{AF}{FB} \cdot \dfrac{BD}{DC} \cdot \dfrac{CE}{EA} = 1$

〔証明〕
△OAB と △OAC において，AO を底辺と考えれば
$$\frac{\triangle OAB}{\triangle OAC} = \frac{BD}{DC} \quad \cdots\cdots ① \quad \leftarrow \boxed{14}-\text{II} \text{ 底辺が共通な三角形の面積比}$$

同様に，△OCB と △OAB において　$\dfrac{\triangle OCB}{\triangle OAB} = \dfrac{CE}{EA} \quad \cdots\cdots ②$

△OAC と △OCB において　$\dfrac{\triangle OAC}{\triangle OCB} = \dfrac{AF}{FB} \quad \cdots\cdots ③$

①，②，③を辺々かけると
$$\frac{AF}{FB} \cdot \frac{BD}{DC} \cdot \frac{CE}{EA} = \frac{\triangle OAC}{\triangle OCB} \cdot \frac{\triangle OAB}{\triangle OAC} \cdot \frac{\triangle OCB}{\triangle OAB} = 1 \quad \text{終}$$

右の図のように，△ABC の外部に O をとったときもチェバの定理が成立するよ。自分で証明してごらん。
チェバの定理は逆も成り立つことも覚えておこう。

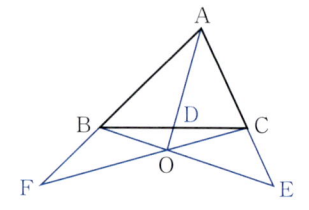

ポイント　[チェバの定理]
$$\frac{AF}{FB} \cdot \frac{BD}{DC} \cdot \frac{CE}{EA} = 1$$
覚え得

類題 165　右の図のように，△ABC において AF：FB＝5：2，AE：EC＝4：3 であるとき，BD：DC の比を求めよ。

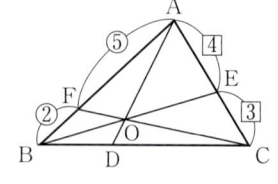

応用例題 166 チェバの定理の応用

△ABC において，辺 BC に平行な直線と辺 AB，AC との交点をそれぞれ D, E とする。BE, CD の交点を O とすれば直線 AO は辺 BC の中点を通ることを証明せよ。

ねらい チェバの定理を活用すること。

解法ルール
1. $DE \parallel BC \implies \dfrac{AD}{DB} = \dfrac{AE}{EC}$ ← 8 三角形の辺と平行線
2. **チェバの定理**を活用し，AO が BC の中点を通ることをいう。

解答例 AO と BC の交点を M とすると，チェバの定理により

$$\dfrac{BM}{MC} \cdot \dfrac{CE}{EA} \cdot \dfrac{AD}{DB} = 1 \quad \cdots\cdots ①$$

また，$DE \parallel BC$ より

$$\dfrac{AD}{DB} = \dfrac{AE}{EC} \text{ だから } \dfrac{CE}{EA} \cdot \dfrac{AD}{DB} = 1 \quad \cdots\cdots ②$$

①，②より $\dfrac{BM}{MC} = 1$ よって $BM = MC$

したがって，**直線 AO は辺 BC の中点を通る。** 終

類題 166 チェバの定理の逆を証明せよ。

これも知っ得 てことチェバの定理

小学校で学んだ「てこ」を使ってチェバの定理を考えよう。p.234 類題165 を例にとる。

F を支点としたとき A と B がつり合うためには，A に 2 g，B に 5 g の重りをつるせばよい。（図Ⅰ）

同様に，E を支点としたとき A と C がつり合うためには，A に 3 g，C に 4 g の重りをつるせばよい。（図Ⅱ）

したがって，A に 6 g，B に 15 g，C に 8 g の重りをつるせば，F を支点としても E を支点としても，A と B，A と C はつり合うことがわかる。（図Ⅲ）

このとき，D を支点としても BC がつり合うように D をとればよい。つまり，B に 15 g，C に 8 g の重りがつるされてつり合うのだから，D の位置は，BD : DC = 8 : 15 となる点である。（図Ⅳ）

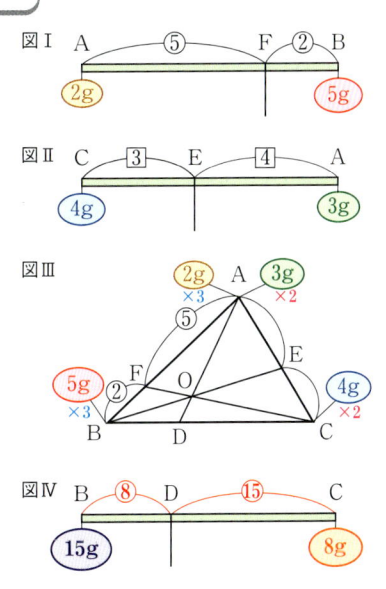

7 メネラウスの定理

応用例題 167 　　　　　　　　　　　　　　　メネラウスの定理

△ABC の 3 辺 BC, CA, AB またはその延長と 1 本の直線が交わり，その交点をそれぞれ D, E, F とする。このとき，

$$\frac{BD}{DC} \cdot \frac{CE}{EA} \cdot \frac{AF}{FB} = 1$$

であることを証明せよ。

ねらい 辺の比を証明すること。

解法ルール
1. 辺の比を一直線上に集めてくる。
2. 平行線と比を活用する。

解答例

〔仮定〕
△ABC の 3 辺に一直線が交わる。
BC, CA, AB との交点が D, E, F

〔結論〕
$$\frac{BD}{DC} \cdot \frac{CE}{EA} \cdot \frac{AF}{FB} = 1$$

〔証明〕
点 C を通り，DF に平行な直線と AB の交点を G とする。
DF ∥ CG だから

$$\frac{BD}{DC} = \frac{FB}{FG} \quad \cdots\cdots ①$$

$$\frac{CE}{EA} = \frac{FG}{AF} \quad \cdots\cdots ②$$

── ⑧三角形の辺と平行線の性質

①, ②より　$\dfrac{BD}{DC} \cdot \dfrac{CE}{EA} \cdot \dfrac{AF}{FB} = \dfrac{FB}{FG} \cdot \dfrac{FG}{AF} \cdot \dfrac{AF}{FB} = 1$　終

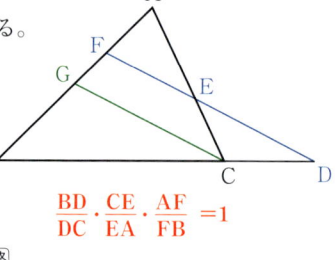

線分の比は平行線を使って一直線に集めてくるのが必勝パターンです。頂点 A, B, C から直線 DF に垂線を引いても簡単に証明ができます。右の図を利用して別の証明を考えてごらん。また，**メネラウスの定理は逆も成立するよ。**

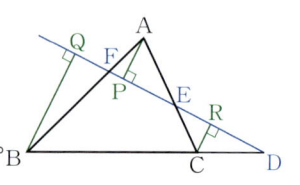

ポイント　[メネラウスの定理]

$$\frac{BD}{DC} \cdot \frac{CE}{EA} \cdot \frac{AF}{FB} = 1$$

類題 167　△ABC と 1 本の直線が右の図のように交わっている。BD : DC = 3 : 1, AF : FB = 2 : 3 のとき，CE : EA を求めよ。

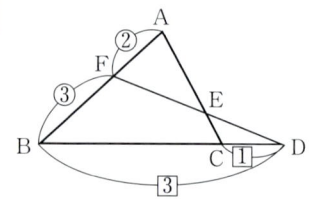

これも知っ得 メネラウスの定理の覚え方

右の図のように，△ABC に直線 FD が引かれていると考えるとき，辺 BC の延長と交わっているのが D だから，B からはじめて B→D→C→E→A→F→B と1周する。

$$\frac{BD}{DC} \cdot \frac{CE}{EA} \cdot \frac{AF}{FB} = \frac{①}{②} \cdot \frac{③}{④} \cdot \frac{⑤}{⑥} = 1$$

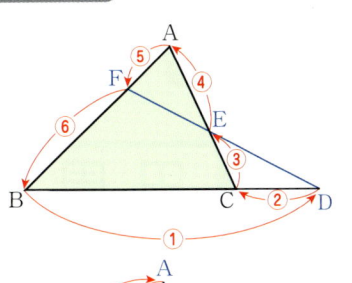

上の方法では DE：EF の比はわからないので，同じ図を別の目で見てみよう。

△DFB に直線 CA が引かれていると考えるとき，辺 BF の延長と交わっているのは A だから，B からはじめて B→A→F→E→D→C→B と1周する。

$$\frac{BA}{AF} \cdot \frac{FE}{ED} \cdot \frac{DC}{CB} = \frac{①}{②} \cdot \frac{③}{④} \cdot \frac{⑤}{⑥} = 1$$

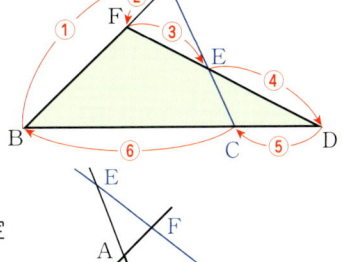

また，△ABC 外に直線があると考える場合もメネラウスの定理は成立する。

$$\frac{BD}{DC} \cdot \frac{CE}{EA} \cdot \frac{AF}{FB} = 1$$

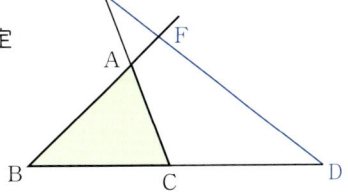

応用例題 168 　メネラウスの定理の応用

△ABC において，AB：AC＝3：2 とする。∠A の二等分線と BC の交点を D，AB，DC の中点をそれぞれ P，Q，AD と PQ の交点を R とするとき，AR：RD の比を求めよ。

ねらい メネラウスの定理を活用すること。

解法ルール
1. ∠A の二等分線 ⟹ BD：DC＝AB：AC
2. **メネラウスの定理**を活用すること。

解答例 AD は ∠A の二等分線だから　BD：DC＝3：2
　　　　　　　　　　　　　　　　　　　↑
　　　　　　　　　　　　　　　　12 内角の二等分線

また Q は DC の中点だから　DQ：QC＝1：1

メネラウスの定理により

$$\frac{BQ}{QD} \cdot \frac{DR}{RA} \cdot \frac{AP}{PB} = \frac{4}{1} \cdot \frac{DR}{RA} \cdot \frac{1}{1} = 1$$

（△ABD に直線 PQ がひかれた。）

よって　$\frac{DR}{RA} = \frac{1}{4}$　**答** AR：RD＝4：1

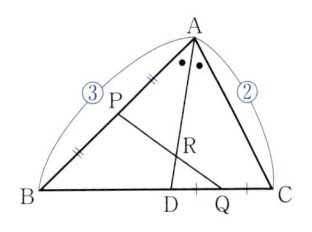

類題 168 応用例題 168 において PR：RQ の比を求めよ。

2節 円の性質

8 円周角

中学校で，円周角と中心角の関係について学び，**円周角の定理**という名前で次のような定理を学んだね。この定理は円の性質を調べる上で基礎になるものだから，もう一度証明をし，逆が成り立つことも確かめておきましょう。

ポイント [円周角の定理]（18円周角の定理）

1つの弧に対する，
① 円周角は等しい。
② 円周角は中心角の半分の大きさ。

〔仮定〕
円O上に4点A, B, P, Qがある（直線ABに関して，PとQは同じ側）。

$\Longrightarrow$

〔結論〕
$\angle APB = \angle AQB$
$\angle APB = \dfrac{1}{2} \angle AOB$

〔証明〕
右の図において，POの延長と円周の交点をCとする。
△APOにおいて
　OP＝OA（仮定）より　∠OPA＝∠OAP
また　∠AOC＝∠OAP＋∠OPA
　　　　　　　（3三角形の内角と外角より）
したがって　∠AOC＝2∠APO　……①
同様にして　∠BOC＝2∠BPO　……②
①＋②より　∠AOC＋∠BOC＝2∠APO＋2∠BPO
　　　　　　　∠AOB＝2∠APB

よって，**円周角は中心角の半分の大きさである。**
また，点PのかわりにQからも同様に考える。
したがって　$\angle AQB = \dfrac{1}{2} \angle AOB = \angle APB$

ゆえに，**1つの弧に対する円周角は等しい。** 〔終〕

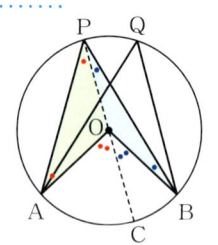

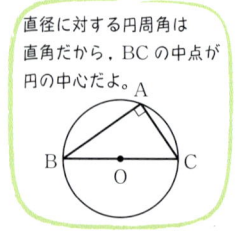

> 直径に対する円周角は直角だから，BCの中点が円の中心だよ。

9 円に内接する四角形

円に内接する四角形 ABCD があるとき,この四角形にはどのような性質があるか調べてみよう。

右の図で,
$$2x+2y=360°\ \ だから\ \ x+y=180°$$
がわかる。この x と y を四角形の<u>対角</u>という。

また,∠DCE＝x も成り立つ。このことは逆も成り立つ。

p.238 の円周角の関係も含めて整理すると,

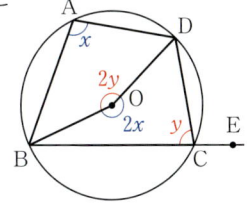

ポイント

[円に内接する四角形]（逆は 4 点が同一円周上にある条件）

四角形が円に内接する。⇔
① 円周角が等しい。
② 対角の和が 180°
③ 1 つの外角はそれと隣り合う内角の対角に等しい。

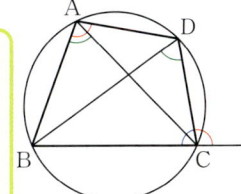

① ∠BAC＝∠BDC
② ∠BAD＋∠BCD＝180°
③ ∠BAD＝（∠BCDの外角）

基本例題 169 　　　　円に内接する四角形

△ABC の頂点 B,C から,対辺 AC,AB に引いた垂線の足を D,E,また,△ABC の垂心を H とするとき,円に内接する四角形はどれか。

ねらい 同一円周上にある 4 点をみつけること。

解法ルール
1. 図は大きく正確にかく。
2. 円周角,対角の和,内角の対角と外角の関係をさがす。

解答例　∠BDC＝∠BEC（＝90°）より円周角が等しいから,四角形 BCDE は円に内接する。

また,∠AEH＋∠ADH＝180° だから,四角形 AEHD は円に内接する。

したがって　**四角形 BCDE,四角形 AEHD**　…答

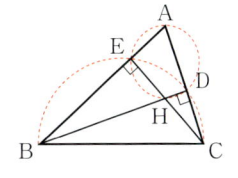

類題 169　AD∥BC の台形 ABCD において,AD を通る円が 2 辺 AB,CD と交わる点を E,F とするとき,4 点 B,C,F,E は同一円周上にあることを証明せよ。

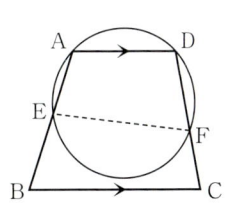

円周角の定理の逆の証明を考えてみましょう。定理の逆はどうなるかな？
まず，仮定と結論を整理して考えてみましょう。

> 円周角の定理は
>   2点P，Qが直線ABに関して同じ側にあるとき，
>   （仮定）   （結論）
>   4点A，B，P，Qが同一円周上にある。 $\implies$ ∠APB＝∠AQB
> 仮定と結論を逆にすると，
>   3点A，B，Pを通る円Oと，直線ABに関して点Pと同じ側にQをとるとき，
>   ∠APB＝∠AQB $\implies$ 点Qは円Oの周上にある。

一般に，点Qと円Oの位置関係について，どんな場合があるかな？

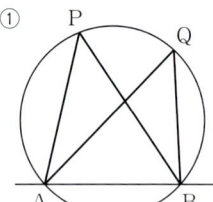

点Qが円Oの内，外，周上の3種類ですね。

そのとおり，そのときの∠APBと∠AQBの関係を調べて整理してみましょう。

私が整理するわ。

	点Qと点Oの位置関係	∠APBと∠AQBの関係
①	円の周上にある	$\implies$ ∠APB＝∠AQB
②	円の内部にある	$\implies$ ∠APB＜∠AQB
③	円の外部にある	$\implies$ ∠APB＞∠AQB

これを見ながら証明を考えてみましょう。

〔証明〕 ∠APB＝∠AQB のとき
　(i) 点Qが円Oの内部にあるとすると，②より
　　∠APB＜∠AQB となり，仮定に反する。
　(ii) 点Qが円Oの外部にあるとすると，③より
　　∠APB＞∠AQB となり，仮定に反する。
　したがって，(i)，(ii)の場合はないので，
点Qは円Oの周上にある。 〔終〕

また，変な証明ですね。

これでいいんですよ。このような証明は，背理法の一種だととらえましょう。

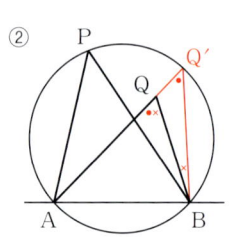

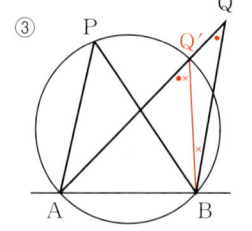

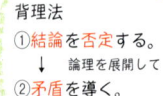

> 背理法
> ①結論を否定する。
>   ↓ 論理を展開して
> ②矛盾を導く。

10 接弦定理

円の弦と接線のつくる角の間の関係を調べてみましょう。
右の図のように，円周上の点 A における接線 AT と弦 AB のつくる角の，内部にある弧に対する円周角を ∠APB とおき，A を通る直径を AQ とするとき，

∠ABQ＝90°だから　∠AQB＋∠QAB＝90°　……①
一方，QA は直径だから　∠QAB＋∠BAT＝90°　……②
①，②より　∠AQB＝∠BAT
また　　　　∠AQB＝∠APB（円周角）
したがって　∠APB＝∠BAT

このことから，円の接線と弦の関係を次のように定理とできます。

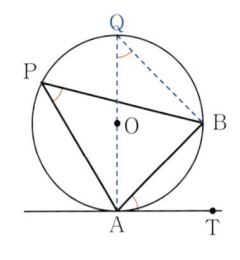

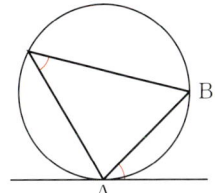

ポイント　[接弦定理]
円周上の点 A における接線と弦 AB のつくる角は，角の内部にある弧 AB に対する円周角に等しい。

基本例題 170 　接弦定理の応用

右の図において，直線 BT は点 C で円 O に接している。∠ACT＝60°のとき，∠BAC の大きさを求めよ。

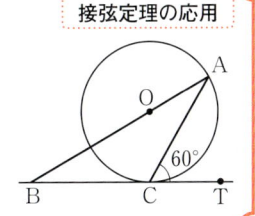

ねらい　接弦定理と直径に対する円周角を使って角度を求めること。

解法ルール
1. 補助線 DC を引く。
2. 接弦定理，直径に対する円周角を活用する。

解答例　AB と円 O の交点を D とする。
∠ADC＝∠ACT＝60°（接弦定理）
AD は直径だから　∠ACD＝90°
よって　∠BAC＝180°－90°－60°＝30°　…答

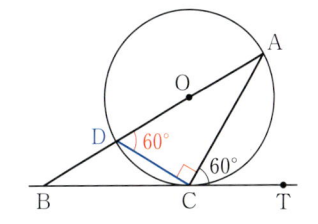

類題 170　右の図において，円 O は直線 EF に点 B で接しており，∠BCA＝55°，∠CBF＝30°である。
∠ADC の大きさを求めよ。

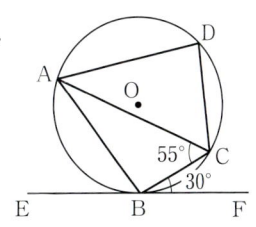

2　円の性質

11 方べきの定理

基本例題 171　方べきの定理(1)

円の2つの弦 AB，CD の交点を P とするとき，
$$PA \cdot PB = PC \cdot PD$$
であることを証明せよ。

ねらい　方べきの定理を証明すること。

解法ルール
1. $PA \cdot PB = PC \cdot PD$ だから **PA：PD＝PC：PB** を証明する。
2. 2辺の比だから相似比を利用する。

解答例

〔仮定〕　　　〔結論〕
円の弦　⟹　$PA \cdot PB = PC \cdot PD$

〔証明〕
△PAC と △PDB において
　∠APC＝∠DPB（対頂角）
　∠CAP＝∠BDP（円周角）
2組の角がそれぞれ等しいので　△PAC∽△PDB
よって　PA：PD＝PC：PB
したがって　**PA・PB＝PC・PD**　〔終〕

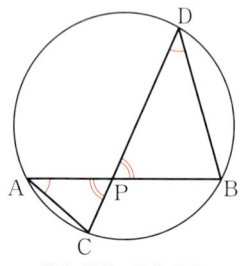

$PA \cdot PB = PC \cdot PD$

弦 AB，CD が延長上で交わる場合も同様です。
　△PAC と △PDB において
　　∠APC＝∠DPB（共通）
　　∠ACP＝∠DBP（円に内接する四角形の性質より）
2組の角がそれぞれ等しいので　△PAC∽△PDB
よって　PA：PD＝PC：PB より　**PA・PB＝PC・PD**　〔終〕

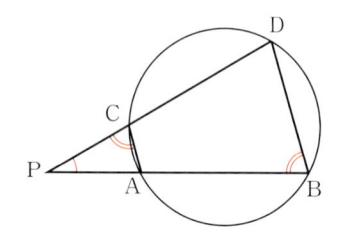

ポイント　［方べきの定理］
円の2つの弦 AB，CD の交点（延長上の交点でもよい）を P とすると
$$PA \cdot PB = PC \cdot PD$$

覚え得

類題 171 円の弦 AB の延長上の点 P から円に引いた接線を PT とすると
$$PA \cdot PB = PT^2$$
となることを証明せよ。

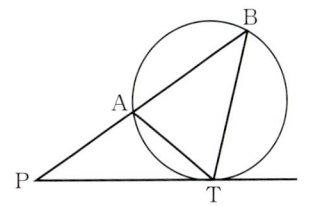

基本例題 172　　　　　　　　　　　　方べきの定理(2)

次の図において，PA の長さを求めよ。

(1)　　　　　　　　　(2)

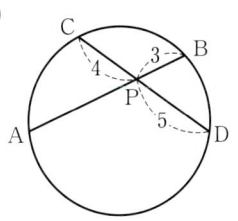

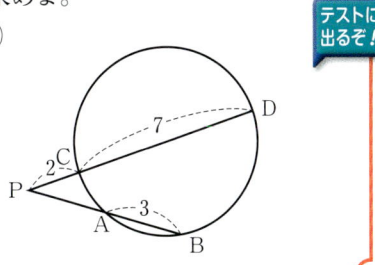

ねらい 方べきの定理を使って，線分の長さを求めること。

解法ルール 方べきの定理 $PA \cdot PB = PC \cdot PD$ を適用する。

解答例 方べきの定理を使う。

(1) $PA \cdot 3 = 4 \cdot 5$ より

$$PA = \frac{20}{3} \quad \cdots 答$$

(2) $PA = x$ とおくと
$x(x+3) = 2(2+7)$
$x^2 + 3x - 18 = 0$
$(x+6)(x-3) = 0$
$x > 0$ より $x = 3$
よって $PA = 3$ $\cdots$答

類題 172 次の図において，x の値を求めよ。

(1)　　　　　　　　　(2)

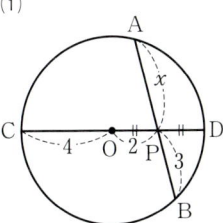

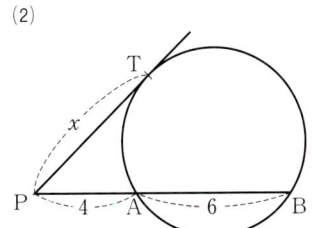

応用例題 173 方べきの定理の逆の証明

ねらい 方べきの定理の逆を証明すること。

2つの線分 AB, CD が点 P で交わっているとき，PA・PB＝PC・PD ならば4点 A, B, C, D は同一円周上にあることを証明せよ。

解法ルール
1. △PAC∽△PDB を証明する。
2. 円に内接する四角形の性質を使って同一円周上にあることを証明する。

解答例 △PAC と △PDB において
　　PA・PB＝PC・PD より　PA：PD＝PC：PB
　　また　∠APC＝∠DPB（対頂角）
2組の辺の比とその間の角がそれぞれ等しいので
　　△PAC∽△PDB
よって　∠PAC＝∠PDB
ゆえに，∠BAC＝∠BDC
また，2点 A, D は直線 BC に関して同じ側にある。
したがって，**4点 A, B, C, D は同一円周上にある。** 終

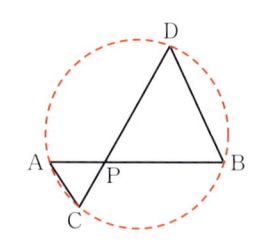

類題 173-1 2つの線分 AB, CD が延長上で交わっているときも，PA・PB＝PC・PD ならば4点 A, B, C, D は同一円周上にあることを証明せよ。

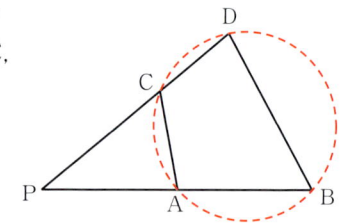

類題 173-2 右の図のように，2つの円が2点 A, B で交わっている。線分 AB の延長上の点 P を通る2本の直線が2円と交わるとき，その交点を C, D, E, F とすると，4点 C, D, E, F は同一円周上にあることを証明せよ。

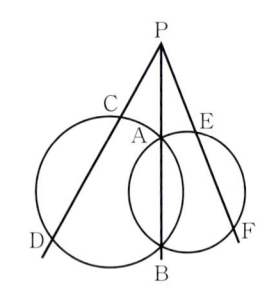

12 2つの円

❖ 2円の位置関係

2つの円の位置関係は次の5つの場合があり，2つの円の半径 r, r' と，中心間の距離 d の関係で表すことができる。（$r > r'$ とする）

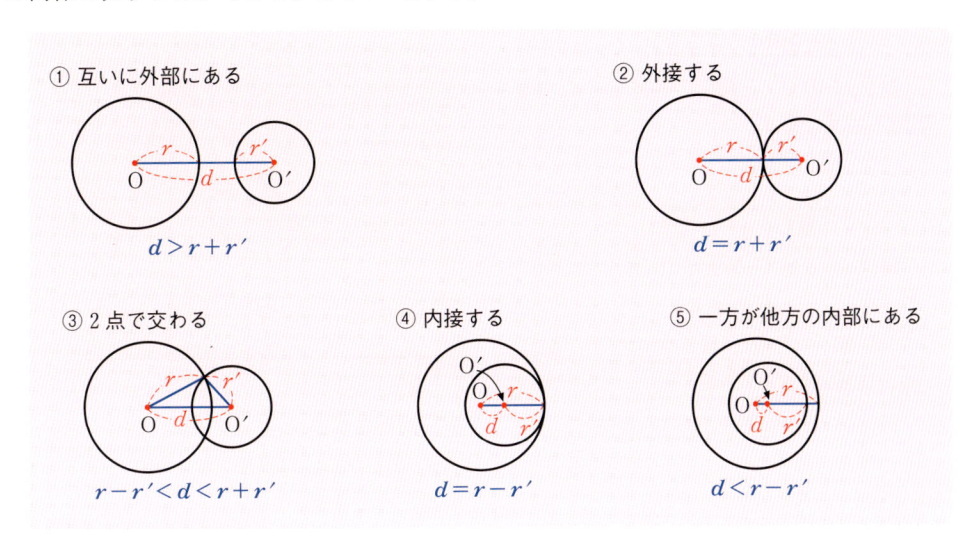

① 互いに外部にある
$d > r + r'$

② 外接する
$d = r + r'$

③ 2点で交わる
$r - r' < d < r + r'$

④ 内接する
$d = r - r'$

⑤ 一方が他方の内部にある
$d < r - r'$

❖ 2円の共通接線

2つの円の両方に接している直線を**共通接線**という。2円が離れている場合は2種類ある。

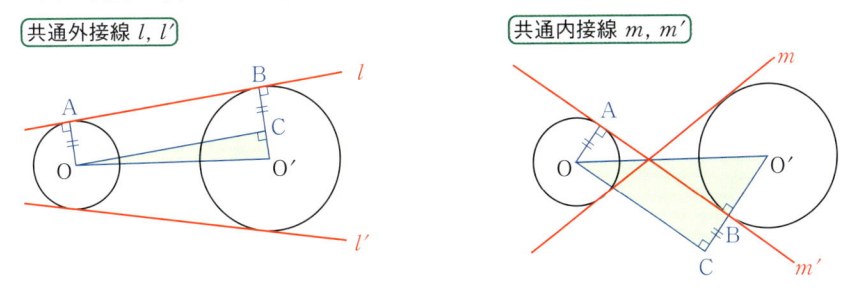

共通外接線 l, l'

共通内接線 m, m'

共通接線の長さ AB は，図のような補助線を引けば，△OO′C で三平方の定理を使って計算できる。

たとえば，OA=3, O′B=5, OO′=14 のとき，接線の長さ AB を求めると

- **共通外接線の場合**
$$AB = OC = \sqrt{14^2 - (5-3)^2} = \sqrt{192} = 8\sqrt{3}$$

- **共通内接線の場合**
$$AB = OC = \sqrt{14^2 - (5+3)^2} = \sqrt{132} = 2\sqrt{33}$$

Tea Time

● 九点円（フォイエルバッハの円）

円に関していろいろなことを調べてきましたが、最後に美しい図形を紹介しておきましょう。それは**九点円（フォイエルバッハの円）**と呼ばれるもので、三角形の特殊な9点が同一円周上にあります。

△ABCで、垂心をHとする。
Ⅰ 頂点A，B，Cから対辺に引いた垂線の足をD，E，Fとする。
Ⅱ 3辺BC，CA，ABの中点をL，M，Nとする。
Ⅲ 線分AH，BH，CHの中点をP，Q，Rとする。

このⅠ，Ⅱ，Ⅲの9点D，E，F，L，M，N，P，Q，Rは同一円周上にある。

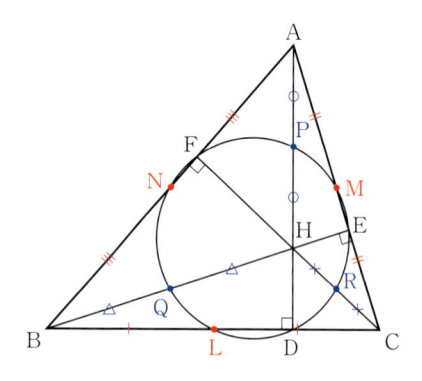

では、簡単に説明しておきます。

まず、点P，N，L，D，Mの5点に注目する。

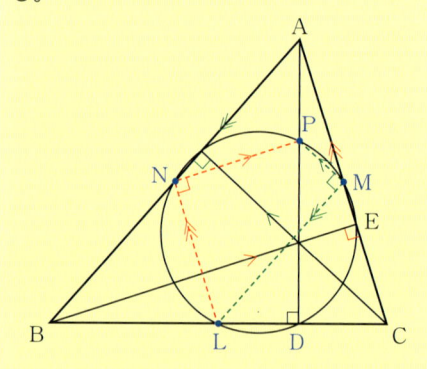

中点連結定理より NP∥BE，NL∥AC
また、BE⊥ACだから ∠PNL＝90°
同様に ∠PML＝90°
一方 ∠PDL＝90°
よって、5点P，N，L，D，MはPLを直径とする円周上にある。

これは、△LMNの外接円の周上にP，Dがあるとみることができる。

5点Q，L，E，M，Nについても、5点R，M，F，N，Lについても同様に考えると、点Q，Eおよび，R，Fも△LMNの外接円の周上にある。

したがって、点D，E，F，L，M，N，P，Q，Rの9点は同一円周上にある。

このみごとな円のすばらしさを感じとってもらえたでしょうか。

3節 作図

13 基本的な作図

「定規」と「コンパス」だけを用いて，与えられた条件を満たす図形をかくことを作図というんだ。
ただし，定規とコンパスは次の操作のみに使う。
定規…与えられた2点を通る直線を引く。
コンパス…与えられた1点を中心とし，与えられた半径の円をかく。
まず中学校で学んだ作図の復習から始めよう。

> 定規の目盛りを使って長さを測るのはだめ！
> 同じ長さを取りたいときは，下の図のようにコンパスで次々同じ長さを取っていくんだ。

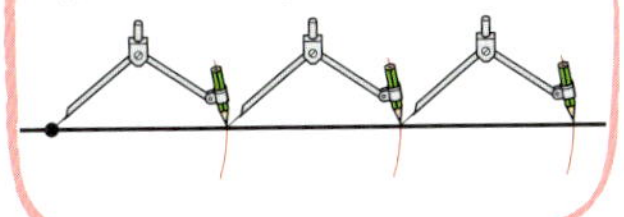

(I) 線分ABの垂直二等分線を引く。 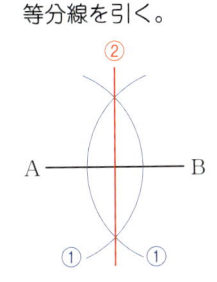
(II) 点Pを通る直線lへの垂線を引く。 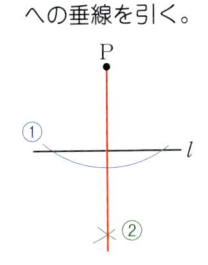
(III) ∠XOYの二等分線を引く。

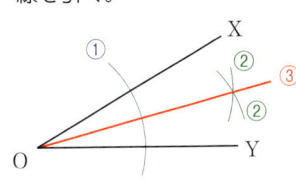

基本例題 174　接線の作図

円O外の点Aから円Oへの接線を作図せよ。

ねらい 円の接線を作図すること。

解法ルール
1. AOを直径とする円O'をかく。
2. 直径に対する円周角が直角であることを活用する。

解答例 右の図

[手順と正しいことの確認]
① 線分AOの中点O'をとる。
② 点O'を中心に半径OO'の円をかき，円Oとの交点をP，Qとする。
③ 2直線AP，AQが求める接線である。

円O'において，直径AOに対する円周角は直角だから，この作図で正しい。

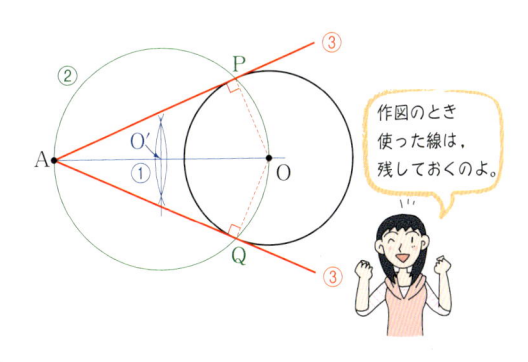

> 作図のとき使った線は，残しておくのよ。

類題 174 △ABCの外接円と内接円を作図せよ。

平行四辺形の移動や，角の移動も基本的な作図ですね。

(Ⅳ) 線分AB，ADを2辺とする平行四辺形ABCDを作る。

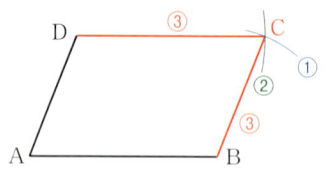

① 点Bを中心に，半径ADの円Bをかく。
② 点Dを中心に，半径ABの円Dをかく。
③ 円Bと円Dの交点をCとし，BC，DCを結ぶ。

この作図は**平行線の作図**によく使われる。

(Ⅴ) ∠AOBを線分O'X上に移す。

① 点Oを中心に円Oをかき，線分OA，OBとの交点を，それぞれP，Qとする。
② O'を中心に，円Oと半径の等しい円O'をかき，線分O'Xとの交点をRとする。
③ PQ=RSとなるような点Sを円O'上にとる。
④ O'とSを結ぶ。

基本例題 175 線分の比の作図

線分ABを3:2に内分する点Cを作図せよ。

ねらい 内分する点を作図すること。

解法ルール
1 Aを通りAB以外の直線上に同じ長さで5目盛りをとる。
2 平行四辺形をかく要領で，平行線を使って3:2の点をとる。

解答例 右の図

［手順と正しいことの確認］
① Aを通る直線上に等間隔に5目盛りをとり，5目盛り，3目盛りの点をそれぞれP，Qとする。
② 点Qを通り，PBに平行な直線を引く。
③ ②で引いた直線とABとの交点が求める点Cである。

PB∥QCより
　AC:CB=AQ:QP=3:2
したがって，この作図は正しい。

②は平行四辺形の作図だよ。

類題 175 線分ABを3:2に外分する点Cを作図せよ。

14 線分の長さの作図

平行線を活用するといろいろな長さの線分が作図できる。

ポイント

[作　図]
① 定規…与えられた2点を通る直線を引くために使う。
② コンパス…与えられた1点を中心として，与えられた半径の円をかくために使う。
③ 基本的な作図を覚え，それをうまく組み合わせて作図する。

基本例題 176　　線分の作図

長さが 1, a, b である3本の線分が右の図のように与えられたとき，ab, $\dfrac{b}{a}$ の長さを作図せよ。

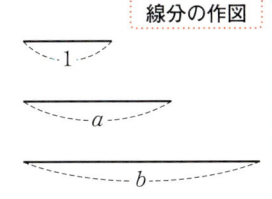

ねらい　積 ab, 商 $\dfrac{b}{a}$ を作図すること。

解法ルール　平行線を活用する。

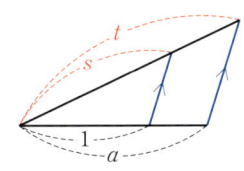

$1:a = s:t$ より
$t = as$　積
$s = \dfrac{t}{a}$　商

解答例　積 ab を作図するには，解法ルールで，$s=b$ ととればよい。t が積 ab である。

①をひく。
平行四辺形をつくって②をひく。

商 $\dfrac{b}{a}$ を作図するには，解法ルールで $t=b$ ととればよい。s が $\dfrac{b}{a}$ である。

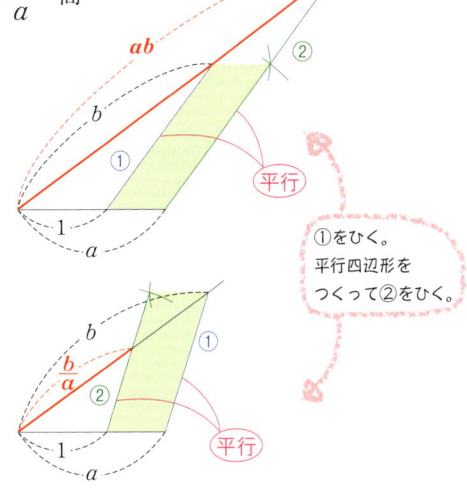

類題 176

長さ1の線分が与えられたとき，2, 3の長さをとり，商 $\dfrac{3}{2}$ の長さと $\dfrac{9}{4}$ の長さを作図せよ。

15 平方根の作図

平方根を作図するには，右の図のように，三平方の定理を使います。*p. 24* も参考にして下さい。

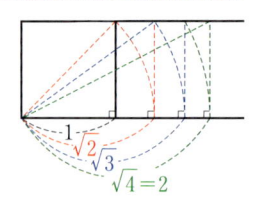

応用例題 177　平方根の作図

2つの線分の長さが a，b のとき，$\sqrt{ab}$ の長さを作図せよ。

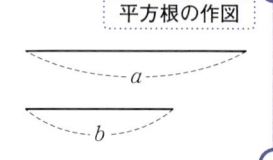

ねらい　平方根 $\sqrt{ab}$ を作図すること。

解法ルール
1 $a+b$ を直径とする円をかく。
2 **方べきの定理**を活用する。

解答例　右の図

[手順と正しいことの確認]
① 一直線上に $AC=a$，$CB=b$ を満たす点 A，C，B をとる。
② 線分 AB を直径の両端とする円 O をかく。
③ 点 C を通り線分 AB に垂直な直線と，円 O との交点を P，Q とする。
④ CP（または CQ）の長さが求める $\sqrt{ab}$ である。

方べきの定理より　$CP \cdot CQ = AC \cdot BC$
$CP = CQ$ だから　$CP^2 = ab$
よって，$CP = \sqrt{ab}$ となり，この作図は正しい。

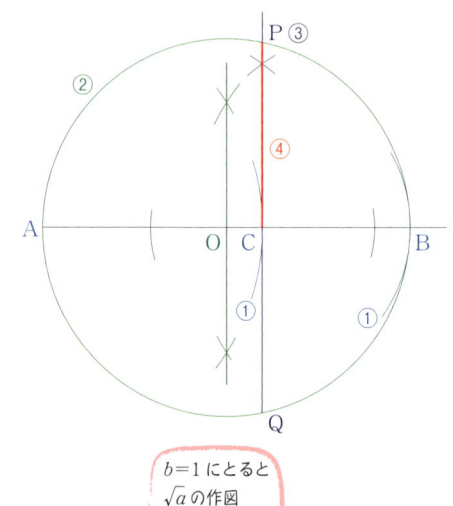

$b=1$ にとると $\sqrt{a}$ の作図ができるよ。

類題 177　長さ 1 の線分が与えられたとき，$\sqrt{5}$ の長さを作図する方法を 2 通り示せ。

これも知っ得　正五角形の作図

正五角形の1つの内角の大きさは　$180°×3÷5=108°$

正五角形 ABCDE において，AB=1 とする。AC，AD を引き，∠ACD の二等分線と AD の交点を F とすると，角の大きさと辺の長さは右の図の通り。

△ACD∽△CDF より　AC：CD=CD：DF

ここで，AC=x とすると　FD=AD－AF=$x-1$

$x:1=1:(x-1)$　$x(x-1)=1$　$x^2-x-1=0$ を解いて

$x=\dfrac{1\pm\sqrt{5}}{2}$　$x>0$ より　$x=\dfrac{1+\sqrt{5}}{2}$

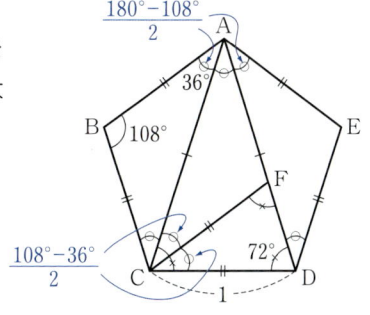

このことを使って，正五角形を作図してみよう。

[方針]

(i) 正五角形の1辺の長さに対して，$\dfrac{1+\sqrt{5}}{2}$ の長さをつくり，これを2辺とする二等辺三角形をつくる。

(ii) 2本の $\dfrac{1+\sqrt{5}}{2}$ の長さの辺を底辺とし，等しい2辺の長さを1とする二等辺三角形を2個つくる。

$\left[\dfrac{\sqrt{5}}{2} \text{のつくり方}\right]$

$\dfrac{\sqrt{5}}{2}=\sqrt{\dfrac{5}{4}}=\sqrt{\dfrac{1+4}{4}}=\sqrt{\dfrac{1}{4}+1}=\sqrt{\left(\dfrac{1}{2}\right)^2+1^2}$

より，直角をはさむ2辺が $\dfrac{1}{2}$ と1の直角三角形の斜辺の長さが $\dfrac{\sqrt{5}}{2}$ になる。

[正五角形の作図の方法]

① 線分 AB（図では，わかりやすいように，長さを1とする）の垂直二等分線を引く。（AB との交点を M とする。）

② 右の図で，MN=AB となる点 N をとると，$BN=\dfrac{\sqrt{5}}{2}$

③ MB の延長上に $BP=BN=\dfrac{\sqrt{5}}{2}$ となる点をとれば，$MP=\dfrac{1+\sqrt{5}}{2}$ となる。

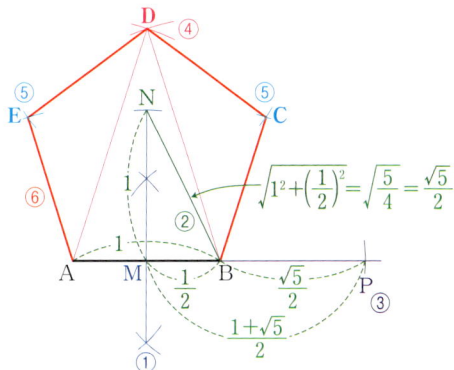

④ $DA=DB=\dfrac{1+\sqrt{5}}{2}$ となる二等辺三角形を考え，点 D をとる。

⑤ EA=ED=1 となる△EAD と，CB=CD=1 となる△CDB を考え，点 E，C をとる。

⑥ ABCDE を結べば，正五角形になる。

4節 空間図形

ここでは，空間における直線や平面の位置関係，多面体などの空間図形について学習するよ。中学校で学習したことの復習を兼ねて，基本的な事柄から調べていこう。

16 直線と平面

❖ 2直線の位置関係

空間における2直線の位置関係については，次の3つの場合がある。

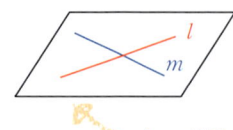

(Ⅰ) 1点で交わる　　　　(Ⅱ) 平行である　　　　(Ⅲ) ねじれの位置にある

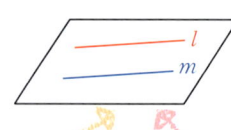

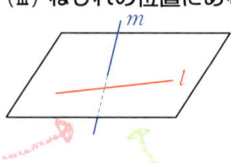

l, m は同一平面上にある　　　共有点がない　　　l, m は同一平面上にない

❖ 2直線のなす角

(Ⅲ)のねじれの位置にある場合の2直線のなす角は，次のようにして測る。

空間内の1点Oを通り，l, m に平行な直線 l', m' を引くと，l', m' は(Ⅰ)のように1点で交わる。点Oはどこにとっても同じで，右の図のようになる。l', m' のなす角を，l, m のなす角という。

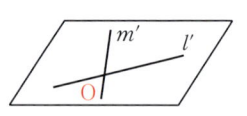

特に，2直線 l, m のなす角が $90°$ のとき，**l と m は垂直**であるといい，$l \perp m$ と書く。また，**垂直な2直線 l, m が交わるとき，l と m は直交**するという。

基本例題 178　　2直線の位置関係となす角

右の図のような立方体 ABCD-EFGH において，

(1) AE と平行な直線を求めよ。
(2) AC と EF のなす角を求めよ。

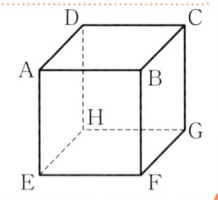

ねらい
2直線の位置関係となす角を求める。

解法ルール
(1) AE と同じ平面にあって，交わらない直線を求める。
(2) 2直線はねじれの位置にある。EF を平面 ABCD に平行移動してみよう。

← 上の説明の，「空間内の1点O」を，A とするということ。

解答例 (1) BF, CG, DH …答

(2) EF は AB に平行なので, なす角は **45°** …答

類題 178 基本例題 178 において,
(1) AE とねじれの位置にある直線を求めよ。
(2) AC と FH のなす角を求めよ。
(3) AC と DG のなす角を求めよ。

❖ 平面の決定条件

空間において, 次のいずれかの条件を満たす場合, ただ1つの平面が決まる。

(Ⅰ) 一直線上にない3点

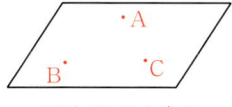

(Ⅱ) 一直線上とその上にない1点

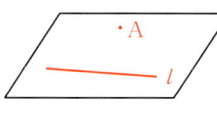

平面 ABC と表す

平面 (A, l) と表す

(Ⅰ)で, 直線 BC を l とすると, (Ⅱ)となります。さらに, 直線 AB を m とすると, (Ⅲ)となります。また, A を通り, l に平行な直線を m とすると, (Ⅳ)となります。つまり, (Ⅰ)が平面決定の条件の基盤ですね。

(Ⅲ) 交わる2直線

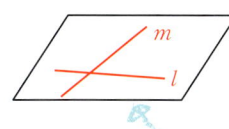

(Ⅳ) 平行な2直線

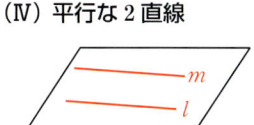

平面 (l, m) と表す

❖ 2平面の位置関係

空間における2平面 α, β の位置関係は, 次の場合がある。

(Ⅰ) 一致する   (Ⅱ) 交わる 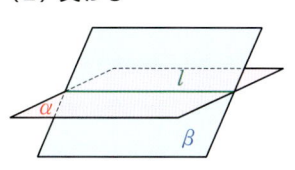   (Ⅲ) 平行である ($α \mathbin{/\mkern-3mu/} β$)

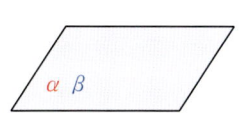

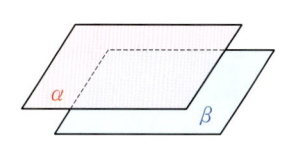

2平面が交わる場合は, 1直線で交わる。この直線を **交線** という。

❖ 2平面のなす角

2平面が交わるとき, 交線 l 上の1点 A を通り, 平面 α, β 上にそれぞれ l に垂直な直線 m, n を引き, その2直線 m, n のなす角を2平面 α, β のなす角という。特に2平面 α, β のなす角が 90° のとき α と β は垂直であるといい, $α \perp β$ と表す。

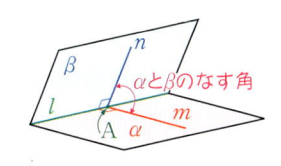

◆ 直線と平面の位置関係

空間における直線と平面の位置関係は，次の場合がある。

（Ⅰ）直線が平面に含まれる　　（Ⅱ）交わる　　（Ⅲ）平行である（$l \mathbin{/\mkern-3mu/} \alpha$）

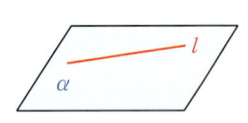

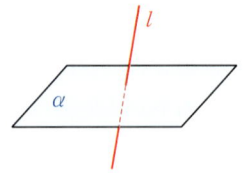

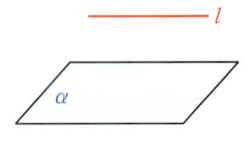

直線と平面が交わる場合は1点で交わる。

◆ 直線と平面の垂直

平面 α の上のすべての直線が直線 l と垂直であるとき，直線 l と平面 α は垂直であるといい，$l \perp \alpha$ と表す。
平面は交わる2直線で決まるので，次のことが成り立つ。

> **ポイント**　平面 α 上の交わる2直線 m，n があるとき
> $$\left. \begin{array}{l} l \perp m \\ l \perp n \end{array} \right\} \Longrightarrow l \perp \alpha$$

直線 l が平面 α 上のすべての直線と垂直であることをいうのは大変ですが，α 上の交わる2直線 m，n と l が垂直であることがいえれば，$l \perp \alpha$ がいえるのですよ。

基本例題 179　　　　　　　　　　　直線と平面の垂直

正四面体 ABCD において，AB⊥CD であることを証明せよ。

ねらい　ねじれの位置にある直線が垂直であることを示す。

解法ルール　$\left. \begin{array}{l} l \perp m \\ l \perp n \end{array} \right\} \Longrightarrow l \perp \alpha \Longrightarrow l$ は α 上のすべての直線と垂直。

解答例　AB の中点を M とする。
△ABC，△ABD は正三角形だから
AB⊥MC，AB⊥MD より
　　AB⊥平面 MCD
よって，AB は平面 MCD 上のすべての直線と垂直である。
したがって　**AB⊥CD**　終

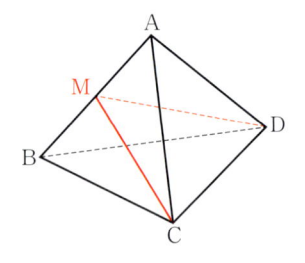

類題 179　正四面体 ABCD において，BC，AD の中点をそれぞれ E，F とするとき，EF⊥BC，EF⊥AD であることを証明せよ。

これも知っ得 三垂線の定理

右の図において，平面 α 外の点 P から α に下ろした垂線の足を H とする。H から平面 α 上の直線 l に下ろした垂線の足を A とすると，PA⊥l が成立する。

つまり
　　PH⊥α，HA⊥l $\Longrightarrow$ PA⊥l

〔証明〕
　　PH⊥α より PH⊥l，仮定より HA⊥l

　つまり $\left.\begin{array}{l} l \perp \text{PH} \\ l \perp \text{HA} \end{array}\right\}$ だから　l⊥平面 PAH

　　PA は平面 PAH 上の直線だから　PA⊥l　終

この定理は逆も成り立つ。逆も含めて三垂線の定理という。

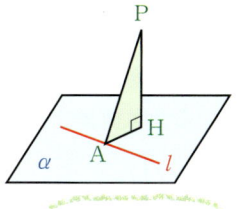

p.254 のポイント！重要！！

ポイント　三垂線の定理（上の図において）
　　（Ⅰ）PH⊥α，HA⊥l $\Longrightarrow$ PA⊥l
　　（Ⅱ）PH⊥α，PA⊥l $\Longrightarrow$ HA⊥l
　　（Ⅲ）PH⊥HA，HA⊥l，PA⊥l $\Longrightarrow$ PH⊥α

発展例題 180　　〔三垂線の定理〕

ねらい 三垂線の定理を証明すること。

上の図において，ポイントの（Ⅲ）の三垂線の定理
　　PH⊥HA，HA⊥l，PA⊥l $\Longrightarrow$ PH⊥α を証明せよ。

解法ルール　平面 α 上の交わる 2 直線 m, n があるとき
　　$\left.\begin{array}{l} l \perp m \\ l \perp n \end{array}\right\} \Longrightarrow l \perp \alpha$

解答例　仮定より $\left.\begin{array}{l} l \perp \text{HA} \\ l \perp \text{PA} \end{array}\right\}$ だから　l⊥平面 PHA

　　よって　PH⊥l　……①
　　一方，仮定より　PH⊥HA　……②
　　①，②より　PH⊥(l，AH で作る平面)
　　したがって　**PH⊥α**　終

類題 180　上の図で，ポイントの（Ⅱ）の三垂線の定理
　　PH⊥α，PA⊥l $\Longrightarrow$ HA⊥l を証明せよ。

17 多面体

　立方体や三角錐などのように，平面だけで囲まれた立体を多面体という。また，平面の数で何面体と呼ぶ。さらに，どの面もすべて合同な正多角形で，どの頂点にも同じ数の面が集まっている凸多面体を正多面体という。正多面体には次の5種類がある。

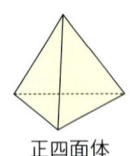

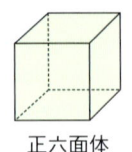

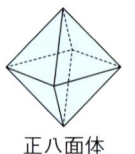

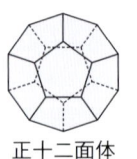

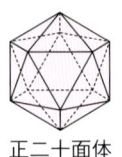

正四面体　　正六面体　　正八面体　　正十二面体　　正二十面体

これらの正多面体の面の形，頂点の数，辺の数，面の数を調べると

正多面体	面の形	頂点の数	辺の数	面の数
正四面体	正三角形	4	6	4
正六面体	正方形	8	12	6
正八面体	正三角形	6	12	8
正十二面体	正五角形	20	30	12
正二十面体	正三角形	12	30	20

　一般に，凸多面体の頂点の数，辺の数，面の数について，**オイラーの多面体定理**が成り立つ

> **ポイント** [オイラーの多面体定理]
> 凸多面体の頂点の数を v，辺の数を e，面の数を f とすると
> $$v - e + f = 2$$

オイラーの多面体定理は，正多面体でなくても成り立つのよ。

発展例題 181　　　　　　　　オイラーの多面体定理

正十二面体でオイラーの多面体定理が成り立つことを確かめよ。

ねらい オイラーの多面体定理が成立することを確かめる。

解法ルール　頂点の数を v，辺の数を e，面の数を f とすると
$$v - e + f = 2$$

解答例　正十二面体の面の形は正五角形なので
　　頂点の数は　$5 \times 12 \div 3 = 20$（1頂点に3面が集まっているから）
　　辺の数は　$5 \times 12 \div 2 = 30$（1辺に2平面が集まっているから）
　　よって　$20 - 30 + 12 = 2$　終

類題 181　四角錐について，オイラーの多面体定理が成り立つことを確かめよ。

定期テスト予想問題　解答→p.47〜49

1 線分 AB 上に 1 点 C をとり，右の図のように AC，CB を 1 辺とする正方形 ACDE，CBFG を作り，AG と BD の交点を H とするとき，次のことを証明せよ。

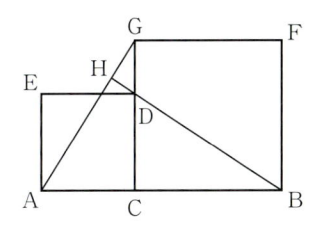

(1) △ACG≡△DCB　　(2) AG⊥BD

2 △ABC の内心 I を通り，BC に平行な直線と 2 辺 AB，AC との交点をそれぞれ P，Q とすれば
$$PQ=PB+QC$$
であることを証明せよ。

3 右の図において，AB=AC=14，BC=7，EB=2 とする。

4 点 A，B，D，F が同一円周上にあるとき，次の問いに答えよ。

(1) CF：CD を求めよ。
(2) AF：DB を求めよ。
(3) DB の長さを求めよ。

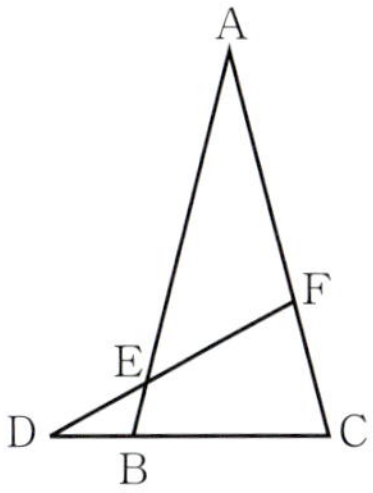

4 △ABC の垂心を H とし，直線 AH が △ABC の外接円および辺 BC と交わる点をそれぞれ E，D とする。このとき，HD=DE であることを証明せよ。

5 △ABC の辺 BC の中点を M とし，∠AMB，∠AMC の二等分線が 2 辺 AB，AC と交わる点をそれぞれ D，E とするとき，DE∥BC であることを証明せよ。

HINT

1 ④−② 2 組の辺とその間の角がそれぞれ等しいので，三角形は合同。

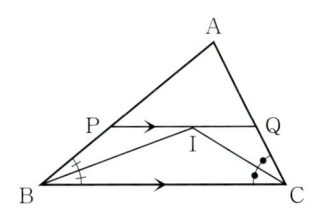

2 ② 平行線では錯角は等しい。
内心は角の二等分線の交点。

3 (1) 方べきの定理。
(2) メネラウスの定理。

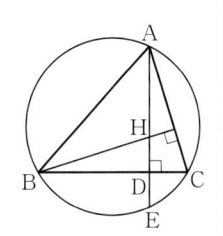

4 円周角の定理の活用。

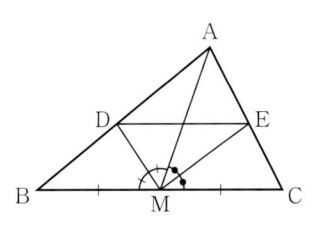

5 ⑫ 内角の二等分線。

257

6 △ABC の中線 AM の中点を D とし，BD の延長が辺 AC と交わる点を E とする。このとき，次のことを証明せよ。
  (1) CE＝2AE
  (2) BD＝3DE

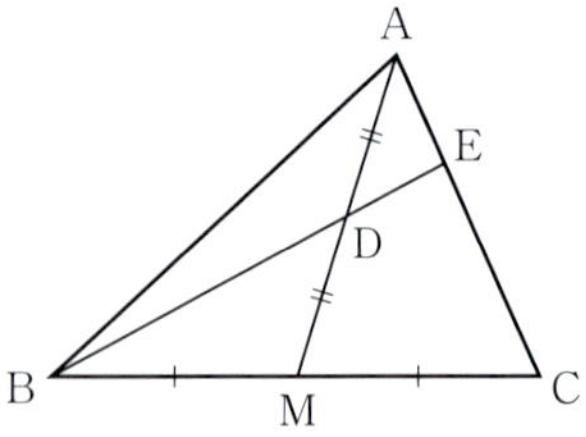

6 メネラウスの定理。

7 △ABC で，辺 BC 上の点を D とし，∠ADB，∠ADC の二等分線が AB，AC と交わる点をそれぞれ E，F とするとき，3 直線 AD, BF, CE は 1 点で交わることを証明せよ。

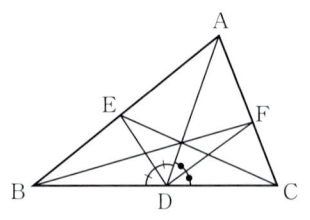

7 チェバの定理。

8 直径が 3 である円 O において，直径 AB を延長して右の図のように AB＝BC となる点 C をとる。C から円 O に接線を引き，接点を T とする。このとき，CT, AT の長さを求めよ。

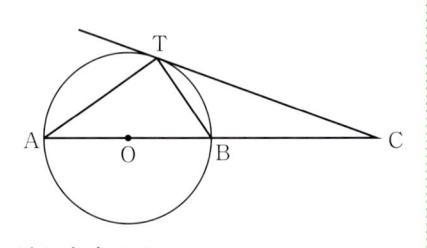

8 方べきの定理。

9 右の図のように，半径 3，5 の 2 つの円 O, O′ がある。中心間の距離 OO′＝12 のとき，共通外接線，共通内接線を作図し，その長さを求めよ。

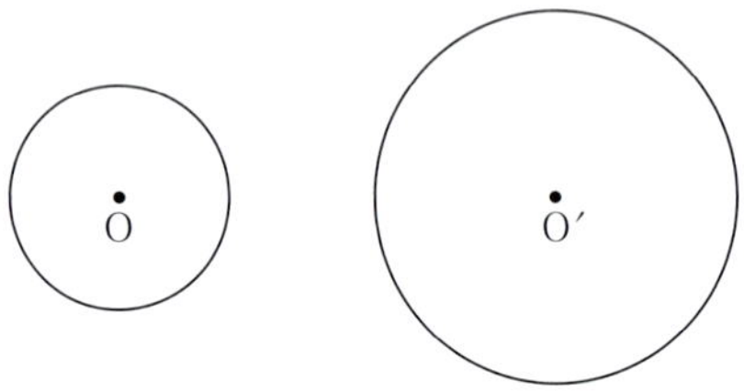

9 三平方の定理が使えるように補助線を引く。

10 直方体 ABCD-EFGH がある。AB＝3，AD＝2，AE＝1，平面 CHF と平面 GHF のなす角を θ とするとき，$\cos\theta$ の値を求めよ。

10 G から HF に下ろした垂線の足を K とし，$\cos\theta=\dfrac{GK}{CK}$ を求める。

7章 整数の性質 数学A

1節 約数と倍数

1 約数と倍数

自然数と整数についてはきちんと理解できているかな？自然数は，ものの数を数えることに起源があるため，太古の昔から理解されていた数だったけど，「0」や「負の数」の存在が発見され，理解されるまでには，かなりの時間がかかったんだ。ここでちょっと整理しておこう。**自然数**とは，1から始めて1を次々と加えていってつくられる数のこと。小学校で最初に学んだ数だね。**整数**とは，自然数に0と，0から始めて1を次々と引いていってつくられる数を加えた数のことだ。

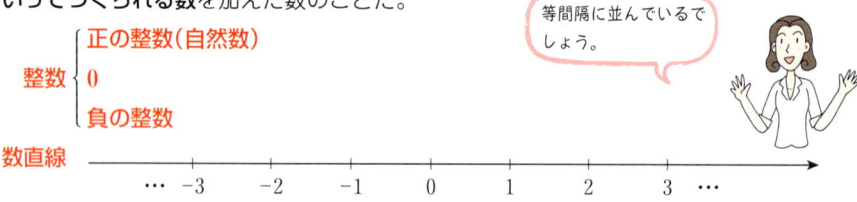

整数 { 正の整数（自然数）
　　　　0
　　　　負の整数

数直線　… -3　-2　-1　0　1　2　3 …

> 等間隔に並んでいるでしょう。

❖ 約数と倍数

整数 a が整数 b で割り切れるとき，その商を q とすると
$$a = bq$$
と表すことができる。このとき，

　　b を a の約数，a を b の倍数　← この場合，もちろん $-b$ は a の約数であるし，$-a$ は b の倍数である。

という。たとえば，$28 = 4 \cdot 7$ だから，4 は 28 の約数で，28 は 4 の倍数である。もちろん，-4 も 28 の約数で，-28 も 4 の倍数である。

28 の約数をすべてあげると　$\pm 1, \pm 2, \pm 4, \pm 7, \pm 14, \pm 28$

> 約数や倍数には負の数もあることに注意。

❖ 倍数の判定法

2の倍数…一の位の数が2の倍数

3の倍数…各桁の数の合計が3の倍数

4の倍数…下2けたの数が4の倍数または00

5の倍数…一の位の数が5の倍数（0か5）

6の倍数…2の倍数かつ3の倍数（一の位が偶数で，各桁の数の合計が3の倍数）

8の倍数…下3けたの数が8の倍数または000

9の倍数…各桁の数の合計が9の倍数

応用例題 182 [約数の利用] テストに出るぞ！

等式 $xy-2x-y=3$ を満たす自然数 x, y の組を求めよ。

ねらい
自然数の性質と約数を利用して，x，y の組を求める。

解法ルール
1. 自然数×自然数＝自然数
2. (x の式)×(y の式)＝自然数　の形にする。

解答例
$xy-2x-y=3$
$(x-1)(y-2)-2=3$
$(x-1)(y-2)=5$
この式を満たすのは，
$\begin{cases} x-1=1 \\ y-2=5 \end{cases}$ $\begin{cases} x-1=5 \\ y-2=1 \end{cases}$
の 2 組のみ。
よって，(x, y) の組は　$(2, 7)$, $(6, 3)$ …答

← 2 つの自然数を掛けて 5 になる組み合わせをさがせばよい。
5 の約数は ±1, ±5
x は自然数であるから
　$x-1 \geqq 0$
よって　$x-1=1$, 5
が得られる。

（別解）y について解くと，$(x-1)y=2x+3$ より
$y=\dfrac{2x+3}{x-1}=\dfrac{5}{x-1}+2$
x と y が自然数であることを考慮すると
$x-1=5$ または $x-1=1$

類題 182　$\dfrac{1}{x}+\dfrac{1}{y}=\dfrac{1}{3}$ を満たす自然数 x, y の組を求めよ。

Tea Time ● おもしろい約数

おもしろい性質をもった約数を紹介しましょう。

Ⅰ．完全数
　その数自身を除いた正の約数の和が，その数自身と等しい自然数。
　6，28，496 など。

Ⅱ．友愛数
　異なる 2 つの自然数の組で，その数自身を除いた正の約数の和が互いに他方に等しくなるような数。
　(220, 284), (1184, 1210), (2620, 2924) など。

Ⅲ．婚約数
　異なる 2 つの自然数の組で，1 とその数自身を除いた正の約数の和が互いに他方に等しくなるような数。準友愛数ともいいます。
　(48, 75), (140, 195), (1050, 1925) など。

● 素因数分解とは？

❖ 素 数

自然数 a が 1 とその数自身以外の正の約数をもたないとき，a を **素数** という。

素数は，エラトステネスのふるい(右の図)を利用して求めることができる。
① 1 は素数ではないから消す。
② 2 は素数。2 を残して残りの 2 の倍数を消す。
③ 3 は素数。3 を残して残りの 3 の倍数を消す。
④ 5 は素数。5 を残して残りの 5 の倍数を消す。
…

1 ② ③ 4̸ ⑤ 6̸ 7 8̸ 9̸ 1̸0̸
11 1̸2̸ 13 1̸4̸ 1̸5̸ 1̸6̸ 17 1̸8̸ 19 2̸0̸
2̸1̸ 2̸2̸ 23 2̸4̸ 2̸5̸ 2̸6̸ 2̸7̸ 2̸8̸ 29 3̸0̸
…

残っている数について，小さい数から順に次々とこの作業を繰り返すと，素数が得られる。
また，**素数でない自然数**(1 を除く)のことを **合成数** という。

❖ 素因数分解

整数(30)をいくつかの整数の積の形に表す($30=5\cdot6$)とき，その 1 つ 1 つの整数を **因数**(5, 6)といい，素数である因数(5)を **素因数** という。また，自然数を素数の積の形に表す($30=2\cdot3\cdot5$)ことを **素因数分解** という。素因数分解は 1 通りである。

基本例題 183　　　　　　　　　　　　　　　素因数分解

504 を素因数分解せよ。

ねらい 素因数分解をすること。

解法ルール 素数で順に割っていく。小さい素数から試すとよい。

解答例 右のような計算より
　　　　$504=2^3\cdot3^2\cdot7$　…答

```
2) 504
2) 252
2) 126
3)  63
3)  21
     7
```

類題 183 360 を素因数分解せよ。

ここで，p.44 応用例題 46 で証明した「$\sqrt{2}$ が無理数であること」を，素因数分解を使って証明してみよう。「**自然数 a に対して，a^2 は素因数 2 を偶数個もつ**」ことを利用する。

　　a が偶数であれば，明らかに a^2 の素因数 2 の個数は偶数個。
　　奇数であれば，a^2 の素因数 2 の個数は 0 個だから偶数個。

背理法で証明する。
$\sqrt{2}$ が無理数でないとすると有理数だから，

$$\sqrt{2}=\frac{p}{q}\ (p と q は\underline{互いに素}な自然数)$$

└─ 1以外に共通な正の約数をもたないこと。下記参照。

とおける。両辺を平方して分母を払うと

$$2q^2=p^2$$

この両辺を素因数分解すると，$2q^2$ は素因数2を奇数個もち，p^2 は素因数2を偶数個もつ。よって，これは矛盾する。したがって，$\sqrt{2}$ は無理数である。

❖ 公約数と公倍数

公約数…2つ以上の整数に共通な約数。最大のものを**最大公約数（G.C.D, G.C.M）**という。
　　　　　　　　　　　　　　　　　　　　　greatest common divisor　greatest common measure

公倍数…2つ以上の整数に共通な正の倍数。最小のものを**最小公倍数（L.C.M）**という。
　　　　　　　　　　　　　　　　　　　　　　　　　　　　least common multiple

❖ 互いに素

2つの整数 a, b において，a, b の正の公約数が1以外にない（最大公約数が1）のとき，a, b は**互いに素**であるという。

基本例題 184　　　　　最大公約数・最小公倍数

20, 30, 45 の最大公約数と最小公倍数を求めよ。

ねらい　最大公約数と最小公倍数を求めること。

テストに出るぞ！

解法ルール
1. 最大公約数は3数の公約数の中で最大のもの。
2. 最小公倍数は3数の公倍数の中で最小のもの。

解答例　$20=2^2\cdot 5$　　$30=2\cdot 3\cdot 5$　　$45=3^2\cdot 5$

　　最大公約数は　5　…**答**

　　最小公倍数は　$2^2\cdot 3^2\cdot 5=180$　…**答**

```
5 ) 20  30  45
2 )  4   6   9
3 )  2   3   9
     2   1   3
```

①3数の公約数で割る。
②3数の公約数はもうないので，そのうちの2数の公約数で割る。
③割らなかった数はそのまま下ろす。
④公約数がまったくなくなるまで繰り返す。

すべての積が最小公倍数

類題 184　28, 42, 56 の最大公約数と最小公倍数を求めよ。

基本例題 185　最小公倍数

縦6cm，横8cmの長方形の紙が200枚ある。これらの紙を，同じ向きにすきまなく敷き詰めて，できるだけ大きな正方形を作りたい。できた正方形は，何枚の紙を使っているか。

ねらい　最小公倍数を活用すること。

解法ルール
1. 縦6cm，横8cmの長方形を何枚か敷き詰めて，まず，最小の正方形を作る。
2. ①で作った正方形を$4(=2^2)$個，$9(=3^2)$個，…使って大きな正方形にしていく。

解答例　6と8の最小公倍数は24だから，1辺が24cmのときが最小の正方形である。このとき，12枚の長方形を使っている。小さい方から順に次の正方形を作るとき

$12 \times 2^2 = 48$（枚）
$12 \times 3^2 = 108$（枚）
$12 \times 4^2 = 192$（枚）
$12 \times 5^2 = 300$（枚）

200枚以内で作れる最大の場合だから

192枚　…答

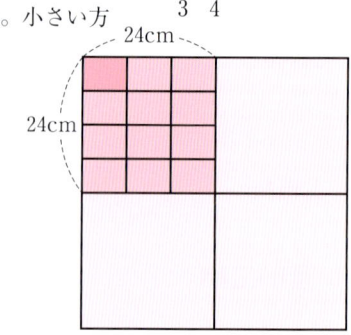

```
2) 6  8
   3  4
```

類題 185　縦3cm，横4cm，高さ2cmの直方体のブロックが2000個ある。これらを積んで，できるだけ大きな立方体を作りたい。何個のブロックを使えばよいか。

基本例題 186　最大公約数

縦24cm，横36cmの長方形の紙がある。この紙の縦，横をそれぞれ等分に切断して，同じ大きさの正方形を作るとき，できるだけ大きな正方形を作りたい。正方形の1辺を何cmにすればよいか。また，何枚の正方形が作れるか。

ねらい　最大公約数を活用すること。

解法ルール
1. 24cm，36cmを等分して得られる最大の数が正方形の1辺の長さ。
2. ①で求めた長さで縦，横を切断すれば，正方形が何枚作れるか。

解答例　24と36の最大公約数は12だから，1辺が12cmの場合が最大の正方形になる。12cmずつに切ると，縦は2等分，横は3等分することになるから，$2 \times 3 = 6$（枚）の正方形が作れる。

1辺が12cmの正方形が6枚　…答

```
2) 24  36
2) 12  18
3)  6   9
    2   3
```

7章　整数の性質

応用例題 187 最小公倍数と最大公約数の利用

2つの自然数がある。その和が350, 最小公倍数が2184であるとき, この2数を求めよ。

ねらい
条件を満たす2整数を求めること。

解法ルール 2数を a, b とし, $a = ga'$, $b = gb'$ (a' と b' は互いに素) とすると

和は $a + b = ga' + gb' = g(a' + b')$
最小公倍数を l とすると $l = ga'b'$

これより, まず g (和と最小公倍数の, 最大公約数) を求める。

$$\begin{array}{r|ll} g) & a & b \\ \hline & a' & b' \end{array}$$

解答例 求める2つの自然数を a, b とし, その最大公約数を g とすると
  $a = ga'$, $b = gb'$ (a' と b' は互いに素)
と表せる。

和… $a + b = ga' + gb' = g(a' + b') = 350$
最小公倍数… $ga'b' = 2184$

$a' + b'$ と $a'b'$ が互いに素であるから,
350 と 2184 の最大公約数は $g = 2 \cdot 7 = 14$
よって, $ga'b' = 14 \cdot 156 = 14 \cdot 2^2 \cdot 3 \cdot 13$ より
  $a'b' = 2^2 \cdot 3 \cdot 13$

$$\begin{array}{r|rr} 2) & 350 & 2184 \\ 7) & 175 & 1092 \\ \hline & 25 & 156 \end{array}$$

$$\begin{array}{r|r} 2) & 156 \\ 2) & 78 \\ 3) & 39 \\ \hline & 13 \end{array}$$

よって, a', b' ($a' < b'$) の組は
  $(a', b') = (1, 156), (2, 78), (3, 52),$
      $(4, 39), (6, 26), (12, 13)$ ……①

また, $a + b = g(a' + b') = 350 = 14 \cdot 25$ より
  $a' + b' = 25$ ……②

①, ② より $(a', b') = (12, 13)$
したがって $a = ga' = 14 \cdot 12 = 168$
       $b = gb' = 14 \cdot 13 = 182$

答 168 と 182

ポイント [最大公約数と最小公倍数の性質]

2つの自然数を a, b とし, その最大公約数を g, 最小公倍数を l とすると
  $a = ga'$, $b = gb'$ (a' と b' は互いに素)
と表せ
  和… $a + b = g(a' + b')$ 差… $a - b = g(a' - b')$
  積… $ab = g^2 a'b'$ 最小公倍数… $l = ga'b'$ $ab = gl$

類題 187 2つの自然数がある。その和が308, 最小公倍数が2145であるとき, この2数を求めよ。

2 整数の割り算と商・余り

整数 a を自然数 b で割ったとき，商を q，余りを r とすると，
$$a = bq + r \quad (r = 0, 1, 2, \cdots, b-1)$$
と表すことができる。

ここで，余り r でグループ化することを考えてみよう。

例1 整数 n を 2 で割ったときの余りは，0（割り切れる）か 1 のいずれかだから
$$n = \begin{cases} 0, 2, 4, 6, \cdots \text{（偶数）} & \leftarrow k \text{ を整数として，} n = 2k \text{ のグループ} \\ 1, 3, 5, 7, \cdots \text{（奇数）} & \leftarrow k \text{ を整数として，} n = 2k+1 \text{ のグループ} \end{cases}$$

例2 整数 n を 3 で割ったときの余りは，0 か 1 か 2 のいずれかだから
$$n = \begin{cases} 0, 3, 6, 9, \cdots & \leftarrow k \text{ を整数として，} n = 3k \text{ のグループ} \\ 1, 4, 7, 10, \cdots & \leftarrow k \text{ を整数として，} n = 3k+1 \text{ のグループ} \\ 2, 5, 8, 11, \cdots & \leftarrow k \text{ を整数として，} n = 3k+2 \text{ のグループ} \end{cases}$$

基本例題 188　　　　　　　　　　　　　　　余りの問題(1)

整数 n が 3 で割り切れないとき，$n^2 + 2$ は 3 で割り切れることを示せ。

ねらい
余りによるグループ化の利用。

解法ルール　$n = 3k+1$ または $n = 3k+2$ である。

解答例　n は 3 で割り切れないので，$n = 3k+1$ または $n = 3k+2$（k は整数）と表せる。

(i) $n = 3k+1$ のとき
　$n^2 + 2 = (3k+1)^2 + 2 = (9k^2 + 6k + 1) + 2 = 3(3k^2 + 2k + 1)$

(ii) $n = 3k+2$ のとき
　$n^2 + 2 = (3k+2)^2 + 2 = (9k^2 + 12k + 4) + 2 = 3(3k^2 + 4k + 2)$

k は整数だから，いずれの場合も **$n^2 + 2$ は 3 で割り切れる**。　終

類題 188　整数 n が 4 で割ると 1 余る数のとき，$n^2 + 7$ は 8 の倍数であることを示せ。

基本例題 189　　　　　　　　　　余りの問題(2)

整数 a, b, c を 7 で割ると，余りはそれぞれ 1, 3, 4 である。このとき，次の数を 7 で割った余りを求めよ。
(1) $a+2b+c$　　　　(2) abc

ねらい　余りを求めること。

解法ルール
1. 整数を 7 で割った余りは　0, 1, 2, 3, 4, 5, 6
   この余りで，すべての整数はグループ化できる。
2. 問題の数がどのグループに入るかで余りがわかる。

解答例
$a=7k+1$
$b=7l+3$
$c=7m+4$
　　（k, l, m は整数）
と表せる。

(1)　$a+2b+c=(7k+1)+2(7l+3)+(7m+4)$
　　　　　　　$=7k+14l+7m+11$
　　　　　　　$=7(k+2l+m+1)+4$

　　　　　　　　　　　　　　　余りは 4　…答

(2)　$ab=(7k+1)(7l+3)$
　　　　$=7(7kl+3k+l)+3$
　　$7kl+3k+l=p$（p は整数）とおくと
　　　$ab=7p+3$　← ab は 7 で割ると 3 余る数
　　$abc=(7p+3)(7m+4)$
　　　　$=7(7pm+4p+3m)+12$
　　　　$=7(7pm+4p+3m+1)+5$

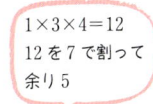

　　　　　　　　　　　　　　　余りは 5　…答

> 難しく考えずに余りだけで計算しても求められます。
> $1+2\times 3+4=11$
> 11 を 7 で割って余り 4

> $1\times 3\times 4=12$
> 12 を 7 で割って余り 5

ポイント　[余りによるグループ化]

整数 n を p で割ると，余りは 0, 1, 2, …, ($p-1$) だから
　$n=pk$,　$n=pk+1$,　$n=pk+2$,　…,　$n=pk+(p-1)$　（k は整数）
と p 個にグループ化できる。

類題 189　次の問いに答えよ。
(1) 2^{100} の一の位の数はいくらか。
(2) 3^{100} の一の位の数はいくらか。

1　約数と倍数

基本例題 190　　　　　　　　　倍数であることの証明

n を整数とするとき，次のことを証明せよ。
(1) $n(n+1)$ は 2 の倍数である。
(2) $n(n+1)(n+2)$ は 6 の倍数である。

ねらい
倍数であることの証明方法を知る。

解法ルール
1. 整数 n を余りでグループ化し，証明に用いる。
2. $n=2k$, $2k+1$（2 で割った余りでグループ化）
3. $n=3k$, $3k+1$, $3k+2$（3 で割った余りでグループ化）
4. 6 の倍数であることを証明するには，2 の倍数かつ 3 の倍数であることを示せばよい。

解答例
(1) 整数 n は $2k$, $2k+1$（k は整数）のいずれかで表される。
　(i) $n=2k$ のとき
　　$n(n+1)=2k(2k+1)$
　　となり，2 の倍数である。
　(ii) $n=2k+1$ のとき
　　$n(n+1)=(2k+1)(2k+2)=2(2k+1)(k+1)$
　　となり，2 の倍数である。
　(i), (ii)より　$n(n+1)$ は 2 の倍数である。　終

(2) (1)より $n(n+1)$ が 2 の倍数だから，$n(n+1)(n+2)$ は 2 の倍数である。……①
次に，3 の倍数であることを示す。
整数 n は $3k$, $3k+1$, $3k+2$ のいずれかで表される。
　(i) $n=3k$ のとき
　　$n(n+1)(n+2)=3k(3k+1)(3k+2)$
　　となり，3 の倍数である。
　(ii) $n=3k+1$ のとき
　　$n(n+1)(n+2)=(3k+1)(3k+2)(3k+3)$
　　　　　　　　$=3(3k+1)(3k+2)(k+1)$
　　となり，3 の倍数である。
　(iii) $n=3k+2$ のとき
　　$n(n+1)(n+2)=(3k+2)(3k+3)(3k+4)$
　　　　　　　　$=3(3k+2)(k+1)(3k+4)$
　　となり，3 の倍数である。
　(i), (ii), (iii)いずれの場合も $n(n+1)(n+2)$ は 3 の倍数である。
　　　　　　　　　　　　　　　　　　　　　　……②
①, ②より　$n(n+1)(n+2)$ は 6 の倍数である。　終

> p の倍数であることを示すには，すべての項が p を約数にもち，$p(\ )$ の形に表せることを示せばいいんだ。

ポイント [倍数の証明]

整数 n についての式 A が p の倍数であることを証明するには，n を p で割った余りでグループ化し，これをうまく使う。

$$n = pk,\ pk+1,\ pk+2,\ \cdots,\ pk+(p-1)\quad (k\text{ は整数})$$

類題 190 n を整数とするとき，$n(n+1)(2n+1)$ は 6 の倍数であることを証明せよ。

応用例題 191 余りを使った証明

(1) n を整数とするとき，n^2 を 3 で割った余りは 0 または 1 であることを証明せよ。

(2) 整数 $a,\ b,\ c$ が $a^2+b^2=c^2$ を満たすとき，$a,\ b$ のうち少なくとも一方は 3 の倍数であることを証明せよ。

ねらい 3 の倍数であることを証明する。

テストに出るぞ！

解法ルール

1 n を 3 で割った余りでグループに分ける。
$n = 3k,\ 3k+1,\ 3k+2$（k は整数）

2 (2)は背理法で証明する。

解答例 (1) k を整数とする。

(i) $n = 3k$ のとき
$n^2 = 9k^2 = 3(3k^2)$
よって，n^2 を 3 で割った余りは 0

(ii) $n = 3k+1$ のとき
$n^2 = 9k^2 + 6k + 1 = 3(3k^2 + 2k) + 1$
よって，n^2 を 3 で割った余りは 1

(iii) $n = 3k+2$ のとき
$n^2 = 9k^2 + 12k + 4 = 3(3k^2 + 4k + 1) + 1$
よって，n^2 を 3 で割った余りは 1

(i), (ii), (iii)より，n^2 を 3 で割った余りは 0 または 1 である。 終

(2) $a^2+b^2=c^2$ が成り立つとき，$a,\ b$ とも 3 の倍数でないと仮定すると，(1)より，$a^2,\ b^2$ を 3 で割った余りは 1
よって，a^2+b^2 を 3 で割った余りは 2 となる。 ……①
一方，c^2 を 3 で割った余りは 0 または 1 となる。 ……②
①，②より，$a^2+b^2=c^2$ を満たすことはない。
ゆえに，**$a,\ b$ のうち少なくとも一方は 3 の倍数である。** 終

類題 191 2 つの自然数 $a,\ b$ について，次の事柄を証明せよ。

(1) 2 数の積 ab が 3 の倍数ならば $a,\ b$ のうち少なくとも一方は 3 の倍数である。

(2) 和 $a+b$ と積 ab が 3 の倍数ならば，$a,\ b$ とも 3 の倍数である。

これも知っ得　合同式

p. 266 では余りによって整数をグループ化したけど，もっと簡単な方法があるので，紹介しておこう。

> 2つの整数 a, b を自然数 p で割ったときの余りが同じであることを「a と b は p を法として合同である」といい，「$a \equiv b \pmod{p}$」と書く。

「mod 5」は「modulus 5」のこと。「モディラス5」または，略して「モッド5」と読む。

例 $12 \equiv 7 \equiv 2 \pmod 5$ …12 も 7 も 2 も 5 で割ると余りは 2
　　　　　つまり，$5k+2$ のグループ。
　　　$-13 \equiv -6 \equiv 1 \pmod 7$ …-13 も -6 も 1 も 7 で割ると余りは 1
　　　　　つまり，$7k+1$ のグループ。

ポイント　［合同式の性質］

$a \equiv b \pmod{p}$, $c \equiv d \pmod{p}$ のとき
(I) $a+c \equiv b+d \pmod{p}$, $a-c \equiv b-d \pmod{p}$
(II) $ac \equiv bd \pmod{p}$
(III) $a^n \equiv b^n \pmod{p}$

発展例題 192　　合同式の利用

整数 a, b, c を 7 で割ると，余りはそれぞれ 1, 3, 4 である。このとき，合同式を利用して，次の数を 7 で割った余りを求めよ。
(1) $3a+2b+c$　　　　(2) ab^2c^3

ねらい　合同式を利用して余りを求めること。

解法ルール
1 $a \equiv 1 \pmod 7$, $b \equiv 3 \pmod 7$, $c \equiv 4 \pmod 7$
2 合同式の性質を使って余りを求める。

解答例　$a \equiv 1 \pmod 7$, $b \equiv 3 \pmod 7$, $c \equiv 4 \pmod 7$ だから
(1) $3a+2b+c \equiv 3 \cdot 1 + 2 \cdot 3 + 4$
　　　　　　　$\equiv 13 \equiv 6 \pmod 7$　　**答** **6**
(2) $b^2 \equiv 3^2 \equiv 9 \equiv 2 \pmod 7$
　　$c^3 \equiv 4^3 \equiv 16 \cdot 4 \equiv 2 \cdot 4 \equiv 8 \equiv 1 \pmod 7$
　　$ab^2c^3 \equiv 1 \cdot 2 \cdot 1 \equiv 2 \pmod 7$　　**答** **2**

p.267 基本例題189 の解答と比べてみてください。合同式のよさがよくわかりますよ！

類題 192-1　合同式を使って，次の数を求めよ。
(1) 2^{50} の一の位の数　　　　(2) 3^{50} の一の位の数

類題 192-2　*p. 269* 応用例題 191 を，合同式を使って証明せよ。

2節 ユークリッドの互除法

3 ユークリッドの互除法

2つの自然数 a, b の最大公約数を g とすると
$$a = ga', \quad b = gb' \quad (a' \text{ と } b' \text{ は互いに素}) \quad \cdots\cdots ①$$
と表せる。
ここで，a を b で割ったときの商を q，余りを r $(r \neq 0)$ とすると $a = bq + r$
①を代入して $ga' = gb'q + r$ $\quad r = g(a' - b'q)$
よって，r は g を約数にもつ。
b' と $a' - b'q$ は互いに素だから，b と r の最大公約数も g であることがわかる。

> b' と $a' - b'q$ が 1 以外の正の公約数 k をもつとすると $b' = kl$, $a' - b'q = kh$
> 2式から b' を消去すると，$a' = kh + klq = k(h + lq)$ となり，a', b' は公約数 k をもつ。
> これは a' と b' が互いに素であることに反する。したがって，b' と $a' - b'q$ は互いに素。

このことから，次のことがいえる。

ポイント 　[最大公約数の求め方]
2つの自然数 a, b で，a を b で割ったときの商を q，余りを r $(r \neq 0)$ として，
$a = bq + r$ と表されるとき
$$a, b \text{ の最大公約数が } g \implies b, r \text{ の最大公約数も } g$$

このことを繰り返し使って，最大公約数を求めることができる。この方法を，ユークリッドの互除法という。

ユークリッドの互除法は，できるだけ大きい正方形で長方形を埋めつくす（長方形の縦と横を等分して，できるだけ大きい正方形を作る）と考えることができる（***p. 264* 基本例題 186** 参照）。70 と 98 の最大公約数を例に考えてみよう。

① $98 \div 70 = 1$ 余り 28 で，正方形 A が 1 個でき，28 余る。
② $70 \div 28 = 2$ 余り 14 で，正方形 B が 2 個でき，14 余る。
③ $28 \div 14 = 2$ で，正方形 C が 2 個でき，余りはない。

正方形 B は正方形 C 4 個分　← $(28 \div 14)^2 = 4$
正方形 A は正方形 C 25 個分　← $(70 \div 14)^2 = 25$

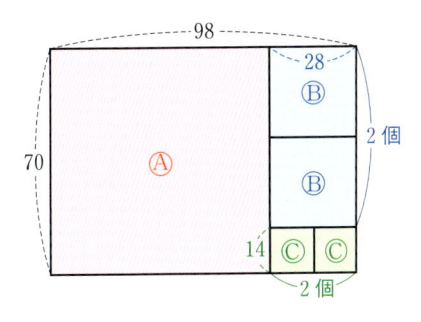

以上より，縦 70，横 98 の長方形は，1 辺が 14（2 数の最大公約数）の正方形で埋めつくすことができる。

ちなみに，最小公倍数は，この長方形を何枚か使って作ることができる最小の正方形の 1 辺の長さになる（*p. 264* 基本例題 185 参照）。

基本例題 193　ユークリッドの互除法

2 つの整数 391 と 323 の最大公約数と最小公倍数を，ユークリッドの互除法を使って求めよ。

ねらい　ユークリッドの互除法を使って，最大公約数と最小公倍数を求めること。

解法ルール

1. $391 \div 323 = 1$ 余り 68
2. 391 と 323 の最大公約数は 323 と 68 の最大公約数だから，さらに $323 \div 68 = 4$ 余り 51
3. 1, 2 のように割り算を繰り返して，数を小さくしていく。
4. 割り切れたときに割った数が最大公約数。

解答例　数を並べて書く。大きい数を小さい数で割り，大きい数を余りに書き変える作業を続ける。

(391, 323)
↓　← $391 \div 323 = 1$ 余り 68　正方形 A が 1 個でき，68 余る。
(68, 323)
↓　← $323 \div 68 = 4$ 余り 51　正方形 B が 4 個でき，51 余る。
(68, 51)
↓　← $68 \div 51 = 1$ 余り 17　正方形 C が 1 個でき，17 余る。
(17, 51)
↓　← $51 \div 17 = 3$（余り 0）　正方形 D が 3 個でき，余りはない。
(17, 0)　← 最大公約数は 17

$391 = 17 \cdot 23$，$323 = 17 \cdot 19$ より
L.C.M $= 17 \cdot 23 \cdot 19 = 7429$

答　最大公約数は　17，
　　　 最小公倍数は　7429

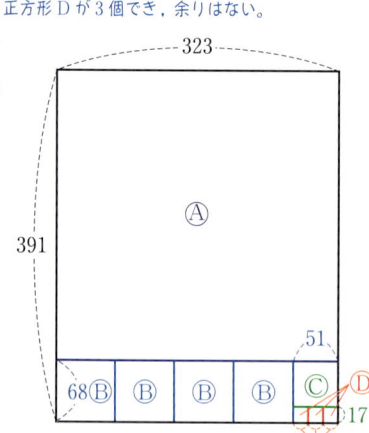

正方形 C は
正方形 D 9 個分
　$(51 \div 17)^2 = 9$

正方形 B は
正方形 D 16 個分
　$(68 \div 17)^2 = 16$

正方形 A は
正方形 D 361 個分
　$(323 \div 17)^2 = 361$

以上より，縦 391，横 323 の長方形は 1 辺が 17（最大公約数）の正方形で埋めつくすことができる。

類題 193

2 つの整数 247 と 221 の最大公約数と最小公倍数を，ユークリッドの互除法を使って求めよ。

4 1次不定方程式

a, b, c を整数とするとき，$ax+by=c (a \neq 0, b \neq 0)$ を満たす整数 x, y の組を求めることを，不定方程式 $ax+by=c$ を解くといいます。具体的な例題を使って解法を考えてみよう。

応用例題 194 不定方程式(1) テストに出るぞ!

方程式 $7x-4y=1$ を満たす整数 x, y の組を求めよ。

ねらい 不定方程式を解くこと。

解法ルール
1 まず，解を1組みつける。
2 1で求めた解を活用して倍数を考える。

解答例 $7x-4y=1$ を変形して $7x-1=4y$

$7x-1$ が4の倍数であることから $x=3$ がみつかる。 （x に適当な自然数を入れてみつける。）

$\underline{x=3}$ のとき $\underline{y=5}$ が1つの解 ← 特殊解という

$$7x-4y=1 \quad \cdots\cdots ①$$
$$-) \quad 7\times 3-4\times 5=1 \quad \cdots\cdots ②$$

①－②より $7(x-3)-4(y-5)=0$
よって $7(x-3)=4(y-5)$
7と4は互いに素だから，$x-3$ は4の倍数。$y-5$ は7の倍数。
ゆえに，$x-3=4k$ (k は整数)とおくと $x=4k+3$
このとき，$y-5=7k$ より $y=7k+5$

答 $x=4k+3, y=7k+5$ (k は整数)

（別解1） グラフを使って考えてみよう。

$$y=\frac{7}{4}x-\frac{1}{4}$$

1つの解は $(3, 5)$

$(3, 5)$ を通り傾き $\dfrac{7}{4}$ の直線で x, y が整数になる格子点をとっていけばよい。

$x=4k+3, y=7k+5$ (k は整数)

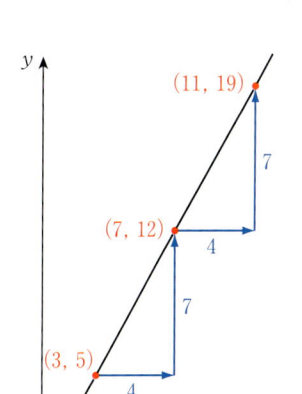

（別解2） 合同式を使って考えよう。

$7x-4y=1$ より $7x-1=4y$ $\cdots\cdots ①$
$4y \equiv 0 \pmod{4}$ だから $7x-1 \equiv 0 \pmod{4}$
よって $7x \equiv 1 \pmod{4}$ $(3x+4x) \equiv 1 \pmod{4}$
$3x \equiv 1 \pmod{4}$ $3 \equiv 3 \pmod{4}$ だから $x \equiv 3 \pmod{4}$
したがって $x=4k+3$ (k は整数)
①に代入して $7(4k+3)-1=4y$ 整理して $y=7k+5$ (k は整数)

類題 194 方程式 $5x+3y=1$ を満たす整数 x, y の組を求めよ。

発展例題 195 不定方程式(2)

11 で割ると 2 余り，7 で割ると 5 余る整数を求めよ。

ねらい 不定方程式を応用すること。

解法ルール
1. $n=11x+2=7y+5$
2. $11x-7y=3$ を解く。
3. まず $11x-7y=1$ として 1 組みつける。

解答例 求める整数を n とすると，ある整数 x, y に対して
$\quad n=11x+2 \quad \cdots\cdots$ ①
$\quad n=7y+5 \quad \cdots\cdots$ ②
①−②より $\quad 11x-7y=3 \quad \cdots\cdots$ ③
$11x-7y=1 \quad \cdots\cdots$ ④を満たす 1 組を探す。
$\quad 11x\equiv 1\pmod{7}$ より
$\quad 4x\equiv 1\pmod{7}$
これを満たす x は $\quad x=2$
したがって，④を満たす y は $\quad y=3$
④より $\quad 11\times 2-7\times 3=1 \quad \cdots\cdots$ ⑤
⑤の両辺を 3 倍して
$\quad 11\times 6-7\times 9=3 \quad \cdots\cdots$ ⑥
③−⑥より $\quad 11(x-6)=7(y-9)$
11 と 7 は互いに素だから，$x-6$ は 7 の倍数。
したがって $\quad x-6=7k$ (k は整数)
$\quad x=7k+6$
よって，求める n は $\quad n=11(7k+6)+2=\mathbf{77k+68} \quad \cdots$ 答

いきなり $11x-7y=3$ を満たす x, y の組をみつけるのは難しいので，とりあえず，$11x-7y=1$ を満たす 1 組を，合同式を使って探してみよう。
でも，難しければ，x, y に適当な自然数を代入してみつけてもいいよ。

類題 195 12 で割ると 2 余り，5 で割ると 4 余る整数を求めよ。

応用例題 196 整数の問題

$\dfrac{1}{x}+\dfrac{1}{y}+\dfrac{1}{z}=1$ を満たす自然数 x, y, z の組は何通りあるか。

ねらい 等式を満たす x, y, z の組を求めること。

解法ルール

1. $x \leqq y \leqq z$ として x, y, z の組をみつける。
2. x が最小として $x \leqq a$ を満たす a を求めれば，x が決まる。
3. 次に $y \leqq b$ を満たす b を求め，y を決定する。
4. $x \leqq y \leqq z$ を満たす組が求まれば，大小関係をはずす。

解答例

$\dfrac{1}{x} + \dfrac{1}{y} + \dfrac{1}{z} = 1$ だから，$x \leqq y \leqq z$ と仮定して y, z を x におき換えると

$$\dfrac{1}{x} + \dfrac{1}{x} + \dfrac{1}{x} \geqq 1$$

$\dfrac{3}{x} \geqq 1$ より $3 \geqq x$

よって $x = 1, 2, 3$

$x \leqq y \leqq z$ と大小関係をつけると $\dfrac{1}{y} \leqq \dfrac{1}{x}$，$\dfrac{1}{z} \leqq \dfrac{1}{y}$

(i) $x = 1$ のとき

$1 + \dfrac{1}{y} + \dfrac{1}{z} = 1$ を満たす自然数 y, z はない。

(ii) $x = 2$ のとき

$\dfrac{1}{2} + \dfrac{1}{y} + \dfrac{1}{z} = 1$ より $\dfrac{1}{y} + \dfrac{1}{z} = \dfrac{1}{2}$

$\dfrac{1}{y} + \dfrac{1}{y} \geqq \dfrac{1}{2}$ より $\dfrac{2}{y} \geqq \dfrac{1}{2}$ ゆえに $y \leqq 4$

$x \leqq y$ だから $y = 2, 3, 4$

$y = 2$ のとき $\dfrac{1}{2} + \dfrac{1}{z} = \dfrac{1}{2}$ を満たす自然数 z はない。

$y = 3$ のとき $\dfrac{1}{3} + \dfrac{1}{z} = \dfrac{1}{2}$ より $z = 6$

$y = 4$ のとき $\dfrac{1}{4} + \dfrac{1}{z} = \dfrac{1}{2}$ より $z = 4$

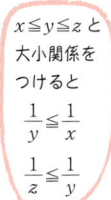

← $\dfrac{1}{y} + \dfrac{1}{z} = \dfrac{1}{2}$ より
$2z + 2y = yz$
$yz - 2y - 2z = 0$
$(y-2)(z-2) = 4$
よって $(y-2, z-2) = (1, 4), (2, 2)$
としてもよい。
($(4, 1)$ は $y \leqq z$ を満たさない。)

(iii) $x = 3$ のとき

$\dfrac{1}{3} + \dfrac{1}{y} + \dfrac{1}{z} = 1$ より $\dfrac{1}{y} + \dfrac{1}{z} = \dfrac{2}{3}$

$\dfrac{1}{y} + \dfrac{1}{y} \geqq \dfrac{2}{3}$ より $\dfrac{2}{y} \geqq \dfrac{2}{3}$ ゆえに $y \leqq 3$

$x \leqq y$ だから $y = 3$ $\dfrac{1}{3} + \dfrac{1}{z} = \dfrac{2}{3}$ より $z = 3$

(i), (ii), (iii)より

$(x, y, z) = (2, 3, 6), (2, 4, 4), (3, 3, 3)$

$(2, 3, 6)$ の並べ方は $3! = 6$ (通り)

$(2, 4, 4)$ の並べ方は $_3C_1 = 3$ (通り)

$(3, 3, 3)$ の並べ方は 1 通り。

よって $6 + 3 + 1 = 10$ (通り) …答

← すべて挙げると
$(x, y, z) = (2, 3, 6),$
$(2, 4, 4), (3, 3, 3),$
$(2, 6, 3), (3, 2, 6),$
$(3, 6, 2), (6, 2, 3),$
$(6, 3, 2), (4, 2, 4),$
$(4, 4, 2)$

3節 整数の性質の活用

5 循環小数

分数を小数で表してみよう。

① $\dfrac{5}{8}=0.625$

② $\dfrac{8}{13}=0.615384615384\cdots$

③ $\pi=3.1415926535\cdots$

①のように，小数第何位かで終わる小数を**有限小数**といい，②，③のように，**小数点以下が無限に続く小数**を**無限小数**という。無限小数の中でも，②のように**小数点以下のある部分が繰り返すもの**を，**循環小数**という。循環小数は

$$0.615384615384\cdots = 0.\dot{6}1538\dot{4}$$

のように，繰り返す部分の最初と最後の数の上に・をつけて表す。この繰り返す部分を，**循環節**という。

循環小数について考えてみよう。$\dfrac{1}{7}$ を小数にする場合，右のような筆算を行う。このとき，7で割った余りは 0, 1, 2, 3, 4, 5, 6 のいずれかになるから，■で示した数は，1, 2, 3, 4, 5, 6 のいずれかになる。したがって，■の部分に今までに現れた数が出てきたとき以降は，それまでの繰り返しになる。他の分数の場合でも同様で，最高（分母－1）回繰り返すまでに，■に同じ数が現れることがわかる。

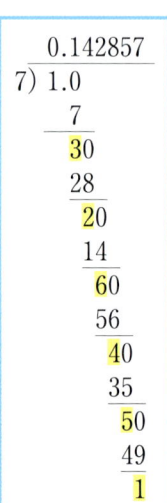

```
        0.142857
    7) 1.0
       7
       30
       28
        20
        14
        60
        56
         40
         35
          50
          49
           1
```

● 循環小数を分数で表すには？

$0.1\dot{2}\dot{3}$ を分数で表してみよう。（p.23 参照）

$x=0.1\dot{2}\dot{3}$ とおく。

$$\begin{aligned}1000x &= 123.2323\cdots \\ -)\quad 10x &= 1.2323\cdots \\ \hline 990x &= 122\end{aligned}$$

← 小数点が循環節の後にくるよう，両辺を 10^m 倍する。

← 小数点が1つ目の循環節の前にくるよう，両辺を 10^n 倍する。

よって $x=\dfrac{122}{990}=\dfrac{61}{495}$

基本例題 197　循環小数

次の循環小数を分数で表せ。
(1) $0.2\dot{3}\dot{4}$
(2) $1.3\dot{5}\dot{7}$

ねらい　循環小数を分数で表すこと。

解法ルール
1. 小数点が循環節の後にくるよう，10^m 倍する。
2. 小数点が循環節の前にくるよう 10^n 倍する。
3. 1，2 の両辺の差をとり**循環節を消去**する。

解答例
(1) $x = 0.2\dot{3}\dot{4}$ とおく。

$$1000x = 234.234234\cdots \quad \leftarrow \text{両辺を } 1000 \text{ 倍する}$$
$$-)\quad x = 0.234234\cdots$$
$$999x = 234$$

$$x = \frac{234}{999} = \frac{26}{111} \quad \cdots\text{答}$$

(2) $x = 1.3\dot{5}\dot{7}$ とおく。

$$1000x = 1357.5757\cdots$$
$$-)\quad 10x = 13.5757\cdots$$
$$990x = 1344$$

小数点が循環節の後にくるように，両辺を1000倍する。

小数点が循環節の前にくるように，両辺を10倍する。

$$x = \frac{1344}{990} = \frac{224}{165} \quad \cdots\text{答}$$

類題 197　次の循環小数を分数で表せ。
(1) $1.1\dot{4}\dot{5}$
(2) $0.0\dot{2}\dot{3}$

基本例題 198　循環小数の積

$0.\dot{3}\dot{6} \times 0.\dot{3}$ を循環小数で表せ。

ねらい　循環小数の積を計算すること。

解法ルール
1. それぞれを分数で表す。
2. 分数の積の結果を小数で表す。

解答例　$x = 0.\dot{3}\dot{6}$，$y = 0.\dot{3}$ とおく。

$$100x = 36.3636\cdots$$
$$-)\quad x = 0.3636\cdots$$
$$99x = 36$$
$$x = \frac{36}{99} = \frac{4}{11}$$

$$10y = 3.333\cdots$$
$$-)\quad y = 0.333\cdots$$
$$9y = 3$$
$$y = \frac{3}{9} = \frac{1}{3}$$

$$\begin{array}{r} 0.12 \\ 33{\overline{\smash{\big)}\,40}} \\ \underline{33} \\ 70 \\ \underline{66} \\ 4 \end{array}$$

$$0.\dot{3}\dot{6} \times 0.\dot{3} = \frac{4}{11} \times \frac{1}{3} = \frac{4}{33} = 0.1212\cdots = \mathbf{0.\dot{1}\dot{2}} \quad \cdots\text{答}$$

6 N 進法

358 の表記の意味は，$3\cdot 10^2+5\cdot 10^1+8$ で，これはふだん私達が使っている数ですね。3 桁の数であれば，$a\cdot 10^2+b\cdot 10^1+c$ で，a，b，c が 10 になると 1 桁上の位に繰り上がります。このように，a，b，c，$\cdots$ が 10 になると 1 桁上の位に繰り上がる，10 を基本にした表記法を 10 進法といい，10 進法で表された数を 10 進数といいます。では，10 進法以外の表記法について考えてみましょう。

$a_n\cdot N^n+a_{n-1}\cdot N^{n-1}+a_{n-2}\cdot N^{n-2}+\cdots+a_2\cdot N^2+a_1\cdot N^1+a_0$ で，a_n，$\cdots$，a_1，a_0 が N になると 1 桁上の位に繰り上がる，N を基本にした表記法を **N 進法**といい，N 進法で表された数を **N 進数**という。N 進数は「$358_{(N)}$」のように書く。10 進数の場合 $_{(10)}$ は省くのが普通である。

Tea Time ★ コンピュータと 2 進法，16 進法

コンピュータでは，すべてのデータを電流が流れている（ON）か流れていないか（OFF）という 2 種類の状態（つまり，0 か 1）で表します。これは，2 進法です。

10 進法は，数を表すのに 10 種類（0，1，2，3，4，5，6，7，8，9）の数字を用いますが，2 進法で用いる数字は 2 種類（0，1）しかありません。2 で桁が 1 つ上がります。つまり，10 進法で表された 1 は 2 進法でも 1 と表されますが，10 進法で表された 2 は 2 進法では桁が 1 つ上がって 10 と表されるわけです。$3_{(10)}$ は $11_{(2)}$，$4_{(10)}$ は $100_{(2)}$，$\cdots$ と，どんどん桁数が増え，$10_{(10)}$ は，$1010_{(2)}$ と，4 桁にまでなってしまいます。

そこで，2 進法の 4 桁分を 1 桁表す方法を考えてみましょう。$0_{(2)}=0_{(10)}$ から $1111_{(2)}=15_{(10)}$ までを 1 桁で表すのです。$10000_{(2)}=2^4=16$ で初めて 1 桁上がります。これが 16 進法です。16 進法で使用する数字（記号）は，10 進法で使用する 0〜9 に，アルファベットの A，B，C，D，E，F を加えます。$10_{(10)}=A_{(16)}$，$11_{(10)}=B_{(16)}$，$12_{(10)}=C_{(16)}$，$13_{(10)}=D_{(16)}$，$14_{(10)}=E_{(16)}$，$15_{(10)}=F_{(16)}$ となります。

10 進法，2 進法，16 進法の対応表

10 進法	2 進法	16 進法
0	0	0
1	1	1
2	10	2
3	11	3
4	100	4
5	101	5
6	110	6
7	111	7
8	1000	8
9	1001	9
10	1010	A
11	1011	B
12	1100	C
13	1101	D
14	1110	E
15	1111	F
16	10000	10

基本例題 199 　　　　　　　　　　　　　　　N進法(1)

次の問いに答えよ。
(1) 5進数 $324_{(5)}$ を10進法で表せ。
(2) 243 を7進法で表せ。
(3) $43_{(6)} \times 25_{(6)}$ を計算せよ。

ねらい　N進数と10進数を相互に表すこと。

解法ルール
1. $324_{(5)} = 3 \cdot 5^2 + 2 \cdot 5 + 4$ の意味。
2. $243 = a \cdot 7^2 + b \cdot 7 + c$ の形を導く。
3. いったん10進法で表して計算し，さらに6進法で表す。

5進数には $324_{(5)}$ のように (5) をつけますが，10進数では (10) を省略するよ。

解答例
(1) $324_{(5)} = 3 \cdot 5^2 + 2 \cdot 5 + 4$
$= 75 + 10 + 4$
$= \mathbf{89}$ …答

(2) 7で割って変形していく
$243 = 7 \cdot 34 + 5$
$= 7 \cdot (4 \cdot 7 + 6) + 5$
$= 4 \cdot 7^2 + 6 \cdot 7 + 5$
したがって $\mathbf{465_{(7)}}$ …答

$\begin{array}{r} 7)\underline{243} \\ 7)\underline{34} \cdots 5 \\ 4 \cdots 6 \end{array}$

243 を7で割った余り
34 を7で割った余り

この順に書くと簡単に答えが求められます。

(3) $43_{(6)} = 4 \cdot 6 + 3 = 27$
$25_{(6)} = 2 \cdot 6 + 5 = 17$
$27 \cdot 17 = 459$
459 を6進法で表して
$459 = 6 \cdot 76 + 3$
$= 6 \cdot (6 \cdot 12 + 4) + 3$
$= 6 \cdot \{6 \cdot (6 \cdot 2) + 4\} + 3$
$= 2 \cdot 6^3 + 4 \cdot 6 + 3$
$= \mathbf{2043_{(6)}}$ …答

$\begin{array}{r} 6)\underline{459} \\ 6)\underline{76} \cdots 3 \\ 6)\underline{12} \cdots 4 \\ 2 \cdots 0 \end{array}$

← 6^2 の位は0であることに注意。

類題 199 次の問いに答えよ。
(1) 5進数 $123_{(5)}$ を3進法で表せ。
(2) 4進数の積 $121_{(4)} \times 32_{(4)}$ を計算せよ。

3　整数の性質の活用

次に，N 進法で表される小数について考えてみよう。

10進法の小数の表記の意味は

<例> $0.345 = 3 \cdot \dfrac{1}{10} + 4 \cdot \dfrac{1}{10^2} + 5 \cdot \dfrac{1}{10^3}$

5進法も同様に考える。

<例> $0.234_{(5)} = 2 \cdot \dfrac{1}{5} + 3 \cdot \dfrac{1}{5^2} + 4 \cdot \dfrac{1}{5^3}$

N 進法では，小数点以下は $\dfrac{1}{N}$, $\dfrac{1}{N^2}$, $\dfrac{1}{N^3}$, …の位を表す。

応用例題 200 　　N 進法の小数

次の問いに答えよ。
(1) 2進数 $0.1101_{(2)}$ を10進法で表せ。
(2) 10進数 0.6875 を2進法で表せ。

ねらい：N 進数の小数と10進数の小数を相互に表す。

解法ルール
1. 2進法→10進法で表すには分数で表して計算する。
2. 10進法→2進法で表すには2を順に掛けていく。

解答例

(1) $0.1101_{(2)} = 1 \cdot \dfrac{1}{2} + 1 \cdot \dfrac{1}{2^2} + 0 \cdot \dfrac{1}{2^3} + 1 \cdot \dfrac{1}{2^4}$

$= \dfrac{1}{2} + \dfrac{1}{4} + \dfrac{1}{16} = \dfrac{13}{16} = \dfrac{13 \cdot 5^4}{2^4 \cdot 5^4}$

$= \dfrac{8125}{10^4} = \mathbf{0.8125}$ …答

(2) $0.6875 = \dfrac{1}{2}(1 + 0.375) = \dfrac{1}{2}\left(1 + \dfrac{1}{2} \cdot 0.75\right)$

$= \dfrac{1}{2}\left\{1 + \dfrac{1}{2} \cdot \dfrac{1}{2}(1 + 0.5)\right\}$

$= \dfrac{1}{2}\left\{1 + \dfrac{1}{2} \cdot \dfrac{1}{2}\left(1 + \dfrac{1}{2} \cdot 1\right)\right\}$

$= 1 \cdot \dfrac{1}{2} + 1 \cdot \dfrac{1}{2^3} + 1 \cdot \dfrac{1}{2^4}$

よって　$\mathbf{0.1011_{(2)}}$ …答

2進法や5進法で表された有限な小数は，有限な10進法の小数で表される！

← $\dfrac{1}{2^2}$ の位は0であることに注意。

小数部分に2を掛け，整数部分を順に書いていけば答えは求められる。

0.6875	0.375	0.75	0.5
× 2	× 2	× 2	× 2
1.3750	0.750	1.50	1.0

類題 200 10進数 0.208 を5進法で表せ。

応用例題 201　N進法(2)

150台置ける駐車場がある。駐車位置には1から順に番号が付けられているが，4という数は1度も使われていない。駐車位置の番号の中で最大の数は何番か。

ねらい　N進法の使い方を学ぶ。

解法ルール

1 4を使わないので使える数字は 0, 1, 2, 3, 5, 6, 7, 8, 9　つまり，9進法になる。

2 普通の9進法では4を使って9を使わないが，この問題の場合は，4を使わずに9を使うので，その修正をする。

解答例　150を9進法で表すと
　　$176_{(9)} = 1 \times 9^2 + 7 \times 9 + 6$
　9^2の位は4より小さいからそのまま…1
　9の位は4より大きいから1を足す…8
　1の位は4より大きいから1を足す…7
したがって，**187番**である。　…答

```
9) 150
9)  16 …6
     1 …7
```

対応表

10進数		9進数
0	⟷	0
1	⟷	1
2	⟷	2
3	⟷	3
✕		
5	⟷	4
6	⟷	5
7	⟷	6
8	⟷	7
9	⟷	8

(確認)

1	2	3	4	5	6	7	8	9	10
11	12	13	14	15	16	17	18	19	20
21	22	23	24	25	26	27	28	29	30
31	32	33	34	35	36	37	38	39	40
41	42	43	44	45	46	47	48	49	50
51	52	53	54	55	56	57	58	59	60
61	62	63	64	65	66	67	68	69	70
71	72	73	74	75	76	77	78	79	80
81	82	83	84	85	86	87	88	89	90
91	92	93	94	95	96	97	98	99	100

1〜100までで4をとばすと
$100 - (10 + 10 - 1) = 81$（台分）

101	102	103	104	105	106	107	108	109	110
111	112	113	114	115	116	117	118	119	120
121	122	123	124	125	126	127	128	129	130
131	132	133	134	135	136	137	138	139	140
141	142	143	144	145	146	147	148	149	150
151	152	153	154	155	156	157	158	159	160
161	162	163	164	165	166	167	168	169	170
171	172	173	174	175	176	177	178	179	180
181	182	183	184	185	186	187			

101〜187までで4をとばすと
$87 - (10 + 9 - 1) = 69$（台分）

したがって　$81 + 69 = 150$（台分）　…上の解答は正しい。

類題 201　180台置ける駐車場がある。駐車位置には1から番号が付けられているが，4と9の2種類の数は1度も使われていない。駐車位置の番号で最大の数は何番か。

3 整数の性質の活用

定期テスト予想問題　解答→p.53~56

1 $xy-2x-3y-2=0$ を満たす自然数 x, y の組を求めよ。

2 $x^2-y^2=7$ を満たす整数 x, y の組を求めよ。

3 $2x^2+3xy+y^2-5x-4y-2=0$ を満たす整数 x, y の組は何組あるか。

4 a, b が互いに素ならば $a+b$, ab も互いに素であることを証明せよ。

5 n が整数のとき n^3-3n^2+8n は 6 の倍数であることを示せ。

6 y を整数とするとき，次の問いに答えよ。
(1) y^2 を 5 で割った余りを求めよ。
(2) $5x^2-y^2=3$ を満たす整数 x, y は存在しないことを示せ。

7 a, b, c を 5 で割った余りがそれぞれ 3, 2, 1 のとき，次の問いに答えよ。
(1) $a+2b+3c$ を 5 で割った余りを求めよ。
(2) a^3b^2c を 5 で割った余りを求めよ。

8 a, b を自然数とするとき，次の問いに答えよ。
(1) a^2 を 7 で割った余りは 0, 1, 2, 4 であることを示せ。
(2) a^2+b^2 が 7 の倍数ならば，a, b とも 7 の倍数であることを示せ。

9 次の問いに答えよ。
(1) 2^{1000} の一の位の数は何か。
(2) 3^{1000} の一の位の数は何か。

HINT

1 積の形を作る。

2 積の形を作る。

3 積の形を作る。

5 2 の倍数かつ 3 の倍数であることを示す。

6 合同式 (mod 5) の活用。

7 合同式 (mod 5) の活用。

8 (1) 合同式 (mod 7) の活用。
(2) 背理法。

9 合同式の活用。

10 2数 437, 247 の最大公約数と最小公倍数を求めよ。

10 ユークリッドの互除法を活用する。

11 方程式 $13x - 7y = 5$ を満たす整数 x, y を求めよ。

11 1次不定方程式。

12 23で割ると3余り, 12で割ると5余る整数を求めよ。

12 $n = 23x + 3$
$= 12y + 5$ より
$23x - 12y = 2$ を解く。

13 $\dfrac{1}{x} + \dfrac{1}{y} + \dfrac{1}{z} = \dfrac{1}{2}$ を満たす自然数 x, y, z の組で $x \leq y \leq z$ を満たすのは何組あるか。

13 ・$\dfrac{1}{x} \geq \dfrac{1}{y} \geq \dfrac{1}{z}$ を活用。
・とりうる値の範囲を限定する。

14 $x + y + z = 14$, $xyz = 64$ を満たす自然数 x, y, z の組を求めよ。

14 まず $x \leq y \leq z$ として求める。

15 次の循環小数を分数で表せ。
(1) $0.1\dot{3}\dot{5}$ (2) $2.1\dot{5}\dot{7}$

15 (1) $x = 0.1\dot{3}\dot{5}$ とおき, $1000x - x$ から計算。

16 次の数を10進法で表せ。
(1) $2301_{(4)}$ (2) $215_{(7)}$ (3) $0.1221_{(3)}$

16 N進法で4桁なら $aN^3 + bN^2 + cN + d$

17 次の問いに答えよ。
(1) $2102_{(3)}$ を5進法で表せ。
(2) $25_{(7)} \times 34_{(7)}$ の結果を5進法で表せ。

17 (1) まず, 10進法で表してから5進法で表す。
(2) 10進法で表して計算してから5進法で表す。

定期テスト予想問題 **283**

平方・平方根・逆数表

n	n^2	$\sqrt{n}$	$\sqrt{10n}$	$\frac{1}{n}$	n	n^2	$\sqrt{n}$	$\sqrt{10n}$	$\frac{1}{n}$
1	1	1.0000	3.1623	1.0000	51	2601	7.1414	22.5832	0.0196
2	4	1.4142	4.4721	0.5000	52	2704	7.2111	22.8035	0.0192
3	9	1.7321	5.4772	0.3333	53	2809	7.2801	23.0217	0.0189
4	16	2.0000	6.3246	0.2500	54	2916	7.3485	23.2379	0.0185
5	25	2.2361	7.0711	0.2000	55	3025	7.4162	23.4521	0.0182
6	36	2.4495	7.7460	0.1667	56	3136	7.4833	23.6643	0.0179
7	49	2.6458	8.3666	0.1429	57	3249	7.5498	23.8747	0.0175
8	64	2.8284	8.9443	0.1250	58	3364	7.6158	24.0832	0.0172
9	81	3.0000	9.4868	0.1111	59	3481	7.6811	24.2899	0.0169
10	100	3.1623	10.0000	0.1000	60	3600	7.7460	24.4949	0.0167
11	121	3.3166	10.4881	0.0909	61	3721	7.8102	24.6982	0.0164
12	144	3.4641	10.9545	0.0833	62	3844	7.8740	24.8998	0.0161
13	169	3.6056	11.4018	0.0769	63	3969	7.9373	25.0998	0.0159
14	196	3.7417	11.8322	0.0714	64	4096	8.0000	25.2982	0.0156
15	225	3.8730	12.2474	0.0667	65	4225	8.0623	25.4951	0.0154
16	256	4.0000	12.6491	0.0625	66	4356	8.1240	25.6905	0.0152
17	289	4.1231	13.0384	0.0588	67	4489	8.1854	25.8844	0.0149
18	324	4.2426	13.4164	0.0556	68	4624	8.2462	26.0768	0.0147
19	361	4.3589	13.7840	0.0526	69	4761	8.3066	26.2679	0.0145
20	400	4.4721	14.1421	0.0500	70	4900	8.3666	26.4575	0.0143
21	441	4.5826	14.4914	0.0476	71	5041	8.4261	26.6458	0.0141
22	484	4.6904	14.8324	0.0455	72	5184	8.4853	26.8328	0.0139
23	529	4.7958	15.1658	0.0435	73	5329	8.5440	27.0185	0.0137
24	576	4.8990	15.4919	0.0417	74	5476	8.6023	27.2029	0.0135
25	625	5.0000	15.8114	0.0400	75	5625	8.6603	27.3861	0.0133
26	676	5.0990	16.1245	0.0385	76	5776	8.7178	27.5681	0.0132
27	729	5.1962	16.4317	0.0370	77	5929	8.7750	27.7489	0.0130
28	784	5.2915	16.7332	0.0357	78	6084	8.8318	27.9285	0.0128
29	841	5.3852	17.0294	0.0345	79	6241	8.8882	28.1069	0.0127
30	900	5.4772	17.3205	0.0333	80	6400	8.9443	28.2843	0.0125
31	961	5.5678	17.6068	0.0323	81	6561	9.0000	28.4605	0.0123
32	1024	5.6569	17.8885	0.0313	82	6724	9.0554	28.6356	0.0122
33	1089	5.7446	18.1659	0.0303	83	6889	9.1104	28.8097	0.0120
34	1156	5.8310	18.4391	0.0294	84	7056	9.1652	28.9828	0.0119
35	1225	5.9161	18.7083	0.0286	85	7225	9.2195	29.1548	0.0118
36	1296	6.0000	18.9737	0.0278	86	7396	9.2736	29.3258	0.0116
37	1369	6.0828	19.2354	0.0270	87	7569	9.3274	29.4958	0.0115
38	1444	6.1644	19.4936	0.0263	88	7744	9.3808	29.6648	0.0114
39	1521	6.2450	19.7484	0.0256	89	7921	9.4340	29.8329	0.0112
40	1600	6.3246	20.0000	0.0250	90	8100	9.4868	30.0000	0.0111
41	1681	6.4031	20.2485	0.0244	91	8281	9.5394	30.1662	0.0110
42	1764	6.4807	20.4939	0.0238	92	8464	9.5917	30.3315	0.0109
43	1849	6.5574	20.7364	0.0233	93	8649	9.6437	30.4959	0.0108
44	1936	6.6332	20.9762	0.0227	94	8836	9.6954	30.6594	0.0106
45	2025	6.7082	21.2132	0.0222	95	9025	9.7468	30.8221	0.0105
46	2116	6.7823	21.4476	0.0217	96	9216	9.7980	30.9839	0.0104
47	2209	6.8557	21.6795	0.0213	97	9409	9.8489	31.1448	0.0103
48	2304	6.9282	21.9089	0.0208	98	9604	9.8995	31.3050	0.0102
49	2401	7.0000	22.1359	0.0204	99	9801	9.9499	31.4643	0.0101
50	2500	7.0711	22.3607	0.0200	100	10000	10.0000	31.6228	0.0100

三角比の表

角	正弦(sin)	余弦(cos)	正接(tan)	角	正弦(sin)	余弦(cos)	正接(tan)
0°	0.0000	1.0000	0.0000	45°	0.7071	0.7071	1.0000
1°	0.0175	0.9998	0.0175	46°	0.7193	0.6947	1.0355
2°	0.0349	0.9994	0.0349	47°	0.7314	0.6820	1.0724
3°	0.0523	0.9986	0.0524	48°	0.7431	0.6691	1.1106
4°	0.0698	0.9976	0.0699	49°	0.7547	0.6561	1.1504
5°	0.0872	0.9962	0.0875	50°	0.7660	0.6428	1.1918
6°	0.1045	0.9945	0.1051	51°	0.7771	0.6293	1.2349
7°	0.1219	0.9925	0.1228	52°	0.7880	0.6157	1.2799
8°	0.1392	0.9903	0.1405	53°	0.7986	0.6018	1.3270
9°	0.1564	0.9877	0.1584	54°	0.8090	0.5878	1.3764
10°	0.1736	0.9848	0.1763	55°	0.8192	0.5736	1.4281
11°	0.1908	0.9816	0.1944	56°	0.8290	0.5592	1.4826
12°	0.2079	0.9781	0.2126	57°	0.8387	0.5446	1.5399
13°	0.2250	0.9744	0.2309	58°	0.8480	0.5299	1.6003
14°	0.2419	0.9703	0.2493	59°	0.8572	0.5150	1.6643
15°	0.2588	0.9659	0.2679	60°	0.8660	0.5000	1.7321
16°	0.2756	0.9613	0.2867	61°	0.8746	0.4848	1.8040
17°	0.2924	0.9563	0.3057	62°	0.8829	0.4695	1.8807
18°	0.3090	0.9511	0.3249	63°	0.8910	0.4540	1.9626
19°	0.3256	0.9455	0.3443	64°	0.8988	0.4384	2.0503
20°	0.3420	0.9397	0.3640	65°	0.9063	0.4226	2.1445
21°	0.3584	0.9336	0.3839	66°	0.9135	0.4067	2.2460
22°	0.3746	0.9272	0.4040	67°	0.9205	0.3907	2.3559
23°	0.3907	0.9205	0.4245	68°	0.9272	0.3746	2.4751
24°	0.4067	0.9135	0.4452	69°	0.9336	0.3584	2.6051
25°	0.4226	0.9063	0.4663	70°	0.9397	0.3420	2.7475
26°	0.4384	0.8988	0.4877	71°	0.9455	0.3256	2.9042
27°	0.4540	0.8910	0.5095	72°	0.9511	0.3090	3.0777
28°	0.4695	0.8829	0.5317	73°	0.9563	0.2924	3.2709
29°	0.4848	0.8746	0.5543	74°	0.9613	0.2756	3.4874
30°	0.5000	0.8660	0.5774	75°	0.9659	0.2588	3.7321
31°	0.5150	0.8572	0.6009	76°	0.9703	0.2419	4.0108
32°	0.5299	0.8480	0.6249	77°	0.9744	0.2250	4.3315
33°	0.5446	0.8387	0.6494	78°	0.9781	0.2079	4.7046
34°	0.5592	0.8290	0.6745	79°	0.9816	0.1908	5.1446
35°	0.5736	0.8192	0.7002	80°	0.9848	0.1736	5.6713
36°	0.5878	0.8090	0.7265	81°	0.9877	0.1564	6.3138
37°	0.6018	0.7986	0.7536	82°	0.9903	0.1392	7.1154
38°	0.6157	0.7880	0.7813	83°	0.9925	0.1219	8.1443
39°	0.6293	0.7771	0.8098	84°	0.9945	0.1045	9.5144
40°	0.6428	0.7660	0.8391	85°	0.9962	0.0872	11.4301
41°	0.6561	0.7547	0.8693	86°	0.9976	0.0698	14.3007
42°	0.6691	0.7431	0.9004	87°	0.9986	0.0523	19.0811
43°	0.6820	0.7314	0.9325	88°	0.9994	0.0349	28.6363
44°	0.6947	0.7193	0.9657	89°	0.9998	0.0175	57.2900
45°	0.7071	0.7071	1.0000	90°	1.0000	0.0000	―

さくいん

あ

- 1次不定方程式 …………… 273
- 1次不等式 …………… 29
- 因数 …………… 16, 262
- 因数分解 …………… 16, 18
- 上に凸 …………… 52
- 裏 …………… 42
- N進数 …………… 278
- N進法 …………… 278
- 円周角の定理 …………… 220, 238
- 円順列 …………… 160
- 円に内接する四角形 …………… 239
- オイラーの多面体定理 …………… 256
- 黄金比 …………… 221
- 同じものを含む順列 …………… 169, 170

か

- 外角の二等分線 …………… 218
- 階級 …………… 120
- 階級値 …………… 120, 121
- 階乗 …………… 157
- 外心 …………… 227, 229
- 解の公式 …………… 68, 69
- 解の存在範囲 …………… 81
- 確率 …………… 174, 175
- 確率の基本性質 …………… 181
- 仮定 …………… 37, 222
- 関数 …………… 48
- 関数のグラフ …………… 50
- 完全数 …………… 261
- 完全平方式 …………… 70
- 偽 …………… 37
- 逆 …………… 42
- 九点円(フォイエルバッハの円) …………… 246
- 共通因数 …………… 16
- 共通外接線 …………… 245
- 共通事象 …………… 181
- 共通接線 …………… 245
- 共通内接線 …………… 245
- 共通部分 …………… 34

- 共分散 …………… 138, 140
- 空集合 …………… 34
- 組合せ …………… 163
- グラフの平行移動 …………… 59
- グラフの方程式 …………… 50
- 係数 …………… 6, 8
- 結論 …………… 37, 222
- 合成数 …………… 262
- 交線 …………… 253
- 合同式 …………… 270
- 合同式の性質 …………… 270
- 公倍数 …………… 263
- 降べきの順 …………… 7, 8
- 公約数 …………… 263
- コサイン(cos) …………… 86, 93
- 五心 …………… 227
- 根元事象 …………… 175
- 婚約数 …………… 261

さ

- サイクリックの順 …………… 15
- 最小公倍数 …………… 263, 264
- 最小値 …………… 60
- 最大公約数 …………… 263, 264
- 最大値 …………… 60
- 最頻値 …………… 122, 123
- サイン(sin) …………… 86, 93
- 作図 …………… 247, 249
- 錯角 …………… 215
- 座標 …………… 50
- 座標平面 …………… 50
- 三角形の合同条件 …………… 216
- 三角形の相似条件 …………… 218
- 三角形の内角と外角 …………… 215
- 三角形の辺と平行線 …………… 217
- 三角形の面積 …………… 110
- 三角形の面積比 …………… 219, 233
- 三角比 …………… 86
- 三角比の相互関係 …………… 91, 98
- 三角比の表 …………… 87, 285
- 三角比の符号 …………… 99

- 3次乗法公式 …………… 21
- 三垂線の定理 …………… 255
- 散布図 …………… 136, 137
- 散布度 …………… 125, 126
- 三平方の定理 …………… 88, 220
- 式の整理 …………… 7, 15
- 式の展開 …………… 13, 15
- 軸 …………… 52
- 試行 …………… 175
- 事象 …………… 175
- 次数 …………… 6, 8
- 指数法則 …………… 11
- 下に凸 …………… 52
- 実数 …………… 23, 24
- 四分位数 …………… 125, 126
- 四分位範囲 …………… 125
- 四分位偏差 …………… 125, 126
- 重解 …………… 68
- 集合 …………… 34
- 集合の表し方 …………… 34
- 集合の要素の個数 …………… 146
- 重心 …………… 227, 228
- 従属 …………… 207
- 従属事象 …………… 207
- 十分条件 …………… 39, 40
- 樹形図 …………… 148
- じゅず順列 …………… 160
- 循環小数 …………… 23, 276, 277
- 循環節 …………… 276
- 順列 …………… 156, 157
- 条件 …………… 37
- 条件つき確率 …………… 200, 201
- 昇べきの順 …………… 7
- 乗法公式 …………… 13
- 乗法定理 …………… 201
- 証明 …………… 44, 222
- 真 …………… 37
- 真部分集合 …………… 34
- 真理集合 …………… 37
- 垂心 …………… 227, 231
- 数直線 …………… 24, 260
- 正弦 …………… 86, 87

正弦定理	102	
整式	6	
整式の加法	9, 10	
整式の減法	9, 10	
整式の乗法	11	
正接	86, 87	
積の法則	152	
接弦定理	241	
絶対値	24	
全事象	175	
全体集合	35	
素因数	262	
素因数分解	262	
相関係数	138, 140	
相関図	136	
相似な図形の面積比	219	
相対度数	120, 121, 177	
測量	108	
素数	262	

た

第1四分位数	125
対偶	42
第3四分位数	125
対称式	27
大数の法則	177
対頂角	215
第2四分位数	125
代表値	122, 123
互いに素	263
多項式	6, 7
たすきがけ	17
単位円	93
単項式	6
タンジェント(tan)	86, 93
値域	49
チェバの定理	234, 235
中央値	122, 123
中線定理	220
中点連結定理	217
中点連結定理の逆	225
頂点	52
重複組合せ	172, 173
重複順列	161
直線と平面の位置関係	254
直線と平面の垂直	254
直角三角形の合同条件	216
直角三角形の性質	220
定義域	49
定数	7
定数項	7
同位角	215
同側内角	215
同値	39
同様に確からしい	175
同類項	8, 9
独立	189, 207
独立事象	207
独立な試行の確率	189
度数	120
ド・モルガンの法則	35, 42

な

内角の二等分線	218
内心	227, 230
2円の位置関係	245
2次関数	48
2次関数のグラフ	52
2次関数のグラフとx軸の位置関係	72
2次関数のグラフと2次不等式	76
2次関数の最大・最小	60
2次方程式	67
2直線の位置関係	252
2直線のなす角	252
二等辺三角形の性質	216
2平面の位置関係	253
2平面のなす角	253

は

場合の数	146
倍数	260
排反	181, 182
背理法	44
箱ひげ図	126
範囲	125, 126
反復試行	192
反復試行の確率	193
判別式	68
反例	37
ヒストグラム	120, 121
必要十分条件	39
必要条件	39, 40
否定	42
標準偏差	131, 132, 133, 134
複2次式	20
部分集合	34
分散	131, 132, 133, 134
平均値	122, 123, 134
平行四辺形の性質	217
平行線と角	215
平行線と比	217
平方根	25
平面の決定条件	253
ヘロンの公式	115
偏差	131
偏差値	135
偏差平方	131
ベン図	35
包含関係	34
傍心	227, 231, 232
放物線	52
方べきの定理	242
方べきの定理の逆	244
補集合	35

ま

交わり	34
無限小数	276
結び	34
無理数	23
命題	37
メネラウスの定理	236, 237

や

約数	260
友愛数	261
有限小数	23, 276
有理化	26
有理数	23
ユークリッド幾何学	226
ユークリッドの互除法	271, 272
要素	34
余弦	86, 87
余弦定理	104
余事象	186
余事象の確率	186, 187

ら・わ

累積相対度数	121
累積度数	121
和事象	181
和集合	35
和の法則	150

- 本書を作るにあたって，次の方々にたいへんお世話になりました。
- 執筆　飯田俊雄　堀内秀紀　松田親典
- 図版　ふるはしひろみ　よしのぶもとこ　㈲Y-Yard

シグマベスト	編　者　文英堂編集部
これでわかる数学Ⅰ＋A	発行者　益井英郎
	印刷所　NISSHA株式会社
本書の内容を無断で複写(コピー)・複製・転載することは，著作者および出版社の権利の侵害となり，著作権法違反となりますので，転載等を希望される場合は前もって小社あて許諾を求めてください。	発行所　株式会社　文英堂
	〒601-8121　京都市南区上鳥羽大物町28
	〒162-0832　東京都新宿区岩戸町17
	(代表)03-3269-4231
ⓒ BUN-EIDO　2012　Printed in Japan	●落丁・乱丁はおとりかえします。

これでわかる
数学Ⅰ＋A

正解答集

文英堂

☆類題番号のデザインの区別は下記の通りです。
　　　■…対応する本冊の例題が，基本例題のもの。
　　　■…対応する本冊の例題が，応用例題のもの。
　　　□…対応する本冊の例題が，発展例題のもの。

1章 方程式と不等式

類題の解答 ——————— 本冊→p. 7〜44

2 (1) 次数 3 次, 係数 3
x について, 次数 2 次, 係数 $3y$

(2) 次数 4 次, 係数 -2
y について, 次数 1 次, 係数 $-2x^3$

(3) 次数 3 次, 係数 π
r について, 次数 2 次, 係数 πh

4-1 (1) $3x^2-4x-5$
(2) $x^4+3x^3+x^2+x-3$

解き方 同類項はまとめておくこと。

4-2 (1) $x^4+x^3-2ax-(a^2-1)$, 次数 4 次,
定数項 $-(a^2-1)$

(2) a の 2 次式, a^2 の係数 -1,
a の係数 $-2x$, 定数項 x^4+x^3+1

解き方 (2) a について降べきの順に整理すると,
$-a^2-2xa+(x^4+x^3+1)$

6 (1) $3x^2-6xy-5y^2$ (2) $5x^2+4x-1$
(3) $-a-2b$ (4) $4a-10b$
(5) $-8x+33y$

解き方 (1) 与式 $=(2+1)x^2-(1+2+3)xy-(3+2)y^2$
$=3x^2-6xy-5y^2$

(2) 与式 $=(4+2-1)x^2+(3-1+2)x-2+5-4$
$=5x^2+4x-1$

(3) 与式 $=3a-(4b-a+5a-2b)$
$=3a-4b+a-5a+2b$
$=(3+1-5)a-(4-2)b$
$=-a-2b$

(4) 与式 $=a+2b-3(a+3b-2a+b)$
$=a+2b-3a-9b+6a-3b$
$=(1-3+6)a+(2-9-3)b$
$=4a-10b$

(5) 与式 $=2x+3y-2\{-x-3(y-2x+4y)\}$
$=2x+3y-2(-x-3y+6x-12y)$
$=2x+3y+2x+6y-12x+24y$
$=(2+2-12)x+(3+6+24)y$
$=-8x+33y$

7 (1) $2x^2-xy+y^2$ (2) $4x^2-3xy+3y^2$
(3) $-13x^2+5xy+13y^2$

解き方 (1) $A+B=(x^2-xy+3y^2)+(x^2-2y^2)$
$=2x^2-xy+y^2$

(2) 与式 $=(x^2-xy+3y^2)-(x^2-2y^2)$
$\qquad -2(y^2+xy-2x^2)$
$=x^2-xy+3y^2-x^2+2y^2-2y^2-2xy+4x^2$
$=4x^2-3xy+3y^2$

(3) 与式 $=A-2B+6C$
$\begin{aligned} A= &\quad x^2-\ xy+3y^2 \\ -2B= &-2x^2\quad\ +4y^2 &\leftarrow -2(x^2-2y^2)\\ +)\ 6C= &-12x^2+6xy+6y^2 &\leftarrow 6(y^2+xy-2x^2)\\ \hline 与式= &-13x^2+5xy+13y^2 \end{aligned}$

8 (1) $6a^3b^4$ (2) $-a^7b^8$ (3) $54a^6b^3$
(4) $2a^{11}$

解き方 (1) 与式 $=3\times2\times a^2\times a\times b^3\times b=6a^3b^4$

(2) 与式 $=(-1)^3\times a^3\times (b^2)^3\times (a^2)^2\times b^2=-a^7b^8$

(3) 与式 $=-2\times(-3)^3\times(a^2)^3\times b^3=54a^6b^3$

(4) 与式 $=-a^3\times a^6\times(-2a^2)=2a^{11}$

9 (1) $9x^2y^2-3xy^3+6xy^2$
(2) $6a^2b-2ab^2+2abc$

解き方 分配法則を用いる。

10 (1) $2x^3-5x^2-4x+3$
(2) $2x^4-2x^3+x^2+3x-6$
(3) $-x^4+3x^3+12x^2-17x-15$

解き方 (1) 与式 $=2x^3+x^2-x-6x^2-3x+3$
$=2x^3-5x^2-4x+3$

(2) 与式 $=2x^4-3x^3-2x^3+3x+4x^2-6$
$=2x^4-2x^3+x^2+3x-6$

(3) 与式 $=3x-15+3x^2-x^3+5x^2-x^4$
$\qquad +4x^2-20x+4x^3$
$=-x^4+3x^3+12x^2-17x-15$

11 (1) $x^2+4xy+4y^2$

(2) $a^2b^2-2abc+c^2$

(3) $a^2-ab+\dfrac{b^2}{4}$　　(4) $x^2-\dfrac{1}{9}$

(5) $-4a^2+25b^2$　　(6) x^2-2x-3

(7) $-x^2-3x+10$

解き方 (1) 与式$=x^2+2\times x\times 2y+(2y)^2$
$=x^2+4xy+4y^2$

(2) 与式$=(ab)^2-2\times ab\times c+c^2$
$=a^2b^2-2abc+c^2$

(3) 与式$=a^2-2\times a\times \dfrac{b}{2}+\left(\dfrac{b}{2}\right)^2=a^2-ab+\dfrac{b^2}{4}$

(4) 与式$=x^2-\left(\dfrac{1}{3}\right)^2=x^2-\dfrac{1}{9}$

(5) 与式$=-(2a-5b)(2a+5b)=-4a^2+25b^2$

(6) 与式$=x^2+(-3+1)x-3=x^2-2x-3$

(7) 与式$=-(x+5)(x-2)=-(x^2+3x-10)$
$=-x^2-3x+10$

12 (1) $6x^2+25x+14$

(2) $-2x^2+7x-3$

(3) $6x^2+xy-12y^2$

(4) $8a^2+14ab+3b^2$

解き方 (1) 与式$=(2\cdot 3)x^2+(2\cdot 2+7\cdot 3)x+7\cdot 2$
$=6x^2+25x+14$

(2) 与式$=\{2\cdot(-1)\}x^2+\{2\cdot 3+(-1)\cdot(-1)\}x$
$+(-1)\cdot 3$
$=-2x^2+7x-3$

(3) 与式$=(2\cdot 3)x^2+\{2\cdot(-4y)+3y\cdot 3\}x$
$+3y\cdot(-4y)$
$=6x^2+xy-12y^2$

(4) 与式$=(4\cdot 2)a^2+(4\cdot 3b+b\cdot 2)a+b\cdot 3b$
$=8a^2+14ab+3b^2$

13 (1) $x^2+4y^2+9z^2+4xy-12yz-6zx$

(2) $x^4-8x^2y^2+16y^4$　　(3) x^4-5x^2+4

(4) a^4+a^2+1

解き方 (1) 与式$=x^2+(2y)^2+(-3z)^2+2x(2y)$
$+2(2y)(-3z)+2(-3z)x$
$=x^2+4y^2+9z^2+4xy-12yz-6zx$

(2) 与式$=\{(x+2y)(x-2y)\}^2=(x^2-4y^2)^2$
$=(x^2)^2-2(x^2)(4y^2)+(4y^2)^2$
$=x^4-8x^2y^2+16y^4$

(3) 与式$=\{(x-2)(x+2)\}\{(x-1)(x+1)\}$
$=(x^2-4)(x^2-1)=x^4-5x^2+4$

(4) 与式$=\{(a^2+1)+a\}\{(a^2+1)-a\}$
$=(a^2+1)^2-a^2=a^4+2a^2+1-a^2$
$=a^4+a^2+1$

14 (1) $-3xy^2(3x-2y)$

(2) $(a-b)(x-y)$

解き方 (1) 与式$=3xy^2(2y-3x)$

(2) 与式$=a(x-y)-b(x-y)=(a-b)(x-y)$

15 (1) $(x-3y)^2$　　(2) $(3x+5y)^2$

(3) $(3a+4b)(3a-4b)$

(4) $2y(x+3y)(x-3y)$

解き方 (1) 与式$=x^2-2x(3y)+(3y)^2=(x-3y)^2$

(2) 与式$=(3x)^2+2(3x)(5y)+(5y)^2=(3x+5y)^2$

(3) 与式$=(3a)^2-(4b)^2=(3a+4b)(3a-4b)$

(4) 与式$=2y(x^2-9y^2)=2y\{x^2-(3y)^2\}$
$=2y(x+3y)(x-3y)$

16 (1) $(x-2)(x-3)$　　(2) $(x-6)(x+1)$

(3) $(a+6b)(a-3b)$　　(4) $(x-2)(4x-3)$

(5) $(a+2)(4a-1)$　　(6) $(2x+3)(3x-5)$

(7) $(2x-3y)(3x+2y)$

(8) $(a-4b)(3a-2b)$

(9) $(a-2b)(3a-b)$

解き方 (1) $\begin{array}{r}1\diagdown -2\to -2\\ 1\diagup -3\to -3\\ \hline 1\quad 6\quad -5\end{array}$　与式$=(x-2)(x-3)$

(2) $\begin{array}{r}1\diagdown -6\to -6\\ 1\diagup 1\to 1\\ \hline 1\quad -6\quad -5\end{array}$　与式$=(x-6)(x+1)$

4　本冊→p.14〜18の解答

(3) a についての2次3項式とみると
$$a^2+3ab-18b^2$$
$$=a^2+(3b)a-18b^2$$
$$=(a+6b)(a-3b)$$

a^2 の係数は1，ab の係数は3，b^2 の係数は -18 とみて，右のたすきがけより $(a+6b)(a-3b)$ としてよい。

(4) 与式 $=(x-2)(4x-3)$

(5) 与式 $=(a+2)(4a-1)$

(6) 与式 $=(2x+3)(3x-5)$

(7) 与式 $=(2x-3y)(3x+2y)$

(8) 与式 $=(a-4b)(3a-2b)$

(9) 与式 $=(a-2b)(3a-b)$

17 (1) $3(x-2)^2$

(2) $2(x-1)(x-2)$

(3) $2ab(a+3b)(a-3b)$

(4) $-2xy(2x+3y)(3x-2y)$

解き方 (1) 与式 $=3(x^2-4x+4)=3(x-2)^2$

(2) 与式 $=2(x^2-3x+2)$
$\quad\quad =2(x-1)(x-2)$

(3) 与式 $=2ab(a^2-9b^2)$
$\quad\quad =2ab(a+3b)(a-3b)$

(4) 与式 $=-2xy(6x^2+5xy-6y^2)$
$\quad\quad =-2xy(2x+3y)(3x-2y)$

18 (1) $(x-1)(x-3)(x-5)(x+1)$

(2) $(a-b)(a+b)(a^2+b^2)(a^4+b^4)$

解き方 (1) $x^2-4x=t$ とおくと
与式 $=t^2-2t-15$
$\quad\quad =(t+3)(t-5)$
$\quad\quad =(x^2-4x+3)(x^2-4x-5)$
$\quad\quad =(x-1)(x-3)(x-5)(x+1)$

(2) 与式 $=(a^4)^2-(b^4)^2$
$\quad\quad =(a^4+b^4)(a^4-b^4)$
$\quad\quad =(a^4+b^4)\{(a^2)^2-(b^2)^2\}$
$\quad\quad =(a^4+b^4)(a^2+b^2)(a^2-b^2)$
$\quad\quad =(a^4+b^4)(a^2+b^2)(a+b)(a-b)$

19 (1) $(x-1)(x^2-2xy-2y)$

(2) $-(a-b)(b-c)(c-a)$

解き方 (1) y について整理すると
与式 $=-2(x^2-1)y+(x^3-x^2)$
$\quad\quad =-2(x+1)(x-1)y+x^2(x-1)$
$\quad\quad =(x-1)\{x^2-2(x+1)y\}$
$\quad\quad =(x-1)(x^2-2xy-2y)$

(2) a について整理すると
与式 $=(b-c)a^2-(b^2-c^2)a+(b^2c-bc^2)$
$\quad\quad =(b-c)a^2-(b+c)(b-c)a+bc(b-c)$
$\quad\quad =(b-c)\{a^2-(b+c)a+bc\}$
$\quad\quad =(b-c)(a-b)(a-c)$
$\quad\quad =-(a-b)(b-c)(c-a)$

20 (1) $(x+2)(x-2)(x^2+3)$

(2) $(x^2+xy+y^2)(x^2-xy+y^2)$

(3) $(x-2y+3)(x+y-1)$

(4) $(x-2y-3)(2x-3y+1)$

解き方 (1) $x^2=t$ とおくと
与式 $=t^2-t-12=(t-4)(t+3)$
$\quad\quad =(x^2-4)(x^2+3)$
$\quad\quad =(x+2)(x-2)(x^2+3)$

(2) 与式 $=x^4+2x^2y^2+y^4-x^2y^2$
$\quad\quad =(x^2+y^2)^2-(xy)^2$
$\quad\quad =(x^2+y^2+xy)(x^2+y^2-xy)$

(3) x について整理すると
$$\text{与式}=x^2-(y-2)x-(2y^2-5y+3)$$
$$=x^2-(y-2)x-(y-1)(2y-3)$$

$$\begin{array}{r}1 \diagdown -(2y-3) \to -2y+3 \\ 1 \diagup y-1 \to y-1 \\ \hline -y+2\end{array}$$

よって 与式$=\{x-(2y-3)\}\{x+(y-1)\}$
$$=(x-2y+3)(x+y-1)$$

(4) x について整理すると
$$\text{与式}=2x^2-(7y+5)x+(6y^2+7y-3)$$
$$=2x^2-(7y+5)x+(2y+3)(3y-1)$$

$$\begin{array}{r}1 \diagdown -(2y+3) \to -4y-6 \\ 2 \diagup -(3y-1) \to -3y+1 \\ \hline -7y-5\end{array}$$

よって 与式$=\{x-(2y+3)\}\{2x-(3y-1)\}$
$$=(x-2y-3)(2x-3y+1)$$

21 (1) $x^3+9x^2y+27xy^2+27y^3$

(2) $8x^3-36x^2y+54xy^2-27y^3$

(3) x^3+8

(4) $8x^3-27y^3$

解き方 (1) 与式$=x^3+3\times x^2\times 3y+3\times x\times(3y)^2$
$$+(3y)^3$$
$$=x^3+9x^2y+27xy^2+27y^3$$

(2) 与式$=(2x)^3-3\times(2x)^2\times 3y$
$$+3\times 2x\times(3y)^2-(3y)^3$$
$$=8x^3-36x^2y+54xy^2-27y^3$$

(3) 与式$=(x+2)(x^2-x\times 2+2^2)=x^3+2^3=x^3+8$

(4) 与式$=(2x-3y)\{(2x)^2+(2x)(3y)+(3y)^2\}$
$$=(2x)^3-(3y)^3=8x^3-27y^3$$

22 (1) $(x+1)(x^2-x+1)$

(2) $(2a-b)(4a^2+2ab+b^2)$

(3) $2ab(a-3b)(a^2+3ab+9b^2)$

解き方 (1) 与式$=x^3+1^3=(x+1)(x^2-x+1)$

(2) 与式$=(2a)^3-b^3=(2a-b)(4a^2+2ab+b^2)$

(3) 与式$=2ab(a^3-27b^3)=2ab\{a^3-(3b)^3\}$
$$=2ab(a-3b)(a^2+3ab+9b^2)$$

23 $\dfrac{122}{99}$

解き方 $x=1.\dot{2}\dot{3}$ とすると
$$\begin{array}{r}100x=123.2323\cdots \\ -)x=1.2323\cdots \\ \hline 99x=122\end{array}$$
よって $x=\dfrac{122}{99}$

24 (1) $12\sqrt{3}$ (2) $\sqrt{3}$ (3) $\dfrac{5\sqrt{3}}{2}$

(4) $5\sqrt{2}$ (5) $20+5\sqrt{2}$

(6) $7\sqrt{3}-3\sqrt{2}$ (7) $-3\sqrt{3}+5\sqrt{2}$

解き方 (1) 与式$=3\sqrt{2}\times 2\sqrt{6}=6\sqrt{12}=12\sqrt{3}$

(2) 与式$=\dfrac{3\times\sqrt{3}}{\sqrt{3}\times\sqrt{3}}=\dfrac{3\sqrt{3}}{3}=\sqrt{3}$

(3) 与式$=2\sqrt{3}+\dfrac{\sqrt{3}}{2}=\dfrac{4\sqrt{3}}{2}+\dfrac{\sqrt{3}}{2}=\dfrac{5\sqrt{3}}{2}$

(4) 与式$=2\sqrt{2}-3\sqrt{2}+6\sqrt{2}=5\sqrt{2}$

(5) 与式$=5\sqrt{16}+5\sqrt{2}=20+5\sqrt{2}$

(6) 与式$=(2+5)\sqrt{3}+(1-4)\sqrt{2}=7\sqrt{3}-3\sqrt{2}$

(7) 与式$=(2-5)\sqrt{3}+(1+4)\sqrt{2}=-3\sqrt{3}+5\sqrt{2}$

25 (1) $7+2\sqrt{10}$ (2) 5

(3) $-8-\sqrt{15}$ (4) 4

解き方 (1) 与式$=5+2\times\sqrt{5}\times\sqrt{2}+2$
$$=7+2\sqrt{10}$$

(2) 与式$=(2\sqrt{2}+\sqrt{3})(2\sqrt{2}-\sqrt{3})=8-3=5$

(3) 与式$=2(\sqrt{5})^2+(3-4)\sqrt{5}\sqrt{3}-6(\sqrt{3})^2$
$$=10-\sqrt{15}-18=-8-\sqrt{15}$$

(4) 与式$=(\sqrt{3})^2-2\sqrt{3}+1+\dfrac{6\sqrt{3}}{3}$
$$=3-2\sqrt{3}+1+2\sqrt{3}=4$$

26 (1) $2+\sqrt{3}$ (2) $5-2\sqrt{6}$ (3) 2

解き方 (1) 与式$=\dfrac{2+\sqrt{3}}{(2-\sqrt{3})(2+\sqrt{3})}=2+\sqrt{3}$

(2) 与式$=\dfrac{(\sqrt{3}-\sqrt{2})^2}{(\sqrt{3}+\sqrt{2})(\sqrt{3}-\sqrt{2})}$
$$=5-2\sqrt{6}$$

(3) 与式$=\dfrac{\sqrt{3}(1-\sqrt{3})-(1+\sqrt{3})}{(1+\sqrt{3})(1-\sqrt{3})}$ ← 通分が分母の有理化になる
$$=\dfrac{\sqrt{3}-3-1-\sqrt{3}}{1-3}=2$$

27 $a+3\ (a\geqq -3),\ -a-3\ (a<-3)$

解き方 $\sqrt{x^2+12a}=\sqrt{(a-3)^2+12a}$
$=\sqrt{a^2+6a+9}=\sqrt{(a+3)^2}=|a+3|$

28 (1) 14　　(2) 52

解き方 $x=\dfrac{1}{2-\sqrt{3}}=\dfrac{2+\sqrt{3}}{4-3}=2+\sqrt{3}$

$y=\dfrac{1}{2+\sqrt{3}}=\dfrac{2-\sqrt{3}}{4-3}=2-\sqrt{3}$

$x+y=4,\ xy=1$

(1) $x^2+y^2=(x+y)^2-2xy=16-2=14$
(2) $x^3+y^3=(x+y)(x^2-xy+y^2)$
　　　　　$=(x+y)\{(x+y)^2-3xy\}$
　　　　　$=4(16-3)=52$

（別解）$x^3+y^3=(x+y)(x^2-xy+y^2)$
　　　　　　$=(x+y)\{(x^2+y^2)-xy\}$
　　　　　　$=4(14-1)=52$
　　　（(1)の結果を利用する。）

29 (1) $\sqrt{6}+2$　　(2) $\sqrt{2}-1$

(3) $\sqrt{7}-2$　　(4) $\dfrac{\sqrt{10}+\sqrt{6}}{2}$

解き方 (1) $a+b=10,\ ab=24$ より $a=6,\ b=4$
与式$=\sqrt{6}+\sqrt{4}=\sqrt{6}+2$

(2) 与式$=\sqrt{3-2\sqrt{2}}=\sqrt{2}-1$
　　($a+b=3,\ ab=2$ より $a=2,\ b=1$)

(3) 与式$=\sqrt{11-2\sqrt{28}}=\sqrt{7}-\sqrt{4}=\sqrt{7}-2$
　　($a+b=11,\ ab=28$ より $a=7,\ b=4$)

(4) 与式$=\sqrt{\dfrac{8+2\sqrt{15}}{2}}=\dfrac{\sqrt{5}+\sqrt{3}}{\sqrt{2}}=\dfrac{\sqrt{10}+\sqrt{6}}{2}$

　　（分子について，$a+b=8,\ ab=15$ より
　　$a=5,\ b=3$）

30 (1) $>$　　(2) $>$　　(3) $<$　　(4) $<$

解き方 (3), (4) 不等式の両辺に負の数を掛けたり負の数で割ると不等号の向きが変わる。

31 $a>b$ の両辺に $c\,(>0)$ を掛ける。
　　$ac>bc$ 　…①
$c>d$ の両辺に $b\,(>0)$ を掛ける。
　　$bc>bd$ 　…②

①，②より $ac>bc>bd$
したがって $ac>bd$ 　終

32 (1) $-3\leqq x+y\leqq 7$

(2) $-7\leqq 3x-y\leqq 11$

(3) $-12\leqq -2x+3y\leqq 14$

解き方 不等号の向きをそろえて加える。

(1) 　$-1\leqq\ x\ \leqq 3$　　(2) 　$-3\leqq\ 3x\ \leqq 9$
　+) $-2\leqq\ y\ \leqq 4$　　　+) $-4\leqq\ -y\ \leqq 2$
　　$-3\leqq x+y\leqq 7$　　　　$-7\leqq 3x-y\leqq 11$

(3) 　$-6\leqq\ -2x\ \leqq 2$
　+) $-6\leqq\ 3y\ \leqq 12$
　　$-12\leqq -2x+3y\leqq 14$

33 (1) $x<\dfrac{7}{3}$　　(2) $x>-4$

解き方 (1) $3x+2<10-3x+6$
　　　$6x<14$ 　よって $x<\dfrac{7}{3}$

(2) 不等式の両辺に 6 を掛けると
　　$4(x-2)<3(3x+4)$
　　$4x-8<9x+12$
　　$-5x<20$
　　よって $x>-4$

34 $-1<x\leqq\dfrac{7}{2}$

解き方 $3x-(4-2x)>x-8$
　　$3x-4+2x>x-8$
　　　　　　$4x>-4$ より $x>-1$ 　…①

$\dfrac{x+4}{3}\geqq\dfrac{3x-5}{2}-\dfrac{1}{4}$

両辺に 12 を掛けて分母を払う。
　　$4(x+4)\geqq 6(3x-5)-3$
　　$4x+16\geqq 18x-30-3$
　　$-14x\geqq -49$ より $x\leqq\dfrac{7}{2}$ 　…②

①，②を数直線上にとると

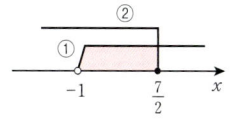

よって $-1<x\leqq\dfrac{7}{2}$

35 300 g 以上

解き方 20%の食塩水を x g 混ぜるとすると，10%の食塩水は $(500-x)$ g 混ぜることになる。
食塩の量を比較して不等式を作ると
$$0.1(500-x)+0.2x \geqq 0.16 \times 500$$
両辺を10倍して
$$500-x+2x \geqq 800$$
$$x \geqq 300$$

36 (1) $x=\dfrac{5}{2},\ \dfrac{1}{2}$ (2) $\dfrac{1}{3}<x<3$

(3) $x \leqq 4,\ 8 \leqq x$

解き方 (1) $2x-3=\pm 2$ より $2x=3\pm 2$
よって $x=\dfrac{5}{2},\ \dfrac{1}{2}$

(2) $-4<3x-5<4$ より $1<3x<9$
よって $\dfrac{1}{3}<x<3$

(3) $x-6 \leqq -2$ より $x \leqq 4$
$2 \leqq x-6$ より $8 \leqq x$
よって $x \leqq 4,\ 8 \leqq x$

38 $A=\{1,\ 2,\ 4,\ 5,\ 7\}$
$B=\{2,\ 3,\ 5,\ 6\}$

解き方 右の図のようにベン図をかく。

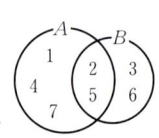

39-1 (1) $A=\{1,\ 2,\ 3,\ 4,\ 6,\ 12\}$

(2) $B=\{2,\ 4,\ 6,\ 8,\ 10,\ 12\}$

(3) $C=\{3,\ 6,\ 9,\ 12\}$

(4) $A \cap B \cap C=\{6,\ 12\}$

(5) $A \cup B \cup C=\{1,\ 2,\ 3,\ 4,\ 6,\ 8,\ 9,\ 10,\ 12\}$

解き方 $U=\{1,\ 2,\ 3,\ 4,\ 5,\ 6,\ 7,\ 8,\ 9,\ 10,\ 11,\ 12\}$
右の図のようにベン図をかく。

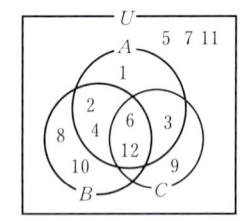

39-2 (1) $\overline{A} \cap B \cap C$
(2) $\overline{A \cup B \cup C}$ または $\overline{A} \cap \overline{B} \cap \overline{C}$

解き方 ベン図を利用する。

40 (1) 偽 (2) 偽 (3) 真 (4) 偽
(5) 偽 (6) 偽

解き方 偽のものは反例を示す。

(1) $x=2$
(2) $a=0,\ b=3$
(3) $x=3$ ならば，$3^2-2\times 3-3=0$ より，真。
(4) $m=0,\ x=2,\ y=3$
(5) $x=2,\ y=-2$
(6) $x=-1,\ y=-2$

42-1 (1) ① (2) ② (3) ③ (4) ④ (5) ③

解き方 (1) $x=y \Longrightarrow mx=my$ は真
$mx=my \Longrightarrow x=y$ は偽
（反例：$m=0,\ x=2,\ y=3$）

(2) $x=2,\ y=3 \Longrightarrow x+y=5$ は真
$x+y=5 \Longrightarrow x=2,\ y=3$ は偽
（反例：$x=1,\ y=4$）

(3) $a^2+b^2=0 \Longleftrightarrow a=0,\ b=0$

(4) $x^2-1<0 \Longrightarrow 0<x \leqq 1$ は偽（反例：$x=0$）
$0<x \leqq 1 \Longrightarrow x^2-1<0$ は偽（反例：$x=1$）

(5) $a+b>0,\ ab>0 \Longleftrightarrow a>0$ かつ $b>0$

42-2 $a>0,\ b<0$

解き方 $a>b$ より $b-a<0$
$\dfrac{1}{a}-\dfrac{1}{b}=\dfrac{b-a}{ab}>0$ より $ab<0$
よって，$a,\ b$ は異符号で，$a>b$ より
$a>0,\ b<0$
逆に，$a>0,\ b<0$ のとき $a>b$
また，$\dfrac{1}{a}>0,\ \dfrac{1}{b}<0$ より $\dfrac{1}{a}>\dfrac{1}{b}$

43 (1) $p \leqq 0$ (2) $x \leqq 0$ または $y>0$

(3) $a \neq 0$ かつ $b=0$

(4) $1<x \leqq 5$

解き方 (4) $x>1$ かつ $x \leqq 5$
これは1つの式にまとめられる。

44 逆：$x^2 \neq 1$ ならば $x \neq 1$，真

裏：$x=1$ ならば $x^2=1$，真

対偶：$x^2=1$ ならば $x=1$，偽

解き方 裏が真は明らか。したがって，その対偶である逆も真。

対偶が偽であることの反例：$x=-1$

45 (1) 対偶「n が偶数ならば n^2 は偶数である。」を証明する。

n が偶数だから $n=2k$（k は整数）とおける。

$n^2=(2k)^2=2(2k^2)$

よって，n^2 は偶数である。

対偶が真であることが証明されたので，もとの命題も真である。

(2) 対偶「$a>1$ かつ $b>1$ ならば $a^2+b^2>2$」を証明する。

$a>1$ だから $a^2>1$，$b>1$ だから $b^2>1$

よって，$a^2+b^2>2$

対偶が真であることが証明されたので，もとの命題も真である。

46 $\sqrt{2}+1$ が無理数でないと仮定すると，

$\sqrt{2}+1=a$，a は有理数とおける。

$\sqrt{2}=a-1$ …①

左辺の $\sqrt{2}$ は無理数

右辺の $a-1$ は有理数

よって①は成立しない。

したがって，$\sqrt{2}+1$ は無理数である。

> 定期テスト予想問題 の解答 ──── 本冊→p.45~46

❶ (1) $x^2-(3y+2)x+2y^2-3y-5$

(2) x について 2 次式

x^2 の係数 1，x の係数 $-(3y+2)$，

定数項 $2y^2-3y-5$

❷ (1) $2x^2-5x-5$ (2) $16x^2-10x-20$

(3) $4x^2-2x-5$

解き方 (1)
$$\begin{array}{r} A=-2x^2-x+1 \\ -B=3x^2-x-2 \\ +)C=x^2-3x-4 \\ \hline 与式=2x^2-5x-5 \end{array}$$

(2) 与式$=4A-3(B-C+2A)$

$=4A-3B+3C-6A=-2A-3B+3C$

$$\begin{array}{r} -2A=4x^2+2x-2 \\ -3B=9x^2-3x-6 \\ +)3C=3x^2-9x-12 \\ \hline 与式=16x^2-10x-20 \end{array}$$

(3) $X=x^2-x-3-B$

$=x^2-x-3-(-3x^2+x+2)$

$=4x^2-2x-5$

❸ (1) $4a^2+4ab+b^2$

(2) x^2-9y^2

(3) $x^2+3xy-10y^2$

(4) $6x^2-13xy-5y^2$

(5) $x^3-6x^2y+12xy^2-8y^3$

(6) $27x^3+8y^3$

(7) $4x^2+9y^2+25z^2+12xy-30yz-20zx$

(8) $x^2+2xy+y^2-x-y-6$

(9) $x^4+2x^3-x^2-2x$

(10) x^8-1

解き方 (1) 与式$=(2a)^2+2\times 2a\times b+b^2$

$=4a^2+4ab+b^2$

(2) 与式$=x^2-(3y)^2=x^2-9y^2$

(3) 与式$=x^2+(5y-2y)x+5y\times(-2y)$

$=x^2+3xy-10y^2$

(4) 与式$=(2\times 3)x^2+(2\times y-5y\times 3)x+(-5y)\times y$
$=6x^2-13xy-5y^2$

(5) 与式$=x^3-3\times x^2\times 2y+3\times x\times(2y)^2-(2y)^3$
$=x^3-6x^2y+12xy^2-8y^3$

(6) 与式$=(3x+2y)\{(3x)^2-3x\times 2y+(2y)^2\}$
$=(3x)^3+(2y)^3=27x^3+8y^3$

(7) 与式$=(2x)^2+(3y)^2+(-5z)^2+2\times 2x\times 3y$
$+2\times 3y\times(-5z)+2\times(-5z)\times 2x$
$=4x^2+9y^2+25z^2+12xy-30yz-20zx$

(8) 与式$=\{(x+y)+2\}\{(x+y)-3\}$
$=(x+y)^2-(x+y)-6$
$=x^2+2xy+y^2-x-y-6$

(9) 与式$=\{(x-1)(x+2)\}\{x(x+1)\}$
$=(x^2+x-2)(x^2+x)$
$=(x^2+x)^2-2(x^2+x)$
$=x^4+2x^3+x^2-2x^2-2x$
$=x^4+2x^3-x^2-2x$

(10) 与式$=(x^2-1)(x^2+1)(x^4+1)$
$=(x^4-1)(x^4+1)=x^8-1$

4 (1) $(2x-1)^2$

(2) $(x+1)(x+5)$

(3) $(x-2)(2x-1)$

(4) $(2x-7)(3x+5)$

(5) $x(x+2)(3x-2)$

(6) $(a-2b)(a^2+2ab+4b^2)$

(7) $(x+2)(x-2)(x+3)(x-3)$

(8) $(x^2+3x+1)(x^2-3x+1)$

(9) $(2x-y)(2y+1)$

(10) $(x+y)^2(x-y)^2$

(11) $(x+y)(xy+1)(xy-1)$

(12) $-(a-b)(b-c)(c-a)$

(13) $(x^2+5x+3)(x^2+5x+7)$

(14) $(2x-3y+1)(3x+2y+6)$

解き方 (1) 与式$=(2x)^2-2\times 2x\times 1+1^2=(2x-1)^2$

(2) 与式$=x^2+(1+5)x+1\times 5=(x+1)(x+5)$

(3)
$$\begin{array}{ccc}1 & -2 & \to -4 \\ 2 & -1 & \to -1 \\ \hline 2 & 2 & -5\end{array}$$ 与式$=(x-2)(2x-1)$

(4)
$$\begin{array}{ccc}2 & -7 & \to -21 \\ 3 & 5 & \to 10 \\ \hline 6 & -35 & -11\end{array}$$ 与式$=(2x-7)(3x+5)$

(5) 与式$=x(3x^2+4x-4)$
$$\begin{array}{ccc}1 & 2 & \to 6 \\ 3 & -2 & \to -2 \\ \hline 3 & -4 & 4\end{array}$$ 与式$=x(x+2)(3x-2)$

(6) 与式$=a^3-(2b)^3$
$=(a-2b)\{a^2+a\times 2b+(2b)^2\}$
$=(a-2b)(a^2+2ab+4b^2)$

(7) 与式$=(x^2-4)(x^2-9)$
$=(x+2)(x-2)(x+3)(x-3)$

(8) 与式$=(x^2+1)^2-(3x)^2$
$=(x^2+1+3x)(x^2+1-3x)$

(9) 与式$=2x(2y+1)-y(2y+1)$
$=(2x-y)(2y+1)$

(10) 与式$=(x^2+y^2+2xy)(x^2+y^2-2xy)$
$=(x+y)^2(x-y)^2$

(11) 与式$=x^2y^2(x+y)-(x+y)$
$=(x+y)(x^2y^2-1)$
$=(x+y)(xy+1)(xy-1)$

(12) 与式$=a^2b-ab^2+c^2a-ca^2+bc(b-c)$
$=(b-c)a^2-(b^2-c^2)a+bc(b-c)$
$=(b-c)\{a^2-(b+c)a+bc\}$
$=(b-c)(a-b)(a-c)$
$=-(a-b)(b-c)(c-a)$

(13) 与式$=\{(x+1)(x+4)\}\{(x+2)(x+3)\}-3$
$=(x^2+5x+4)(x^2+5x+6)-3$
$=(x^2+5x)^2+10(x^2+5x)+21$
$=\{(x^2+5x)+3\}\{(x^2+5x)+7\}$
$=(x^2+5x+3)(x^2+5x+7)$

(14) 与式$=6x^2-(5y-15)x-(6y^2+16y-6)$
$=6x^2-(5y-15)x-2(3y-1)(y+3)$
$$\begin{array}{ccc}2 & -(3y-1) & \to -9y+3 \\ 3 & 2(y+3) & \to 4y+12 \\ \hline & & -5y+15\end{array}$$
与式$=\{2x-(3y-1)\}\{3x+2(y+3)\}$
$=(2x-3y+1)(3x+2y+6)$

5 289

解き方 分母を有理化すると
$x=(\sqrt{3}-\sqrt{2})^2=5-2\sqrt{6}$
$y=(\sqrt{3}+\sqrt{2})^2=5+2\sqrt{6}$
$x+y=10, \ xy=1$
$3x^2-5xy+3y^2$
$=3(x^2+y^2)-5xy$
$=3\{(x+y)^2-2xy\}-5xy$
$=3(x+y)^2-11xy$
$=3\cdot 10^2-11\cdot 1=289$

6 (1) 1 (2) $\dfrac{2+\sqrt{2}+\sqrt{6}}{4}$

解き方 2重根号をはずして分母を有理化する。

(1) $\dfrac{1}{\sqrt{3+2\sqrt{2}}}+\dfrac{1}{\sqrt{5+2\sqrt{6}}}+\dfrac{1}{\sqrt{7+2\sqrt{12}}}$
$=\dfrac{1}{\sqrt{2}+1}+\dfrac{1}{\sqrt{3}+\sqrt{2}}+\dfrac{1}{2+\sqrt{3}}$
$=(\sqrt{2}-1)+(\sqrt{3}-\sqrt{2})+(2-\sqrt{3})$
$=1$

(2) $\dfrac{1}{1+\sqrt{2}-\sqrt{3}}=\dfrac{1+\sqrt{2}+\sqrt{3}}{\{(1+\sqrt{2})-\sqrt{3}\}\{(1+\sqrt{2})+\sqrt{3}\}}$
$=\dfrac{1+\sqrt{2}+\sqrt{3}}{(1+\sqrt{2})^2-3}=\dfrac{1+\sqrt{2}+\sqrt{3}}{3+2\sqrt{2}-3}$
$=\dfrac{1+\sqrt{2}+\sqrt{3}}{2\sqrt{2}}=\dfrac{\sqrt{2}+2+\sqrt{6}}{4}$

7 $2a-2 \ (a\geqq 2$ のとき$)$
　　$2 \ (0\leqq a<2$ のとき$)$
　　$-2a+2 \ (a<0$ のとき$)$

解き方 与式$=P$とすると
$P=\sqrt{a^2}+\sqrt{(a-2)^2}=|a|+|a-2|$
　$a\geqq 2$ のとき $P=a+a-2=2a-2$
　$0\leqq a<2$ のとき $P=a-(a-2)=2$
　$a<0$ のとき $P=-a-(a-2)=-2a+2$

8 $\dfrac{3+\sqrt{3}}{2}$

解き方 $\sqrt{3}=1.732\cdots$ より $a=1$
$a+b=\sqrt{3}$ より $b=\sqrt{3}-1$
$a+\dfrac{1}{b}=1+\dfrac{1}{\sqrt{3}-1}=1+\dfrac{\sqrt{3}+1}{2}=\dfrac{3+\sqrt{3}}{2}$

9 ボールペンは7本まで買える。

解き方 ボールペンをx本買うとすると鉛筆は $(x+10)$本買うことになる。
$50(x+10)+80x\leqq 1500$
$130x\leqq 1000$
$x\leqq \dfrac{1000}{130}=7.6\cdots$
これを満たす最大の整数は $x=7$

10 (1) $A\cap \overline{B}=\{b, \ d\}$
(2) $A=\{b, \ d, \ e\}$
(3) $B=\{c, \ e\}$

解き方 ベン図を活用して要素を求める。

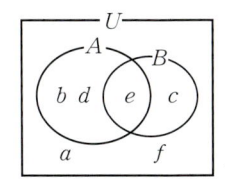

11 (1) ① (2) ③

解き方 (1) $x>1$ かつ $y>1$ ならば
$x+y>2, \ xy>1$ であるから
$(x>1$ かつ $y>1) \Longrightarrow (x+y>2$ かつ $xy>1)$
　は真
$(x+y>2$ かつ $xy>1) \Longrightarrow (x>1$ かつ $y>1)$
　は偽（反例：$x=0.1, \ y=20$）
よって，$(x+y>2$ かつ $xy>1)$ であることは，$(x>1$ かつ $y>1)$ であるための，必要条件であるが十分条件でない。

(2) $|x-1|\leqq 3$ を解くと $-3\leqq x-1\leqq 3$
各辺に1を加えて $-2\leqq x\leqq 4$
よって $\{x|-2\leqq x\leqq 4\}=\{x||x-1|\leqq 3\}$
ゆえに $-2\leqq x\leqq 4 \Longleftrightarrow |x-1|\leqq 3$
したがって，$-2\leqq x\leqq 4$ であるためには $|x-1|\leqq 3$ であることは，必要十分条件である。

⓬ (1) 逆：$x=2$ ならば $|x|=2$　真
　　裏：$|x|\neq 2$ ならば $x\neq 2$　真
　　対偶：$x\neq 2$ ならば $|x|\neq 2$　偽
(2) 逆：$x+y\geqq 0$ ならば $x\geqq 0$ かつ $y\geqq 0$　偽
　　裏：$x<0$ または $y<0$ ならば $x+y<0$　偽
　　対偶：$x+y<0$ ならば $x<0$ または $y<0$
　　　真
(3) 逆：$x\neq 3$ または $y\neq 2$ ならば
　　　$x+y\neq 5$ または $x-y\neq 1$　真
　　裏：$x+y=5$ かつ $x-y=1$ ならば
　　　$x=3$ かつ $y=2$　真
　　対偶：$x=3$ かつ $y=2$ ならば
　　　$x+y=5$ かつ $x-y=1$　真

解き方　命題「$p\Rightarrow q$」の真偽と対偶「$\overline{q}\Rightarrow\overline{p}$」の真偽は一致する。
また，逆「$q\Rightarrow p$」の真偽と裏「$\overline{p}\Rightarrow\overline{q}$」の真偽は一致する。

2章　2次関数

類題の解答　　　　　　　　　本冊→p.51〜82

47 (1) $-5\leqq y<7$　(2) $0\leqq y<4$
グラフは下の図

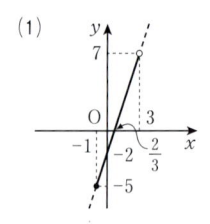

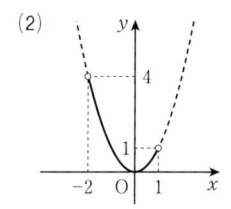

48 $-2\leqq x<4$

解き方　グラフで考える。 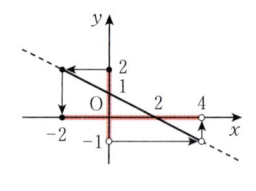
$y=-\dfrac{1}{2}x+1$ に
$y=-1$ を代入すると
$-1=-\dfrac{1}{2}x+1$
よって　$x=4$
$y=-\dfrac{1}{2}x+1$ に $y=2$ を代入すると　$2=-\dfrac{1}{2}x+1$
よって　$x=-2$

49 下の図

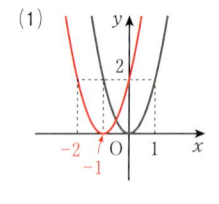

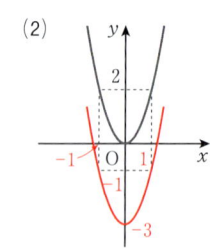

解き方　(1)

x	$\cdots$	-3	-2	-1	0	1	2	$\cdots$
$2x^2$	$\cdots$	18	8	2	0	2	8	$\cdots$
$2(x+1)^2$	$\cdots$	8	2	0	2	8	18	$\cdots$

$y=2(x+1)^2$ のグラフは，$y=2x^2$ のグラフを x 軸方向に -1 だけ平行移動したグラフで，軸は直線 $x=-1$，頂点は点 $(-1,\ 0)$ である。

(2)

x	$\cdots$	-3	-2	-1	0	1	2	$\cdots$
$2x^2$	$\cdots$	18	8	2	0	2	8	$\cdots$
$2x^2-3$	$\cdots$	15	5	-1	-3	-1	5	$\cdots$

$y=2x^2-3$ のグラフは,$y=2x^2$ のグラフを y 軸方向に -3 だけ平行移動したグラフで,軸は直線 $x=0$,頂点は点 $(0,-3)$ である。

50 下の図
(1) (2)

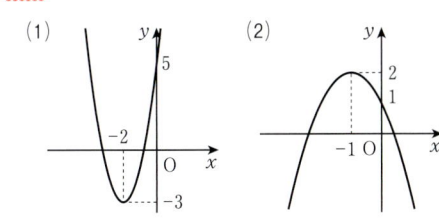

解き方 (1) $y=2x^2$ のグラフを x 軸方向に -2,y 軸方向に -3 だけ平行移動したものである。
(2) $y=-x^2$ のグラフを x 軸方向に -1,y 軸方向に 2 だけ平行移動したものである。

51 下の図
(1) (2)

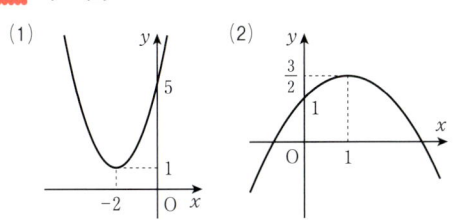

解き方 (1) $y=x^2+4x+5=(x+2)^2+1$
$y=x^2$ のグラフを x 軸方向に -2,y 軸方向に 1 だけ平行移動したもの。
頂点は点 $(-2,1)$,軸は直線 $x=-2$
(2) $y=-\dfrac{1}{2}x^2+x+1=-\dfrac{1}{2}(x-1)^2+\dfrac{3}{2}$
$y=-\dfrac{1}{2}x^2$ のグラフを x 軸方向に 1,y 軸方向に $\dfrac{3}{2}$ だけ平行移動したもの。
頂点は点 $\left(1,\dfrac{3}{2}\right)$,軸は直線 $x=1$

52 (1) $x=0$ のとき最小値 1,最大値はない
(2) $x=1$ のとき最小値 -3,最大値はない

(3) $x=1$ のとき最大値 0,最小値はない
(4) $x=-1$ のとき最大値 $\dfrac{1}{2}$,最小値はない

解き方 (2) $y=x^2-2x-2=(x-1)^2-3$
(3) $y=-2(x-1)^2$
(4) $y=-\dfrac{1}{2}(x+1)^2+\dfrac{1}{2}$

53 (1) $x=0$ のとき最大値 3,
$x=2$ のとき最小値 -1
(2) $x=1$ のとき最小値 -1,最大値はない
(3) $x=1$ のとき最大値 $\dfrac{3}{2}$,
$x=0$ または $x=2$ のとき最小値 1

解き方 グラフをかいて考える。
(2) $y=x^2-4x+2=(x-2)^2-2$
(3) $y=-\dfrac{1}{2}x^2+x+1=-\dfrac{1}{2}(x-1)^2+\dfrac{3}{2}$

(1) (2) (3)

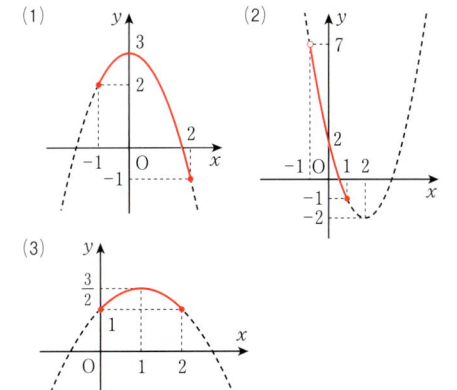

54 $a=2$,$b=-5$; $a=-2$,$b=-1$
解き方 $f(x)=ax^2+2ax+b=a(x+1)^2+b-a$
(i) $a>0$ のとき
最大値は
$f(1)=a+2a+b=1$
よって $3a+b=1$ …①

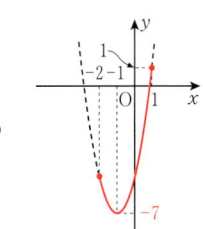

最小値は
$f(-1)=a-2a+b=-7$
よって $-a+b=-7$ …②

①, ②より $a=2$, $b=-5$

(ii) $a<0$ のとき

最大値は
$f(-1)=a-2a+b=1$
よって $-a+b=1$ …③

最小値は
$f(1)=a+2a+b=-7$
よって $3a+b=-7$ …④

③, ④より $a=-2$, $b=-1$

55 (1) $y=x^2-4x+4$ (2) $y=-2x^2+5$

解き方 (1) $y=ax^2+bx+c$ とおく。
点 $(1, 1)$ を通るから $1=a+b+c$
点 $(2, 0)$ を通るから $0=4a+2b+c$
点 $(4, 4)$ を通るから $4=16a+4b+c$
以上より, $a=1$, $b=-4$, $c=4$

(2) $y=ax^2+5$ とおく。
点 $(-2, -3)$ を通るから $-3=4a+5$
よって $a=-2$

56 (1) $y=2(x-1)^2$ または $y=\dfrac{2}{9}(x+3)^2$

(2) $y=2(x-2)^2+1$

解き方 (1) x 軸に接するから,
$y=a(x-p)^2 (a\ne 0)$ とおくことができる。
点 $(0, 2)$ を通るから $2=ap^2$ …①
点 $(3, 8)$ を通るから $8=a(3-p)^2$ …②

①より $a=\dfrac{2}{p^2}$ …③

③を②に代入して $8=\dfrac{2}{p^2}(3-p)^2$

両辺に p^2 を掛けて整理すると $p^2+2p-3=0$
$(p-1)(p+3)=0$ よって $p=1$, -3

③より, $p=1$ のとき $a=2$
$p=-3$ のとき $a=\dfrac{2}{9}$

(2) 軸が直線 $x=2$ であるから,
$y=a(x-2)^2+q (a\ne 0)$ とおくことができる。
点 $(0, 9)$ を通るから $9=4a+q$

点 $(1, 3)$ を通るから $3=a+q$
この連立方程式を解くと $a=2$, $q=1$

57 (1) $10s-s^2$ (2) $10-2s$

(3) $s=4$ のとき周の長さは最大となる。そのときの周の長さは 52

解き方 (1) AD は D の y 座標に等しい。点 D は放物線 $y=10x-x^2$ 上にあり, x 座標が s であるから
AD$=10s-s^2$

(2) AB$=10-2$OA$=10-2s$

(3) 周の長さは
$2($AD$+$AB$)=2\{(10s-s^2)+(10-2s)\}$
$=-2s^2+16s+20=-2(s-4)^2+52$

$0<s<5$ だから, 周の長さは $s=4$ のとき最大となり, 最大値 52 をとる。

58 (1) $x=-3$, 6 (2) $x=3\pm\sqrt{6}$

(3) $x=\dfrac{2}{3}$, 1 (4) $x=\dfrac{1}{3}$, -2

解き方 (1) $(x+3)(x-6)=0$ より $x=-3$, 6

(2) $(x-3)^2=6$ $x-3=\pm\sqrt{6}$ より $x=3\pm\sqrt{6}$

(3) $(3x-2)(x-1)=0$ より $x=\dfrac{2}{3}$, 1

(4) $(3x-1)(x+2)=0$ より $x=\dfrac{1}{3}$, -2

59 (1) $x=\dfrac{1\pm\sqrt{7}}{3}$ (2) $x=1$, $\dfrac{1}{3}$

(3) $x=\dfrac{1}{2}$

解き方 (1) $x=\dfrac{-(-2)\pm\sqrt{(-2)^2-4\cdot 3\cdot(-2)}}{2\cdot 3}$

$=\dfrac{2\pm 2\sqrt{7}}{6}=\dfrac{1\pm\sqrt{7}}{3}$

(2) $x=\dfrac{-(-4)\pm\sqrt{(-4)^2-4\cdot 3\cdot 1}}{2\cdot 3}=\dfrac{4\pm\sqrt{4}}{6}=\dfrac{4\pm 2}{6}$

よって $x=1$, $\dfrac{1}{3}$

(3) $x=\dfrac{-(-4)\pm\sqrt{(-4)^2-4\cdot 4\cdot 1}}{2\cdot 4}=\dfrac{4}{8}=\dfrac{1}{2}$

61 (1) $x=2\pm 2\sqrt{2}$ (2) $x=\dfrac{-2\pm 3\sqrt{2}}{2}$

解き方 (1) $(x+1)(x-4)=x$ を展開して式を整理すると $x^2-4x-4=0$
$a=1,\ b'=-2,\ c=-4$
$x=\dfrac{-(-2)\pm\sqrt{(-2)^2-1\cdot(-4)}}{1}=2\pm\sqrt{8}$
$=2\pm 2\sqrt{2}$

(2) $\dfrac{x^2+2}{2}+\dfrac{4x-11}{4}=0$ の両辺に 4 を掛けると
$2x^2+4+4x-11=0$
これを整理すると $2x^2+4x-7=0$
$a=2,\ b'=2,\ c=-7$
$x=\dfrac{-2\pm\sqrt{2^2-2\cdot(-7)}}{2}=\dfrac{-2\pm 3\sqrt{2}}{2}$

63 $k<\dfrac{5}{4}$ のとき 2 個,$k=\dfrac{5}{4}$ のとき 1 個,

$k>\dfrac{5}{4}$ のとき 0 個

解き方 $D=9-4(k+1)=5-4k$
$5-4k>0$ のとき 異なる実数解は 2 個
$5-4k=0$ のとき 1 個(重解)
$5-4k<0$ のとき 解なし

64 $(4x-5)(4x+3)$

解き方 $16x^2-8x-15=0$ の解は
$x=\dfrac{-(-4)\pm\sqrt{(-4)^2-16\cdot(-15)}}{16}$
$=\dfrac{4\pm\sqrt{16(1+15)}}{16}=\dfrac{4\pm 16}{16}$ より $x=\dfrac{5}{4},\ -\dfrac{3}{4}$
よって $16x^2-8x-15=16\left(x-\dfrac{5}{4}\right)\left(x+\dfrac{3}{4}\right)$
$=(4x-5)(4x+3)$

65 4 cm,6 cm

解き方 ひし形の対角線の一方を x cm とすると,他方は $(10-x)$ cm
ひし形の面積は $\dfrac{1}{2}\times$ 対角線 $\times$ 対角線 で求められるから,面積 S は
$S=\dfrac{1}{2}x(10-x)=12$ $x^2-10x+24=0$
$(x-4)(x-6)=0$ $x=4,\ 6$

$x=4$ のとき,もう一方の対角線の長さは
$10-4=6$ (cm)
$x=6$ のとき,もう一方の対角線の長さは
$10-6=4$ (cm)

66 (1) 共有点は 2 個,
$\left(\dfrac{-3+\sqrt{17}}{4},\ 0\right),\ \left(\dfrac{-3-\sqrt{17}}{4},\ 0\right)$

(2) 共有点は 1 個,$(-2,\ 0)$

(3) 共有点はない

解き方 (1) $y=0$ とおくと $2x^2+3x-1=0$
$D=3^2-4\cdot 2\cdot(-1)=9+8=17>0$
よって,共有点は 2 個。
$x=\dfrac{-3\pm\sqrt{3^2-4\cdot 2\cdot(-1)}}{2\cdot 2}=\dfrac{-3\pm\sqrt{17}}{4}$

(2) $y=0$ とおき両辺に 4 を掛けると
$x^2+4x+4=0$
$\dfrac{D}{4}=2^2-1\cdot 4=0$ よって,共有点は 1 個。
$(x+2)^2=0$ $x=-2$

(3) $y=0$ とおくと $x^2-x+2=0$
$D=(-1)^2-4\cdot 1\cdot 2=-7<0$
よって,共有点はない。

67 $a<4$ のとき共有点は 2 個,

$a=4$ のとき共有点は 1 個,

$a>4$ のとき共有点は 0 個

解き方 $y=0$ とおくと $x^2-4x+a=0$
$\dfrac{D}{4}=(-2)^2-1\cdot a=4-a$
$D>0$ のとき,すなわち $a<4$ のとき,2 個
$D=0$ のとき,すなわち $a=4$ のとき,1 個
$D<0$ のとき,すなわち $a>4$ のとき,0 個

68 $(-1,\ -3)$

解き方 連立方程式 $y=2x^2+5x,\ y=x-2$ から y を消去して,式を整理すると
$2x^2+4x+2=0$ $2(x+1)^2=0$
よって $x=-1$
$y=x-2$ に代入して $y=-3$
よって $(-1,\ -3)$

69 (1) $a = \dfrac{25}{4}$　　(2) $a = -1$

解き方 (1) $y = x^2 - 3x + a$, $y = 2x$ から y を消去して式を整理すると
$x^2 - 5x + a = 0$
接する条件は $D = 0$ だから
$D = (-5)^2 - 4 \cdot 1 \cdot a = 0$
これを解いて　$a = \dfrac{25}{4}$

(2) $y = x^2 - 3x + a$, $y = -x - 2$ から y を消去して式を整理すると
$x^2 - 2x + a + 2 = 0$
接する条件は $D = 0$ だから
$\dfrac{D}{4} = (-1)^2 - 1 \cdot (a + 2) = 0$
これを解いて　$a = -1$

70 (1) $x \leqq -3,\ 5 \leqq x$

(2) $x < -\sqrt{3},\ \sqrt{3} < x$

(3) $\dfrac{1-\sqrt{7}}{3} < x < \dfrac{1+\sqrt{7}}{3}$

(4) $-\dfrac{3}{4} < x < \dfrac{2}{3}$

(5) $0 \leqq x \leqq 2$

(6) $x \leqq 1 - \sqrt{5},\ 1 + \sqrt{5} \leqq x$

解き方 簡単な 2 次関数のグラフ（x^2 の係数を正にする）をかいて，不等式に適する x の値の範囲を求める。

(1) $x^2 - 2x - 15 = 0$ を解くと　$x = -3,\ 5$
$y \geqq 0$ となる x の値の範囲を求めると
$x \leqq -3,\ 5 \leqq x$

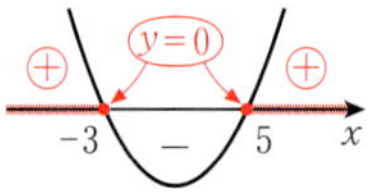

(2) $x^2 = 3$ を解くと　$x = \pm\sqrt{3}$
$y > 0$ となる x の値の範囲を求めると
$x < -\sqrt{3},\ \sqrt{3} < x$

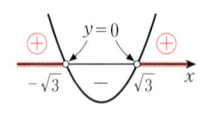

(3) $3x^2 - 2x - 2 = 0$ を解くと
$x = \dfrac{-(-1) \pm \sqrt{(-1)^2 - 3 \cdot (-2)}}{3} = \dfrac{1 \pm \sqrt{7}}{3}$
$y < 0$ となる x の値の範囲を求めると
$\dfrac{1-\sqrt{7}}{3} < x < \dfrac{1+\sqrt{7}}{3}$

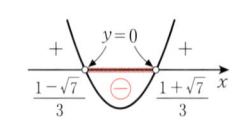

(4) 両辺に 6 を掛けて式を整理すると
$12x^2 + x - 6 < 0$　　$12x^2 + x - 6 = 0$ を解くと，
$(3x - 2)(4x + 3) = 0$ より　$x = \dfrac{2}{3},\ -\dfrac{3}{4}$
$y < 0$ となる x の値の範囲を求めると
$-\dfrac{3}{4} < x < \dfrac{2}{3}$

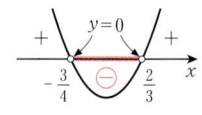

(5) 両辺に 2 を掛けて式を整理すると　$x^2 - 2x \leqq 0$
$x^2 - 2x = 0$ を解くと
$x(x - 2) = 0$　　$x = 0,\ 2$
$y \leqq 0$ となる x の値の範囲を求めると　$0 \leqq x \leqq 2$

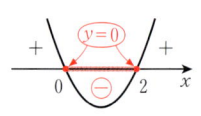

(6) $x^2 - 2x - 4 \geqq 0$　　$x^2 - 2x - 4 = 0$ を解くと
$x = \dfrac{-(-1) \pm \sqrt{(-1)^2 - 1 \cdot (-4)}}{1} = 1 \pm \sqrt{5}$
$y \geqq 0$ となる x の値の範囲を求めると
$x \leqq 1 - \sqrt{5},\ 1 + \sqrt{5} \leqq x$

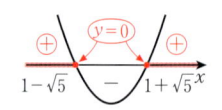

71 (1) すべての実数　　(2) 解なし

(3) すべての実数　　(4) $x = \dfrac{\sqrt{2}}{2}$

(5) 3 以外のすべての実数

(6) 解なし　　(7) すべての実数　　(8) 解なし

解き方 (1) $x^2 + 6x + 11 > 0$
$x^2 + 6x + 11 = 0$ において
$\dfrac{D}{4} = 3^2 - 1 \cdot 11 = -2 < 0$
$y > 0$ となる x の値の範囲は，すべての実数。

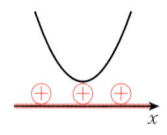

(2) $3x^2 + 4 < 0$
$3x^2 + 4 = 0$ において
$D = 0^2 - 4 \cdot 3 \cdot 4 = -48 < 0$
$y < 0$ となる x の値はないので，解なし。

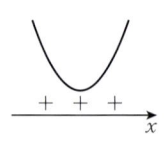

(3) $x^2 - 2x + 1 \geqq 0$
$x^2 - 2x + 1 = 0$ において　$\dfrac{D}{4} = (-1)^2 - 1 \cdot 1 = 0$
$x^2 - 2x + 1 = 0$　　$(x - 1)^2 = 0$
よって　$x = 1$
$y \geqq 0$ となる x の値の範囲は，すべての実数。

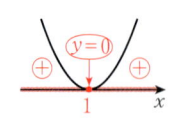

(4) $2x^2-2\sqrt{2}x+1\leqq 0$
$2x^2-2\sqrt{2}x+1=0$ において
$\dfrac{D}{4}=(-\sqrt{2})^2-2\cdot 1=0$
$(\sqrt{2}x-1)^2=0 \quad x=\dfrac{1}{\sqrt{2}}=\dfrac{\sqrt{2}}{2}$
$y<0$ となる x の値はない。
また $y=0$ となる x の値を考
えて $x=\dfrac{\sqrt{2}}{2}$

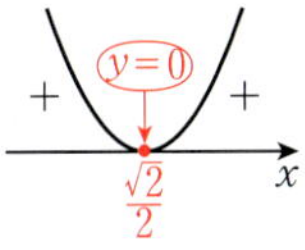

(5) $x^2-6x+9>0$
$x^2-6x+9=0$ において
$\dfrac{D}{4}=(-3)^2-1\cdot 9=0$
$(x-3)^2=0 \quad x=3$
$y>0$ となる x の値の範囲は,
3 以外のすべての実数。

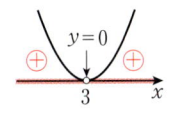

(6) $x^2+8x+16<0$
$x^2+8x+16=0$ において
$\dfrac{D}{4}=4^2-1\cdot 16=0$
$(x+4)^2=0 \quad x=-4$
$y<0$ となる x の値はないので,
解なし。

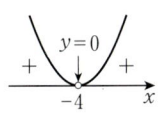

(7) $2x^2+3x+2\geqq 0$
$2x^2+3x+2=0$ において
$D=3^2-4\cdot 2\cdot 2=-7<0$
$y\geqq 0$ となる x の値の範囲は,
すべての実数。

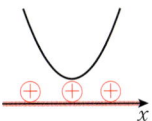

(8) $3x^2-4x+2\leqq 0$
$3x^2-4x+2=0$ において
$\dfrac{D}{4}=(-2)^2-3\cdot 2=-2<0$
$y\leqq 0$ となる x の値はないので,
解なし。

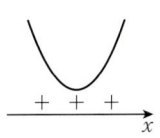

73 1 m 以上 2 m 以下にする。

解き方 通路の幅を x m $(0<x<6)$ …① とすると
$24\leqq (6-x)(8-x)\leqq 35$
$(6-x)(8-x)\geqq 24$ を解くと $x^2-14x+24\geqq 0$
$(x-2)(x-12)\geqq 0 \quad x\leqq 2,\ 12\leqq x$ …②
$(6-x)(8-x)\leqq 35$ を解くと $x^2-14x+13\leqq 0$
$(x-1)(x-13)\leqq 0 \quad 1\leqq x\leqq 13$ …③

①, ②, ③より $1\leqq x\leqq 2$

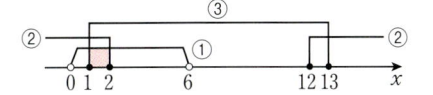

74 $a>\dfrac{1}{4}$

解き方 $y=x^2-(2a-1)x+a^2$ とおくと, x^2 の係数は正より, このグラフは下に凸であるから, 求める条件は $y=0$ とした 2 次方程式の判別式を D とすると
$D=(2a-1)^2-4a^2<0 \quad$ よって $\quad a>\dfrac{1}{4}$

75 $a<-4$

解き方 $f(x)=x^2-ax+4$ とおくと,
求める条件は, $f(x)=0$ の判別式を D として
(i) $D=a^2-16>0 \quad$ よって $\quad a<-4,\ 4<a$
(ii) 軸 $x=\dfrac{a}{2}<0 \quad$ よって $\quad a<0$
(iii) $f(0)=4>0 \quad$ これは成り立っている。
以上より $\quad a<-4$

76 (1) $a<1$ (2) $a>10$

解き方 $f(x)=x^2+(a-3)x+a$ とおく。
(1) 求める条件は 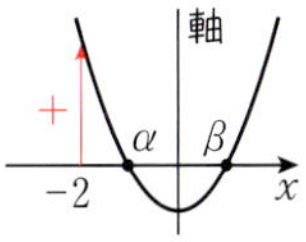
(i) $D=(a-3)^2-4a>0$
$a^2-10a+9>0$
$(a-1)(a-9)>0$
よって $a<1,\ 9<a$ …①
(ii) 軸 $x=-\dfrac{a-3}{2}>-2 \quad a-3<4$
$a<7$ …②
(iii) $f(-2)=4-2(a-3)+a>0$
$10-a>0 \quad a<10$ …③
①, ②, ③を同時に満たす a の値の範囲は $a<1$

(2) 求める条件は
$f(-2)=4-2(a-3)+a<0$
だけである。
$10-a<0 \quad a>10$

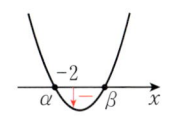

定期テスト予想問題 の解答 ——— 本冊→p83〜84

❶ $k=1,\ l=1\ ;\ k=-1,\ l=3$

解き方 $y=kx+l$ は，$k>0$ のとき右上がりの直線，$k<0$ のとき右下がりの直線を表す。

右の図より，
$k>0$ のとき
 $1=k\times 0+l,\ 3=2k+l$
 よって $k=1,\ l=1$
$k<0$ のとき
 $3=k\times 0+l,\ 1=2k+l$
 よって $k=-1,\ l=3$

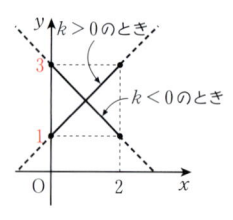

❷ (1) $y=2x^2+4x+1$　(2) $(1,\ 4)$

解き方 (1) $y=2(x+2)^2-4(x+2)+1$
$=2x^2+4x+1$

(2) 2つの放物線の式の x^2 の係数は，**絶対値が等しく符号が異なるので，それぞれの頂点を結ぶ線分の中点に関して対称**である。
$y=2x^2-4x+1=2(x-1)^2-1$
 よって，放物線 C の頂点は　点 $(1,\ -1)$
$y=-2x^2+4x+7=-2(x-1)^2+9$
 よって，この放物線の頂点は　点 $(1,\ 9)$
以上より，求める点の座標は
$\left(\dfrac{1+1}{2},\ \dfrac{-1+9}{2}\right)=(1,\ 4)$

❸ (1) 正　(2) 正　(3) 負　(4) 正
(5) 正　(6) 負　(7) 正

解き方 (1) 下に凸だから $a>0$

(2) 軸 $x=-\dfrac{b}{2a}$ は y 軸より右にあるから
$-\dfrac{b}{2a}>0$

(3) $-\dfrac{b}{2a}>0$ で，$a>0$ より　$b<0$

(4) y 軸との交点の y 座標は正であるから　$c>0$

(5) x 軸と異なる2点で交わるから
$D=b^2-4ac>0$

(6) $a+b+c$ は $x=1$ のときの y の値であるから
$a+b+c<0$

(7) $a-b+c$ は $x=-1$ のときの y の値であるから
$a-b+c>0$

❹ (1) $y=x^2+4x+3$
(2) $y=-3x^2+x+2$
(3) $y=-(x-2)^2+2$

解き方 (1) $y=ax^2+bx+c$ とおく。
 $(0,\ 3)$ を通るから　$3=c$
 $(1,\ 8)$ を通るから　$8=a+b+c$
 $(-1,\ 0)$ を通るから　$0=a-b+c$
 以上より　$a=1,\ b=4,\ c=3$

(2) $y=-3x^2+bx+c$ とおく。
 点 $(1,\ 0)$ を通るから　$0=-3+b+c$
 点 $(-1,\ -2)$ を通るから　$-2=-3-b+c$
 以上より　$b=1,\ c=2$

(3) $y=a(x-p)^2+p\ (a<0)$ とおく。
 点 $(1,\ 1)$ を通るから　$1=a(1-p)^2+p$
 よって　$(1-p)\{a(1-p)-1\}=0$　…①
 点 $(2,\ 2)$ を通るから　$2=a(2-p)^2+p$
 よって　$(2-p)\{a(2-p)-1\}=0$　…②
 ①より　$p=1$ のとき②に代入して　$a=1$
  これは $a<0$ を満たさないから不適。
 ②より　$p=2$ のとき①に代入して　$a=-1$
  これは $a<0$ を満たすから適する。
 $p\neq 1$ かつ $p\neq 2$ のとき
 ①より $a=\dfrac{1}{1-p}$，②より $a=\dfrac{1}{2-p}$
 このような a は存在しない。
 以上より，求める2次関数は　$y=-(x-2)^2+2$

❺ (1) $S=-\dfrac{2}{3}x^2+2x$
$(0\leqq x\leqq 3)$
グラフは右の図
(2) $x=\dfrac{3}{2},\ y=1$ のとき
S は最大値 $\dfrac{3}{2}$ をとる

解き方 (1) $2x+3y=6$ より　$y=-\dfrac{2}{3}x+2$　…①
$y\geqq 0$ より　$-\dfrac{2}{3}x+2\geqq 0$　よって　$x\leqq 3$
これと $x\geqq 0$ より　$0\leqq x\leqq 3$　…②
①を $S=xy$ に代入して

$S=x\left(-\dfrac{2}{3}x+2\right)=-\dfrac{2}{3}x^2+2x$

$=-\dfrac{2}{3}\left(x-\dfrac{3}{2}\right)^2+\dfrac{3}{2}$

②の変域でこのグラフをかくと図のようになる。

(2) グラフから，$x=\dfrac{3}{2}$ のとき S は最大値 $\dfrac{3}{2}$ をとる。

このとき，①より $y=1$

6 (1) 50 cm^2　　(2) $(20+10\sqrt{2})\text{ cm}$

解き方 直角三角形の直角をはさむ 2 辺の長さを x cm, $(20-x)$ cm とおく。このとき $0<x<20$　…①

(1) 面積を S とおくと

$S=\dfrac{1}{2}x(20-x)=-\dfrac{1}{2}(x-10)^2+50$

①の範囲で，$x=10$ のとき，S の最大値は 50

(2) 周の長さを l cm とおくと

$l=20+\sqrt{x^2+(20-x)^2}$

$d=x^2+(20-x)^2$ とおくと，d が最小のときに l は最小値をとることになる。

$d=2(x-10)^2+200$

①の範囲で，$x=10$ のとき，d の最小値は 200

したがって，l の最小値は

$l=20+\sqrt{200}=20+10\sqrt{2}$

7 $l=-m^2+m$

$m=\dfrac{1}{2}$ のとき最大値 $\dfrac{1}{4}$ をとる

解き方 2 次関数を $y=a(x-p)^2+q$ の形に変形する。

$y=2x^2+4mx+m^2+m$
$=2(x^2+2mx+m^2-m^2)+m^2+m$
$=2(x+m)^2-m^2+m$

よって $l=-m^2+m$

$l=-m^2+m=-\left\{m^2-m+\left(\dfrac{1}{2}\right)^2-\left(\dfrac{1}{2}\right)^2\right\}$

$=-\left(m-\dfrac{1}{2}\right)^2+\dfrac{1}{4}$

よって，$m=\dfrac{1}{2}$ のとき，最大値は $\dfrac{1}{4}$

8 (1) $g(m)=m^2+1$　　(2) $g(m)=1$

(3) $g(m)=m^2-2m+2$

解き方 $y=x^2-2x+2=(x-1)^2+1$

よって，軸は　直線 $x=1$

(1) $m<0$ より　$m+1<1$

よって，図より $x=m+1$ のとき最小となる。

したがって

$g(m)=(m+1-1)^2+1$
$=m^2+1$

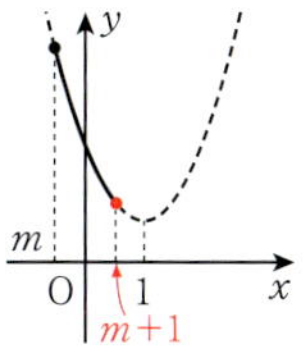

(2) $0\leqq m\leqq 1$ より

$m\leqq 1\leqq m+1$

よって，区間内に軸があるから，$x=1$ のとき最小となる。

したがって　$g(m)=1$

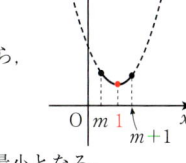

(3) $m>1$ より，$x=m$ のとき最小となる。

したがって

$g(m)=m^2-2m+2$

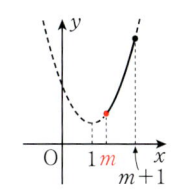

9 (1) $x=-3,\ 1$　　(2) $x=3\pm 2\sqrt{2}$

(3) $2-\sqrt{10}<x<2+\sqrt{10}$

(4) $-6\leqq x<-3,\ -2<x\leqq 1$

解き方 (1) 因数分解して，

$(x+3)(x-1)=0$ より　$x=-3,\ 1$

(2) 解の公式を使って

$x=3\pm\sqrt{9-1}=3\pm 2\sqrt{2}$

(3) $x^2-4x-6=0$ の解は　$x=2\pm\sqrt{4+6}=2\pm\sqrt{10}$

よって，$x^2-4x-6<0$ の解は

$2-\sqrt{10}<x<2+\sqrt{10}$

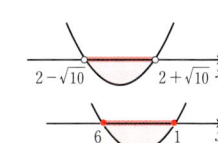

(4) $(x+6)(x-1)\leqq 0$

$-6\leqq x\leqq 1$　…①

$(x+2)(x+3)>0$

$x<-3,\ -2<x$　…②

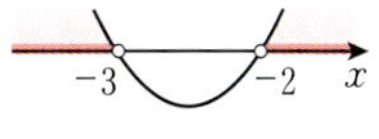

①，②の共通部分を求めて

$-6\leqq x<-3$
$-2<x\leqq 1$

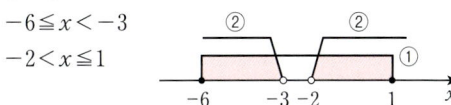

❿ (1) $a=-1, 3$　　(2) $-2<a<4$

解き方 (1) $y=-x^2+2ax-4$, $y=2x$ より y を消去して整理すると $x^2-2(a-1)x+4=0$
接する条件は $D=0$
$\frac{D}{4}=\{-(a-1)\}^2-1\cdot 4=a^2-2a-3$
よって $a^2-2a-3=0$　$(a+1)(a-3)=0$
ゆえに $a=-1, 3$

(2) $y=-x^2+2ax-4$, $y=2x+5$ より y を消去して整理すると $x^2-2(a-1)x+9=0$
共有点をもたない条件は $D<0$
$\frac{D}{4}=\{-(a-1)\}^2-1\cdot 9=a^2-2a-8$
よって $a^2-2a-8<0$
$(a+2)(a-4)<0$
ゆえに $-2<a<4$

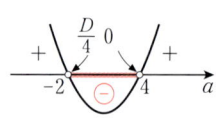

⓫ $a\leqq 0, 3\leqq a$

解き方 x 軸と共有点をもつ条件は，$y=0$ とした 2 次方程式の判別式を D とすると $D\geqq 0$

①について $\frac{D}{4}=a^2-1\cdot 5a=a(a-5)$
$a(a-5)\geqq 0$ より $a\leqq 0, 5\leqq a$ …③

②について $\frac{D}{4}=(-a)^2-1\cdot(2a+3)$
$\phantom{\frac{D}{4}}=(a+1)(a-3)$
$(a+1)(a-3)\geqq 0$ より $a\leqq -1, 3\leqq a$ …④

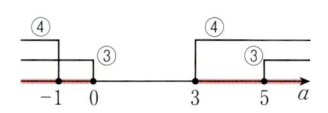

少なくとも一方が共有点をもてばよいので
$a\leqq 0, 3\leqq a$

(注意) 共有点をもつ条件
$\iff \begin{cases} \text{共有点 2 個} \iff D>0 \\ \text{共有点 1 個} \iff D=0 \end{cases}$

少なくとも一方 $\iff$ 「一方のみ」または「両方」

⓬ $a>2$

解き方 題意が成り立つための条件は，
$a>0$ …① かつ $D<0$ …②である。
$\frac{D}{4}=(a+2)^2-a(2a+4)=-a^2+4$

よって，②より $-a^2+4<0$　$a^2-4>0$
ゆえに $a<-2, 2<a$ …③
①，③より $a>2$

⓭ (1) 空欄は，順に
下，0, 1, 2
グラフは右の図

(2) $k<-\sqrt{3}, k>\sqrt{3}$
(3) $0<k<3$　(4) $k<2$
(5) $\sqrt{3}<k<2$

解き方 (2) $\frac{D}{4}=k^2-3>0$
よって $k<-\sqrt{3}, k>\sqrt{3}$ …①

(3) 軸の方程式は $x=\frac{k}{3}$ であるから $0<\frac{k}{3}<1$
よって $0<k<3$ …②

(4) $f(0)=1>0$　これは成り立っている。
$f(1)=-2k+4>0$
よって $k<2$ …③

(5) ①〜③を同時に満たす k の値の範囲は，下の図より
$\sqrt{3}<k<2$

3章 図形と計量

類題の解答 ——— 本冊→p.88〜114

78 (1) $\sin\alpha=\dfrac{3}{5}$, $\cos\alpha=\dfrac{4}{5}$, $\tan\alpha=\dfrac{3}{4}$,

$\sin\beta=\dfrac{4}{5}$, $\cos\beta=\dfrac{3}{5}$, $\tan\beta=\dfrac{4}{3}$

(2) $\sin\alpha=\dfrac{\sqrt{5}}{5}$, $\cos\alpha=\dfrac{2\sqrt{5}}{5}$, $\tan\alpha=\dfrac{1}{2}$,

$\sin\beta=\dfrac{2\sqrt{5}}{5}$, $\cos\beta=\dfrac{\sqrt{5}}{5}$, $\tan\beta=2$

(3) $\sin\alpha=\dfrac{2}{3}$, $\cos\alpha=\dfrac{\sqrt{5}}{3}$, $\tan\alpha=\dfrac{2\sqrt{5}}{5}$,

$\sin\beta=\dfrac{\sqrt{5}}{3}$, $\cos\beta=\dfrac{2}{3}$, $\tan\beta=\dfrac{\sqrt{5}}{2}$

解き方 (2) 斜辺は $\sqrt{2^2+1^2}=\sqrt{5}$

(3) α に対する底辺は $\sqrt{6^2-4^2}=\sqrt{20}=2\sqrt{5}$

分母が無理数になる場合は,有理化しておくこと。

79 (1) $x=16.0$ (2) $x=11.6$

解き方 (1) $\sin 53°=\dfrac{x}{20}$

$x=20\sin 53°=20\times 0.7986=15.972$

(2) $\tan 36°=\dfrac{x}{16}$

$x=16\tan 36°=16\times 0.7265=11.624$

80 $x=37$

解き方 $\cos x°=\dfrac{8}{10}=0.8$

$\cos 36°=0.8090$, $\cos 37°=0.7986$
0.8に近いのは,$\cos 37°$の方である。

81 $x=\dfrac{\sqrt{3}}{2}a$

解き方 右の図のように点の記号を定めると

$\dfrac{x}{\text{AC}}=\tan 30°=\dfrac{1}{\sqrt{3}}$

よって $\text{AC}=\sqrt{3}x$

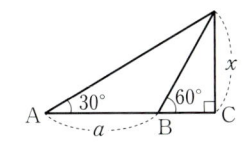

$\dfrac{x}{\text{BC}}=\tan 60°=\sqrt{3}$

よって $\text{BC}=\dfrac{1}{\sqrt{3}}x=\dfrac{\sqrt{3}}{3}x$

これを $\text{AC}-\text{BC}=a$ に代入して

$\sqrt{3}x-\dfrac{\sqrt{3}}{3}x=a$

$\dfrac{2\sqrt{3}}{3}x=a$ より $x=\dfrac{3a}{2\sqrt{3}}=\dfrac{\sqrt{3}}{2}a$

82 $\sin\theta=\dfrac{\sqrt{5}}{3}$, $\tan\theta=\dfrac{\sqrt{5}}{2}$

解き方 $\sin^2\theta+\cos^2\theta=1$ より

$\sin^2\theta=1-\cos^2\theta=1-\left(\dfrac{2}{3}\right)^2=\dfrac{5}{9}$

θ が鋭角のとき $\sin\theta=\dfrac{\sqrt{5}}{3}$

$\tan\theta=\dfrac{\sin\theta}{\cos\theta}=\dfrac{\sqrt{5}}{3}\div\dfrac{2}{3}=\dfrac{\sqrt{5}}{2}$

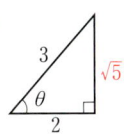

(別解) 図より求める。

83 $\sin\theta=\dfrac{\sqrt{3}}{2}$, $\cos\theta=\dfrac{1}{2}$

解き方 $1+\tan^2\theta=\dfrac{1}{\cos^2\theta}$ より

$1+(\sqrt{3})^2=\dfrac{1}{\cos^2\theta}$ $\cos^2\theta=\dfrac{1}{4}$

θ が鋭角のとき $\cos\theta=\dfrac{1}{2}$

$\tan\theta=\dfrac{\sin\theta}{\cos\theta}$ より,$\sin\theta=\tan\theta\cdot\cos\theta$ だから

$\sin\theta=\sqrt{3}\cdot\dfrac{1}{2}=\dfrac{\sqrt{3}}{2}$

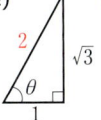

(別解) 図より求める。

84 (1) $\theta=45°$, $135°$ (2) $\theta=30°$

(3) $\theta=120°$

解き方 次の図より。

(1), (2), (3) 図

85 (1) $0°≦θ≦30°$, $150°≦θ≦180°$

(2) $0°≦θ<60°$

(3) $0°≦θ<60°$, $90°<θ≦180°$

解き方 次の図より。

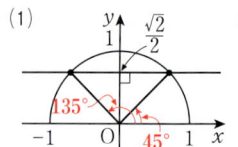

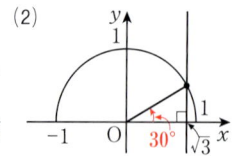

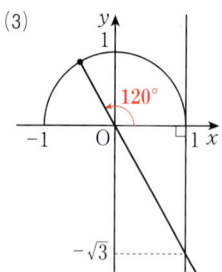

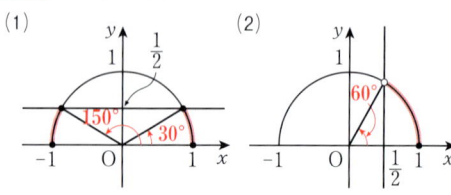

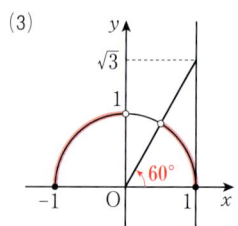

(1), (2), (3) 図

86 $A+B+C=180°$ より
$A=180°-(B+C)$
よって
$\sin A=\sin\{180°-(B+C)\}=\sin(B+C)$

87 (1) 0.9397 (2) 0.3420 (3) 0.9397
(4) -2.7473 (5) -0.9397
(6) -0.3640

解き方 (1) $\sin 70°=\sin(90°-20°)=\cos 20°$
(2) $\cos 70°=\cos(90°-20°)=\sin 20°$
(3) $\sin 110°=\sin(180°-70°)=\sin 70°$
(4) $\tan 110°=\tan(180°-70°)=-\tan 70°$
$=-\tan(90°-20°)=-\dfrac{1}{\tan 20°}$
(5) $\cos 160°=\cos(180°-20°)=-\cos 20°$
(6) $\tan 160°=\tan(180°-20°)=-\tan 20°$

88 $\sin θ=\dfrac{\sqrt{7}}{4}$, $\tan θ=\dfrac{\sqrt{7}}{3}$

解き方 $\sin^2 θ=1-\cos^2 θ=1-\left(\dfrac{3}{4}\right)^2=\dfrac{7}{16}$

$\sin θ≧0$ であるから $\sin θ=\dfrac{\sqrt{7}}{4}$

$\tan θ=\dfrac{\sin θ}{\cos θ}=\dfrac{\sqrt{7}}{4}÷\dfrac{3}{4}=\dfrac{\sqrt{7}}{3}$

89-1 $θ$ が鋭角のとき
$\cos θ=\dfrac{\sqrt{7}}{4}$, $\tan θ=\dfrac{3\sqrt{7}}{7}$

$θ$ が鈍角のとき
$\cos θ=-\dfrac{\sqrt{7}}{4}$, $\tan θ=-\dfrac{3\sqrt{7}}{7}$

解き方 $\cos^2 θ=1-\sin^2 θ=1-\left(\dfrac{3}{4}\right)^2=\dfrac{7}{16}$

よって $\cos θ=±\dfrac{\sqrt{7}}{4}$ ← $θ$が鋭角のとき正，鈍角のとき負

$\tan θ=\dfrac{\sin θ}{\cos θ}=\dfrac{3}{4}÷\left(±\dfrac{\sqrt{7}}{4}\right)=±\dfrac{3}{\sqrt{7}}=±\dfrac{3\sqrt{7}}{7}$

（複号同順）

89-2 $\sin θ=\dfrac{\sqrt{6}}{3}$, $\cos θ=-\dfrac{\sqrt{3}}{3}$

解き方 $1+\tan^2 θ=\dfrac{1}{\cos^2 θ}$ に $\tan θ=-\sqrt{2}$ を代入して $1+2=\dfrac{1}{\cos^2 θ}$ よって $\cos^2 θ=\dfrac{1}{3}$

$\tan θ<0$ より $θ$ は鈍角であるから $\cos θ<0$

よって $\cos θ=-\dfrac{1}{\sqrt{3}}=-\dfrac{\sqrt{3}}{3}$

$\sin θ=\tan θ\cos θ=(-\sqrt{2})×\left(-\dfrac{\sqrt{3}}{3}\right)=\dfrac{\sqrt{6}}{3}$

90 (1) $-\dfrac{4}{9}$　(2) $\dfrac{\sqrt{17}}{3}$　(3) $-\dfrac{9}{4}$

解き方 (1) $\sin\theta+\cos\theta=\dfrac{1}{3}$ の両辺を平方すると

$1+2\sin\theta\cos\theta=\dfrac{1}{9}$　よって　$\sin\theta\cos\theta=-\dfrac{4}{9}$

(2) $(\sin\theta-\cos\theta)^2=1-2\sin\theta\cos\theta$

$=1-2\times\left(-\dfrac{4}{9}\right)=\dfrac{17}{9}$

ところで，(1)の結果より　$\sin\theta\cos\theta<0$
$\sin\theta\geqq0$ であるから　$\cos\theta<0$
よって　$\sin\theta-\cos\theta>0$
ゆえに　$\sin\theta-\cos\theta=\dfrac{\sqrt{17}}{3}$

(3) $\tan\theta+\dfrac{1}{\tan\theta}=\dfrac{\sin\theta}{\cos\theta}+\dfrac{\cos\theta}{\sin\theta}$

$=\dfrac{\sin^2\theta+\cos^2\theta}{\sin\theta\cos\theta}=\dfrac{1}{\sin\theta\cos\theta}=-\dfrac{9}{4}$

91 (1) 左辺$=\dfrac{\sin\theta}{1+\cos\theta}+\dfrac{1+\cos\theta}{\sin\theta}$

$=\dfrac{\sin^2\theta+(1+\cos\theta)^2}{(1+\cos\theta)\sin\theta}$

$=\dfrac{\sin^2\theta+\cos^2\theta+2\cos\theta+1}{(1+\cos\theta)\sin\theta}$

$=\dfrac{2+2\cos\theta}{(1+\cos\theta)\sin\theta}$

$=\dfrac{2(1+\cos\theta)}{(1+\cos\theta)\sin\theta}=\dfrac{2}{\sin\theta}=$右辺

(2) 左辺$=\tan^2\theta-\sin^2\theta=\dfrac{\sin^2\theta}{\cos^2\theta}-\sin^2\theta$

$=\left(\dfrac{1}{\cos^2\theta}-1\right)\sin^2\theta=\dfrac{1-\cos^2\theta}{\cos^2\theta}\cdot\sin^2\theta$

$=\dfrac{\sin^2\theta}{\cos^2\theta}\cdot\sin^2\theta=\tan^2\theta\sin^2\theta=$右辺

92 $a=6\sqrt{6}$, $R=6\sqrt{2}$

解き方 $A=180°-(B+C)$
$=180°-(75°+45°)=60°$

よって，正弦定理により　$\dfrac{a}{\sin 60°}=\dfrac{12}{\sin 45°}$

ゆえに　$a=\dfrac{12\sin 60°}{\sin 45°}=12\times\dfrac{\sqrt{3}}{2}\div\dfrac{\sqrt{2}}{2}=6\sqrt{6}$

また，正弦定理により　$2R=\dfrac{12}{\sin 45°}$

よって　$R=\dfrac{6}{\sin 45°}=6\div\dfrac{\sqrt{2}}{2}=6\sqrt{2}$

93 1

解き方 正弦定理により
$a:b:c=\sin A:\sin B:\sin C=3:4:5$
よって，$a=3k$, $b=4k$, $c=5k$ とおくと
$\dfrac{a+c}{2b}=\dfrac{3k+5k}{2\times 4k}=\dfrac{8k}{8k}=1$

94 (1) $a=2$　(2) $A=45°$

解き方 (1) $a^2=b^2+c^2-2bc\cos A$
$=4^2+(2\sqrt{3})^2-2\cdot 4\cdot 2\sqrt{3}\cos 30°$
$=16+12-16\sqrt{3}\times\dfrac{\sqrt{3}}{2}=4$

$a>0$ より　$a=2$

(2) $\cos A=\dfrac{b^2+c^2-a^2}{2bc}$

$=\dfrac{(\sqrt{2})^2+(\sqrt{3}+1)^2-2^2}{2\cdot\sqrt{2}\cdot(\sqrt{3}+1)}=\dfrac{2(\sqrt{3}+1)}{2\sqrt{2}(\sqrt{3}+1)}=\dfrac{1}{\sqrt{2}}$

$0°<A<180°$ であるから　$A=45°$

95 (1) $AB=BC$ の二等辺三角形

(2) $C=90°$ の直角三角形

(3) $AB=AC$ の二等辺三角形

解き方 △ABC の外接円の半径を R とする
(1) 余弦定理により

$b=2c\times\dfrac{b^2+c^2-a^2}{2bc}$　　$b^2=b^2+c^2-a^2$

$c^2=a^2$

$a>0$, $c>0$ であるから　$c=a$

(2) 正弦定理により　$\left(\dfrac{a}{2R}\right)^2+\left(\dfrac{b}{2R}\right)^2=\left(\dfrac{c}{2R}\right)^2$

よって　$a^2+b^2=c^2$

(3) 正弦定理と余弦定理により

$2\times\dfrac{c^2+a^2-b^2}{2ca}\times\dfrac{c}{2R}=\dfrac{a}{2R}$　　$c^2+a^2-b^2=a^2$

$c^2=b^2$

$b>0$, $c>0$ であるから　$c=b$

96 (1) △ABC の外接円の半径を R とすると，正弦定理より

$$\sin A = \frac{a}{2R}, \ \sin B = \frac{b}{2R}, \ \sin C = \frac{c}{2R}$$

左辺 $= c(\sin^2 A + \sin^2 B)$
$= c\left(\dfrac{a^2}{4R^2} + \dfrac{b^2}{4R^2}\right)$
$= \dfrac{c(a^2+b^2)}{4R^2}$

右辺 $= \sin C(a\sin A + b\sin B)$
$= \dfrac{c}{2R}\left(a\times\dfrac{a}{2R} + b\times\dfrac{b}{2R}\right)$
$= \dfrac{c(a^2+b^2)}{4R^2}$

よって $c(\sin^2 A + \sin^2 B) = \sin C(a\sin A + b\sin B)$

(別解) この問題は，例外的に角だけの関係で表した方がよさそうである。
$a = 2R\sin A, \ b = 2R\sin B, \ c = 2R\sin C$ であるから

左辺 $= 2R\sin C(\sin^2 A + \sin^2 B)$
右辺 $= \sin C(2R\sin A \sin A + 2R\sin B\sin B)$
$= 2R\sin C(\sin^2 A + \sin^2 B)$

よって 左辺＝右辺

(2) 余弦定理より

左辺 $= a(b\cos C - c\cos B)$
$= a\left(b\times\dfrac{a^2+b^2-c^2}{2ab} - c\times\dfrac{c^2+a^2-b^2}{2ca}\right)$
$= \dfrac{a^2+b^2-c^2-(c^2+a^2-b^2)}{2}$
$= b^2 - c^2 =$ 右辺

よって $a(b\cos C - c\cos B) = b^2 - c^2$

97 122 m

解き方 $B = 180° - (75° + 60°) = 45°$

正弦定理により $\dfrac{\mathrm{AB}}{\sin 60°} = \dfrac{100}{\sin 45°}$

よって $\mathrm{AB} = \dfrac{100\sin 60°}{\sin 45°} = 100\times\dfrac{\sqrt{3}}{2}\div\dfrac{\sqrt{2}}{2}$
$= 50\sqrt{6}$ ← $\sqrt{6} = 2.449\cdots$
$\fallingdotseq 122 \text{ (m)}$

98 424 m

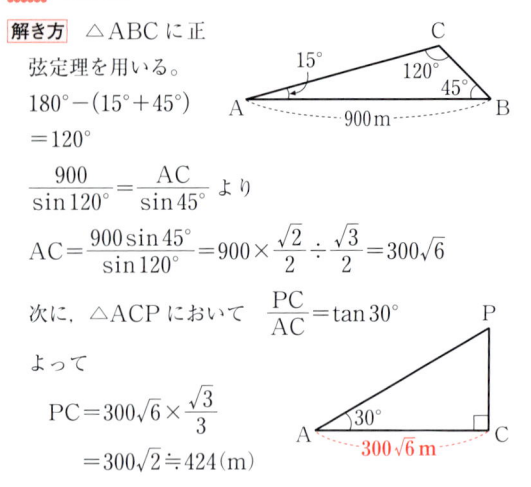

解き方 △ABC に正弦定理を用いる。
$180° - (15° + 45°) = 120°$

$\dfrac{900}{\sin 120°} = \dfrac{\mathrm{AC}}{\sin 45°}$ より

$\mathrm{AC} = \dfrac{900\sin 45°}{\sin 120°} = 900\times\dfrac{\sqrt{2}}{2}\div\dfrac{\sqrt{3}}{2} = 300\sqrt{6}$

次に，△ACP において $\dfrac{\mathrm{PC}}{\mathrm{AC}} = \tan 30°$

よって
$\mathrm{PC} = 300\sqrt{6}\times\dfrac{\sqrt{3}}{3}$
$= 300\sqrt{2} \fallingdotseq 424 \text{ (m)}$

99 $6\sqrt{3}$

解き方 △ABC の面積を S とすると
$S = \dfrac{1}{2}bc\sin A = \dfrac{1}{2}\cdot 4\cdot 6\sin 60°$
$= 12\times\dfrac{\sqrt{3}}{2} = 6\sqrt{3}$

100 (1) $S = 15\sqrt{3}$ (2) $r = \sqrt{3}, \ R = \dfrac{14\sqrt{3}}{3}$

解き方 (1) 余弦定理により
$\cos A = \dfrac{6^2 + 10^2 - 14^2}{2\cdot 6\cdot 10}$
$= -\dfrac{1}{2}$

$0° < A < 180°$ より $\sin A > 0$

よって $\sin A = \sqrt{1 - \left(-\dfrac{1}{2}\right)^2} = \dfrac{\sqrt{3}}{2}$

ゆえに $S = \dfrac{1}{2}\times 6\times 10\times\dfrac{\sqrt{3}}{2} = 15\sqrt{3}$

(2) $s = \dfrac{14 + 6 + 10}{2} = 15$

$S = rs$ より $15\sqrt{3} = r\cdot 15$ $r = \sqrt{3}$

正弦定理より $\dfrac{a}{\sin A} = 2R$

ゆえに $R = \dfrac{a}{2\sin A} = \dfrac{14}{\sqrt{3}} = \dfrac{14\sqrt{3}}{3}$

101 (1) $\angle BAD = 120°$　(2) $CD = 5$　(3) $\dfrac{55\sqrt{3}}{4}$

解き方　(1) $\angle BAD = \theta$ とおく。
△ABD で余弦定理を用いて
$7^2 = 3^2 + 5^2 - 2 \cdot 3 \cdot 5 \cos\theta$
$30\cos\theta = -15$　　$\cos\theta = -\dfrac{1}{2}$
$0° < \theta < 180°$ より　$\theta = 120°$

(2) $CD = x$ とおく。$\angle BCD = 60°$ だから　――180°−120°
$7^2 = 8^2 + x^2 - 2 \cdot 8 \cdot x \cos 60°$
$x^2 - 8x + 15 = 0$
$(x-3)(x-5) = 0$
$x = 3,\ 5$
AB < CD より　$x = 5$

(3) 四角形 ABCD = △ABD + △BCD
$= \dfrac{1}{2} \cdot 3 \cdot 5 \sin 120° + \dfrac{1}{2} \cdot 8 \cdot 5 \sin 60°$
$= \dfrac{15\sqrt{3}}{4} + \dfrac{40\sqrt{3}}{4} = \dfrac{55\sqrt{3}}{4}$

102 $\dfrac{\sqrt{2}}{3}a^3$

解き方　正八面体を，2つの正四角錐を底面ではり合わせたものと考えると，正四角錐の底面積は a^2，高さは $\dfrac{\sqrt{2}}{2}a$

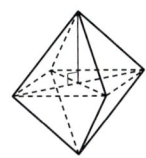

よって，正四角錐の体積は
$\dfrac{1}{3} \cdot a^2 \cdot \dfrac{\sqrt{2}}{2}a = \dfrac{\sqrt{2}}{6}a^3$

よって，正八面体の体積は
$\dfrac{\sqrt{2}}{6}a^3 \times 2 = \dfrac{\sqrt{2}}{3}a^3$

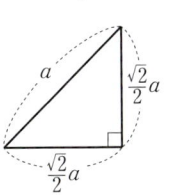

103　正弦定理より
$b = 2R\sin B,\ c = 2R\sin C$
これらを，$S = \dfrac{1}{2}bc\sin A$ に代入すると
$S = \dfrac{1}{2} \times 2R\sin B \times 2R\sin C \times \sin A$
$= 2R^2 \sin A \sin B \sin C$
よって　$S = 2R^2 \sin A \sin B \sin C$

定期テスト予想問題 の解答 —— 本冊→p.117〜118

① 15.3 m

解き方　$ED = x$ m とし，右の図のように点の記号を定める。
$\angle EGD = 45°$ であるから　$GD = x$ m

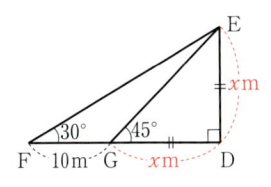

よって，△FDE で　$\tan 30° = \dfrac{x}{10+x}$

この式に，$\tan 30° = \dfrac{1}{\sqrt{3}}$ を代入すると

$\dfrac{1}{\sqrt{3}} = \dfrac{x}{10+x}$　　$10 + x = \sqrt{3}x$　　$(\sqrt{3}-1)x = 10$

よって　$x = \dfrac{10}{\sqrt{3}-1} = \dfrac{10(\sqrt{3}+1)}{3-1} = 5(\sqrt{3}+1)$
$= 5 \times (1.73+1) = 13.65 \to 13.7$

求める木の高さは　$13.7 + 1.6 = 15.3$ (m)

② (1) $\theta = 60°,\ 120°$
(2) $\theta = 150°$　　(3) $\theta = 30°$

解き方　次の図より。

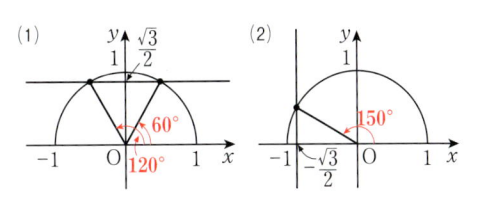

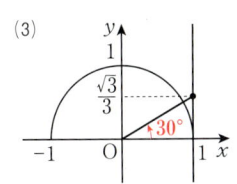

③ θ が鋭角のとき $\cos\theta = \dfrac{5}{7},\ \tan\theta = \dfrac{2\sqrt{6}}{5}$

θ が鈍角のとき $\cos\theta = -\dfrac{5}{7},\ \tan\theta = -\dfrac{2\sqrt{6}}{5}$

解き方　$\cos^2\theta = 1 - \sin^2\theta = 1 - \left(\dfrac{2\sqrt{6}}{7}\right)^2$
$= 1 - \dfrac{24}{49} = \dfrac{25}{49}$

本冊→p.112〜117 の解答　25

よって $\cos\theta=\pm\dfrac{5}{7}$

$\tan\theta=\dfrac{\sin\theta}{\cos\theta}=\dfrac{2\sqrt{6}}{7}\div\left(\pm\dfrac{5}{7}\right)=\pm\dfrac{2\sqrt{6}}{5}$ （複号同順）

❹ 3

解き方 $\dfrac{\sin\theta}{1+\cos\theta}+\dfrac{\sin\theta}{1-\cos\theta}$

$=\dfrac{\sin\theta(1-\cos\theta)+\sin\theta(1+\cos\theta)}{(1+\cos\theta)(1-\cos\theta)}$

$=\dfrac{2\sin\theta}{1-\cos^2\theta}=\dfrac{2\sin\theta}{\sin^2\theta}=\dfrac{2}{\sin\theta}=2\div\dfrac{2}{3}=3$

❺ (1) $\dfrac{3}{8}$　　　(2) $\dfrac{11}{16}$

解き方 (1) $\sin\theta-\cos\theta=\dfrac{1}{2}$ …①

の両辺を平方すると

$\sin^2\theta-2\sin\theta\cos\theta+\cos^2\theta=\dfrac{1}{4}$

$1-2\sin\theta\cos\theta=\dfrac{1}{4}$

よって $\sin\theta\cos\theta=\dfrac{1}{2}\left(1-\dfrac{1}{4}\right)=\dfrac{3}{8}$ …②

(2) $\sin^3\theta-\cos^3\theta$
$=(\sin\theta-\cos\theta)(\sin^2\theta+\sin\theta\cos\theta+\cos^2\theta)$
$=(\sin\theta-\cos\theta)(1+\sin\theta\cos\theta)$

よって ①，②より

$\sin^3\theta-\cos^3\theta=\dfrac{1}{2}\times\left(1+\dfrac{3}{8}\right)=\dfrac{11}{16}$

❻ 0

解き方 △ABCの外接円の半径を R とすると，正弦定理より

$\sin A=\dfrac{a}{2R}$, $\sin B=\dfrac{b}{2R}$, $\sin C=\dfrac{c}{2R}$

よって

$(b-c)\sin A+(c-a)\sin B+(a-b)\sin C$

$=(b-c)\times\dfrac{a}{2R}+(c-a)\times\dfrac{b}{2R}+(a-b)\times\dfrac{c}{2R}$

$=\dfrac{1}{2R}\{a(b-c)+b(c-a)+c(a-b)\}=0$

❼ (1) 90　　(2) 120　　(3) 50

解き方 (1) △ABCの外接円の半径を R とすると，正弦定理より

$\sin A=\dfrac{a}{2R}$, $\sin B=\dfrac{b}{2R}$, $\sin C=\dfrac{c}{2R}$

これを $\sin^2 A=\sin^2 B+\sin^2 C$ に代入して

$\dfrac{a^2}{4R^2}=\dfrac{b^2}{4R^2}+\dfrac{c^2}{4R^2}$　　よって　$a^2=b^2+c^2$

ゆえに　$A=90°$

(2) $a^2=b^2+c^2+bc$ に，余弦定理

$a^2=b^2+c^2-2bc\cos A$

を代入すると　$bc=-2bc\cos A$

$bc\neq 0$ より　$\cos A=-\dfrac{1}{2}$

$0°<A<180°$ であるから　$A=120°$

(3) 余弦定理により

$\cos A=\dfrac{b^2+c^2-a^2}{2bc}$, $\cos B=\dfrac{c^2+a^2-b^2}{2ca}$

これを $b\cos A=a\cos B$ に代入して

$b\times\dfrac{b^2+c^2-a^2}{2bc}=a\times\dfrac{c^2+a^2-b^2}{2ca}$

分母を払って整理すると　$b^2=a^2$

$b>0$, $a>0$ より　$b=a$

よって，△ABCはCA=BCの二等辺三角形。

よって $\angle A=\angle B$　　これと $C=80°$ から

$2A+80°=180°$　　よって　$A=50°$

❽ 52 m

解き方 △PABにおいて

$P=180°-(45°+75°)=60°$

正弦定理により

$\dfrac{\text{PB}}{\sin 45°}=\dfrac{90}{\sin 60°}$

$\text{PB}=\dfrac{90\sin 45°}{\sin 60°}$

$=90\times\dfrac{\sqrt{2}}{2}\div\dfrac{\sqrt{3}}{2}=30\sqrt{6}$

△PCBにおいて　$\dfrac{\text{PC}}{\text{BP}}=\sin 45°$

よって　$\text{PC}=30\sqrt{6}\cdot\dfrac{1}{\sqrt{2}}=30\sqrt{3}\fallingdotseq 52$ （m）

❾ (1) $\sin A = \dfrac{4}{5}$, $\cos A = \dfrac{3}{5}$

(2) $\dfrac{5\sqrt{2}}{2}$ (3) $3-\sqrt{2}$

解き方 (1) 余弦定理 $b^2 = c^2 + a^2 - 2ca\cos B$ に,
$c=7$, $a=4\sqrt{2}$, $B=45°$ を代入して
$$b^2 = 49 + 32 - 56\sqrt{2} \times \dfrac{1}{\sqrt{2}} = 25$$
$b>0$ だから $b=5$

正弦定理により $\dfrac{4\sqrt{2}}{\sin A} = \dfrac{5}{\sin 45°}$

$\sin A = \dfrac{4\sqrt{2}}{5} \times \dfrac{1}{\sqrt{2}} = \dfrac{4}{5}$

余弦定理により
$$\cos A = \dfrac{5^2 + 7^2 - (4\sqrt{2})^2}{2 \cdot 5 \cdot 7} = \dfrac{42}{70} = \dfrac{3}{5}$$

(2) △ABC の外接円の半径を R とすると,

正弦定理により $2R = \dfrac{5}{\sin 45°}$

$R = \dfrac{5}{2} \div \dfrac{1}{\sqrt{2}} = \dfrac{5\sqrt{2}}{2}$

(3) $s = \dfrac{4\sqrt{2}+5+7}{2} = 6+2\sqrt{2}$ とする。

△ABC の面積を S, 内接円の半径を r とすると
$$S = rs = (6+2\sqrt{2})r \quad \cdots ①$$
また, 三角形の面積の公式により
$$S = \dfrac{1}{2}ca\sin B = \dfrac{1}{2} \cdot 7 \cdot 4\sqrt{2}\sin 45° = 14 \quad \cdots ②$$
①, ②より $(6+2\sqrt{2})r = 14$

よって $r = \dfrac{7}{3+\sqrt{2}} = 3-\sqrt{2}$

(注意) △ABC の面積を S, 周の半分を s, 内接円の半径を r とすると, 次の公式が成り立つ。

$S = rs \left(\text{ただし, } s = \dfrac{a+b+c}{2}\right)$

❿ (1) $\dfrac{1}{11}$ (2) $\dfrac{\sqrt{3289}}{11}$ (3) $2\sqrt{30}$

解き方 (1) △ABD と△BCD から BD^2 を求める。
$$2^2 + 5^2 - 2\cdot 2\cdot 5\cos\theta$$
$$= 3^2 + 4^2 - 2\cdot 3\cdot 4\cos(180°-\theta)$$
$4 + 25 - 20\cos\theta = 9 + 16 + 24\cos\theta$
$44\cos\theta = 4$
$\cos\theta = \dfrac{1}{11}$

(2) $BD^2 = 2^2 + 5^2 - 2\cdot 2\cdot 5\cdot\dfrac{1}{11} = 29 - \dfrac{20}{11} = \dfrac{299}{11}$

よって $BD = \sqrt{\dfrac{299}{11}} = \dfrac{\sqrt{3289}}{11}$

(3) $\sin\theta = \sqrt{1-\cos^2\theta} = \sqrt{1-\left(\dfrac{1}{11}\right)^2} = \dfrac{2\sqrt{30}}{11}$

四角形 ABCD $=$ △ABD $+$ △BCD
$= \dfrac{1}{2}\cdot 2\cdot 5\sin\theta + \dfrac{1}{2}\cdot 3\cdot 4\sin(180°-\theta)$
$= 5 \times \dfrac{2\sqrt{30}}{11} + 6 \times \dfrac{2\sqrt{30}}{11}$
$= \dfrac{22\sqrt{30}}{11} = 2\sqrt{30}$

⓫ (1) 14 (2) $\dfrac{12}{7}$

解き方 (1) $DE = \sqrt{4^2+2^2} = 2\sqrt{5}$
$EB = \sqrt{2^2+6^2} = 2\sqrt{10}$
$BD = \sqrt{6^2+4^2} = 2\sqrt{13}$
∠BED $= \theta$ とおくと, 余弦定理により
$(2\sqrt{13})^2 = (2\sqrt{5})^2 + (2\sqrt{10})^2 - 2\cdot 2\sqrt{5}\cdot 2\sqrt{10}\cos\theta$
$\cos\theta = \dfrac{\sqrt{2}}{10}$ より $\sin\theta = \sqrt{1-\left(\dfrac{\sqrt{2}}{10}\right)^2} = \dfrac{7\sqrt{2}}{10}$
したがって
$$△DEB = \dfrac{1}{2} \times 2\sqrt{5} \times 2\sqrt{10} \times \dfrac{7\sqrt{2}}{10} = 14$$

(2) A から平面 DEB への垂線の長さを h とすると

三角錐 AEBD の体積 $= \dfrac{1}{3} \times 14 \times h \quad \cdots ①$

△ABD を底面, AE を高さとすると

三角錐 AEBD の体積 $= \dfrac{1}{3} \times \dfrac{1}{2} \times 4 \times 6 \times 2 \quad \cdots ②$

①, ②より $\dfrac{14}{3}h = 8$

よって $h = \dfrac{12}{7}$

4章 データの分析

類題 の解答　　　　　本冊→p. 124〜141

105 (1) 61 問

(2)

階級(問)	階級値	度数
0 以上 10 未満	5	0
10 〜 20	15	2
20 〜 30	25	3
30 〜 40	35	4
40 〜 50	45	5
50 〜 60	55	4
60 〜 70	65	7
70 〜 80	75	6
80 〜 90	85	5
90 〜 100	95	3
計		39

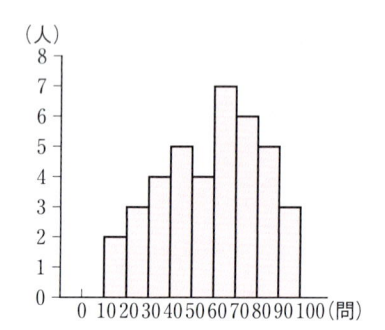

(3) 平均値…59.1 問　　最頻値…65 問

解き方 (1) データの個数が 39 個なので, 20 番目のデータになる。

(3) 平均値　$\dfrac{1}{39}(5 \times 0 + 15 \times 2 + 25 \times 3 + 35 \times 4$
$\qquad\qquad + 45 \times 5 + 55 \times 4 + 65 \times 7 + 75 \times 6$
$\qquad\qquad + 85 \times 5 + 95 \times 3)$
$= \dfrac{2305}{39} = 59.10\cdots \to 59.1$ 問

最頻値　最も度数が多い階級の階級値。

106 (1) 第 2 四分位数…7 点

第 1 四分位数…4 点

第 3 四分位数…8 点

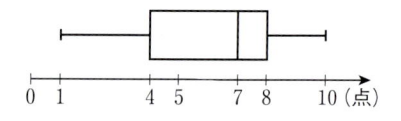

四分位偏差…2 点

解き方 $Q_2 =$ 中央値 (7 番目の得点)

$Q_1 = \dfrac{3+5}{2} = 4$ (点)　　$Q_3 = \dfrac{8+8}{2} = 8$ (点)

四分位偏差 $= \dfrac{Q_3 - Q_1}{2} = 2$ (点)

107 平均値…12　　分散…10

標準偏差…3.16

解き方

x	$x - \bar{x}$	$(x - \bar{x})^2$
8	−4	16
11	−1	1
14	2	4
17	5	25
9	−3	9
12	0	0
16	4	16
9	−3	9
計	96		80
平均値	12		10

平均値は表の影の部分, 分散は表の色の部分。
標準偏差 $= \sqrt{10} = 3.162\cdots \to 3.16$

108 平均値…30 点　　標準偏差…11.18 点

解き方

階級値 x	度数 f	xf	$x - \bar{x}$	$(x - \bar{x})^2$	$(x - \bar{x})^2 f$
5	1	5	−25	625	625
15	3	45	−15	225	675
25	5	125	−5	25	125
35	7	245	5	25	175
45	4	180	15	225	900
計	20	600		1125	2500
平均値		30			125

$\bar{x} = 600 \div 20 = 30$ (点)
$s^2 = 2500 \div 20 = 125$
$s = \sqrt{125} = 11.180\cdots \to 11.18$ (点)

110 (1) 弱い正の相関関係がある。

(2) **0.46**

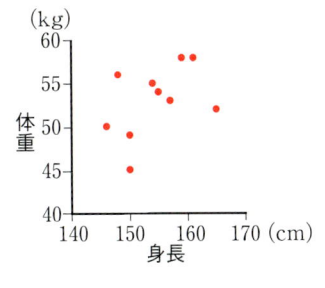

解き方 (2)

	x	$x-\bar{x}$	$(x-\bar{x})^2$	y	$y-\bar{y}$	$(y-\bar{y})^2$	$(x-\bar{x})(y-\bar{y})$
①	150	-4.5	20.25	45	-8	64	36
②	155	0.5	0.25	54	1	1	0.5
③	146	-8.5	72.25	50	-3	9	25.5
④	161	6.5	42.25	58	5	25	32.5
⑤	157	2.5	6.25	53	0	0	0
⑥	154	-0.5	0.25	55	2	4	-1
⑦	159	4.5	20.25	58	5	25	22.5
⑧	165	10.5	110.25	52	-1	1	-10.5
⑨	148	-6.5	42.25	56	3	9	-19.5
⑩	150	-4.5	20.25	49	-4	16	18
計	1545		334.5	530		154	104
平均値	154.5		33.45	53		15.4	10.4

$$r=\frac{s_{xy}}{s_x \cdot s_y}=\frac{10.4}{\sqrt{33.45}\sqrt{15.4}}=0.458\cdots \to 0.46$$

定期テスト予想問題 の解答 ― 本冊→p.142～144

1 (1) **66.5問**

(2), (4) 下の表

階級(問)	階級値	度数	相対度数
0 以上 10 未満	5	0	0.000
10 ～ 20	15	0	0.000
20 ～ 30	25	0	0.000
30 ～ 40	35	3	0.075
40 ～ 50	45	6	0.150
50 ～ 60	55	6	0.150
60 ～ 70	65	9	0.225
70 ～ 80	75	8	0.200
80 ～ 90	85	5	0.125
90 ～ 100	95	3	0.075
計		40	1.000

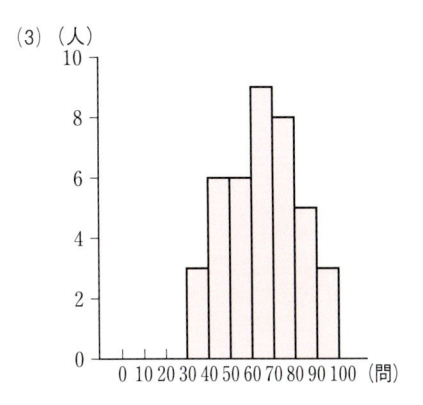

(3) (人) ヒストグラム

(5) 平均値…**65問**

最頻値…**65問**

(6) **13.5問**

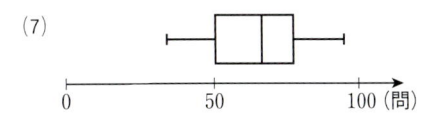

(7) 箱ひげ図

(8) **16.73問**

解き方 (1) 20番目のデータと21番目のデータの平均値。

(5) 平均値 (階級値×度数)の合計を40で割ればよい。

最頻値 最も度数が多い階級の階級値。

(6) 第1四分位数…50.5問

第3四分位数…77.5問

$$\frac{77.5-50.5}{2}=13.5(問)$$

(8)

階級値	f	$x-\bar{x}$	$(x-\bar{x})^2$	$(x-\bar{x})^2 f$
35	3	-30	900	2700
45	6	-20	400	2400
55	6	-10	100	600
65	9	0	0	0
75	8	10	100	800
85	5	20	400	2000
95	3	30	900	2700
計	40			11200
平均値				280

標準偏差 $\sqrt{280}=16.733\cdots \to 16.73$(問)

❷ (1) 野球部

(kg)
野球部の散布図（右手×左手）

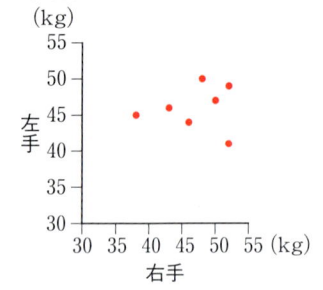

サッカー部

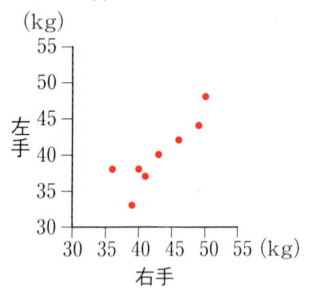

(kg)
サッカー部の散布図（右手×左手）

サッカー部の方が正の相関が強い。

(2) 野球部…**1.14**　　サッカー部…**17.5**

(3) 野球部…③　　サッカー部…⑤

解き方 (2), (3)

野球部

	x	$x-\bar{x}$	$(x-\bar{x})^2$	y	$y-\bar{y}$	$(y-\bar{y})^2$	$(x-\bar{x})(y-\bar{y})$
	52	5	25	49	3	9	15
	46	−1	1	44	−2	4	2
	48	1	1	50	4	16	4
	38	−9	81	45	−1	1	9
	50	3	9	47	1	1	3
	43	−4	16	46	0	0	0
	52	5	25	41	−5	25	−25
計	329		158	322		56	8
平均値	47			46			

共分散　$8 \div 7 = 1.142\cdots \to 1.14$

相関係数　$\dfrac{8 \div 7}{\sqrt{158 \div 7}\sqrt{56 \div 7}} = \dfrac{8}{\sqrt{158}\sqrt{56}}$

　　　　　$= \sqrt{\dfrac{8 \cdot 8}{158 \cdot 56}} = \sqrt{\dfrac{4}{79 \cdot 7}}$

　　　　　$= \sqrt{\dfrac{4}{553}} = \sqrt{0.00723\cdots}$

　　　　　$= \sqrt{72.3\cdots} \times 0.01$

$8 < \sqrt{72.3\cdots} < 9$ だから
$0.08 < \sqrt{0.00723\cdots} < 0.09$　　0 が最も近い。

サッカー部

	x	$x-\bar{x}$	$(x-\bar{x})^2$	y	$y-\bar{y}$	$(y-\bar{y})^2$	$(x-\bar{x})(y-\bar{y})$
	43	0	0	40	0	0	0
	50	7	49	48	8	64	56
	46	3	9	42	2	4	6
	39	−4	16	33	−7	49	28
	36	−7	49	38	−2	4	14
	40	−3	9	38	−2	4	6
	41	−2	4	37	−3	9	6
	49	6	36	44	4	16	24
計	344		172	320		150	140
平均値	43			40			

共分散　$140 \div 8 = 17.5$

相関係数　$\dfrac{140 \div 8}{\sqrt{172 \div 8}\sqrt{150 \div 8}} = \dfrac{140}{\sqrt{172}\sqrt{150}}$

　　　　　$= \sqrt{\dfrac{140 \cdot 140}{172 \cdot 150}} = \sqrt{\dfrac{98}{129}}$

　　　　　$= \sqrt{0.759\cdots} = \sqrt{75.9\cdots} \times 0.1$

$8 < \sqrt{75.9\cdots} < 9$ だから　$0.8 < \sqrt{0.759\cdots} < 0.9$

0.9 が最も近い。

相関係数を比べると，野球部は 0 に近く，サッカー部は 0.9 に近いことより，サッカー部の正の相関が強いことがわかる。

(注意) このようにすれば，電卓を使わなくても相関係数の近似をすることはできる。

❸ (1) 英語…**6 点**　　数学…**5 点**

(2)

	英語			数学			
	x	$x-\bar{x}$	$(x-\bar{x})^2$	y	$y-\bar{y}$	$(y-\bar{y})^2$	$(x-\bar{x})(y-\bar{y})$
a	3	−3	9	5	0	0	**0**
b	7	**1**	**1**	7	2	4	**2**
c	4	−2	4	4	−1	1	**2**
d	9	**3**	**9**	8	3	9	**9**
e	4	−2	4	2	−3	9	**6**
f	**6**	**0**	**0**	5	**0**	**0**	**0**
g	7	**1**	**1**	3	−2	4	**−2**
h	8	**2**	4	6	1	1	**2**
平均値	6		4	5		3.5	**2.375**
中央値	6.5			5			

(3) 英語

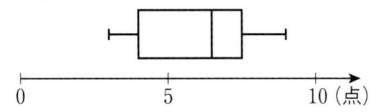

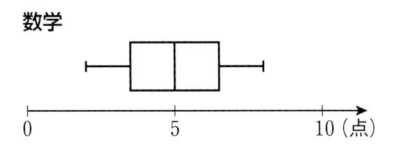

```
0         5        10 (点)
```

数学

```
0         5        10 (点)
```

(4) 英語…4　　数学…3.5　　共分散…2.375

(5) 英語…④　　数学…③

(6) ⑤

|解き方| (1) 英語 f を除いた7人の成績を，小さい方から順に並べると

　　3　4　4　7　7　8　9

中央値が6.5点だから，4番目と5番目の点数の和は13点。点数は隣り合うことを考慮すると，6点と7点が条件を満たす。よって，f の点数は6点。
　数学　$5 \times 8 - (5+7+4+8+2+3+6) = 5$(点)

(3) それぞれ，得点の小さい方から並べると
　英語　3　4　4　6　7　8　9
　数学　2　3　4　5　5　6　7　8
それぞれ，四分位数を求めて箱ひげ図をかく。

(4) (2)の表より読みとる。

(5) 英語　$\sqrt{4} = 2$
　数学　$\sqrt{3.5}$　　$1.7^2 = 2.89$
　　　　また，$1.9^2 = 3.61$ より　$1.7 < \sqrt{3.5} < 1.9$

(6) $\dfrac{2.375}{2 \times 1.9} < \dfrac{s_{xy}}{s_x \cdot s_y} < \dfrac{2.375}{2 \times 1.7}$

　　$0.625 < \dfrac{s_{xy}}{s_x \cdot s_y} < 0.698\cdots$

❹ (1) 117

(2) A…77　　B…40

(3) 13

(4) ④

(5) ④

(6) 読み…③　　書き取り…①

|解き方| (1) $58 \times 10 - (67+42+59+68+49+53+77+48)$
　　　　　$= 117$

(2) 得点のわかっている8人中，最高点は77点，最低点は42点で，その差は　$77-42 = 35$(点)
範囲が37点であることから，次の3つの場合が考えられる。
(i) 最高点が79点，最低点が42点のとき
　A は79点，B は $117-79 = 38$(点)となり，矛盾。
(ii) 最高点が78点，最低点が41点のとき
　A は78点，B は41点で，
　$78+41 = 119 \neq 117$(点)となり，矛盾。
(iii) 最高点が77点，最低点が40点のとき
　B は40点，A は $117-40 = 77$(点)となり，適する。

(3), (5)

番号	読み x	$x-\bar{x}$	$(x-\bar{x})^2$	書き取り y	$y-\bar{y}$	$(y-\bar{y})^2$	$(x-\bar{x})(y-\bar{y})$
1	67	9	81	72	8	64	72
2	42	-16	256	62	-2	4	32
3	59	1	1	64	0	0	0
4	68	10	100	76	12	144	120
5	49	-9	81	60	-4	16	36
6	53	-5	25	65	1	1	-5
7	77	19	361	64	0	0	0
8	48	-10	100	52	-12	144	120
9	77	19	361	70	6	36	114
10	40	-18	324	55	-9	81	162
平均値	58		169	64		49	65.1
標準偏差	C			7			

$\sqrt{169} = 13$(点)　…C

相関係数 $= \dfrac{65.1}{13 \times 7} = 0.71\cdots$

(6) 「読み」について
2人の平均は58点だから，平均値は変わらない。現在の最低点よりも低い点，最高点よりも高い点が増えるので，いずれも，現在のどの偏差の平方よりも大きい。したがって，偏差の平方の和の平均値(分散)は大きくなり，標準偏差も大きくなる。
　「書き取り」について
平均値と同じ点数が増えても，平均値はかわらない。偏差の平方の和は変わらないが，2人増えているので，その平均値(分散)が小さくなる。よって，標準偏差は小さくなる。

5章 場合の数と確率

類題 の解答 ──── 本冊→p.147〜209

111 (1) **47 個**　(2) **26 個**　(3) **54 個**

解き方 100 以上 200 以下の自然数は
$200-100+1=101$
3 で割り切れる数は
1〜99　$99÷3=33$　よって　33 個
1〜200　$200÷3=66$ 余り 2　よって　66 個
100〜200　$66-33=33$　よって　33 個
同様にして求めると，
5 で割り切れる数は 21 個
3 でも 5 でも割り切れる数は 7 個
(1) $33+21-7=47$(個)
(2) $33-7=26$(個)
(3) $101-47=54$(個)

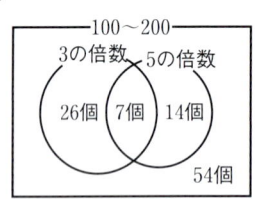

112 (1) **11 人**　(2) **4 人**

解き方 (1) 両方を利用している人の人数を x とすると
$(32-x)+x+(15-x)+4=40$
よって　$x=11$(人)
(2) $15-11=4$(人)

113 **1 通り**

解き方 z のとりうる値が 1, 2 であることに注目して解けばよい。
$z=2$ の場合　$x+2y=1$　これは不適
$z=1$ の場合　$x+2y=4$
これを満たす (x, y) は $(x, y)=(2, 1)$ のみ。

114 **4 通り**

解き方 10 円硬貨 x 枚，50 円硬貨 y 枚，100 円硬貨 z 枚とし，金額の高いものからできるだけ多くの枚数を使うと仮定して考える。
$\begin{cases} 10x+50y+100z=280 \\ x \geq 0,\ y \geq 0,\ z \geq 0 \\ x+y+z \leq 10 \cdots (*) \end{cases}$
を満たす (x, y, z) の組の数を求めればよい。

$z=2$ のとき　$10x+50y=80$
　$(x, y)=(3, 1),\ (8, 0)$
いずれも $(*)$ を満たす。
$z=1$ のとき　$10x+50y=180$
　$(x, y)=(3, 3),\ (8, 2),\ (13, 1),\ (18, 0)$
この中で $(*)$ を満たすものは $(3, 3)$ の 1 通り
$z=0$ のとき　$10x+50y=280$
　$(x, y)=(3, 5),\ (8, 4),\ (13, 3),$
　　　　　$(18, 2),\ (23, 1),\ (28, 0)$
この中で $(*)$ を満たすものは $(3, 5)$ の 1 通り
よって，全部で　$2+1+1=4$(通り)

115-1 **49 通り**

解き方 次の図のように，各地点に到達する道すじの数を，A に近いところから書き込んでいけばわかる。

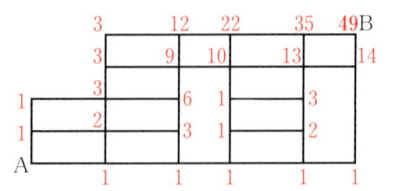

115-2 **12 通り**

解き方 図形が立体になっても方法は平面の場合と同じ。A に近い地点から到達する道すじの数を書き込む。

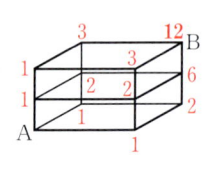

116 (1) **28 通り**　(2) **18 個**

解き方 **積の法則** により求める。
(1) $4×7=28$(通り)
(2) $2×3×3=18$(個)

117-1 順に，**45 個**, **65 個**

解き方 十の位　1, 2, 3, 4, 5, 6, 7, 8, 9
　　　　一の位　0, 1, 2, 3, 4, 5, 6, 7, 8, 9
よって，十の位の数は奇数が 5 個，偶数が 4 個，一の位の数は奇数，偶数ともに 5 個。
和が偶数となるのは，ともに偶数，またはともに奇数の場合。
　ともに偶数の場合　$4×5=20$(個)
　ともに奇数の場合　$5×5=25$(個)
よって　$20+25=45$(個)

（積が偶数の個数）＝全体－（積が奇数の個数）
積が奇数になるのは，ともに奇数の場合。
$\quad\quad 5 \times 5 = 25$（個）
全体は $\quad 9 \times 10 = 90$（個）
これより $\quad 90 - 25 = 65$（個）

117-2 15 通り

解き方 A－B－D の場合 $\quad 2 \times 3 = 6$（通り）
A－D の場合 $\quad$ 3 通り
A－C－D の場合 $\quad 3 \times 2 = 6$（通り）
よって $\quad 6 + 3 + 6 = 15$（個）

118-1 順に，18 個，12 個

解き方 $300 = 2^2 \cdot 3 \cdot 5^2$ と素因数分解できる。
よって，約数の個数は $\quad 3 \times 2 \times 3 = 18$（個）
偶数の約数は $2 \cdot 3^m \cdot 5^n$ か $2^2 \cdot 3^m \cdot 5^n$ の形となる。
それぞれ $2 \times 3 = 6$（個）ある。
よって $\quad 6 \times 2 = 12$（個）

118-2 順に，465，868

解き方 $200 = 2^3 \cdot 5^2$ と素因数分解できる。
約数の総和は $\quad (2^0 + 2^1 + 2^2 + 2^3)(5^0 + 5^1 + 5^2)$
$\quad\quad\quad\quad\quad\quad = 15 \times 31 = 465$
$300 = 2^2 \cdot 3 \cdot 5^2$ より，約数の総和は
$(2^0 + 2^1 + 2^2)(3^0 + 3^1)(5^0 + 5^1 + 5^2) = 7 \times 4 \times 31 = 868$

118-3 8 個

解き方 $120 = 2^3 \cdot 3 \cdot 5$，$200 = 2^3 \cdot 5^2$ より，
最大公約数は $\quad 2^3 \cdot 5$
よって，公約数は最大公約数の約数であることより，
その個数は $\quad 4 \times 2 = 8$（個）

119-1 (1) 360 個 (2) 144 個 (3) 120 個

解き方 (1) 奇数となるのは一の位の数が 1，3，5 の場合。それぞれの奇数について，残りの 5 つの数の並べ方が，$5! = 120$（通り）ある。
よって $\quad 3 \times 120 = 360$（個）
(2) 両端の奇数の並べ方は $\quad {}_3P_2 = 6$（通り）
それぞれの奇数の並べ方について，残り 4 つの数の並べ方が $4! = 24$（通り）ある。
よって $\quad 6 \times 24 = 144$（個）
(3) 5 の倍数となるのは一の位が 5 となる場合だから
$\quad 5! = 120$（個）

119-2 90 種類

解き方 乗車駅⇒降車駅とすれば，10 個の駅より 2 つ選んで並べると考えればよい。
$\quad {}_{10}P_2 = 10 \times 9 = 90$（種類）

120 (1) 1440 通り (2) 144 通り

解き方 (1) 2 番目と 7 番目の男子の選び方は，
$\quad {}_4P_2 = 12$（通り）
それぞれについて，残り 5 人の並び方は
$\quad 5! = 120$（通り）
よって $\quad 12 \times 120 = 1440$（通り）
(2) 1，3，5，7 番目が男子で，2，4，6 番目が女子になる。（1，3，5 番目を女子とすると，6，7 番目が男子となり，男女交互にならない。）
よって $\quad 4! \times 3! = 24 \times 6 = 144$（通り）

121-1 144 通り

解き方 8 人の中で，たとえば男子の**特定の 1 人に着目**する。この 1 人を A とすると，男女のすわり方は右の図のとおりとなる。（つまり，女男女男女男女と 1 列に並ぶのと同じである。）この A に対する男子の並び方は
$\quad 3! = 6$（通り）
女子は $\quad 4! = 24$（通り）
よって，全体では $\quad 6 \times 24 = 144$（通り）

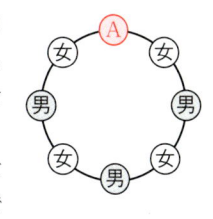

121-2 (1) 240 通り (2) 480 通り

解き方 (1) 女子 2 人をひとまとめにする。この女子 2 人に対する男子の並び方は $\quad 5! = 120$（通り）
女子 2 人の並び方は $\quad 2! = 2$（通り）
よって $\quad 2 \times 120 = 240$（通り）
(2) 7 人が円形に並ぶ方法は $\quad (7-1)! = 720$（通り）
よって $\quad 720 - 240 = 480$（通り）

122-1 (1) 192 個 (2) 96 個

解き方 (1) 千の位は 0 以外の 1，2，3 の 3 個，他の位は 0，1，2，3 の 4 個の数字が使用できる。
よって $\quad 3 \times 4 \times 4 \times 4 = 192$（個）

(2) 一の位が 0, 2 の 2 通りとなる。
   よって $3 \times 4 \times 4 \times 2 = 96$(個)

122-2 (1) **64 通り**   (2) **62 通り**

解き方 (1) ケーキ 1 個を 2 人のどちらかに配るから，配り方は 1 個につき 2 通り。
   よって $2^6 = 64$(通り)
(2) (全体)−(どちらか 1 人にすべてを分ける場合)
   下線部は 2 通り。
   よって $64 - 2 = 62$(通り)

122-3 **32 個**

解き方 1 つ 1 つの要素は，部分集合に入るか入らないかのいずれか。
   よって $2^5 = 32$(個)

123 (1) **525 通り**   (2) **1266 通り**
(3) **165 通り**   (4) **330 通り**

解き方 (1) 大人から 2 人，子供から 3 人選ぶ。
   $_6C_2 \times _7C_3 = 15 \times 35 = 525$(通り)
(2) (全体)−(大人が 1 人も選ばれない場合)
   $_{13}C_5 - _7C_5 = _{13}C_5 - _7C_2 = 1287 - 21 = 1266$(通り)
(3) A，B を除いた 11 人から 3 人を選べばよい。
   $_{11}C_3 = 165$(通り)
(4) A，B を除いた 11 人から 4 人を選べばよい。
   $_{11}C_4 = 330$(通り)

124 (1) **9 通り**   (2) **2 通り**   (3) **44 通り**

解き方 (1) 樹形図をかく。

(前) 1 2 3 4 5

(後) $1-4\begin{cases}2-5-4\\3\begin{cases}4-5-2\\5-2-4\end{cases}\\2-5-3\\4\begin{cases}2-3\\5\begin{cases}2-3\\3-2\end{cases}\end{cases}\\5\begin{cases}2-3-4\\4\begin{cases}2-3\\3-2\end{cases}\end{cases}\end{cases}$

よって   9 通り

(2) 樹形図をかく。
(前) 1 2 3 4 5
(後) $1-2\begin{cases}4-5-3\\5-3-4\end{cases}$
よって   2 通り
(3) 5 つの数字のうち，一致する数字の個数で分類すると，
(i) 5 個   (ii) 3 個   (iii) 2 個   (iv) 1 個   (v) 0 個
となり，求めるのは(v)の場合。
(i)〜(iv)，それぞれ場合の数は
(i) 1 通り
(ii) 一致する 3 個の数の選び方は
   $_5C_3 = 10$(通り)
   それぞれ，残りの 2 個が入れ替わる場合の 1 通りしかない。よって   10 通り
(iii) (2)を利用する。一致する 2 個の数の選び方は
   $_5C_2 = 10$(通り)   よって $10 \times 2 = 20$(通り)
(iv) (1)を利用する。一致する 1 個の数の選び方は
   $_5C_1 = 5$(通り)   よって $5 \times 9 = 45$(通り)
すべての場合の数は $5! = 120$(通り)
よって $120 - (1 + 10 + 20 + 45) = 44$(通り)

125 順に，**35 個**, **7 個**

解き方 $_7C_3 = 35$(個)
次に，正七角形と 2 辺を共有する三角形は 7(個)
1 辺のみを共有する三角形は各辺につき 3 個だから
   $7 \times 3 = 21$(個)
辺を共有しない三角形は $35 - (7 + 21) = 7$(個)

126 (1) **28 通り**   (2) **70 通り**   (3) **35 通り**
(4) **105 通り**   (5) **280 通り**

解き方 (1) 2 人選べば残りは 6 人の組になる。
   よって $_8C_2 = 28$(通り)
(2) A の組に入れる 4 人を選べば，残り 4 人は B。
   よって $_8C_4 = 70$(通り)
(3) (2)で A，B の区別がないから
   $\dfrac{_8C_4}{2!} = 35$(通り)
(別解) ある特定の 1 人を決め，その人と同じ組になる 3 人を 7 人の中から選ぶ。
   $_7C_3 = 35$(通り)

(4) $\dfrac{{}_8C_2 \times {}_6C_2 \times {}_4C_2}{4!} = \dfrac{28 \times 15 \times 6}{4 \cdot 3 \cdot 2 \cdot 1} = 105$(通り)

(5) $\dfrac{{}_8C_3 \times {}_5C_3}{2!} = \dfrac{56 \times 10}{2 \cdot 1} = 280$(通り)

127 (1) **3360個**　　(2) **560個**

解き方 (1) 横1列に並んでいる8個の箱に，8個の数字を入れると考える。

3個の2の入れ方は ${}_8C_3$(通り)，まず2を入れた後，残り5つの箱への2個の3の入れ方は ${}_5C_2$(通り)となる。

よって　${}_8C_3 \times {}_5C_2 \times 3! = 56 \times 10 \times 6 = 3360$(個)

(2) 2と3を入れると3つの箱が残り，5, 6, 7の入れ方は1通り。

よって　${}_8C_3 \times {}_5C_2 = 560$(個)

(別解) 5, 6, 7の順序が決まっているので，同じ数字とみて，2が3個，3が2個，5が3個の順列と考えると

$\dfrac{8!}{3!2!3!} = 560$(個)

128 (1) **40通り**　　(2) **96通り**

解き方 (1) A→Pの行き方　${}_5C_3 = 10$(通り)
P→Bの行き方　${}_4C_1 = 4$(通り)
よって　$10 \times 4 = 40$(通り)

(2) A→Bの行き方　${}_9C_4 = 126$(通り)
A→P→Q→Bの行き方　${}_5C_3 \times {}_3C_1 = 30$(通り)
区間PQが通れない場合は　$126 - 30 = 96$(通り)

129 **45通り**

解き方　3種類の果物から重複を許して8個とる組合せ。

${}_{n+r-1}C_r$ の公式を使って

${}_{3+8-1}C_8 = {}_{10}C_8 = {}_{10}C_2 = \dfrac{10 \cdot 9}{2 \cdot 1} = 45$(通り)

130 (1) $\dfrac{1}{216}$　　(2) $\dfrac{1}{36}$　　(3) $\dfrac{5}{72}$

(4) $\dfrac{7}{8}$　　(5) $\dfrac{3}{8}$

解き方 (1) $\dfrac{1}{6^3} = \dfrac{1}{216}$

(2) $\dfrac{6}{6^3} = \dfrac{1}{36}$

(3) 和が7になる目の出方は

3つのうち，2つの目が等しい

(5, 1, 1), (3, 3, 1), (3, 2, 2)

それぞれ　${}_3C_1 = 3$(通り)

3つとも異なる目　(4, 2, 1)　　$3! = 6$(通り)

よって，確率は　$\dfrac{3 \times 3 + 6}{216} = \dfrac{5}{72}$

(4) 積が奇数となるのはすべて奇数の目が出るときだから，場合の数は　$3^3 = 27$(通り)

積が偶数となる場合の数は　$6^3 - 27 = 189$(通り)

よって，確率は　$\dfrac{189}{216} = \dfrac{7}{8}$

(5) 偶数の目が出るさいころの選び方は3通り，偶数の目は3通り，奇数の目も3通りあるから，求める場合の数は　$3 \times 3 \times 3^2 = 81$(通り)

よって，確率は　$\dfrac{81}{216} = \dfrac{3}{8}$

131 (1) $\dfrac{1}{4}$　　(2) $\dfrac{1}{4}$

解き方　全体の場合の数は　$4!$(通り)

(1) Aが第1走者になるのは，他の3人が第2, 3, 4走者のいずれかになる場合なので，場合の数は

$3!$(通り)　　よって，確率は　$\dfrac{3!}{4!} = \dfrac{1}{4}$

(2) AがBにバトンを渡すということは，A, Bがこの順に走る場合。この2人を1組に考えると，求める場合の数は　$3!$(通り)

よって，確率は　$\dfrac{3!}{4!} = \dfrac{1}{4}$

132-1 $\dfrac{14}{33}$

解き方　全体の場合の数は　${}_{12}C_4$(通り)

赤球が2個，白球が2個となる場合の数は

${}_5C_2 \times {}_7C_2$(通り)

よって，確率は　$\dfrac{{}_5C_2 \times {}_7C_2}{{}_{12}C_4} = \dfrac{10 \times 21}{495} = \dfrac{14}{33}$

132-2 (1) $\dfrac{1}{165}$　　(2) $\dfrac{8}{55}$

解き方　全体の場合の数は　${}_{11}C_3$(通り)

(1) 3人とも男子が選ばれる場合の数は1通り

よって，確率は　$\dfrac{1}{{}_{11}C_3} = \dfrac{1}{165}$

(2) 男子2人，女子1人の選び方は ${}_3C_2 \times {}_8C_1$(通り)

よって，確率は $\dfrac{{}_3C_2 \times {}_8C_1}{{}_{11}C_3} = \dfrac{3 \times 8}{165} = \dfrac{8}{55}$

133 (1) $\dfrac{1}{22}$ (2) $\dfrac{21}{55}$ (3) $\dfrac{28}{55}$

解き方 (1) 全体の場合の数は ${}_{12}C_2$(通り)

2本とも当たる場合の数は ${}_3C_2$(通り)

よって，確率は $\dfrac{{}_3C_2}{{}_{12}C_2} = \dfrac{3}{66} = \dfrac{1}{22}$

(2) 全体の場合の数は ${}_{12}C_3$(通り)

3本ともはずれる場合の数は ${}_{12-3}C_3 = {}_9C_3$(通り)

よって，確率は $\dfrac{{}_9C_3}{{}_{12}C_3} = \dfrac{84}{220} = \dfrac{21}{55}$

(3) 全体の場合の数は ${}_{12}C_4$(通り)

1本当たり，3本はずれる場合の数は
$\quad {}_3C_1 \times {}_9C_3$(通り)

よって，確率は $\dfrac{{}_3C_1 \times {}_9C_3}{{}_{12}C_4} = \dfrac{3 \times 84}{495} = \dfrac{28}{55}$

134-1 $\dfrac{3}{7}$

解き方 全体の場合の数は ${}_7C_2$(通り)

白球2個となる場合の数は ${}_4C_2$(通り)

赤球2個となる場合の数は ${}_3C_2$(通り)

よって，確率は $\dfrac{{}_4C_2 + {}_3C_2}{{}_7C_2} = \dfrac{6+3}{21} = \dfrac{9}{21} = \dfrac{3}{7}$

134-2 $\dfrac{1}{2}$

解き方 全体の場合の数は 2^5(通り)

表が3枚となる場合の数は ${}_5C_3 = {}_5C_2$(通り)

表が4枚となる場合の数は ${}_5C_4 = {}_5C_1$(通り)

表が5枚となる場合の数は 1通り

よって，確率は

$\dfrac{{}_5C_2 + {}_5C_1 + 1}{2^5} = \dfrac{10+5+1}{32} = \dfrac{16}{32} = \dfrac{1}{2}$

134-3 (1) $\dfrac{1}{2}$ (2) $\dfrac{1}{2}$

解き方 (1) 全体の場合の数は 6^2(通り)

2つのさいころの目の和が偶数になるのは，

2つとも偶数の目が出る場合の数は 3^2(通り)

2つとも奇数の目が出る場合の数は 3^2(通り)

よって，確率は $\dfrac{3^2 + 3^2}{6^2} = \dfrac{9+9}{36} = \dfrac{18}{36} = \dfrac{1}{2}$

(2) 全体の場合の数は 6^3(通り)

3つのさいころの目の和が偶数になる場合の数は
すべての偶数の目が出る場合の数が 3^3(通り)
偶数の目が1つと奇数の目が2つ出る場合の数は
偶数の目が出る1個の選び方が3通り。
それぞれの目の出方が3通りずつで 3^3(通り)
したがって 3×3^3(通り)

よって，確率は $\dfrac{3^3 + 3^4}{6^3} = \dfrac{27+81}{216} = \dfrac{108}{216} = \dfrac{1}{2}$

136 (1) $\dfrac{8}{105}$ (2) $\dfrac{2}{15}$

解き方 全体の場合の数は ${}_{10}P_4$(通り)

(1) 4球とも白になる場合の数は ${}_6P_4$(通り)

4球とも赤になる場合の数は $4!$(通り)

よって，確率は

$\dfrac{{}_6P_4 + 4!}{{}_{10}P_4} = \dfrac{360+24}{5040} = \dfrac{384}{5040} = \dfrac{8}{105}$

(2) 1番目と4番目が赤となる場合の数は
$\quad {}_4P_2$(通り)

残り8個を2番目と3番目に並べる場合の数は
$\quad {}_8P_2$(通り)

よって，確率は

$\dfrac{{}_4P_2 \times {}_8P_2}{{}_{10}P_4} = \dfrac{672}{5040} = \dfrac{2}{15}$

137 (1) $\dfrac{4}{27}$ (2) $\dfrac{2}{9}$ (3) $\dfrac{13}{27}$

解き方 全体の場合の数は 3^4(通り)

(1) 勝つ1人の選び方は ${}_4C_1$(通り)

その人が何を出して勝つかは，グー，チョキ，パーで，計3通り。

そのとき，残りの3人は同じものを出して負けており，それは1通り。

よって，確率は $\dfrac{{}_4C_1 \times 3}{3^4} = \dfrac{4}{27}$

(2) 勝つ2人の選び方は ${}_4C_2$(通り)

何を出して勝つかは3通り

そのとき，残りの2人は同じものを出して負けてお

り，それは1通り

よって，確率は $\dfrac{{}_4C_2 \times 3}{3^4} = \dfrac{6}{27} = \dfrac{2}{9}$

(3) あいこになる場合の数は

4人とも同じものを出す場合の数　3通り

2人が同じものを出し，残り2人がそれぞれ別のものを出す場合の数は

　同じものを出す2人の選び方が　${}_4C_2$(通り)

　この2人が出すものと，残りの1人ずつが出すものはそれぞれ違い，その選び方は　$3!$(通り)

よって　${}_4C_2 \times 3!$(通り)

したがって，確率は

$\dfrac{3 + {}_4C_2 \times 3!}{3^4} = \dfrac{3 + 6 \times 6}{81} = \dfrac{39}{81} = \dfrac{13}{27}$

138-1 $\dfrac{31}{32}$

解き方 全体の場合の数は　2^5(通り)

すべて裏が出る場合の数は　1通り

求める確率は　$1 - \dfrac{1}{2^5} = 1 - \dfrac{1}{32} = \dfrac{31}{32}$

138-2 $\dfrac{7}{8}$

解き方 全体の場合の数は　6^3(通り)

出る目の積が奇数になるのは　3^3(通り)

求める確率は　$1 - \dfrac{3^3}{6^3} = 1 - \dfrac{1}{8} = \dfrac{7}{8}$

138-3 $\dfrac{34}{55}$

解き方 全体の場合の数は　${}_{12}C_3$(通り)

白球が取り出されない場合の数は　${}_9C_3$(通り)

求める確率は　$1 - \dfrac{{}_9C_3}{{}_{12}C_3} = 1 - \dfrac{84}{220} = 1 - \dfrac{21}{55} = \dfrac{34}{55}$

139 $\dfrac{9}{20}$

解き方 両方から白球が取り出される確率は

$\dfrac{7}{10} \times \dfrac{3}{8} = \dfrac{21}{80}$

両方から黒球が取り出される確率は

$\dfrac{3}{10} \times \dfrac{5}{8} = \dfrac{15}{80}$

求める確率は　$\dfrac{21}{80} + \dfrac{15}{80} = \dfrac{9}{20}$

(**別解**) 基本例題139より，異なる色の球が取り出される確率が $\dfrac{11}{20}$ とわかっているので，余事象の確率より　$1 - \dfrac{11}{20} = \dfrac{9}{20}$

140 0.883

解き方 3人とも成功する確率は

$0.85 \times 0.8 \times 0.7 = 0.476$

2人だけ成功する確率は

$(1-0.85) \times 0.8 \times 0.7 + 0.85 \times (1-0.8) \times 0.7$
$+ 0.85 \times 0.8 \times (1-0.7) = 0.407$

求める確率は　$0.476 + 0.407 = 0.883$

(**注意**) 各確率を，$0.85 = \dfrac{17}{20}$，$0.8 = \dfrac{4}{5}$，$0.7 = \dfrac{7}{10}$ と分数に直して計算してもよい。

141 順に，$\dfrac{19}{216}$，$\dfrac{37}{216}$

解き方 3つのさいころすべてに3以下の目が出る確率は $\left(\dfrac{3}{6}\right)^3$

すべて2以下の目が出る確率は　$\left(\dfrac{2}{6}\right)^3$

よって最大値が3である確率は

$\left(\dfrac{3}{6}\right)^3 - \left(\dfrac{2}{6}\right)^3 = \dfrac{19}{216}$

3つのさいころすべてに3以上の目が出る確率は

$\left(\dfrac{4}{6}\right)^3$

すべて4以上の目が出る確率は　$\left(\dfrac{3}{6}\right)^3$

よって最小値が3である確率は

$\left(\dfrac{4}{6}\right)^3 - \left(\dfrac{3}{6}\right)^3 = \dfrac{37}{216}$

142 (1) $\dfrac{5}{324}$　(2) $\dfrac{3}{8}$　(3) $\dfrac{65}{81}$

解き方 (1) ${}_4C_3 \cdot \left(\dfrac{1}{6}\right)^3 \cdot \dfrac{5}{6} = \dfrac{5}{324}$

(2) ${}_4C_2 \cdot \left(\dfrac{3}{6}\right)^2 \cdot \left(\dfrac{3}{6}\right)^2 = \dfrac{3}{8}$

(3) 3の倍数の目が全く出ない確率は $\left(\dfrac{4}{6}\right)^4$

求める確率は $1-\left(\dfrac{4}{6}\right)^4 = \dfrac{65}{81}$

143 (1) $\dfrac{1}{2}$　　(2) $\dfrac{65}{648}$

解き方 (1) 赤球が3回出る確率は

$${}_5C_3 \cdot \left(\dfrac{3}{6}\right)^3 \cdot \left(\dfrac{3}{6}\right)^2 = \dfrac{5}{16}$$

赤球が4回出る確率は　${}_5C_4 \cdot \left(\dfrac{3}{6}\right)^4 \cdot \dfrac{3}{6} = \dfrac{5}{32}$

赤球が5回出る確率は　$\left(\dfrac{3}{6}\right)^5 = \dfrac{1}{32}$

求める確率は　$\dfrac{5}{16} + \dfrac{5}{32} + \dfrac{1}{32} = \dfrac{1}{2}$

(2) すべて赤球と青球が出る確率は　$\left(\dfrac{4}{6}\right)^5$

すべて赤球である確率は　$\left(\dfrac{3}{6}\right)^5$

すべて青球である確率は　$\left(\dfrac{1}{6}\right)^5$

求める確率は　$\left(\dfrac{4}{6}\right)^5 - \left\{\left(\dfrac{3}{6}\right)^5 + \left(\dfrac{1}{6}\right)^5\right\} = \dfrac{65}{648}$

144 $\dfrac{112}{625}$

解き方 1人ずつ4回選ぶと考える。

4人ともA型である確率は　$\left(\dfrac{2}{5}\right)^4 = \dfrac{16}{625}$

3人がA型である確率は　${}_4C_3 \cdot \left(\dfrac{2}{5}\right)^3 \cdot \dfrac{3}{5} = \dfrac{96}{625}$

求める確率は　$\dfrac{16}{625} + \dfrac{96}{625} = \dfrac{112}{625}$

145 $\dfrac{25}{1296}$

解き方 はじめの4回のうちに1が2回出て,5回目に1が出ればよい。

$${}_4C_2 \cdot \left(\dfrac{1}{6}\right)^2 \cdot \left(\dfrac{5}{6}\right)^2 \cdot \dfrac{1}{6} = \dfrac{25}{1296}$$

146 $\dfrac{32}{81}$

解き方 2以下の目がx回,3以上の目がy回出たとする。

4回投げたから　$x+y=4$　…①

-1にあるから　$2x-y=-1$　…②

①,②より　$x=1$,$y=3$

したがって,2以下の目が1回,3以上の目が3回出ればよい。

求める確率は　${}_4C_1 \cdot \dfrac{2}{6} \cdot \left(\dfrac{4}{6}\right)^3 = \dfrac{32}{81}$

147 $\dfrac{41}{81}$

解き方 3の倍数の目がx回,その他の目がy回出たとすると,4回投げたから　$x+y=4$

一方,小石の進む量は$3x+y$で表せる。

1周する場合　$3x+y=4$

　このとき　$x=0$,$y=4$　確率は　$\left(\dfrac{4}{6}\right)^4 = \dfrac{16}{81}$

2周する場合　$3x+y=8$

　このとき　$x=2$,$y=2$

　確率は　${}_4C_2 \cdot \left(\dfrac{2}{6}\right)^2 \cdot \left(\dfrac{4}{6}\right)^2 = \dfrac{24}{81}$

3周する場合　$3x+y=12$

　このとき　$x=4$,$y=0$　確率は　$\left(\dfrac{2}{6}\right)^4 = \dfrac{1}{81}$

求める確率は　$\dfrac{16}{81} + \dfrac{24}{81} + \dfrac{1}{81} = \dfrac{41}{81}$

148 (1) $\dfrac{2}{7}$　　(2) $\dfrac{1}{5}$　　(3) $\dfrac{2}{3}$

解き方 $A=\{2, 4, 6, 8, 10, 12, 14\}$,

$B=\{3, 6, 9, 12, 15\}$, $C=\{5, 10, 15\}$

(1) $A \cap B = \{6, 12\}$,

$n(A \cap B) = 2$, $n(A) = 7$

よって　$P_A(B) = \dfrac{n(A \cap B)}{n(A)} = \dfrac{2}{7}$

(2) $B \cap C = \{15\}$,

$n(B \cap C) = 1$, $n(B) = 5$

よって　$P_B(C) = \dfrac{n(B \cap C)}{n(B)} = \dfrac{1}{5}$

(3) $\overline{A} = \{1, 3, 5, 7, 9, 11, 13, 15\}$,

$C \cap \overline{A} = \{5, 15\}$,

$n(C \cap \overline{A}) = 2$, $n(C) = 3$

よって　$P_C(\overline{A}) = \dfrac{n(C \cap \overline{A})}{n(C)} = \dfrac{2}{3}$

149-1 白球が増える場合 $\dfrac{2}{21}$, 減る場合 $\dfrac{8}{21}$

解き方 a の袋の中の白球が増える場合は，a の袋から赤球を取り出し，b の袋から白球を取り出す場合であるから，白球が増える確率は

$$P(\overline{A}\cap B)=P(\overline{A})\cdot P_{\overline{A}}(B)=\dfrac{2}{6}\times\dfrac{2}{7}=\dfrac{2}{21}$$

a の袋の中の白球が減る場合は，a の袋から白球を取り出し，b の袋から赤球を取り出す場合であるから，白球が減る確率は

$$P(A\cap\overline{B})=P(A)\cdot P_A(\overline{B})=\dfrac{4}{6}\times\dfrac{4}{7}=\dfrac{8}{21}$$

149-2 $\dfrac{17}{30}$

解き方 a の袋から赤球を取り出す事象を A，b の袋から赤球を取り出す事象を B とすると

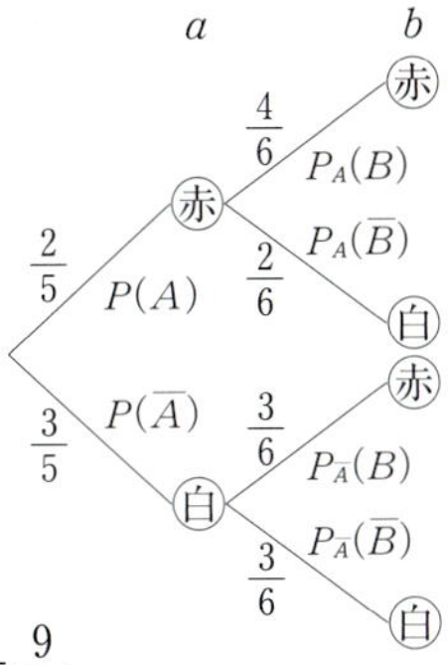

$P(A\cap B)$
$=P(A)\cdot P_A(B)$
$=\dfrac{2}{5}\times\dfrac{4}{6}=\dfrac{8}{30}$

$P(\overline{A}\cap B)$
$=P(\overline{A})\cdot P_{\overline{A}}(B)=\dfrac{3}{5}\times\dfrac{3}{6}=\dfrac{9}{30}$

取り出した球が赤球である確率は

$$P(A\cap B)+P(\overline{A}\cap B)=\dfrac{8}{30}+\dfrac{9}{30}=\dfrac{17}{30}$$

150 (1) $\dfrac{2}{5}$ (2) $\dfrac{3}{5}$

解き方 1回目に赤球を取り出す事象を A，2回目に赤球を取り出す事象を B とする。

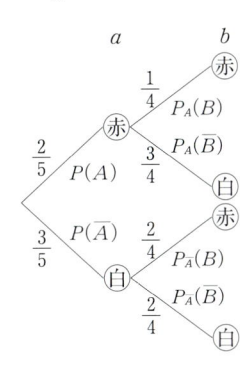

(1) 2回目が赤球である確率は

$P(A\cap B)+P(\overline{A}\cap B)$
$=P(A)\cdot P_A(B)$
$\quad +P(\overline{A})\cdot P_{\overline{A}}(B)$
$=\dfrac{2}{5}\times\dfrac{1}{4}+\dfrac{3}{5}\times\dfrac{2}{4}=\dfrac{2}{5}$

(2) 球の色が異なる確率は

$P(A\cap\overline{B})+P(\overline{A}\cap B)$
$=P(A)\cdot P_A(\overline{B})+P(\overline{A})\cdot P_{\overline{A}}(B)$
$=\dfrac{2}{5}\times\dfrac{3}{4}+\dfrac{3}{5}\times\dfrac{2}{4}=\dfrac{3}{5}$

151 $\dfrac{2}{3}$

解き方 a の面を赤1，赤2，b の面を赤3，白1，c の面を白2，白3とし，カードの面の出方を (上，下) = (赤1，赤2) のように表すことにする。
全事象は
{(赤1, 赤2), (赤2, 赤1), (赤3, 白1),
 (白1, 赤3), (白2, 白3), (白3, 白2)}

上の面が白である事象を A，下の面が白である事象を B とすると，$A\cap B$ は両面とも白である事象であるから

$$P(A)=\dfrac{3}{6},\quad P(A\cap B)=\dfrac{2}{6}$$

よって $P_A(B)=\dfrac{P(A\cap B)}{P(A)}=\dfrac{2}{6}\div\dfrac{3}{6}=\dfrac{2}{3}$

(別解) 上の面が白のとき，それは，
　(白1, 赤3), (白2, 白3), (白3, 白2)
の3つの場合に限られる。このうち，下の面も白であるのは2通りであるから，求める確率は
$\dfrac{2}{3}$

152 (1) $\dfrac{23}{42}$ (2) $\dfrac{9}{23}$

解き方 袋 a から取り出される事象を A，赤球が取り出される事象を B とすると，袋 b から取り出される事象は $\overline{A}$，白球が取り出される事象は $\overline{B}$ となる。全体は右の表のようになり，横の計 $p+q$ も，縦の計 $r+s$ も 1 になる。このとき，袋 a，b はでたらめに選ぶので，$P(A)=P(\overline{A})=\dfrac{1}{2}$ と考えてよい。

A＼B	B	$\overline{B}$	計
A	$A\cap B$	$A\cap\overline{B}$	p
$\overline{A}$	$\overline{A}\cap B$	$\overline{A}\cap\overline{B}$	q
計	r	s	1

(1) 赤球が取り出される確率 $P(B)$ は，
袋 a から赤球が取り出される確率 $P(A \cap B)$ は
$$P(A \cap B) = \frac{1}{2} \times \frac{3}{7} = \frac{3}{14}$$
袋 b から赤球が取り出される確率 $P(\overline{A} \cap B)$ は
$$P(\overline{A} \cap B) = \frac{1}{2} \times \frac{2}{3} = \frac{1}{3}$$
これらは排反であるから
$$P(B) = P(A \cap B) + P(\overline{A} \cap B)$$
$$= \frac{3}{14} + \frac{1}{3} = \frac{23}{42}$$

(2) 赤球が取り出されたとき，それが袋 a の球である確率は
$$P_B(A) = \frac{P(B \cap A)}{P(B)} = \frac{3}{14} \div \frac{23}{42} = \frac{9}{23}$$

153 (1) 事象 A と B は独立
(2) 事象 B と C は従属

解き方 $A = \{1, 3, 5\}$，$B = \{3, 4, 5, 6\}$，$C = \{1, 2, 3, 4\}$
$$P(A) = \frac{3}{6} = \frac{1}{2}, \quad P(B) = \frac{4}{6} = \frac{2}{3}, \quad P(C) = \frac{4}{6} = \frac{2}{3}$$

(1) $A \cap B = \{3, 5\}$，$P(A \cap B) = \frac{2}{6} = \frac{1}{3}$
$$P(A) \cdot P(B) = \frac{1}{2} \times \frac{2}{3} = \frac{1}{3}$$
よって
$$P(A \cap B) = P(A) \cdot P(B) \iff A \text{ と } B \text{ は独立}$$

(2) $B \cap C = \{3, 4\}$，$P(B \cap C) = \frac{2}{6} = \frac{1}{3}$
$$P(B) \cdot P(C) = \frac{2}{3} \times \frac{2}{3} = \frac{4}{9}$$
よって
$$P(B \cap C) \neq P(B) \cdot P(C) \iff B \text{ と } C \text{ は従属}$$

154-1 (1) $\frac{1}{12}$ (2) $\frac{1}{9}$ (3) $\frac{7}{9}$

解き方 (1) 事象 $A \cap \overline{B}$ は，事象 A であって $A \cap B$ でない事象であるから
$$P(A \cap B) = P(A) - P(A \cap \overline{B})$$
$$= \frac{3}{4} - \frac{2}{3} = \frac{1}{12}$$

(2) 事象 A と B は独立であるから
$$P(A \cap B) = P(A) \cdot P(B)$$
よって $P(B) = \frac{P(A \cap B)}{P(A)} = \frac{1}{12} \div \frac{3}{4} = \frac{1}{9}$

(3) $P(A \cup B) = P(A) + P(B) - P(A \cap B)$
$$= \frac{3}{4} + \frac{1}{9} - \frac{1}{12} = \frac{7}{9}$$

154-2 独立でない（従属である）

解き方 事象 $\overline{A} \cap B$ は，事象 B であって $A \cap B$ でない事象であるから
$$P(A \cap B) = P(B) - P(\overline{A} \cap B)$$
$$= \frac{2}{3} - \frac{1}{4} = \frac{5}{12}$$
$$P(A) \cdot P(B) = \frac{1}{4} \cdot \frac{2}{3} = \frac{1}{6}$$
よって
$$P(A \cap B) \neq P(A) \cdot P(B) \iff A \text{ と } B \text{ は従属}$$

154-3 $P(A) = a$，$P(B) = b$ とおくと，A と B は独立であるから
$$P(A \cap B) = P(A) \cdot P(B) = ab$$
事象 $\overline{A} \cap B$ は，事象 B であって $A \cap B$ でない事象であるから
$$P(\overline{A} \cap B) = P(B) - P(A \cap B) = b - ab$$
一方 $P(\overline{A}) = 1 - P(A) = 1 - a$
$$P(\overline{A}) \cdot P(B) = (1-a)b = b - ab$$
よって $P(\overline{A} \cap B) = P(\overline{A}) \cdot P(B)$
以上より，事象 A と B が独立であるとき，事象 $\overline{A}$ と B も独立であることが証明された。

定期テスト予想問題 の解答 —— 本冊→p. 211〜212

❶ (1) **480 通り**　　(2) **240 通り**

解き方 (1) A, B がともに選ばれる方法は，A, B 以外の 6 人より 3 人を選ぶ方法となるので
$${}_6C_3=20 \text{(通り)}$$
5 人の円卓の並び方は　$(5-1)!=24$(通り)
よって　$20 \times 24 = 480$(通り)

(2) A, B をひとまとめに考えると 4 人の円順列になり，その数は　$(4-1)!=6$(通り)
A, B の入れ替わり方が 2 通りある。
よって　$20 \times 6 \times 2 = 240$(通り)

❷ (1) **5040**　　(2) **210**　　(3) **270**

解き方 (1) 0 から 9 までの 10 種類の数のうち，異なる 4 種を並べればよい。${}_{10}P_4=5040$(個)

(2) 4 種の数を選んで，大きい順に並べればよい。
$${}_{10}C_4=\frac{10\cdot9\cdot8\cdot7}{4\cdot3\cdot2\cdot1}=210 \text{(個)}$$

(3) 用いる 2 種類の数の選び方は
${}_{10}C_2=45$(通り)
選ばれた 2 種類の数の並べ方は
${}_4C_2=6$(通り)
よって　$45 \times 6 = 270$(通り)

❸ (1) **420 個**　　(2) **24 個**

解き方

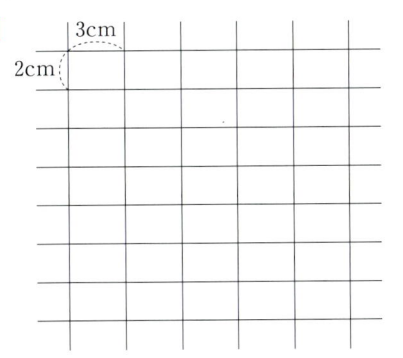

(1) 縦 2 本，横 2 本を選べばよい。
よって　${}_6C_2 \times {}_8C_2 = 15 \times 28 = 420$(個)

(2) (i) 1 辺が 6 cm の場合
1 本目の横と 4 本目の横の間に 4 個
　　　⋮
5 本目の横と 8 本目の横の間に 4 個
よって　$4 \times 5 = 20$(個)

(ii) 1 辺が 12 cm の場合
1 本目の横と 7 本目の横の間に 2 個
2 本目の横と 8 本目の横の間に 2 個
よって　$2 \times 2 = 4$(個)

(i), (ii) より　$20+4=24$(個)

❹ **360 通り**

解き方 奇数は 1, 1, 3, 3, 5 の 5 個。これを奇数番目に並べる並べ方は　${}_5C_2 \times {}_3C_2=30$(通り)
このそれぞれについて，2, 2, 6, 8 の 4 個の偶数の並べ方は　${}_4C_2 \times 2!=6\times 2=12$(通り)
よって　$30 \times 12 = 360$(通り)

❺ (1) $\dfrac{1}{21}$　　(2) $\dfrac{2}{35}$

解き方　全体の並べ方は　${}_7C_3 \times {}_4C_2 \times 2!$(通り)

(1) 母音は U と E だけなので，並べ方は　$2!$(通り)
残りの S が 3 個，C が 2 個の並べ方は，C の入る 2 か所を決めればよいから　${}_5C_2$(通り)
よって，確率は　$\dfrac{2! \times {}_5C_2}{{}_7C_3 \times {}_4C_2 \times 2!} = \dfrac{2 \times 10}{35 \times 6 \times 2}=\dfrac{1}{21}$

(2) (S, S, S), (C, C) と同じ文字をひとまとめにして考えると，この 2 組と U と E の並べ方は
$4!$(通り)
よって，確率は　$\dfrac{4!}{{}_7C_3 \times {}_4C_2 \times 2!}=\dfrac{24}{35\times 6\times 2}=\dfrac{2}{35}$

❻ (1) $\dfrac{18}{35}$　　(2) $\dfrac{69}{70}$　　(3) $\dfrac{3}{14}$

解き方　全体の場合の数は　${}_8C_4$(通り)

(1) 男子 2 人，女子 2 人となるのは，${}_4C_2 \times {}_4C_2$(通り)
よって，確率は　$\dfrac{{}_4C_2 \times {}_4C_2}{{}_8C_4}=\dfrac{6 \times 6}{70}=\dfrac{18}{35}$

(2) 女子 4 人となる確率は　$\dfrac{{}_4C_4}{{}_8C_4}=\dfrac{1}{70}$
よって，求める確率は　$1-\dfrac{1}{70}=\dfrac{69}{70}$

(3) AとBとA，B以外の2人を選べばよい。
場合の数は $_6C_2$(通り)
よって，確率は $\dfrac{_6C_2}{_8C_4}=\dfrac{15}{70}=\dfrac{3}{14}$

7 (1) $\dfrac{1}{20}$　(2) $\dfrac{53}{120}$　(3) $\dfrac{3}{5}$

解き方 (1) $\dfrac{1}{3}\times\dfrac{2}{5}\times\dfrac{3}{8}=\dfrac{1}{20}$

(2) $\dfrac{1}{3}\times\left(1-\dfrac{2}{5}\right)\times\left(1-\dfrac{3}{8}\right)+\left(1-\dfrac{1}{3}\right)\times\dfrac{2}{5}$
$\times\left(1-\dfrac{3}{8}\right)+\left(1-\dfrac{1}{3}\right)\times\left(1-\dfrac{2}{5}\right)\times\dfrac{3}{8}=\dfrac{53}{120}$

(3) (Aから赤球が取り出される確率)＋(Bから赤球が取り出される確率)−(AからもBからも赤球が取り出される確率)で求められるから，求める確率は　$\dfrac{1}{3}+\dfrac{2}{5}-\dfrac{1}{3}\times\dfrac{2}{5}=\dfrac{3}{5}$

(注意) この場合，Cからは何色の球が取り出されてもよい。

(別解) 1−(AからもBからも白球が取り出される確率)より　$1-\dfrac{2}{3}\times\dfrac{3}{5}=\dfrac{3}{5}$

8 (1) $\dfrac{2}{21}$　(2) $\dfrac{3}{14}$

解き方 (1) 3回目まですべてはずれであるから
$\dfrac{6}{10}\times\dfrac{5}{9}\times\dfrac{4}{8}\times\dfrac{4}{7}=\dfrac{2}{21}$

(2) 何回目に1本目の当たりを引くかで場合分けをする。

1回目　$\dfrac{4}{10}\times\dfrac{6}{9}\times\dfrac{5}{8}\times\dfrac{3}{7}=\dfrac{1}{14}$　…①

2回目　$\dfrac{6}{10}\times\dfrac{4}{9}\times\dfrac{5}{8}\times\dfrac{3}{7}=\dfrac{1}{14}$　…②

3回目　$\dfrac{6}{10}\times\dfrac{5}{9}\times\dfrac{4}{8}\times\dfrac{3}{7}=\dfrac{1}{14}$　…③

①〜③より，求める確率は　$\dfrac{1}{14}\times 3=\dfrac{3}{14}$

(別解) 全体の場合の数は　$_{10}P_4$(通り)

(1) はじめ3回はずれて，4回目に初めて当たるのだから，場合の数は　$_6P_3\times _4P_1$(通り)

求める確率は　$\dfrac{_6P_3\times _4P_1}{_{10}P_4}=\dfrac{120\times 4}{5040}=\dfrac{2}{21}$

(2) ○××○となる場合は
$_4P_1\times _6P_2\times _3P_1=360$(通り)
×○×○となる場合は
$_6P_1\times _4P_1\times _5P_1\times _3P_1=360$(通り)
××○○となる場合は
$_6P_2\times _4P_2=360$(通り)

求める確率は　$\dfrac{360+360+360}{_{10}P_4}=\dfrac{1080}{5040}=\dfrac{3}{14}$

9 (1) $\dfrac{16}{45}$　(2) $\dfrac{17}{45}$

解き方 (1) 赤球を取り出し，2本のくじのうち1本が当たり1本がはずれる場合
$\dfrac{2}{6}\cdot\dfrac{_3C_1\times _7C_1}{_{10}C_2}=\dfrac{7}{45}$

白球を取り出し，くじが当たる場合
$\dfrac{4}{6}\cdot\dfrac{_3C_1}{_{10}C_1}=\dfrac{1}{5}$

求める確率は　$\dfrac{7}{45}+\dfrac{1}{5}=\dfrac{16}{45}$

(2) 1本も当たらない場合の余事象として求める。

赤球を取り出し，2本ともくじがはずれる場合
$\dfrac{2}{6}\cdot\dfrac{_7C_2}{_{10}C_2}=\dfrac{7}{45}$

白球を取り出し，くじがはずれる場合
$\dfrac{4}{6}\cdot\dfrac{_7C_1}{_{10}C_1}=\dfrac{7}{15}$

求める確率は　$1-\left(\dfrac{7}{45}+\dfrac{7}{15}\right)=\dfrac{17}{45}$

(別解) 2本当たる確率は　$\dfrac{2}{6}\cdot\dfrac{_3C_2}{_{10}C_2}=\dfrac{1}{45}$

(1)の結果と合わせて　$\dfrac{16}{45}+\dfrac{1}{45}=\dfrac{17}{45}$

10 (1) $\dfrac{1}{6}$　(2) $\dfrac{5}{12}$　(3) $\dfrac{2}{3}$

解き方 $P(A)=\dfrac{1}{4}$，$P(B)=\dfrac{1}{3}$，$P_B(A)=\dfrac{1}{2}$

(1) $P(A\cap B)=P(B)\cdot P_B(A)$
$=\dfrac{1}{3}\times\dfrac{1}{2}=\dfrac{1}{6}$

(2) $P(A\cup B)=P(A)+P(B)-P(A\cap B)$
$=\dfrac{1}{4}+\dfrac{1}{3}-\dfrac{1}{6}=\dfrac{5}{12}$

(3) $P_A(B)=\dfrac{P(A\cap B)}{P(A)}=\dfrac{1}{6}\div\dfrac{1}{4}=\dfrac{2}{3}$

6章 図形の性質

類題 の解答　　　　本冊→p.223〜256

156 ［中線定理の証明］

A から BC に引いた垂線の足を H とする。

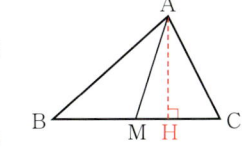

H が半直線 MC 上にあるとき，

三平方の定理により

$AB^2 = AH^2 + BH^2$
　　　$= AH^2 + (BM+MH)^2$ …①

$AC^2 = AH^2 + HC^2$
　　　$= AH^2 + (CM-MH)^2$
　　　$= AH^2 + (BM-MH)^2$ …②
　　　　　（BM=CM だから）

①+② より

$AB^2 + AC^2 = AH^2 + BM^2 + 2BM \cdot MH + MH^2$
　　　　　　　　$+ AH^2 + BM^2 - 2BM \cdot MH + MH^2$
　　　　　　$= 2(AH^2 + BM^2 + MH^2)$
　　　　　　　　$\underline{AH^2 + MH^2 = AM^2}$
　　　　　　$= 2(AM^2 + BM^2)$

H が半直線 MB 上にあるときも，同様にして証明できる。

157 AB 上に AC=AF となる点 F をとると，
△AFC は二等辺三角形だから

　　$\angle AFC = \angle ACF$

また，$\angle AFC + \angle ACF = \angle CAE$ より

　　$2\angle ACF = \angle CAE$

一方，AD は $\angle CAE$ の二等分線だから

　　$\angle ACF = \dfrac{1}{2}\angle CAE = \angle CAD$

よって，錯角が等しいから　FC∥AD

したがって　BD:DC=BA:AF=AB:AC

159 ∠A の外角の二等分線と辺 BC の延長との交点を D' とする。

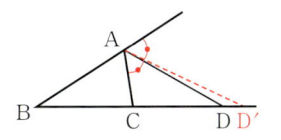

[13] 外角の二等分線（証明は類題 157）の性質より

　　BD':D'C=AB:AC

仮定より　BD:DC=AB:AC

よって，BD:DC=BD':D'C となり，D, D' はともに辺 BC の延長上の点であるから，D と D' は一致する。

したがって，AD は ∠A の外角を 2 等分する。

160 (1) 対角線 AC，BD の交点を O とする。

△ABC において

仮定より　BE=EC

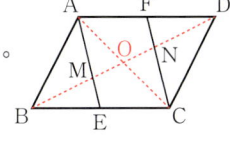

平行四辺形の対角線はそれぞれの中点で交わるから　AO=OC

よって，AE，BO は △ABC の中線であり，その交点 M は △ABC の重心である。

(2) M は △ABC の重心だから

　　BM:MO=2:1

同様にして，N も △ACD の重心だから

　　DN:NO=2:1

一方，BO=OD だから

　　BM:MO:ON:ND=2:1:1:2

よって　BM:MN:ND=1:1:1

したがって，M, N は BD の三等分点である。

161-1 右の図の点 O

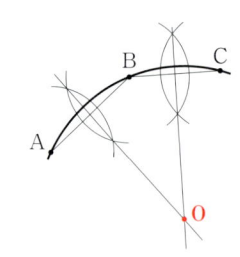

解き方 円弧の上に適当な 3 点 A, B, C をとる。AB, BC の垂直二等分線の交点を O とすると, O は △ABC の外心となり, 求める円の中心となる。

(参考) 垂直二等分線の作図は, A, B を中心に同じ半径の円をかき, その交点を結ぶ。

161-2 BC の中点

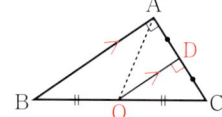

解き方 2 辺 BC, AC の中点をそれぞれ O, D とする。
中点連結定理により
OD ∥ AB となり ∠ODC=90°
よって, OD は AC の垂直二等分線である。
2 辺 BC, AC の垂直二等分線の交点は O となる。
したがって, ∠A=90° の直角三角形の外心は BC の中点である。

162 四角形 BDHF において,
∠BDH=∠BFH=90° より
四角形 BDHF は BH を直径とする円に内接するから
　　∠HDF=∠HBF（円周角）　…①
同様に, 四角形 DCEH も CH を直径とする円に内接するから
　　∠HDE=∠HCE（円周角）　…②
一方, △ABE と △ACF において
　　∠A は共通
　　∠AEB=∠AFC(=90°)
2 組の角がそれぞれ等しいから,
△ABE∽△ACF となり
　　∠EBF=∠FCE　…③
①, ②, ③ より　∠HDF=∠HDE
よって, AD は ∠FDE の二等分線である。
同様にして, BE も ∠DEF の二等分線

CF も ∠EFD の二等分線
よって, H は △DEF の内心である。

164 7:24

解き方 $\dfrac{\triangle \text{AFE}}{\triangle \text{ABC}}=\dfrac{1}{6}$, $\dfrac{\triangle \text{BDF}}{\triangle \text{ABC}}=\dfrac{3}{8}$,

$\dfrac{\triangle \text{CED}}{\triangle \text{ABC}}=\dfrac{2}{12}=\dfrac{1}{6}$

よって $\dfrac{\triangle \text{AFE}+\triangle \text{BDF}+\triangle \text{CED}}{\triangle \text{ABC}}=\dfrac{17}{24}$

したがって
$\triangle \text{DEF} : \triangle \text{ABC}=\left(1-\dfrac{17}{24}\right):1$

$=\dfrac{7}{24}:\dfrac{24}{24}=7:24$

165 8:15

解き方 チェバの定理により

$\dfrac{5}{2}\cdot\dfrac{\text{BD}}{\text{DC}}\cdot\dfrac{3}{4}=1$　　$\dfrac{\text{BD}}{\text{DC}}=\dfrac{8}{15}$

よって　BD:DC=8:15

166 △ABC において, BC, CA, AB 上にそれぞれ点 D, E, F を
$\dfrac{\text{AF}}{\text{FB}}\cdot\dfrac{\text{BD}}{\text{DC}}\cdot\dfrac{\text{CE}}{\text{EA}}=1$ 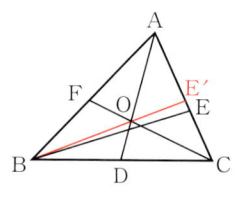
を満たすようにとる。
AD と CF の交点を O とし, BO と AC の交点を E′ とすると, チェバの定理により
$\dfrac{\text{AF}}{\text{FB}}\cdot\dfrac{\text{BD}}{\text{DC}}\cdot\dfrac{\text{CE}'}{\text{E}'\text{A}}=1$

このとき, $\dfrac{\text{CE}}{\text{EA}}=\dfrac{\text{CE}'}{\text{E}'\text{A}}$ だから, E と E′ は一致する。ゆえに, 3 直線 AD, BE, CF は 1 点で交わり, チェバの定理の逆が成立する。

167 $1:2$

解き方 メネラウスの定理より
$$\frac{BD}{DC} \cdot \frac{CE}{EA} \cdot \frac{AF}{FB} = 1 \text{ だから } \frac{3}{1} \cdot \frac{CE}{EA} \cdot \frac{2}{3} = 1$$
$$\frac{CE}{EA} = \frac{1}{2} \quad \text{よって } CE:EA = 1:2$$

168 $3:2$

解き方 △QPB に直線 DA が交わったと考えて，メネラウスの定理より $\frac{BA}{AP} \cdot \frac{PR}{RQ} \cdot \frac{QD}{DB} = 1$

だから $\frac{2}{1} \cdot \frac{PR}{RQ} \cdot \frac{1}{3} = 1 \quad \frac{PR}{RQ} = \frac{3}{2}$

よって $PR:RQ = 3:2$

169 AD∥BC より $\angle A + \angle B = 180°$ …①

また，4点 A，E，F，D が同一円周上にあるから
$\angle A = \angle EFC$ …②

①，②より $\angle EFC + \angle B = 180°$

四角形 BCFE の対角の和が $180°$ であるから，4点 B，C，F，E は同一円周上にある。

170 $85°$

解き方 BF は接線だから，接弦定理により
$\angle CAB = \angle CBF = 30°$
△ABC において $\angle B = 180° - \angle CAB - \angle BCA$
$= 180° - 30° - 55° = 95°$
四角形 ABCD は円 O に内接するから
$\angle ADC = 180° - \angle B = 180° - 95° = 85°$

171 △PAT と△PTB において

PT は接線だから，接弦定理により
$\angle PTA = \angle PBT$ …①
また $\angle APT = \angle TPB$(共通) …②
①，②より，2組の角がそれぞれ等しいので
△PAT∽△PTB
よって，PA:PT = PT:PB となり
$PA \cdot PB = PT^2$

172 (1) 4 (2) $2\sqrt{10}$

解き方 **方べきの定理**を用いる。
(1) $x \times 3 = (4+2) \times 2$
$\quad x = 4$
(2) $x^2 = 4 \times (4+6)$
$\quad x = \sqrt{40} = 2\sqrt{10}$

173-1 △PAC と△PDB において

$PA \cdot PB = PC \cdot PD$ より
$\quad PA:PD = PC:PB$
また $\angle APC = \angle DPB$(共通)
2組の辺の比とその間の角がそれぞれ等しいので $\triangle PAC \sim \triangle PDB$
よって $\angle PAC = \angle PDB$
ゆえに，四角形 ABDC の $\angle BAC$ の外角は，$\angle BAC$ の対角 $\angle D$ と等しい。
したがって，4点 A，B，C，D は同一円周上にある。

173-2 方べきの定理より
$PC \cdot PD = PA \cdot PB$ …①
$PE \cdot PF = PA \cdot PB$ …②
①，②より
$PC \cdot PD = PE \cdot PF$
方べきの定理の逆により，4点 C，D，E，F は同一円周上にある。

174 外接円

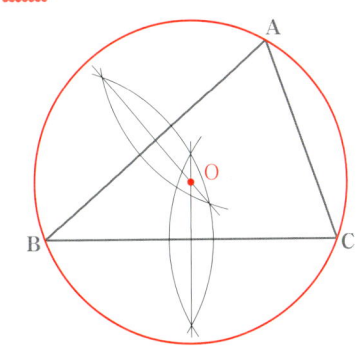

内接円

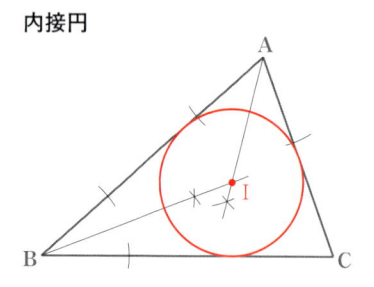

|解き方| 外接円の中心は,2辺の垂直二等分線の交点O
内接円の中心は,2つの角の二等分線の交点I

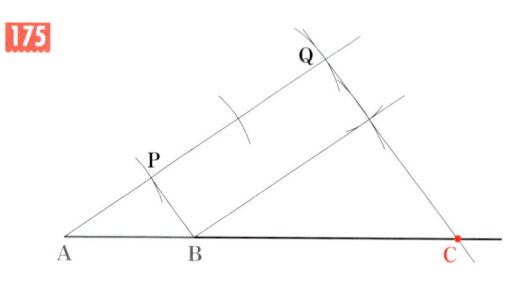

175

|解き方| ① Aを通る直線上に等間隔に3目盛りをとり,
　1目盛り,3目盛りの点をそれぞれP,Qとする。
② QをおりPBに平行な直線を引く。
③ ②で引いた直線とABとの交点が求める点Cである。
PB∥QCより
　　AC:CB=AQ:QP=3:2
したがって,この作図は正しい。

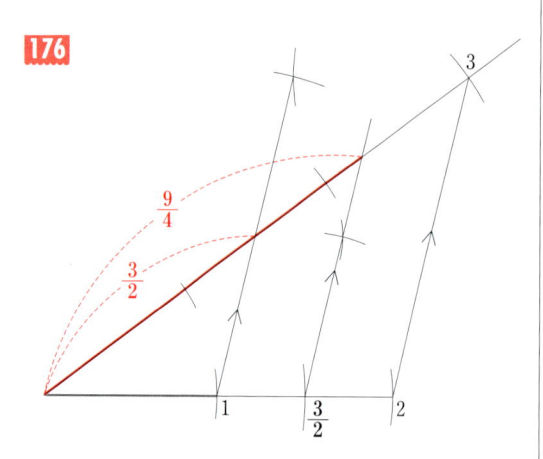

176

|解き方| 例題176の手順に従って作図する。

177

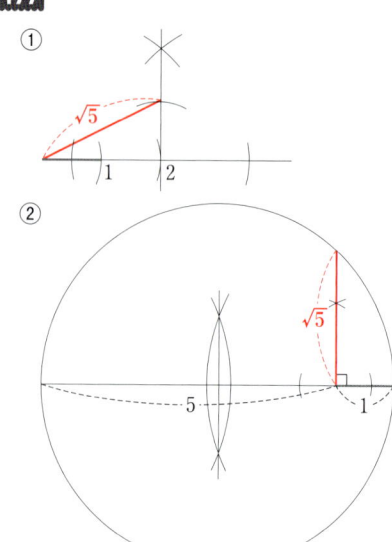

①

②

|解き方| ① 直角三角形の斜辺を$\sqrt{5}$と考える。
　$(\sqrt{5})^2=1^2+2^2$ より,残りの辺は1と2。
② 円で方べきの定理を使う。
　$5\cdot1=\sqrt{5}\cdot\sqrt{5}$ より,円の直径を5:1に分ける点で,
　直径と垂直に交わる直線を引く。

178 (1) **BC,FG,DC,HG**
(2) **90°**　(3) **60°**

|解き方| (2) FHはBDに平行で,ACとBDのなす角は90°
(3) DGはAFに平行で,△AFCは正三角形なので,
　ACとAFのなす角は60°

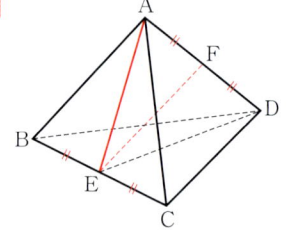

179

△ABCと△DBCは正三角形だから
　　BC⊥AE,BC⊥ED
よって　BC⊥平面AED

EF は平面 EDA 上にあるから
　　EF⊥BC
また, △AED は AE=ED の二等辺三角形だから　EF⊥AD

180 PH⊥α より　PH⊥l
一方, 仮定より　PA⊥l
$\left.\begin{array}{l} l\perp\text{PH} \\ l\perp\text{PA} \end{array}\right\}$ だから　l⊥平面 PHA
HA は平面 PHA 上の直線だから
　　HA⊥l

181 頂点の数:$v=5$
辺の数:$e=8$
面の数:$f=5$
　　$v-e+f=5-8+5$
　　　　　　$=2$
よって, オイラーの多面体定理は成り立つ。

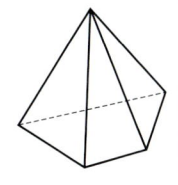

定期テスト予想問題 の解答 ── 本冊→p.257〜258

1 (1) △ACG と △DCB において
　　AC=DC(仮定より)
　　CG=CB(仮定より)
　　∠ACG=∠DCB(=90°)
　2組の辺とその間の角がそれぞれ等しいので
　　△ACG≡△DCB
(2) △ACG≡△DCB より
　　∠GAC=∠BDC
　よって　∠HAB+∠HBA
　　　=∠BDC+∠DBC=90°
　したがって, ∠BHA=90° となり
　　AG⊥BD

2 △PBI において,
I は内心だから　∠PBI=∠IBC　…①
一方, PQ//BC より
　　∠IBC=∠PIB(錯角)　…②
①, ②より
　　∠PBI=∠PIB
底角が等しいから, △PBI は二等辺三角形となり
　　PB=PI
同様にして　QC=QI
よって　PQ=PI+IQ=PB+QC

3 (1) 1:2　(2) 3:1　(3) 3
解き方 (1) 4点 A, B, D, F は同一円周上にあるから, 方べきの定理により　CF・CA=CB・CD
よって　CF:CD=CB:CA=7:14=1:2
(2) メネラウスの定理により
　　$\dfrac{\text{CD}}{\text{DB}}\cdot\dfrac{\text{BE}}{\text{EA}}\cdot\dfrac{\text{AF}}{\text{FC}}=1$
(1)より, CD=2CF であるから
　　$\dfrac{\text{AF}}{\text{DB}}=\dfrac{\text{EA}\cdot\text{FC}}{\text{CD}\cdot\text{BE}}=\dfrac{(14-2)\cdot\text{CF}}{2\text{CF}\cdot 2}=3$
すなわち　AF:DB=3:1
(3) △AEF と △DEB において
　　対頂角は等しいから　∠AEF=∠DEB
　　4点 A, B, D, F は同一円周上にあるから, 弧 BF に対する円周角は等しいので
　　　∠FAE=∠BDE
　よって, △AEF∽△DEB で, (2)より, 相似比は
　　AF:DB=3:1
　ゆえに　DE=$\dfrac{1}{3}$AE=$\dfrac{1}{3}\cdot 12=4$
　　　　　EF=3EB=3・2=6
　よって　DF=4+6=10
一方, ∠AFE=∠DBE より
　　∠DFC=∠ABC=∠ACB=∠DCF
ゆえに, △DCF は二等辺三角形であり
　　DC=DF
したがって　DB=DC-BC=10-7=3

❹ 直線 BH の延長と辺 AC との交点を F とし，B，E を結ぶ。

△BDH と△BFC において
$$\angle BDH = \angle BFC = 90°$$
$$\angle HBD = \angle CBF（共通）$$

2 組の角がそれぞれ等しいので △BDH∽△BFC となり
$$\angle BHD = \angle BCF$$

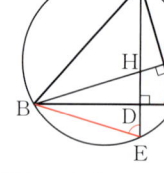

また，$\overset{\frown}{AB}$ に対する円周角は等しいから
$$\angle BED = \angle BCF$$

よって，∠BHD＝∠BED となり，△BEH は二等辺三角形。

BD⊥HE だから　HD＝DE

❺ △ABM において，MD は∠AMB の二等分線だから
$$AD : DB = AM : MB \quad \cdots ①$$

同様にして
$$AE : EC = AM : MC = AM : MB \quad \cdots ②$$
（MC＝MB だから）

①，②より　AD : DB = AE : EC

よって　DE∥BC

❻ (1) △AMC に直線 EB が引かれているとしてメネラウスの定理を用いると
$$\frac{CB}{BM} \cdot \frac{MD}{DA} \cdot \frac{AE}{EC} = 1 \text{ だから}$$
$$\frac{2}{1} \cdot \frac{1}{1} \cdot \frac{AE}{EC} = 1 \quad \frac{AE}{EC} = \frac{1}{2}$$

よって　CE＝2AE

(2) △BCE に直線 MA が引かれたと考えると
$$\frac{CA}{AE} \cdot \frac{ED}{DB} \cdot \frac{BM}{MC} = 1$$
$$\frac{3}{1} \cdot \frac{ED}{DB} \cdot \frac{1}{1} = 1 \quad \frac{ED}{DB} = \frac{1}{3}$$

よって　BD＝3DE

❼ △ABD において，DE は∠ADB の二等分線だから
$$\frac{AE}{EB} = \frac{AD}{BD} \quad \cdots ①$$

同様にして，△ADC において
$$\frac{CF}{FA} = \frac{DC}{AD} \quad \cdots ②$$

①，②より
$$\frac{AE}{EB} \cdot \frac{BD}{DC} \cdot \frac{CF}{FA} = \frac{AD}{BD} \cdot \frac{BD}{DC} \cdot \frac{DC}{AD} = 1$$

チェバの定理の逆により
　AD，BF，CE は 1 点で交わる。

❽ $CT = 3\sqrt{2}$, $AT = \sqrt{6}$

解き方 方べきの定理により
$$CT^2 = AC \cdot BC = 6 \times 3$$
つまり　$CT = 3\sqrt{2}$

△ACT と△TCB において
　∠C は共通
　∠TAC＝∠BTC（接弦定理）

2 組の角がそれぞれ等しいので　△ACT∽△TCB
　AT : TB = AC : TC
AT＝x, BT＝y とおくと　$x : y = 6 : 3\sqrt{2}$
つまり　$x = \sqrt{2}y$ 　…①

一方，△ABT は直角三角形だから
$$x^2 + y^2 = 3^2 \quad \cdots ②$$

①，②を解いて　$3y^2 = 3^2$　$y = \sqrt{3}$

よって　$x = AT = \sqrt{6}$

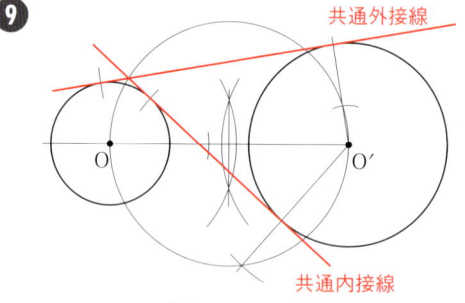

❾

共通外接線　$2\sqrt{35}$，共通内接線　$4\sqrt{5}$

解き方 [作図の方針]

OO′の中点を中心に，OO′を直径とする円をかく。この円上にある任意の点をPとすると，**常に** $\angle OPO'=90°$ 　共通内接線に関しても，共通外接線に関しても，このことが基本になる。

いずれの場合も，下図の直角三角形OO′Cをつくる。

Bは，
O′Cの延長と円O′の交点（共通外接線）
O′Cと円O′の交点（共通内接線）
Aは，四角形AOCBが長方形になることから求められる。

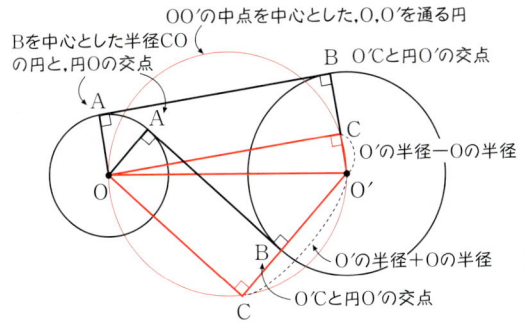

共通外接線と円O，O′との接点をそれぞれA，Bとし，OからBO′に垂線OCを引く。
△OO′Cにおいて
　　$\angle OCO'=90°$, $OO'=12$, $O'C=5-3=2$
三平方の定理により　$OC=\sqrt{12^2-2^2}=2\sqrt{35}$
　　$AB=OC=2\sqrt{35}$

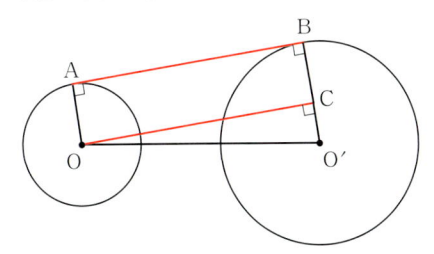

共通内接線の場合，直線O′Bに垂線OCを引く。
△OCO′において
　　$\angle OCO'=90°$, $OO'=12$, $O'C=5+3=8$
三平方の定理により　$OC=\sqrt{12^2-8^2}=4\sqrt{5}$
　　$AB=OC=4\sqrt{5}$

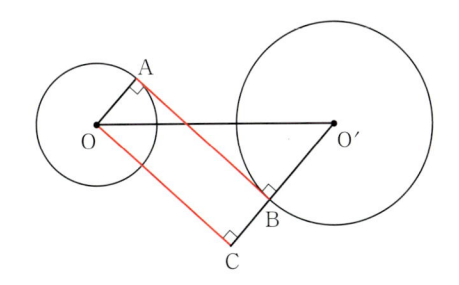

❿ $\dfrac{6}{7}$

解き方

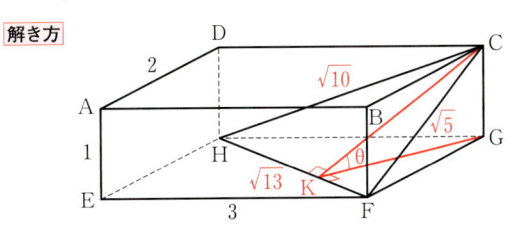

GからHFに下ろした垂線の足をKとすると，CG⊥面EFGH，CG⊥GKだから，**三垂線の定理**により
　　CK⊥HF
よって，$\angle CKG=\theta$ となる。
△GHK∽△FHG より　GK：FG＝GH：FH
$FH=\sqrt{GH^2+GF^2}=\sqrt{3^2+2^2}=\sqrt{13}$ であるから
　　$GK:2=3:\sqrt{13}$　よって　$GK=\dfrac{6}{\sqrt{13}}$
　　$CK=\sqrt{GK^2+GC^2}=\sqrt{\left(\dfrac{6}{\sqrt{13}}\right)^2+1^2}$
　　　$=\sqrt{\dfrac{49}{13}}=\dfrac{7}{\sqrt{13}}$
よって　$\cos\theta=\dfrac{GK}{CK}=\dfrac{6}{\sqrt{13}}\div\dfrac{7}{\sqrt{13}}=\dfrac{6}{7}$

(別解) GKは，△GHFの面積を2通りに表して求めることもできる。
　　$\dfrac{1}{2}\times FH\times GK=\dfrac{1}{2}\times FG\times GH$ より
　　$\dfrac{\sqrt{13}}{2}GK=3$　　$GK=\dfrac{6}{\sqrt{13}}$

7章 整数の性質

類題 の解答 ──── 本冊→p. 261〜281

182 $(x, y)=(4, 12), (6, 6), (12, 4)$

解き方 与式の分母を払うと $3x+3y=xy$
$xy-3x-3y=0$　$(x-3)(y-3)=9$
x, y は自然数であるから
$x-3 \geqq -2, y-3 \geqq -2$
よって $(x-3, y-3)=(1, 9), (3, 3), (9, 1)$
　　　　$(x, y)=(4, 12), (6, 6), (12, 4)$

183 $360=2^3 \cdot 3^2 \cdot 5$

解き方
```
2) 360
2) 180
2)  90
3)  45
3)  15
    5
```

184 最大公約数…14, 最小公倍数…168

解き方
```
   2) 28  42  56
   7) 14  21  28
3数に 2)  2   3   4
共通の約数   1   3   2
```
最大公約数…$2 \cdot 7 = 14$
最小公倍数…$2^3 \cdot 3 \cdot 7 = 168$

185 1944個

解き方 3, 4, 2 の最小公倍数は 12 だから, 最小の立方体の 1 辺は 12 cm になる。この立方体を 1 個作るには
$4 \cdot 3 \cdot 6 = 72$ (個)
のブロックが必要。1辺の長さを 2 倍, 3 倍すると
$72 \cdot 2^3 = 576$ (個)　　$72 \cdot 3^3 = 1944$ (個)

187 143 と 165

解き方 2つの自然数 a, b の最大公約数を g とすると,
$a=ga', b=gb'$ (a', b' は互いに素)
和…$a+b = ga' + gb' = g(a'+b') = 308$
最小公倍数…$ga'b' = 2145$
$a'+b'$ と $a'b'$ は互いに素だから, 308 と 2145 の最大公約数 g は 11
よって $a'+b' = 28$　$a'b' = 195 = 3 \cdot 5 \cdot 13$
これを満たす a', b' ($a' < b'$) は
$(a', b') = (13, 15)$
よって $a = 11 \times 13 = 143, b = 11 \times 15 = 165$

188 条件から, $n = 4k+1$ (k は整数) とおくと
$n^2 + 7 = (4k+1)^2 + 7$
　　　　$= 16k^2 + 8k + 8$
　　　　$= 8(2k^2 + k + 1)$
k は整数なので, $n^2 + 7$ は 8 の倍数である。

189 (1) 6　　(2) 1

解き方 (1) $2^{100} = 2^{5 \times 5 \times 4} = \underline{32}^{5 \times 4}$
　　　　　　　　　　　　　　↳ 10 で割ると 2 余る数
$= \{(10k+2)^5\}^4 = (10l+2)^4 = 10m + 6$
よって, 一の位は 6

(2) $3^{100} = 3^{4 \times 5 \times 5} = \underline{81}^{5 \times 5}$
　　　　　　　　　　　　　↳ 10 で割ると 1 余る数
$= (10k+1)^{25} = 10l + 1$
よって, 一の位は 1

190 $P = n(n+1)(2n+1)$ とする。
連続する 2 整数の積は 2 の倍数だから, P は 2 の倍数。…①
P が 3 の倍数であることを示す。
(i) $n = 3k$ (k は整数) のとき
$P = 3k(3k+1)\{2(3k)+1\}$ より, P は 3 の倍数。
(ii) $n = 3k+1$ のとき
$2n+1 = 2(3k+1)+1 = 6k+3$
$= 3(2k+1)$ より
$P = 3(3k+1)\{(3k+1)+1\}(2k+1)$ となり, P は 3 の倍数。

(iii) $n=3k+2$ のとき
 $n+1=3k+2+1=3(k+1)$ より
 $P=3(3k+2)(k+1)\{2(3k+2)+1\}$
 となり,P は 3 の倍数。
(i)〜(iii)より,P は 3 の倍数。…②
①,②より,$n(n+1)(2n+1)$ は 6 の倍数。

191 (1) a,b とも 3 の倍数ではないと仮定すると,
$a=3k+1$ または $3k+2$,
$b=3l+1$ または $3l+2$(k,l は整数)
(i) $a=3k+1$,$b=3l+1$ のとき
 $ab=(3k+1)(3l+1)$
  $=3(3kl+k+l)+1$
(ii) $a=3k+1$,$b=3l+2$ のとき
 $ab=(3k+1)(3l+2)$
  $=3(3kl+2k+l)+2$
(iii) $a=3k+2$,$b=3l+1$ のとき
 $ab=(3k+2)(3l+1)$
  $=3(3kl+k+2l)+2$
(iv) $a=3k+2$,$b=3l+2$ のとき
 $ab=(3k+2)(3l+2)$
  $=3(3kl+2k+2l+1)+1$
(i)〜(iv)のいずれの場合も ab は 3 の倍数にはならないので矛盾する。したがって,ab が 3 の倍数なら,a,b のうち少なくとも一方は 3 の倍数である。

(2) (1)より,a,b の少なくとも一方は 3 の倍数であるから,$a=3k$(k は整数)とする。b が 3 の倍数でないと仮定すると,$b=3l+1$ または $3l+2$(l は整数)
(i) $b=3l+1$ のとき
 $a+b=3k+3l+1=3(k+l)+1$
(ii) $b=3l+2$ のとき
 $a+b=3k+3l+2=3(k+l)+2$

(i),(ii)いずれの場合も $a+b$ は 3 の倍数にならないので矛盾する。
したがって,$a+b$ と ab が 3 の倍数ならば,a,b とも 3 の倍数である。

(別証)$a+b=3l$ と表されるので $b=3l-a$
(1)より,a を 3 の倍数とすると
 $3l-a=3l-3k=3(l-k)$
よって,b も 3 の倍数となる。

192-1 (1) 4   (2) 9

解き方 (1) $2^5=32$ $32 \equiv 2 \pmod{10}$
$2^{50} \equiv (2^5)^{10} \equiv 2^{10} \equiv (2^5)^2 \equiv 2^2 \equiv 4 \pmod{10}$
(2) $3^4=81$ $81 \equiv 1 \pmod{10}$
$3^{50} \equiv (3^4)^{12} \cdot 3^2 \equiv 1^{12} \cdot 9 \equiv 9 \pmod{10}$

192-2 (1) $n=3k$ のとき,$n \equiv 0 \pmod 3$ より
 $n^2 \equiv 0^2 \equiv 0 \pmod 3$
$n=3k+1$ のとき,$n \equiv 1 \pmod 3$ より
 $n^2 \equiv 1^2 \equiv 1 \pmod 3$
$n=3k+2$ のとき,$n \equiv 2 \pmod 3$ より
 $n^2 \equiv 2^2 \equiv 4 \equiv 1 \pmod 3$
よって,n^2 を 3 で割った余りは 0 または 1 である。

(2) a,b とも 3 の倍数でないと仮定すると,
(1)より $a^2 \equiv b^2 \equiv 1 \pmod 3$
よって $a^2+b^2 \equiv 1+1 \equiv 2 \pmod 3$
一方,(1)より $c^2 \equiv 0$ または $1 \pmod 3$ だから矛盾する。よって,a,b の少なくとも一方は 3 の倍数である。

193 最大公約数…13,最小公倍数…4199

解き方 $(247, 221) \to (26, 221) \to (26, 13) \to (0, 13)$
最大公約数は 13

$13 \,\underline{)\, 247 \quad 221\,}$
$ 19 \quad\, 17$

$13 \cdot 19 \cdot 17 = 4199$ …最小公倍数

194 $x=3k+2$, $y=-5k-3$ (k は整数)

解き方 $5x+3y=1$ より $3y=1-5x$

$1-5x$ が 3 の倍数であるから，$x=2$ が解の 1 つであることがわかる。このとき $y=-3$

$$\begin{array}{r}5x+3y=1\\-)\ 5\times2+3\times(-3)=1\\\hline 5(x-2)+3(y+3)=0\end{array}$$ より

$5(x-2)=-3(y+3)$

5 と 3 は互いに素だから，$x-2$ は 3 の倍数。

よって，$x=3k+2$ (k は整数)とおくと $y=-5k-3$

(別解) $5x+3y=1$ より $5x\equiv 2x\equiv 1\pmod 3$

これを満たす x は，$x=2$ だから $x=3k+2$

これを $5x+3y=1$ に代入して $y=-5k-3$

195 $60k+14$ (k は整数)

解き方 求める整数を n とすると，ある整数 x, y に対して

$n=12x+2$ …① $n=5y+4$ …②

①−② より $12x-5y=2$ …③

まず，$12x-5y=1$ …④を満たす x, y の組を 1 組求める。$12x\equiv 1\pmod 5$ より $2x\equiv 1\pmod 5$

これを満たす x は $x=3$ このとき $y=7$

④ より $12\times 3-5\times 7=1$ …⑤

⑤×2 より $12\times 6-5\times 14=2$ …⑥

③−⑥ より $12(x-6)-5(y-14)=0$

$12(x-6)=5(y-14)$

12 と 5 は互いに素であるから，$x-6$ は 5 の倍数。

よって，$x=5l+6$ (l は整数)とおける。

$n=12(5l+6)+2=60l+74=60(l+1)+14$

$l+1=k$ として $n=60k+14$ (k は整数)

197 (1) $\dfrac{1144}{999}$ (2) $\dfrac{23}{990}$

解き方 (1) $x=1.\dot{1}4\dot{5}$ とおく。

$$\begin{array}{r}1000x=1145.145145\cdots\\-)\ \ \ \ \ \ x=\ \ \ \ 1.145145\cdots\\\hline 999x=1144\end{array}$$

$x=\dfrac{1144}{999}$

(2) $x=0.02\dot{3}$ とおく。

$$\begin{array}{r}1000x=23.2323\cdots\\-)\ \ \ 10x=\ \ 0.2323\cdots\\\hline 990x=23\end{array}$$

$x=\dfrac{23}{990}$

199 (1) $1102_{(3)}$ (2) $11132_{(4)}$

解き方 (1) まず，10 進法で表し，次に 3 進法で表す。

$123_{(5)}=1\cdot 5^2+2\cdot 5^1+3=25+10+3=38$

$38=3\cdot 12+2=3(3\cdot 4)+2$
$\ \ \ =3\{3(3\cdot 1+1)\}+2$
$\ \ \ =3^3+3^2+2$
$\ \ \ =1102_{(3)}$

$$\begin{array}{r}3\,)\,38\ \ \ \\\hline 3\,)\,12\cdots 2\\\hline 3\,)\,\ \ 4\cdots 0\\\hline 1\cdots 1\end{array}$$

(2) 10 進法で表して積を計算して，再度 4 進法で表す。

$121_{(4)}=1\cdot 4^2+2\cdot 4^1+1=16+8+1=25$

$32_{(4)}=3\cdot 4^1+2=14$

$25\times 14=350$

$350=4\cdot 87+2=4(4\cdot 21+3)+2$
$\ \ \ \ =4\{4(4\cdot 5+1)+3\}+2$
$\ \ \ \ =4\{4\{4(4\cdot 1+1)+1\}+3\}+2$
$\ \ \ \ =4^4+4^3+4^2+3\cdot 4+2$
$\ \ \ \ =11132_{(4)}$

$$\begin{array}{r}4\,)\,350\ \ \ \\\hline 4\,)\,\ 87\cdots 2\\\hline 4\,)\,\ 21\cdots 3\\\hline 4\,)\,\ \ \ 5\cdots 1\\\hline 1\cdots 1\end{array}$$

200 $0.101_{(5)}$

解き方 $0.208=\dfrac{1}{5}(1+0.04)=\dfrac{1}{5}\left(1+\dfrac{1}{5}\cdot 0.2\right)$

$=\dfrac{1}{5}\left(1+\dfrac{1}{5}\cdot\dfrac{1}{5}\cdot 1\right)=\dfrac{1}{5}+\dfrac{1}{5^3}$

$=0.101_{(5)}$

(別解)

0.208	0.04	0.2
× 5	× 5	× 5
1.040	0.20	1.0

0.101

201 275 番

解き方 4 と 9 を使わないので，使える数字は，

0, 1, 2, 3, 5, 6, 7, 8

の 8 種類。8 進数として考え，調整する。

$180=264_{(8)}$

$$\begin{array}{r}8\,)\,180\ \ \ \\\hline 8\,)\,\ 22\cdots 4\\\hline 2\cdots 6\end{array}$$

0	1	2	3	4	5	6	7
↓	↓	↓	↓	↓	↓	↓	↓
0	1	2	3	5	6	7	8

と対応するから $264_{(8)}\to 275$

定期テスト予想問題 の解答 —— 本冊→p.282〜283

❶ $(x, y)=(4, 10), (5, 6), (7, 4), (11, 3)$

解き方 $xy-2x-3y-2=0$
$(x-3)(y-2)-2-6=0$　$(x-3)(y-2)=8$
x, y は自然数であるから,
$x-3≧-2, y-2≧-1$ より
$(x-3, y-2)=(1, 8), (2, 4), (4, 2), (8, 1)$
$(x, y)=(4, 10), (5, 6), (7, 4), (11, 3)$

❷ $(x, y)=(4, -3), (4, 3), (-4, 3),$
$(-4, -3)$

解き方 $x^2-y^2=7$　$(x+y)(x-y)=7$ より
$(x+y, x-y)=(1, 7), (7, 1), (-1, -7),$
$(-7, -1)$
$(x, y)=(4, -3), (4, 3), (-4, 3), (-4, -3)$

❸ 4組

解き方 $2x^2+3xy+y^2-5x-4y-2=0$
$(x+y)(2x+y)-5x-4y-2=0$
この等式が $(x+y+a)(2x+y+b)+c=0$ と表せたとすると
　$2a+b=-5, a+b=-4, ab+c=-2$
これを解いて　$a=-1, b=-3, c=-5$
よって　$(x+y-1)(2x+y-3)=5$
$(x+y-1, 2x+y-3)=(1, 5), (5, 1),$
$(-1, -5), (-5, -1)$
$(x+y, 2x+y)=(2, 8), (6, 4), (0, -2),$
$(-4, 2)$
$(x, y)=(6, -4), (-2, 8), (-2, 2), (6, -10)$

❹ a を割り切る素数を p とする。

a, b は互いに素だから, b は p で割り切れない。したがって, $a+b$ は p で割り切れない。

同様に, b を割り切る素数を q とすると, a は q で割り切れないから, $a+b$ も q で割り切れない。

以上より, ab を割り切る素数は $a+b$ を割り切ることができない。

したがって, $a+b$ と ab は互いに素である。

❺ $P=n^3-3n^2+8n$ とすると
$P=n(n^2-3n+8)$
k を整数とすると

(i) $n=2k$ のとき
$P=2k\{(2k)^2-3(2k)+8\}$ より, P は2の倍数。

(ii) $n=2k+1$ のとき
$n^2-3n+8=(2k+1)^2-3(2k+1)+8$
$\qquad\qquad=4k^2+4k+1-6k-3+8$
$\qquad\qquad=4k^2-2k+6$
$\qquad\qquad=2(2k^2-k+3)$
よって, $P=2(2k+1)(2k^2-k+3)$ より, P は2の倍数。

(i), (ii)より, P は2の倍数。…①

l を整数とすると

(iii) $n=3l$ のとき
$P=3l\{(3l)^2-3(3l)+8\}$ より, P は3の倍数。

(iv) $n=3l+1$ のとき
$n^2-3n+8=(3l+1)^2-3(3l+1)+8$
$\qquad\qquad=9l^2+6l+1-9l-3+8$
$\qquad\qquad=9l^2-3l+6$
$\qquad\qquad=3(3l^2-l+2)$
よって, $P=3(3l+1)(3l^2-l+2)$ より, P は3の倍数。

(v) $n=3l+2$ のとき
$n^2-3n+8=(3l+2)^2-3(3l+2)+8$
$\qquad\qquad=9l^2+12l+4-9l-6+8$
$\qquad\qquad=9l^2+3l+6$
$\qquad\qquad=3(3l^2+l+2)$
よって, $P=3(3l+2)(3l^2+l+2)$ より, P は3の倍数。

(iii)〜(v)より, P は3の倍数。…②

①, ②より, n^3-3n^2+8n は6の倍数。

❻ (1) 0, 1, 4

(2) $5x^2=y^2+3$

(1)より, $y^2\equiv 0, 1, 4 \pmod 5$ だから

$y^2+3\equiv 3, 4, 2 \pmod 5$

したがって, y^2+3 は 5 の倍数にはならない。

一方, $5x^2$ は 5 の倍数なので, $5x^2=y^2+3$ を満たす整数 x, y は存在しない。

<u>解き方</u> (1) $y\equiv p \pmod 5$, $y^2\equiv q \pmod 5$ とすると

y	0	1	2	3	4	5	6	…
p	0	1	2	3	4	0	1	…
q	0	1	4	4	1	0	1	…

よって, y^2 を 5 で割ったときの余りは 0, 1, 4

❼ (1) 0 (2) 3

<u>解き方</u> $a\equiv 3 \pmod 5$, $b\equiv 2 \pmod 5$, $c\equiv 1 \pmod 5$

(1) $a+2b+3c\equiv 3+2\times 2+3\times 1$
$\equiv 10\equiv 0 \pmod 5$ ← 余りは 0

(2) $a^3b^2c\equiv 3^3\cdot 2^2\cdot 1$
$\equiv 27\cdot 4\equiv 108\equiv 3 \pmod 5$ ← 余りは 3

❽ (1) $a\equiv p \pmod 7$, $a^2\equiv q \pmod 7$ とすると

a	1	2	3	4	5	6	7	…
p	1	2	3	4	5	6	0	…
q	1	4	2	2	4	1	0	…

よって, a^2 を 7 で割ったときの余りは 0, 1, 2, 4 のいずれか。

(2) a, b の少なくとも一方は 7 の倍数ではないとする。a^2, b^2 を 7 で割ったときの余りをそれぞれ x, y とすると

$a^2+b^2\equiv x+y \pmod 7$

ただし, x, y は 0, 1, 2, 4 のいずれかで, 少なくとも一方は 0 ではない。

よって $x+y=1, 2, 3, 4, 5, 6, 8$

したがって, いずれの場合も

$a^2+b^2\equiv 0 \pmod 7$ とはならず, **矛盾する**。

よって, a^2+b^2 が 7 の倍数ならば, a, b ともに 7 の倍数である。

❾ (1) 6 (2) 1

<u>解き方</u> (1) $2^5=32$ より $2^5\equiv 2 \pmod{10}$

$2^{1000}\equiv (2^5)^{200}\equiv 2^{200}\equiv (2^5)^{40}\equiv 2^{40}\equiv (2^5)^8\equiv 2^8\equiv 2^3\cdot 2^5$
$\equiv 2^3\cdot 2\equiv 16\equiv 6 \pmod{10}$ 一の位の数は 6

(2) $3^4=81$ より $3^4\equiv 1 \pmod{10}$

$3^{1000}\equiv (3^4)^{250}\equiv 1^{250}\equiv 1 \pmod{10}$

一の位の数は 1

❿ 最大公約数…19, 最小公倍数…5681

<u>解き方</u> $(437, 247)\to(190, 247)$
$\to(190, 57)\to(19, 57)\to(19, 0)$

19) 437 247
　　　23　13　　　　$19\times 23\times 13=5681$

⓫ $x=7k+2$, $y=13k+3$ (k は整数)

<u>解き方</u> $13x-7y=5$ を満たす整数解の組を 1 組求めると $x=2, y=3$

$13x-7y=5$
$-)\ 13\cdot 2-7\cdot 3=5$
$\overline{\ 13(x-2)-7(y-3)=0\ }$
$13(x-2)=7(y-3)$

13 と 7 は互いに素なので, $x-2$ は 7 の倍数。

$x-2=7k$ (k は整数) とおくと $x=7k+2$

このとき, $y-3=13k$ より $y=13k+3$

⓬ $276k-43$ (k は整数)

<u>解き方</u> 求める整数を n とすると, ある整数 x, y に対して

$n=23x+3=12y+5$ より $23x-12y=2$

これを満たす整数解の組を 1 組求めると

$x=-2, y=-4$

$23x-12y=2$
$-)\ 23\cdot(-2)-12\cdot(-4)=2$
$\overline{\ 23(x+2)-12(y+4)=0\ }$
$23(x+2)=12(y+4)$

23 と 12 は互いに素なので, $x+2$ は 12 の倍数。

$x+2=12k$ (k は整数) とおくと $x=12k-2$

よって $n=23(12k-2)+3=276k-43$

13 10 組

解き方 $x \leq y \leq z$ …① より，$\dfrac{1}{x} \geq \dfrac{1}{y} \geq \dfrac{1}{z}$ だから

$$\dfrac{1}{x} + \dfrac{1}{y} + \dfrac{1}{z} \leq \dfrac{1}{x} + \dfrac{1}{x} + \dfrac{1}{x} = \dfrac{3}{x}$$

よって，$\dfrac{1}{2} \leq \dfrac{3}{x}$ より $x \leq 6$

また，$x=1$，2 は明らかに与式を満たさないから
$3 \leq x \leq 6$

(i) $x=3$ のとき

$\dfrac{1}{3} + \dfrac{1}{y} + \dfrac{1}{z} = \dfrac{1}{2}$ より $\dfrac{1}{y} + \dfrac{1}{z} = \dfrac{1}{6}$

$yz = 6y + 6z$ $(y-6)(z-6) = 36$

①でこの式を満たすのは
$(y-6, z-6) = (1, 36), (2, 18), (3, 12),$
$(4, 9), (6, 6)$
$(y, z) = (7, 42), (8, 24), (9, 18), (10, 15),$
$(12, 12)$

(ii) $x=4$ のとき

$\dfrac{1}{4} + \dfrac{1}{y} + \dfrac{1}{z} = \dfrac{1}{2}$ より $\dfrac{1}{y} + \dfrac{1}{z} = \dfrac{1}{4}$

$yz = 4y + 4z$ $(y-4)(z-4) = 16$

①でこの式を満たすのは
$(y-4, z-4) = (1, 16), (2, 8), (4, 4)$
$(y, z) = (5, 20), (6, 12), (8, 8)$

(iii) $x=5$ のとき

$\dfrac{1}{5} + \dfrac{1}{y} + \dfrac{1}{z} = \dfrac{1}{2}$ より $\dfrac{1}{y} + \dfrac{1}{z} = \dfrac{3}{10}$

$3yz = 10y + 10z$ $9yz - 30y - 30z = 0$
$(3y-10)(3z-10) = 100$

①と $y \geq 5$ でこの式を満たすのは
$(3y-10, 3z-10) = (5, 20), (10, 10)$ ← y は自然数だから不適
$(y, z) = (5, 10)$

(iv) $x=6$ のとき

$\dfrac{1}{6} + \dfrac{1}{y} + \dfrac{1}{z} = \dfrac{1}{2}$ より $\dfrac{1}{y} + \dfrac{1}{z} = \dfrac{1}{3}$

$yz = 3y + 3z$ より $(y-3)(z-3) = 9$

①と $y \geq 6$ でこの式を満たすのは
$(y-3, z-3) = (3, 3)$ $(y, z) = (6, 6)$

(i)～(iv)より $(x, y, z) = (3, 7, 42), (3, 8, 24),$
$(3, 9, 18), (3, 10, 15), (3, 12, 12),$
$(4, 5, 20), (4, 6, 12), (4, 8, 8),$
$(5, 5, 10), (6, 6, 6)$

の 10 組。

14 $(x, y, z) = (2, 4, 8), (2, 8, 4),$
$(4, 2, 8), (4, 8, 2),$
$(8, 2, 4), (8, 4, 2)$

解き方 まず，$x \leq y \leq z$ として，$x+y+z=14$
を満たす自然数の組を求める。

$x+x+x \leq 14$ より $x \leq \dfrac{14}{3}$

よって $x = 1, 2, 3, 4$
また $xyz = 64 = 2^6$

(i) $x=1$ とすると，$yz = 2^6$ より
$(y, z) = (1, 2^6), (2, 2^5), (2^2, 2^4), (2^3, 2^3)$
この中で，$y+z=13$ を満たす y, z はない。

(ii) $x=2$ とすると，$yz = 2^5$ より
$(y, z) = (2, 2^4), (2^2, 2^3)$
$y+z=12$ を満たすのは $(y, z) = (4, 8)$

(iii) $x=3$ とすると，$yz = \dfrac{64}{3}$ となり，
これを満たす y, z はない。

(iv) $x=4$ とすると，$yz = 2^4$ より
$(y, z) = (2^2, 2^2)$
これは，$y+z=10$ を満たさない。

(i)～(iv)より $(x, y, z) = (2, 4, 8)$
$x \leq y \leq z$ をはずして求める。

15 (1) $\dfrac{5}{37}$ (2) $\dfrac{356}{165}$

解き方 (1) $x = 0.\dot{1}3\dot{5}$ とおく。

$$\begin{aligned} 1000x &= 135.135135\cdots \\ -)\quad x &= 0.135135\cdots \\ \hline 999x &= 135 \end{aligned}$$

$x = \dfrac{135}{999} = \dfrac{5}{37}$

(2) $x = 2.1\dot{5}\dot{7}$ とおく。

$$\begin{aligned} 1000x &= 2157.5757\cdots \\ -)\quad 10x &= 21.5757\cdots \\ \hline 990x &= 2136 \end{aligned}$$

$x = \dfrac{2136}{990} = \dfrac{356}{165}$

16 (1) 177　　(2) 110　　(3) $\dfrac{52}{81}$

[解き方] (1) $2301_{(4)} = 2 \cdot 4^3 + 3 \cdot 4^2 + 1$
$= 128 + 48 + 1 = 177$

(2) $215_{(7)} = 2 \cdot 7^2 + 1 \cdot 7 + 5 = 98 + 7 + 5 = 110$

(3) $0.1221_{(3)} = \dfrac{1}{3} + 2 \cdot \dfrac{1}{3^2} + 2 \cdot \dfrac{1}{3^3} + \dfrac{1}{3^4}$
$= \dfrac{27 + 18 + 6 + 1}{3^4} = \dfrac{52}{81}$

17 (1) $230_{(5)}$　　(2) $3400_{(5)}$

[解き方] (1) $2102_{(3)} = 2 \cdot 3^3 + 1 \cdot 3^2 + 2$
$= 54 + 9 + 2 = 65$

5) 65
5) 13 … 0
　　 2 … 3

(2) $25_{(7)} = 2 \cdot 7 + 5 = 19$
$34_{(7)} = 3 \cdot 7 + 4 = 25$
$19 \times 25 = 475$

5) 475
5) 95 … 0
5) 19 … 0
　　 3 … 4